空间信息论

Spatial Information Theory

徐大专　张小飞　著

科学出版社

北　京

内 容 简 介

空间信息论是关于信息获取一般规律的基本理论。本书系统地论述空间信息论的理论体系，内容包括：信息论基础；空间信息论的基本框架；单目标探测的距离信息和散射信息；多目标探测的距离信息和散射信息；传感器阵列的方向信息和散射信息；相控阵雷达的距离-方向信息和散射信息；目标检测的信息理论；雷达通信系统信息论建模及优化。本书的核心内容是探测信息的概念、目标检测定理和参数估计定理，还论述了空间信息论和雷达信号处理及通信理论的关系，对实际雷达系统设计有重要参考价值。

本书概念清晰，结构严谨，内容属于国际前沿基础研究领域，可作为高等学校信息工程、计算机与控制工程专业本科生、研究生课程教材，也可供雷达、通信、声学、光学和计算机等相关领域的教学、科研及工程技术人员参考。

图书在版编目（CIP）数据

空间信息论/徐大专，张小飞著. —北京：科学出版社，2021.3
ISBN 978-7-03-067393-0

Ⅰ. ①空… Ⅱ. ①徐… ②张… Ⅲ. ①空间信息技术 Ⅳ. ①P208

中国版本图书馆 CIP 数据核字 (2020) 第 266290 号

责任编辑：惠 雪 曾佳佳／责任校对：杨聪敏
责任印制：张 伟／封面设计：许 瑞

科学出版社 出版
北京东黄城根北街 16 号
邮政编码：100717
http://www.sciencep.com
北京厚诚则铭印刷科技有限公司印刷
科学出版社发行 各地新华书店经销
*
2021 年 3 月第 一 版 开本：720 × 1000 1/16
2024 年 1 月第二次印刷 印张：16 3/4
字数：340 000

定价：139.00 元

（如有印装质量问题，我社负责调换）

前　言

21 世纪是高度信息化时代，人们的日常生活与各种信息行为密切相关，包括信息的获取、传输、处理、控制与安全。香农信息论是运用统计方法研究信息规律的基本理论，已经在通信、计算机和控制等领域获得广泛应用。

雷达、声呐和医学成像等探测系统可以从目标的反射信号中获取距离、方向和幅度等空间信息，正在国防和国民经济部门发挥越来越重要的作用。雷达是典型的信息获取系统，而通信是信息传输系统，那么，雷达和通信两种信息系统能不能在信息理论的基础上进行统一的描述和刻画呢？这正是本书力求回答的问题。

空间信息论是关于信息获取一般规律的基本理论。以作者的观点，信息获取系统的基本问题可概括为：探测信息的概念及其定量问题、目标检测问题和参数估计问题，这些基本问题正是空间信息论研究的主题。在作者多年来的努力下，空间信息论的理论框架已经形成，空间信息的概念、目标检测定理和参数估计定理等相关研究成果对声学、光学和人工智能等学科也具有重要参考价值。

本书围绕空间信息的基本问题展开论述，具体内容安排如下：第 2 章介绍信息论基础。第 3 章概述雷达探测系统、贝叶斯估计和空间信息论的思想方法。第 4 章论述单目标雷达探测系统的空间信息，包括距离信息和散射信息。内容涉及单目标雷达探测系统模型及其等效通信系统模型，空间信息的严格定义，空间信息的理论公式、闭合表达式及其上界。为评价雷达系统性能，定义熵误差这一新评价指标，并指出熵误差是均方误差的推广。最后，作者证明了参数估计定理，即熵误差是可达的；反之，任何无偏估计器的经验熵误差不小于熵误差。第 5 章论述多目标雷达探测系统的空间信息，推导出距离信息和散射信息的理论公式和几种特定场景的闭合表达式。从信息论角度提出克拉默–拉奥分辨率概念，在理论上指出超分辨的可能性。进一步推导出多目标最大似然参数估计和最大后验概率估计闭合表达式，并指出多目标条件下匹配滤波器不是最优的。第 6 章论述传感器阵列的空间信息，包括方向信息和散射信息。内容涉及空间信息的理论公式、闭合表达式以及阵列的角度分辨率。第 7 章论述相控阵雷达探测系统的空间信息，包括距离–方向信息和散射信息。第 8 章论述目标检测的信息理论。建立目标检测系统模型，给出检测信息的严格定义，从理论上解决了检测信息的定量问题。推导出目标匹配和非匹配条件下检测信息的理论公式，以及虚警概率和检测概率的理论公式，并与奈曼–皮尔逊准则进行详细的比较。提出随机目标检测方法，并证明了目标检测定理。目标检测定理指出，检测信息是可达的；反之，任何检测器的经验检测信息不大于检测信息。第 9 章论述雷达通信系统的信息理论，包括理论模型、约束优化方程及系统优化方法。本书的第 2 章和第 6 章由张小飞撰写，其余各章由徐大专撰写，全书由徐大专审定完成。

本书适合于从事信息、通信和雷达信号处理领域的专业人员，也可作为研究生和本科生教材。本书的论述力求严谨，初步阅读时建议忽略复杂的证明过程，而只关注结论，并不影响对后续内容的理解。

本书的主要内容来自作者科研团队的研究工作。创作过程中得到作者许多博士与硕士研究生的帮助，包括许生凯博士、鲍军伟博士，博士生罗浩、刘璟伟，硕士生陈越帅、陈月、闫霄、陈丹、朱思钇、施超、屠伟林和周颖。在此，对他们的贡献表示衷心感谢。在本书创作过程中，作者的同事吴启晖教授、周建江教授、朱岱寅教授、张弓教授以及东南大学金石教授提供了很多有益的建议，在此一并致谢。感谢科学出版社惠雪为本书出版提供的巨大帮助。本书出版得到南京航空航天大学教改基金的资助。最后，衷心感谢作者家人为本书创作给予的鼓励和支持。

作者相信，空间信息论将形成新的理论体系，呈现在读者面前的正是我们在该领域研究工作的阶段性成果，书中不足和疏漏在所难免，殷切期望广大读者批评指正。同时，希望信息理论和雷达信号处理领域的学者共同探索这一新兴交叉学科。

作　者

2020 年 8 月

目　录

符 号 表

符号和表达式	含义
$(\cdot)^*$	共轭
$(\cdot)^{\mathrm{T}}$	转置
$(\cdot)^{\mathrm{H}}$	共轭转置
$(\cdot)^{-1}$	矩阵求逆
$\Re\{\cdot\}$	取实部
$E\{\cdot\}$	求数学期望
$I_0\{\cdot\}$	第一类零阶修正贝塞尔函数
$Q_{\mathrm{M}}\{\cdot\}$	Marcum 函数
$\lvert\boldsymbol{A}\rvert$	矩阵 $\boldsymbol{A}$ 的行列式
$\max\{\cdot\}$	取最大值
$\min\{\cdot\}$	取最小值
$\mathrm{sam}\{\cdot\}$	取抽样值
$\boldsymbol{I}$	单位矩阵
$\mathrm{diag}\{\cdot\}$	构造对角矩阵
$\log\{\cdot\}$	取对数，默认以 2 为底
$\ln\{\cdot\}$	以自然数 e 为底的对数
$\mathrm{tr}\{\cdot\}$	取矩阵迹
$\mathrm{sinc}\{a\}$	$\sin\{\pi a\}/\pi a$
$\exp\{a\}$	e^a
$\hat{x}$	x 的估计值
$\mathcal{F}\{\cdot\}$	快速傅里叶变换
$\mathcal{F}^{-1}\{\cdot\}$	快速傅里叶逆变换
$N(\mu,\sigma_n^2)$	均值为 μ、方差为 σ_n^2 的高斯分布
$\otimes$	Kronecker 积
$\oplus$	Hadamard 积
$\lVert\cdot\rVert_{\mathrm{F}}$	Frobenius 范数

第 1 章　绪　论

1.1　空间信息论的研究背景

雷达、声呐和医学成像等目标探测系统可以从反射信号中获取目标的距离、方向和幅度等空间信息，正在国防和国民经济部门发挥越来越重要的作用。雷达探测的主要任务是目标的检测、估计和成像。除距离和散射信息之外，相控阵雷达和合成孔径雷达 (synthetic aperture radar, SAR) 还可获得目标的方向信息，或者对观测区域进行成像。干涉合成孔径雷达甚至可以获得观测区域的三维空间信息。目前，雷达与通信技术相融合的趋势越来越明显，随着多输入多输出 (MIMO) 多天线技术在雷达和通信系统中的广泛应用 [1-6]，雷达通信一体化技术 [7-14] 迅速发展，从共用天线到共用射频，再到共用波形，融合的程度不断加深。

雷达是一种典型的信息获取系统，而通信是一种信息传输系统，那么，雷达和通信两种信息系统能否在信息理论的基础上进行统一的描述和刻画呢？

空间信息论正是以香农信息论为基础，研究雷达探测系统中信息获取一般规律的基础理论，这里的空间信息指被测目标相对于雷达的距离、方向和散射信息。空间信息论中“空间”一词是本书首次提出的，其意义与空间谱估计中“空间”的意义是一致的。

1.2　空间信息论研究的基本问题

雷达信号处理以目标检测、参数估计和目标成像为主要目标，相关系统理论和方法涉及的内容极其宽广。那么，空间信息论与雷达信号处理有什么区别和联系呢？我们认为，雷达信号处理主要研究信号层面的问题，包括各种信号处理的理论、准则和方法，而空间信息论主要研究更基础的信息层面的问题，这些问题往往与雷达系统的具体组成及信号处理方法无关。以本书的观点，雷达等信息获取系统的基本问题可概括如下：

(1) 探测信息的定量。探测信息的本质是什么，怎样对被测目标的距离信息、方向信息和散射信息进行统一定义。

(2) 目标检测。目标检测是指根据接收信号和统计信息检测目标的存在性及目标的数量。最优检测器一直是目标检测关注的主要问题，包括检测器的性能评价。

(3) 参数估计。参数估计是指根据接收信号和统计信息估计目标的距离、方向和大小等参数。最优估计器一直没有得到足够的重视，包括是否存在最优估计器，在何种意义上最优，以及最优精度是否可达。

(4) 空间分辨率。空间分辨率是指雷达可分辨目标的最小距离和最小角度。

针对上述基本问题，目前仍然存在的重要理论问题包括：

(1) 探测信息的定量是空间信息论关注的特定问题，一直不是雷达信号处理关注的主题。

(2) 在目标检测领域，奈曼–皮尔逊 (Neyman-Pearson，NP) 准则一直占有统治地位。因为在虚警概率–检测概率指标体系下，NP 准则是最佳的。那么，检测器性能有没有其他的评价指标，是否存在最优检测器，并且，最优性能是否可达？

(3) 在参数估计领域，虽然雷达信号处理已产生大量研究成果，但无论在理论上还是实践中都存在两大问题。第一个问题与估计精度的评价指标有关。通常用均方误差 (mean square error, MSE) 评价参数估计器的性能，这也是一般测量问题中普遍存在的。然而，在中低信噪比 (signal to noise ratio, SNR) 条件下判决统计量一般不是二阶统计量，这时仍然采用均方误差作为评价指标是不全面的，也是欠合理的。第二个问题是最优估计问题，信号处理理论默认最大后验 (maximum a posteriori, MAP) 概率估计或最大似然估计 (maximum likelihood estimation, MLE) 是最佳的，而空间信息论则进一步追问，是否存在一个最优精度是任何参数估计方法都不能超过的，并且，该最优精度是不是可达的？

(4) 在空间分辨率方面，信号处理理论认为，雷达的距离分辨是信号带宽的倒数，方向分辨率是天线孔径的倒数。然而，分辨率这一重要系统指标与信噪比无关显然是极不合理的。

空间信息论看待目标检测、参数估计和分辨率三个问题的角度和处理的方法与信号处理不尽相同。以参数估计问题为例，空间信息论认为后验概率分布的微分熵代表被测参数的不确定性，因此，将后验概率分布的熵功率定义为熵误差 (entropy error, EE)，并采用熵误差作为参数估计方法的评价指标。理论上熵误差是均方误差的推广，并在高信噪比条件下退化为均方误差，从而避免均方误差在中低信噪比条件下的尴尬局面。

近年来，作者研究团队对上述基本问题开展研究工作，所取得的主要研究成果可概括为六个原创概念和四个定理 (简称 C^6T^4，见后面详细论述)，创立了空间信息论的理论框架。本书的总结当然是阶段性的，不可能对上述一系列基本问题给出全部答案。空间信息论实际上属于探测科学领域，目前，探测科学尚未引起学术界的广泛重视。作者希望信息理论与雷达信号处理领域的学者共同探讨空间信息论这一新兴主题。

1.3 信息论在雷达探测系统中的前期研究工作

信息论与雷达的关系是国际学术界长期关注，而未能解决的基础理论问题。2017 年，国际信息论期刊 *Entropy* “Radar and Information Theory” 特刊的征稿启事 [15] 中写道：“自 Woodward 和 Davies 开创性地研究雷达信息理论的半个多世纪以来，信息理论已广泛应用于雷达信号处理中。然而，由于在雷达和通信领域中 ‘信息’ 概念的内在差异，对雷达应用中信息理论的研究并不如其在通信领域中来得深入。雷达系统的唯一目的是寻找关于目标的信息，通常意义上是非合作的，而通信系统的目的是提取有关发射信号的信息。随后，Bell 的开创性论文，即以信息论测度自适应地设计发射波形，进而从接收的测量信号中提取更多的目标信息，使得信息论在雷达信号处理中重新站稳了脚跟。自此以后，信息理论准则，特别是互信息 (mutual information) 和相对熵 (又称为 Kullback-Leibler 散度)，已成为自适应雷达波形设计算法的核心。” 该则启事充分表达了国际学术界开展 “雷达与信息论” 主题研究的迫切愿望！下面综述信息论在雷达系统中的主要研究工作及最新进展。

从 Woodward 和 Davies 研究距离信息 [16−18] 至今已有约 70 年历史，特别是 Bell 的研究工作 [19] 发表后，以互信息和相对熵为测度进行雷达系统的波形设计引起了国内外学术界的广泛关注。现将相关研究工作分述如下。

1.3.1 距离信息

距离信息的研究可追溯至 20 世纪 50 年代，Woodward 和 Davies [16−18] 采用逆概率原理研究距离信息问题，针对单恒模散射目标，得到了距离信息与时间带宽积 (time bandwidth product，TBP)、SNR 的近似关系。然而，Woodward 和 Davies 只研究了雷达探测系统中目标的距离信息问题，而没有涉及散射信息问题。而且，由于逆概率研究方法的局限，在他们的研究方向上，近 70 年以来没有取得进一步发展。

1.3.2 以互信息和相对熵为测度的雷达波形设计

1988 年，Bell 首先将互信息测度用于雷达系统的波形设计 [19]，根据 NP 准则，Bell 证明了最佳波形设计对应于信道容量的最优功率注水解 [20]，正好与通信系统的最优功率分配问题相吻合。

在 Bell 的系统模型中，目标的距离信息隐含于冲激响应中。由于实际环境中目标位置是不断变化的，因此，必须采用自适应的波形设计方法。由于 Bell 的工作是针对目标检测问题提出来的，其模型并不区分不同的目标，因此，从本质上说，Bell 的工作只研究了空间信息中的散射信息问题，而没有涉及雷达探测系统中更重要的距离信息问题。

Bell 的研究工作被进一步推广到不同雷达系统的波形优化设计中，但相关研究工作在本质上都不考虑距离信息。Leshem 等 [21,22] 首先提出了一种针对单目标的频域波形设计方法，并进一步推广到多目标系统中。类似地，Setlur 和 Devroye [23] 利用最大化幅度互信息测度，使得雷达系统可以从预先确定的波形集合中进行自适应选择。Wang 等 [24] 针对常散射系数模型，建立认知雷达的幅度互信息表达式，并用于波形的自适应设计。根据 NP 准则，相对熵 (Kullback-Leibler 散度) 越大，目标检测器的性能越好。因此，相对熵及相关的互信息准则也被应用于雷达系统的波形设计。针对多基地雷达的目标检测问题，Kay [25] 建立了假设检验的相对熵表达式，并在能量约束条件下，通过最大化相对熵对多基地雷达的发射信号进行优化设计。Sowelam 和 Tewfik [26] 通过最大化 Kullback-Leibler 散度，研究固定和变化两种不同的目标环境中雷达目标分类的波形选择问题。Zhu 等 [27] 在有色噪声环境中，研究扩展目标检测时的最佳雷达波形问题，比较了输出 SNR、Kullback-Leibler 散度和互信息三种现有波形设计度量之间的关系。针对基于假设检验的扩展目标识别问题，Xin 等 [28] 利用相对熵准则研究信号相关干扰下的波形设计问题。

目前互信息准则也广泛应用于多载波和 MIMO 雷达等系统中。Sen 和 Nehorai [29,30] 研究了基于互信息准则的正交频分复用 (OFDM) 雷达波形设计问题，优化当前 OFDM 信号波形，使下一个脉冲状态矢量和测量矢量之间的互信息达到最大。在 MIMO 雷达中，Yang 和 Blum [31,32] 研究与雷达波形设计相关的目标识别和分类问题。Yang 在传输功率约束条件下，以最大化随机目标冲激响应与反射波形之间的条件互信息作为波形设计准则，根据注水原理进行功率分配。他们发现，在相同的功率约束下，最大化互信息的设计方法同最小化均方误差所得到的优化波形相同。Tang 等 [33−35] 进一步研究了 MIMO 雷达在有色噪声中的波形设计问题。他们分别采用互信息测度和相对熵测度作为最优波形设计准则。尽管两种最优解导致了不同的功率分配策略，但都要求传输波形与目标/噪声特性相匹配。Liu 等 [6] 研究自适应 OFDM 雷达通信系统波形设计，以提高频谱效率，解决了雷达的条件互信息和通信的信息速率的优化问题。Chen 等 [36] 利用互信息准则研究自适应分布式 MIMO 雷达系统的波形优化问题，可以有效地改善目标检测和特征提取性能。

1.3.3 信息论在雷达信号处理相关领域中的应用

Paul 和 Bliss [37] 建立了恒定信息雷达的模型和概念，并提出基于互信息准则的雷达目标调度算法。Talantzis 等 [38] 利用互信息测度进行声学波达方向 (direction of arrival, DOA) 估计，以两个接收传感器信号之间的互信息作为统计量提出了一种声学传感器中 DOA 估计算法。此外，信息论方法还被用于异常信号的检测 [39−41]。

1.3.4 国内在信息论与雷达领域的研究工作

国内学者的研究工作主要集中在雷达波形设计方面。国防科技大学程永强教授团队 [42–45] 研究信息几何理论在雷达信号检测和信号处理中的应用，采用 Kullback-Leibler 散度对检测器及性能进行几何阐述，为雷达信号检测问题提供一种更全面的描述方法。针对认知雷达中多个扩展目标的波形优化设计问题，上海交通大学刘兴钊教授 [46] 基于最大化接收回波的检测概率策略，通过引入附加权重向量提高了目标检测和估计的精度，结果表明与线性调频 (linear frequency modulation, LFM) 信号相比，基于最大检测概率和最大互信息准则，可以使雷达回波包含更丰富的多目标信息，从而提高雷达检测性能。哈尔滨工程大学齐琳 [47] 提出基于信息熵和集成学习的调制信号识别方法，通过特征选择算法获得最优特征子集和最佳分类器。西安电子科技大学刘宏伟教授团队 [48] 针对扩展目标识别中距离敏感性的波形优化问题，在传统的注水原理基础上提出了特征互信息方法，通过最大化识别特征与目标特性之间的互信息提高目标的可分性。针对多个雷达目标的识别问题，国防科技大学廖东平 [49] 研究了基于互信息准则的认知雷达自适应波形设计方法，明显提高了多目标的识别性能。时晨光 [50,51] 研究了鲁棒雷达波形设计方法，在目标特征的互信息和通信系统的最小容量阈值约束条件下，通过优化 OFDM 雷达波形，最小化雷达发射功率。他们还利用互信息准则研究雷达网络中的低截获概率问题，并给出了波形优化设计结果。

1.3.5 作者研究团队在空间信息理论方面的研究工作

作者围绕雷达探测的基本问题开展研究工作，并创立了空间信息论的理论框架 [52]。该框架由六个原创概念和四个定理 (C^6T^4) 构成，现概括如下：

C1：空间信息

我们将空间信息定义为接收信号与目标距离及散射的联合互信息，从而将距离信息和幅度信息纳入统一定义框架中，并推导出位置信息的理论公式 [53,54]。多载波雷达的空间信息 [55] 发表于国际会议 2019 International Conference on Computer, Information and Telecommunication Systems。我们将空间信息的概念推广到传感器阵列，给出了 DOA 信息和散射的统一定义，研究工作 [56] 已发表于国际期刊 *IET Communications*。最近，进一步研究了相控阵雷达的空间信息问题，我们把目标的距离信息、方向信息和散射信息纳入空间信息的统一定义框架，该部分研究工作 [57] 已发表于国际会议 The 5th IEEE International Conference on Computer and Communications。

我们还研究了多载波雷达探测系统中信息量与最大似然估计的关系，设计了一种基于频域均衡和峰值搜索的最大似然估计算法 [58]。针对多载波雷达目标探测系统，推导了距离信息、散射信息在恒模和高斯散射系数模型下的表达式，并给出了距离信息的近似解的闭合表达式 [58]。

空间信息的计算十分复杂，目前，我们已解决单目标空间信息的计算问题 [59]。针对多目标的距离信息 [60]，我们推导了理论公式和稀疏条件下的近似表达式。针对多目标的散射信息 [60]，我们推导了两目标散射信息的闭合表达式以及稀疏条件下的近似表达式。

C2：熵误差

提出用熵误差指标评价参数估计的精度 [56]，熵误差定义为后验微分熵的熵功率，它是均方误差指标的推广，在高 SNR 条件下退化为均方误差。熵误差优于均方误差的原因在于，中低 SNR 条件下，误差统计量不再是二阶统计量，均方误差已不能完全反映系统性能。我们进一步研究了空间信息与克拉默–拉奥界 (Cramér-Rao bound，CRB) 的关系，证明在高 SNR 条件下 CRB 等价于距离信息的渐近上界。熵误差作为雷达系统性能的理论极限，不依赖于特定的估计方法，且适用于各种 SNR 工作条件，为雷达系统设计提供理论依据。

C3：克拉默–拉奥分辨率

用空间信息理论解释雷达分辨率是近期的研究工作 [60,61]，我们发现可以通过特征信道的散射信息定义空间分辨率 $\varDelta = 2/(\rho\beta)$，其中 ρ 为 SNR 的平方根，β 为均方根带宽，这种分辨率不仅与信号带宽有关，还与 SNR 有关。由于新分辨率在形式上与 CRB 一致，故称克拉默–拉奥分辨率 (简称 CR 分辨率)。CR 分辨率在理论上指出超分辨的可能性，并已得到多维最大似然估计方法的验证。还指出传统分辨率是一维最大似然估计方法的分辨能力，而分辨率问题本质上是多维问题，因此，多维最大似然估计方法的超分辨率与传统分辨率并不矛盾。

C4：抽样后验概率估计 [62]

常见的最大似然估计和最大后验概率估计是确定性估计，对给定接收信号序列的估计值是唯一确定的，而抽样后验 (sampling a posteriori, SAP) 概率估计是一种随机估计器，通过对后验概率分布 $p(x|\boldsymbol{z})$ 的抽样产生估计值 $\hat{x}_{\mathrm{SAP}}$，因此，给定接收信号的估值是不确定的。我们提出抽样后验概率估计的目的是证明参数估计定理，因为它的性能取决于后验概率分布，而最大后验概率估计的性能不容易确定。这种思想与香农编码定理采用的随机编码方法一脉相承。抽样后验概率估计方法还具有重要的实际应用价值，它避免了确定性估计方法遇到的谱峰搜索问题，在多维参数估计应用场景具有低复杂度优势。

C5：检测信息

通过引入目标存在状态变量，建立目标检测与参数估计的统一系统模型。给出探测信息的严格定义，并证明探测信息是目标检测信息与已知目标存在状态的空间信息之和，从理论上解决了探测信息的定量问题。检测信息定义为接收信号与目标存在状态之间的互信息，可作为目标检测器性能的评价指标。

C6：抽样后验概率检测

常见的目标检测方法采用 NP 准则，对给定接收信号的检测结果是唯一确定的，而抽样后验概率检测是一种随机检测器，对给定接收信号的检测结果是不确定的。提出抽样后验概率检测的目的是证明目标检测定理，因为它的性能取决于后验概率分布。

T1：探测信息定理

探测信息定理 [56] 指出，每获得 1bit 位置信息等价于熵偏差 (entropy deviation error, EDE) 缩小一半，或探测精度提高一倍。该定理揭示探测信息的本质来源于探测精度，在信息与探测精度之间建立起桥梁。

T2：参数估计定理

参数估计定理 [62] 分正定理和逆定理两部分，具体内容如下：

熵误差是可达的；反之，任何估计器的经验熵误差不可能小于熵误差。

参数估计定理解决了最优参数估计问题，指出所定义的熵误差是估计性能的理论极限，为实际雷达探测系统设计提供理论依据。

T3：目标检测定理

目标检测定理 [63] 是我们最新的研究工作，也分正定理和逆定理两部分，具体内容如下：

检测信息是可达的；反之，任何检测器的经验检测信息不可能大于检测信息。

该定理证明了目标检测的理论极限，为目标检测系统设计提供理论依据。目前，检测信息准则和 NP 准则哪种最优并无定论，但检测信息准则打破了 NP 准则一统天下的局面，为目标检测领域开辟了新的方向。

T4：虚警定理

虚警定理：在加性高斯白噪声信道上，如果观测时间足够长，则虚警概率 P_{FA} 等于目标存在的先验概率 $P(1)$。

虚警定理也是我们最新的研究工作。关于检测器的性能，信息论方法虽然只有检测信息一个性能指标，但检测信息还依赖于先验分布。NP 检测器的性能有虚警概率和检测概率两个性能指标。虚警定理成为信息论方法和 NP 方法之间联系的桥梁。只要令 $P_{\mathrm{FA}} = P(1)$，则信息论方法和 NP 方法的前提条件就完全一致了，这时可以对两种方法的性能进行客观的比较。

虚警定理不仅形式上非常优美，而且具有认识论上的意义。我们知道，先验概率代表历史和经验，由于人类认识的局限性，对先验概率的了解总是不充分的。虚警代表根据已知数据和事实做出的错误决策。虚警定理揭示了错误决策本质上来源于人类认识的局限性。

1.3.6 空间信息论的理论意义和应用价值

在理论上，雷达探测空间信息理论也可称为“雷达的数学理论”，可以对雷达探测的一系列基本问题给出系统的回答，比如，雷达探测获取信息的定量问题，探测精度和空间分辨率的信息论评价方法问题。建立距离信息、方向信息和幅度信息的统一描述方法，用香农信息论把雷达信息获取系统和通信信息传输系统的理论基础统一起来，丰富和发展信息理论体系。

在应用上，雷达探测系统性能的理论极限一直是学术界关注的重点，CRB 指出了各种参数估计方法所能达到的理论极限，长期以来，一直是各种信号处理方法提供比较的依据。然而，CRB 只适用于高 SNR，而不适用于中低 SNR 条件。在实际应用中，中低 SNR 工作条件更为常见，而相关的理论极限处于空白状态。我们从空间信息理论提出的熵误差和 CR 分辨率指标不依赖于具体的探测方法，正好填补这一空白，可以在各种 SNR 条件下为实际系统设计提供比较的依据。

综上所述，关于目标检测、估计和成像的理论和方法在雷达信号处理领域已开展大量的研究工作，但在雷达探测的信息理论方面仍存在重要的基础理论问题亟待解决。本书致力于建立空间信息的统一描述方法和空间信息论的理论框架，以期推动空间信息论在雷达信号处理领域的应用。

参 考 文 献

[1] Liu F, Masouros C, Li A, et al. MU-MIMO communications with MIMO radar: From co-existence to joint transmission[J]. IEEE Transactions on Wireless Communications, 2017, 17(4): 2755-2770.

[2] Li B, Petropulu A P. Joint transmit designs for coexistence of MIMO wireless communications and sparse sensing radars in clutter[J]. IEEE Transactions on Aerospace and Electronic Systems, 2017, 53(6): 2846-2864.

[3] Liu F, Masouros C, Li A, et al. MIMO radar and cellular coexistence: A power-efficient approach enabled by interference exploitation[J]. IEEE Transactions on Signal Processing, 2018, 66(14): 3681-3695.

[4] Cheng Z Y, Liao B, He Z S, et al. Spectrally compatible waveform design for MIMO radar in the presence of multiple targets[J]. IEEE Transactions on Signal Processing, 2018, 66(13): 3543-3555.

[5] Qian J H, He Z S, Huang N, et al. Transmit designs for spectral coexistence of MIMO radar and MIMO communication systems[J]. IEEE Transactions on Circuits and Systems II: Express Briefs, 2018, 65(12): 2072-2076.

[6] Liu Y J, Liao G S, Xu J W, et al. Adaptive OFDM integrated radar and communications waveform design based on information theory[J]. IEEE Communications Letters, 2017, 21(10): 2174-2177.

[7] Huang K W, Bică M, Mitra U, et al. Radar waveform design in spectrum sharing environment: Coexistence and cognition[C]//2015 IEEE Radar Conference (RadarCon), Arlington, 2015: 1698-1703.

[8] Bică M, Koivunen V. Generalized multicarrier radar: Models and performance[J]. IEEE Transactions on Signal Processing, 2016, 64(17): 4389-4402.

[9] Liu F, Zhou L F, Masouros C, et al. Toward dual-functional radar-communication systems: Optimal waveform design[J]. IEEE Transactions on Signal Processing, 2018, 66(16): 4264-4279.

[10] Hassanien A, Amin M G, Zhang Y D, et al. Signaling strategies for dual-function radar communications: An overview[J]. IEEE Aerospace and Electronic Systems Magazine, 2016, 31(10): 36-45.

[11] Hassanien A, Amin M G, Zhang Y D, et al. Dual-function radar-communications: Information embedding using sidelobe control and waveform diversity[J]. IEEE Transactions on Signal Processing, 2016, 64(8): 2168-2181.

[12] Paul B, Chiriyath A R, Bliss D W. Survey of RF communications and sensing convergence research[J]. IEEE Access, 2017, 5(99): 252-270.

[13] Chiriyath A R, Paul B, Jacyna G M, et al. Inner bounds on performance of radar and communications co-existence[J]. IEEE Transactions on Signal Processing, 2015, 64(2): 464-474.

[14] Chiriyath A R, Paul B, Bliss D W. Radar-communications convergence: Coexistence, cooperation, and co-design[J]. IEEE Transactions on Cognitive Communications and Networking, 2017, 3(1): 1-12.

[15] Entropy. Radar and Information Theory Special Issue[EB/OL]. https://www.mdpi.com/journal/entropy/special_issues/radar_and_information_theory. [2017-12-30].

[16] Woodward P M, Davies I L. A theory of radar information[J]. The London, Edinburgh, and Dublin Philosophical Magazine and Journal of Science, 1950, 41(321): 1001-1017.

[17] Woodward P. Theory of radar information[J]. Transactions of the IRE Professional Group on Information Theory, 1953, 1(1): 108-113.

[18] Woodward P M, Davies I L. Information theory and inverse probability in telecommunication[J]. Proceedings of the IEE -Part III: Radio and Communication Engineering, 1952, 99(58): 37-44.

[19] Bell M R. Information theory and radar: Mutual information and the design and analysis of radar waveforms and systems[D]. Pasadena: California Institute of Technology, 1988.

[20] Bell M R. Information theory and radar waveform design[J]. IEEE Transactions on Information Theory, 1993, 39(5): 1578-1597.

[21] Leshem A, Naparstek O, Nehorai A. Information theoretic adaptive radar waveform design for multiple extended targets[J]. IEEE Journal of Selected Topics in Signal Processing, 2007, 1(1): 42-55.

[22] Leshem A, Naparstek O, Nehorai A. Information theoretic radar waveform design for

multiple targets[C]//2007 International Waveform Diversity and Design Conference, Pisa, 2006: 362-366.
[23] Setlur P, Devroye N. Adaptive waveform scheduling in radar: An information theoretic approach[J]. Proceedings of SPIE -The International Society for Optical Engineering, 2012, 8361(3): 166.
[24] Wang B, Yang W F, Wang J K. Adaptive waveform design for multiple radar tasks based on constant modulus constraint[J]. Journal of Applied Mathematics, 2013, 2013: 1-6.
[25] Kay S. Waveform design for multistatic radar detection[J]. IEEE Transactions on Aerospace and Electronic Systems, 2009, 45(3): 1153-1166.
[26] Sowelam S M, Tewfik A H. Waveform selection in radar target classification[J]. IEEE Transactions on Information Theory, 2000, 46(3): 1014-1029.
[27] Zhu Z H, Kay S, Raghavan R S. Information-theoretic optimal radar waveform design[J]. IEEE Signal Processing Letters, 2017, 24(3): 274-278.
[28] Xin F, Wang J, Wang B, et al. Waveform design for extended target recognition based on relative entropy[J]. Journal of Computational Information Systems, 2012, 8(19): 8111-8118.
[29] Sen S, Nehorai A. Adaptive OFDM radar for target detection in multipath scenarios[J]. IEEE Transactions on Signal Processing, 2010, 59(1): 78-90.
[30] Sen S, Nehorai A. OFDM MIMO radar with mutual-information waveform design for low-grazing angle tracking[J]. IEEE Transactions on Signal Processing, 2010, 58(6): 3152-3162.
[31] Yang Y, Blum R S. Radar waveform design using minimum mean-square error and mutual information[C]//Fourth IEEE Workshop on Sensor Array and Multichannel Processing, Waltham, 2006: 234-238.
[32] Yang Y, Blum R S. MIMO radar waveform design based on mutual information and minimum mean-square error estimation[J]. IEEE Transactions on Aerospace and Electronic Systems, 2007, 43(1): 330-343.
[33] Tang B, Li J. Spectrally constrained MIMO radar waveform design based on mutual information[J]. IEEE Transactions on Signal Processing, 2019, 67(3): 821-834.
[34] Tang B, Naghsh M M, Tang J. Relative entropy-based waveform design for MIMO radar detection in the presence of clutter and interference[J]. IEEE Transactions on Signal Processing, IEEE, 2015, 63(14): 3783-3796.
[35] Tang B, Tang J, Peng Y N. MIMO radar waveform design in colored noise based on information theory[J]. IEEE Transactions on Signal Processing, 2010, 58(9): 4684-4697.
[36] Chen Y, Nijsure Y, Yuen C, et al. Adaptive distributed MIMO radar waveform optimization based on mutual information[J]. IEEE Transactions on Aerospace and Electronic Systems, 2013, 49(2): 1374-1385.
[37] Paul B, Bliss D W. The constant information radar[J]. Entropy, 2016, 18(9): 1-23.
[38] Talantzis F, Constantinides A G, Polymenakos L C. Estimation of direction of arrival

using information theory[J]. IEEE Signal Processing Letters, 2005, 12(8): 561-564.

[39] Mostafa A, Sinan S, Harald H. The information theoretic approach to signal anomaly detection for cognitive radio[C]//IEEE GLOBECOM 2008 -2008 IEEE Global Telecommunications Conference, New Orleans, 2008: 3139-3143.

[40] Srivastav A, Ray A, Gupta S. An information-theoretic measure for anomaly detection in complex dynamical systems[J]. Mechanical Systems and Signal Processing, 2009, 23(2): 358-371.

[41] Lee W, Xiang D. Information-theoretic measures for anomaly detection[C]//Proceedings of 2001 IEEE Symposium on Security and Privacy, Oakland, 2001: 130-143.

[42] Wu H, Cheng Y Q, Hua X Q, et al. Vector bundle model of complex electromagnetic space and change detection[J]. Entropy, 2019, 21(1): 10-26.

[43] Cheng Y Q, Hua X Q, Wang H Q, et al. The geometry of signal detection with applications to radar signal processing[J]. Entropy, 2016, 18(11): 381-397.

[44] Hua X Q, Cheng Y Q, Wang H Q, et al. Information geometry for covariance estimation in heterogeneous clutter with total Bregman divergence[J]. Entropy, 2018, 20(4): 258-272.

[45] Cheng Y Q, Li X, Wang H Q, et al. Bayesian nonlinear filtering via information geometric optimization[J]. Entropy, 2017, 19(12): 655-673.

[46] Zhang X W, Liu X Z. Adaptive waveform design for cognitive radar in multiple targets situation[J]. Entropy, 2018, 20(2): 114-129.

[47] Zhang Z, Li Y B, Jin S S, et al. Modulation signal recognition based on information entropy and ensemble learning[J]. Entropy, Multidisciplinary Digital Publishing Institute, 2018, 20(3): 198-215.

[48] 纠博, 刘宏伟, 李丽亚, 等. 雷达波形优化的特征互信息方法 [J]. 西安电子科技大学学报 (自然科学版), 2009, 36(1): 139-144.

[49] 范梅梅, 廖东平, 丁小峰, 等. 基于 WLS-TIR 的多目标识别认知雷达波形自适应方法 [J]. 电子学报, 2012, 40(1): 73-77.

[50] Shi C G, Wang F, Sellathurai M, et al. Power minimization-based robust OFDM radar waveform design for radar and communication systems in coexistence[J]. IEEE Transactions on Signal Processing, 2018, 66(5): 1316-1330.

[51] Shi C G, Wang F, Salous S, et al. Low probability of intercept-based optimal OFDM waveform design strategy for an integrated radar and communications system[J]. IEEE Access, 2018, 6: 57689-57699.

[52] 徐大专, 罗浩. 空间信息论的新研究进展 [J]. 数据采集与处理, 2019, (6): 2.

[53] Xu S K, Xu D Z, Luo H. Information theory of detection in radar systems[C]//2017 IEEE International Symposium on Signal Processing and Information Technology (ISSPIT), Xiamen, 2017: 249-254.

[54] 徐大专, 陈越帅, 陈月, 等. 雷达探测系统中目标位置和幅相信息量研究 [J]. 数据采集与处理, 2018, 33(2): 207-214.

[55] Luo H, Xu D Z, Chen Y, et al. Range information and amplitude-phase information

for multi-carrier radar systems[C]//2019 International Conference on Computer, Information and Telecommunication Systems, Beijing, 2019: 1-5.

[56] Xu D Z, Yan X, Xu S K, et al. Spatial information theory of sensor array and its application in performance evaluation[J]. IET Communications, IET, 2019, 13(15): 2304-2312.

[57] Shi C, Xu D Z, Zhou Y, et al. Range-DOA information and scattering information in phased-array radar[C]//2019 IEEE 5th International Conference on Computer and Communications, Chengdu, 2019: 747-752.

[58] Chen Y, Xu D Z, Luo H, et al. A maximum likelihood distance estimation algorithm for multi-carrier radar system[J]. The Journal of Engineering, 2019, (6): 7432-7435.

[59] Luo H, Xu D Z, Tu W L, et al. Closed-form asymptotic approximation of target's range information in radar detection systems[J]. IEEE Access, 2020, 8: 105561-105570.

[60] Zhu S, Xu D Z. Range-scattering information and range resolution of multiple target radar[C]//2019 4th International Conference on Communication and Information Systems (ICCC), Wuhan, 2019: 168-173.

[61] Zhou Y, Xu D Z, Yan X. Spatial information and angular resolution of sensor array[C]//2019 IEEE 5th International Conference on Computer and Communications (ICCC), Chengdu, 2019: 581-586.

[62] 徐大专, 屠伟林, 施超, 等. 参数估计定理 [J]. 数据采集与处理, 2020, 35(4): 591-602.

[63] 徐大专, 胡超, 潘登, 等. 目标检测定理 [J]. 数据采集与处理, 2020, 35(5): 791-806.

第 2 章　信息论基础

本章内容为后续章节的基础，分为两个部分，其一是信息论所涉及的矩阵代数相关知识，其二则是离散与连续随机变量的熵、互信息及它们的性质。第二部分同时介绍了信息散度、条件熵、多维高斯分布的平均互信息等概念和相关特性。

2.1　矩阵代数的相关知识

2.1.1　特征值与特征向量

令 $\boldsymbol{A}\in\mathbb{C}^{n\times n}$，$\boldsymbol{e}\in\mathbb{C}^{n}$，若标量 λ 和非零向量 $\boldsymbol{e}$ 满足方程

$$\boldsymbol{A}\boldsymbol{e}=\lambda\boldsymbol{e} \tag{2.1}$$

则称 λ 是矩阵 $\boldsymbol{A}$ 的特征值，$\boldsymbol{e}$ 是与 $\boldsymbol{A}$ 对应的特征向量。特征值与特征向量总是成对出现，$(\lambda,\boldsymbol{e})$ 称为矩阵的特征对，特征值可能为零，但是特征向量一定非零。

2.1.2　矩阵的奇异值分解

对于复矩阵 $\boldsymbol{A}_{m\times n}$,称它的 n 个特征根 λ_i 的算术根 $\sigma_i=\sqrt{\lambda_i}(i=1,2,3,\cdots,n)$ 为 $\boldsymbol{A}$ 的奇异值，若记 $\boldsymbol{\Sigma}=\mathrm{diag}(\sigma_1,\sigma_2,\cdots,\sigma_r)$，其中 $\sigma_1,\sigma_2,\cdots,\sigma_r$ 是 $\boldsymbol{A}$ 的全部非零奇异值，则称 $m\times n$ 矩阵为 $\boldsymbol{A}$ 的奇异值矩阵。

$$\boldsymbol{S}=\begin{bmatrix}\boldsymbol{\Sigma} & \boldsymbol{0}\\ \boldsymbol{0} & \boldsymbol{0}\end{bmatrix}=\begin{bmatrix}\sigma_1 & & & & & \\ & \ddots & & & & \\ & & \sigma_r & & & \\ & & & 0 & & \\ & & & & \ddots & \\ & & & & & 0\end{bmatrix} \tag{2.2}$$

奇异值分解定理：对于 $m\times n$ 阶矩阵，则分别存在一个 $m\times n$ 维酉矩阵 $\boldsymbol{U}$ 和一个 $n\times m$ 维酉矩阵 $\boldsymbol{V}$，使得

$$\boldsymbol{A}=\boldsymbol{U}\boldsymbol{\Sigma}\boldsymbol{V}^{\mathrm{H}} \tag{2.3}$$

2.1.3 Hermitian 矩阵

如果矩阵 $\boldsymbol{A}_{n\times n}$ 满足

$$\boldsymbol{A}=\boldsymbol{A}^{\mathrm{H}} \tag{2.4}$$

则称 $\boldsymbol{A}$ 为 Hermitian 矩阵。Hermitian 矩阵具有以下主要性质：

(1) 所有特征值都是实数。

(2) 对应于不同特征值的特征向量相互正交。

(3) Hermitian 矩阵可分解为 $\boldsymbol{A}=\boldsymbol{E}\boldsymbol{\varLambda}\boldsymbol{E}^{\mathrm{H}}=\sum_{i=1}^{n}\xi_i\boldsymbol{e}_i\boldsymbol{e}_i^{\mathrm{H}}$ 的形式，这一分解称为谱定理，也就是矩阵 $\boldsymbol{A}$ 的特征值分解定理，其中 $\boldsymbol{\varLambda}=\mathrm{diag}(\xi_1,\xi_2,\cdots,\xi_n)$，$\boldsymbol{E}=[\boldsymbol{e}_1,\boldsymbol{e}_2,\cdots,\boldsymbol{e}_n]$ 是由特征向量构成的酉矩阵 [1]。

2.1.4 Kronecker 积

定义 2.1 $p\times q$ 矩阵 $\boldsymbol{A}$ 和 $m\times n$ 矩阵 $\boldsymbol{B}$ 的 Kronecker 积记作 $\boldsymbol{A}\otimes\boldsymbol{B}$，它是一个 $pm\times qn$ 矩阵，定义为

$$\boldsymbol{A}\otimes\boldsymbol{B}==\begin{bmatrix} a_{11}\boldsymbol{B} & a_{12}\boldsymbol{B} & \cdots & a_{1q}\boldsymbol{B} \\ a_{21}\boldsymbol{B} & a_{22}\boldsymbol{B} & \cdots & a_{2q}\boldsymbol{B} \\ \vdots & \vdots & & \vdots \\ a_{p1}\boldsymbol{B} & a_{p2}\boldsymbol{B} & \cdots & a_{pq}\boldsymbol{B} \end{bmatrix} \tag{2.5}$$

Kronecker 积有一个重要的性质，即 $\boldsymbol{U}\in\mathbb{C}^{m\times n}$，$\boldsymbol{V}\in\mathbb{C}^{n\times p}$，以下等式成立：

$$\mathrm{vec}(\boldsymbol{UVW})=(\boldsymbol{W}^{\mathrm{T}}\otimes\boldsymbol{U})\mathrm{vec}(\boldsymbol{V}) \tag{2.6}$$

式中，$\mathrm{vec}(\cdot)$ 为向量化算子，$\boldsymbol{A}\in\mathbb{C}^{I\times R}$，且 $\mathrm{vec}(\boldsymbol{A})$ 具有下面形式：

$$\boldsymbol{a}=\mathrm{vec}(\boldsymbol{A})=\begin{bmatrix} a_{1,1} \\ \vdots \\ a_{I,1} \\ \vdots \\ a_{1,R} \\ \vdots \\ a_{I,R} \end{bmatrix}\in\mathbb{C}^{IR\times 1} \tag{2.7}$$

Kronecker 积具有如下性质：

$$\boldsymbol{A}\otimes(a\boldsymbol{B})=a(\boldsymbol{A}\otimes\boldsymbol{B})$$

$$(\boldsymbol{A}\otimes\boldsymbol{B})^{\mathrm{T}}=\boldsymbol{A}^{\mathrm{T}}\otimes\boldsymbol{B}^{\mathrm{T}}$$

$$(\boldsymbol{A}+\boldsymbol{B})\otimes\boldsymbol{C}=\boldsymbol{A}\otimes\boldsymbol{C}+\boldsymbol{B}\otimes\boldsymbol{C}$$

$$\boldsymbol{A}\otimes(\boldsymbol{B}+\boldsymbol{C})=\boldsymbol{A}\otimes\boldsymbol{B}+\boldsymbol{A}\otimes\boldsymbol{C}$$

$$\boldsymbol{A}\otimes(\boldsymbol{B}\otimes\boldsymbol{C})=(\boldsymbol{A}\otimes\boldsymbol{B})\otimes\boldsymbol{C}$$

$$(\boldsymbol{A}\otimes\boldsymbol{B})(\boldsymbol{C}\otimes\boldsymbol{D})=\boldsymbol{AC}\otimes\boldsymbol{BD}$$

$$(\boldsymbol{A}\otimes\boldsymbol{B})^{+}=\boldsymbol{A}^{+}\otimes\boldsymbol{B}^{+}$$

$$\mathrm{vec}\,(\boldsymbol{AYB})=(\boldsymbol{B}^{\mathrm{T}}\otimes\boldsymbol{A})\mathrm{vec}(\boldsymbol{Y})$$

$$\mathrm{tr}\,(\boldsymbol{A}\otimes\boldsymbol{B})=\mathrm{tr}\,(\boldsymbol{A})\,\mathrm{tr}\,(\boldsymbol{B})$$

2.1.5 矩阵求逆公式

对于矩阵 $\boldsymbol{A}_{n\times n}$，如果存在 $\boldsymbol{B}_{n\times n}$，使得

$$\boldsymbol{AB}=\boldsymbol{BA}=\boldsymbol{I} \tag{2.8}$$

式中，$\boldsymbol{I}_{n\times n}$ 为单位矩阵，则称 $\boldsymbol{A}$ 可逆，而 $\boldsymbol{B}$ 为 $\boldsymbol{A}$ 的逆矩阵，且逆矩阵具有唯一性。一般情况下，将 $\boldsymbol{A}$ 的逆矩阵记为 $\boldsymbol{A}^{-1}$。下面引入两个实用的矩阵求逆公式。

对于“$\boldsymbol{I}+\boldsymbol{UV}$”形式的 $n\times n$ 方阵，有

$$(\boldsymbol{I}+\boldsymbol{UV})^{-1}=\boldsymbol{I}-\boldsymbol{U}\,(\boldsymbol{I}+\boldsymbol{VU})^{-1}\,\boldsymbol{V} \tag{2.9}$$

对于“$\boldsymbol{A}+\boldsymbol{xy}^{\mathrm{H}}$”形式的 $n\times n$ 方阵，其中 $\boldsymbol{xy}$ 为 $n\times 1$ 矢量，有

$$\left(\boldsymbol{A}+\boldsymbol{xy}^{\mathrm{H}}\right)^{-1}=\boldsymbol{A}^{-1}-\frac{\boldsymbol{A}^{-1}\boldsymbol{xy}^{\mathrm{H}}\boldsymbol{A}^{-1}}{1+\boldsymbol{y}^{\mathrm{H}}\boldsymbol{A}^{-1}\boldsymbol{x}} \tag{2.10}$$

2.2 离散信源的熵

本节介绍离散信源的熵，即离散集合的平均信息熵。

离散信源 X 的熵定义为自信息的平均值，记为 $H(X)$：

$$H(X)=\underset{p(x)}{E}[I(x)]=\underset{p(x)}{E}[-\log p(x)]=-\sum_{x}p(x)\log p(x) \tag{2.11}$$

式中，$I(x)$ 表示事件 x 的自信息；$\underset{p(x)}{E}$ 表示对随机变量用 $p(x)$ 取平均运算，熵的单位为比特/信源符号。

信息熵 $H(X)$ 从平均意义上表征信源的总体特性，其含义体现在如下几个方面：

(1) 在信源输出前，表示信源的平均不确定性；

(2) 在信源输出后，表示一个信源符号所提供的平均信息量；

(3) 表示信源随机性大小，$H(X)$ 大的，随机性大；

(4) 当信源输出后，不确定性就解除，熵可看成解除信源不确定性所需的信息量。

算例 2.1　考虑如下分布的随机变量：

$$\begin{bmatrix} X \\ P(x) \end{bmatrix} = \begin{bmatrix} 0 & 1 \\ p & 1-p \end{bmatrix}$$

它的熵简记为 $H(p)$，则 $H(X) = -p\log p - (1-p)\log(1-p) \triangleq H(p)$。

2.3　条件熵与联合熵

2.3.1　条件熵

联合集 XY 上条件自信息 $I(y\,|x)$ 的平均值定义为条件熵

$$\begin{aligned} H(Y\,|X) &= \underset{p(xy)}{E}[I(y\,|x)] && (2.12) \\ &= -\sum_x\sum_y p(xy)\log p(y|x) && (2.13) \\ &= \sum_x p(x)\left[-\sum_y p(y|x)\log p(y|x)\right] && (2.14) \\ &= \sum_x p(x)H(Y|x) && (2.15) \end{aligned}$$

式中，$H(Y\,|x) = -\sum_y p(y\,|x)\log p(y\,|x)$ 为在 x 取某一特定值时 Y 的熵。

2.3.2　联合熵

联合集 XY 上联合自信息 $I(xy)$ 的平均值称为联合熵，即

$$\begin{aligned} H(XY) &= \underset{p(xy)}{E}[I(xy)] \\ &= -\sum_x\sum_y p(xy)\log p(xy) && (2.16) \end{aligned}$$

联合熵表示为

$$H(XY) = H(X) + H(Y|X) \tag{2.17}$$

证明：

$$\begin{aligned}
H(XY) &= \sum_x \sum_y p(xy) \log \frac{1}{p(xy)} \\
&= \sum_x \sum_y p(xy) \log \frac{1}{p(x)p(y|x)} \\
&= \sum_x \sum_y p(xy) \log \frac{1}{p(x)} + \sum_x \sum_y p(xy) \log \frac{1}{p(y|x)} \\
&= \sum_x p(x) \log \frac{1}{p(x)} \sum_y p(y|x) + \sum_x \sum_y p(xy) \log \frac{1}{p(y|x)} \\
&= \sum_x p(x) \log \frac{1}{p(x)} + \sum_x \sum_y p(xy) \log \frac{1}{p(y|x)} \\
&= H(X) + H(Y|X)
\end{aligned}$$

通过类似方法也可证明出

$$H(XY) = H(Y) + H(X|Y) \tag{2.18}$$

2.3.3 各类熵的关系

下面给出信息熵、条件熵和联合熵之间的关系。

1. 联合熵与条件熵的关系

$$H(XY) = H(X) + H(Y|X) \tag{2.19}$$

$$H(XY) = H(Y) + H(X|Y) \tag{2.20}$$

2. 条件熵不大于信息熵

定理 2.1【熵的不增原理】

$$H(Y|X) \leqslant H(Y) \tag{2.21}$$

或

$$H(X|Y) \leqslant H(X) \tag{2.22}$$

这就是熵的不增原理：在信息处理过程中，条件越多，熵越小。仅当 X、Y 相互独立时，可以取等号。

3. 联合熵不大于各个信息熵的和

$$H(X_1 X_2 \cdots X_N) \leqslant \sum_{i=1}^{N} H(X_i) \tag{2.23}$$

仅当各 X_i 相互独立时，等式成立。

4. 联合熵、条件熵和熵之间的不等式

性质 2.1　联合熵、条件熵和熵之间有如下不等式：

$$\max\left(H(X), H(Y)\right) \leqslant H(XY) \leqslant H(X)+H(Y) \tag{2.24}$$

根据条件熵的定义，因为 $0 \leqslant p(y|x) \leqslant 1$，所以

$$H(Y|X) \geqslant 0$$

同理

$$H(X|Y) \geqslant 0$$

则

$$H(XY) \geqslant H(X)$$
$$H(XY) \geqslant H(Y)$$

即联合熵必不小于各随机变量的独立熵。所以

$$H(XY) \geqslant \max\left(H(X), H(Y)\right)$$

现在

$$\begin{aligned}
&H(XY)-H(X)-H(Y)\\
=&\sum_x\sum_y p(xy)\log\frac{1}{p(xy)}-\sum_x p(x)\log\frac{1}{p(x)}-\sum_y p(y)\log\frac{1}{p(y)}\\
=&\sum_x\sum_y p(xy)\log\frac{p(x)p(y)}{p(xy)}\leqslant\log\sum_x\sum_y p(x)p(y)=0
\end{aligned}$$

下面讨论两种极端情况。

(1) 当 X 和 Y 相互独立时，容易证明

$$H(X|Y)=H(X)$$
$$H(Y|X)=H(Y)$$
$$H(XY)=H(X)+H(Y)$$

(2) 当 X 和 Y 之间有一一对应关系时，容易证明

$$H(XY)=H(X)=H(Y)$$
$$H(Y|X)=H(X|Y)=0$$

2.4 互 信 息

互信息 (mutual information) 是信息论里一种有用的信息度量，它可以看成一个随机变量中包含的关于另一个随机变量的信息量，或者说是一个随机变量由于已知另一个随机变量而减少的不肯定性。

2.4.1 互信息定义

定义 2.2 离散随机事件 $x = a_i$ 和 $y = b_j$ 之间的互信息 $(x \in X, y \in Y)$ 定义为

$$I(x;y) = \log \frac{p(x \mid y)}{p(x)} \tag{2.25}$$

互信息还可表示为

$$I(x;y) = \log \frac{p(x \mid y)p(y)}{p(x)p(y)} = \log \frac{p(xy)}{p(x)p(y)} \tag{2.26}$$

通过计算可得

$$I(x;y) = \log \frac{p(x \mid y)}{p(x)} = I(x) - I(x \mid y) \tag{2.27}$$

$$\begin{aligned} I(x;y) &= \log \frac{p(x \mid y)p(y)}{p(x)p(y)} = \log \frac{p(xy)}{p(x)p(y)} \\ &= I(x) + I(y) - I(xy) \end{aligned} \tag{2.28}$$

$$\begin{aligned} I(x;y) &= \log \frac{p(x \mid y)p(y)}{p(x)p(y)} = \log \frac{p(xy)}{p(x)p(y)} \\ &= \log \frac{p(xy)/p(x)}{p(x)p(y)/p(x)} = \log \frac{p(y \mid x)}{p(y)} \\ &= I(y) - I(y \mid x) \end{aligned} \tag{2.29}$$

x 与 y 的互信息等于 x 的自信息减去在 y 条件下 x 的自信息。因此 $I(x;y)$ 表示当 y 发生后 x 不确定性的变化。这种变化，反映了由 y 发生所得到的关于 x 的信息量。互信息的单位与自信息的单位相同。

2.4.2 互信息的性质

(1) 互易性：$I(x;y) = I(y;x)$；通过式 (2.22) 和式 (2.25) 可以证明。

(2) 当 x, y 统计独立时，互信息为零，即 $I(x;y) = 0\text{bit}$。

x,y 统计独立时，$p(xy)=p(x)p(y)$，有

$$I(x;y)=\log\frac{p(xy)}{p(x)p(y)}=\log 1=0\text{bit}$$

(3) 互信息可正可负。

根据定义，

$$I(x;y)=\log\frac{p(x\mid y)}{p(x)}$$

当 $p(x\mid y)>p(x)$ 时，$I(x;y)>0$；

当 $p(x\mid y)<p(x)$ 时，$I(x;y)<0$，所以性质 (3) 成立。

(4) 任何两事件之间的互信息小于等于其中任一事件的自信息。

根据定义

$$I(x;y)=\log\frac{p(x\mid y)}{p(x)}=I(x)-I(x\mid y)$$

因为

$$I(x\mid y)\geqslant 0$$

所以

$$I(x;y)\leqslant I(x)$$

同时

$$I(x;y)=I(y)-I(y\mid x)$$

而且 $I(y\mid x)\geqslant 0$，则

$$I(x;y)\leqslant I(y)$$

所以任何两事件之间的互信息不可能大于其中任一事件的自信息。

2.4.3 条件互信息

定义 2.3 设联合集 XYZ，在给定 $z\in Z$ 条件下，$x(\in X)$ 和 $y(\in Y)$ 之间的互信息定义为

$$I(x;y\mid z)=\log\frac{p(x\mid yz)}{p(x\mid z)} \tag{2.30}$$

除条件外，条件互信息的含义与互信息的含义以及性质都相同。

2.4.4 信息散度

若 P 和 Q 为定义在同一概率空间的两个概率测度，定义 P 相对于 Q 的散度为

$$D(P\parallel Q)=\sum_x P(x)\log\frac{P(x)}{Q(x)}=\underset{P(x)}{E}\left[\log\frac{P(x)}{Q(x)}\right] \tag{2.31}$$

散度又称为相对熵、方向散度、交叉熵、Kullback-Leibler 距离等。注意，在式 (2.31) 中，概率分布的维数不限，可以是一维，也可以是多维。

定理 2.2 如果在一个共同的有限字母表的概率空间上有两个概率测度 $P(x)$ 和 $Q(x)$，那么

$$D(P\parallel Q)\geqslant 0 \tag{2.32}$$

当且仅当对所有 x，$P(x)=Q(x)$ 时，等式成立。

式 (2.32) 称为散度不等式 (divergence inequality)。此式说明，一个概率测度相对于另一个概率测度的散度是非负的，仅当两测度相等时，散度为零。散度可以解释为两个概率测度之间的“距离”，即两概率测度不同程度的度量。但是，它并不是通常意义下的距离，因为散度不满足对称性，也不满足三角不等式。

算例 2.2 $X=\{0,1\}$，考虑定义在 X 上两个分别为 p 和 q 的分布律。令 $p(0)=1-r$，$p(1)=r$，$q(0)=1-s$，$q(1)=s$，计算 $D(p\parallel q)$ 和 $D(q\parallel p)$；当 $r=1/2$，$s=1/4$ 时，分别计算它们的数值。

解：根据定义

$$D(p\parallel q)=(1-r)\log\frac{1-r}{1-s}+r\log\frac{r}{s}$$

$$D(q\parallel p)=(1-s)\log\frac{1-s}{1-r}+s\log\frac{s}{r}$$

如果 $r=s$，则 $D(p\parallel q)=D(q\parallel p)=0$。

如果 $r=1/2$，$s=1/4$，则

$$D(p\parallel q)=\frac{1}{2}\log\frac{\frac{1}{2}}{\frac{3}{4}}+\frac{1}{2}\log\frac{\frac{1}{2}}{\frac{1}{4}}=1-\frac{1}{2}\log 3=0.2075\text{bit}$$

而

$$D(q\parallel p)=\frac{3}{4}\log\frac{\frac{3}{4}}{\frac{1}{2}}+\frac{1}{4}\log\frac{\frac{1}{4}}{\frac{1}{2}}=\frac{3}{4}\log 3-1=0.1887\text{bit}$$

注：一般地，$D(p\parallel q)$ 和 $D(q\parallel p)$ 并不相等，不满足对称性。

2.4.5 平均互信息

平均互信息为互信息在联合概率空间中的统计平均值。本节将介绍平均互信息定义和性质。

集合 X、Y 之间的平均互信息也可看成 x、y 之间互信息的平均值，表示从 X 得到的关于 Y 的平均信息量，单位与熵的单位相同。

定义 2.4 集合 X、Y 之间的平均互信息定义为

$$\begin{aligned} I(X;Y) &= \underset{p(xy)}{E}[I(x;y)] = \sum_{x,y} p(xy)\log\frac{p(x|y)}{p(x)} \\ &= D(p(xy)\|p(x)p(y)) \end{aligned} \tag{2.33}$$

$I(X;Y)$ 还可以表示为

$$I(X;Y) = \sum_{y} p(y)I(X;y) \tag{2.34}$$

式中，$I(X;y)$ 为集合 X 与事件 $y \in Y$ 之间的互信息：

$$I(X;y) = \sum_{x} p(x|y)\log\frac{p(x|y)}{p(x)} \tag{2.35}$$

式 (2.35) 表示由事件 y 提供的关于集合 X 的平均条件互信息 (注意：用条件概率平均)。

$$I(X;y) \geqslant 0$$

仅当 y 与所有 x 独立时，等式成立。

容易证明下面的关系式：

$$I(X;Y) = H(X) - H(X|Y) \tag{2.36}$$

$$I(X;Y) = H(Y) - H(Y|X) \tag{2.37}$$

$$I(X;Y) = H(X) + H(Y) - H(XY) \tag{2.38}$$

$$I(X;X) = H(X) \tag{2.39}$$

此外，平均互信息可以被证明具有如下重要性质。

定理 2.3【平均互信息非负性以及对称性】 即

$$I(X;Y) \geqslant 0$$

仅当 X、Y 独立时，等式成立，且

$$I(X;Y) = I(Y;X)$$

根据定义很容易得到

$$\begin{aligned} I(Y;X) &= H(Y) - H(Y|X) \\ &= H(Y) - [H(XY) - H(X)] \\ &= H(X) + H(Y) - H(XY) \\ &= H(X) - [H(XY) - H(Y)] \\ &= H(X) - H(X|Y) \\ &= I(X;Y) \end{aligned}$$

定理 2.4 $I(X;Y)$ 为概率分布 $p(x)$ 的上凸函数。

已经知道，平均互信息 $I(X;Y)$ 是联合概率分布 $p(xy)$ 的函数，或者说，是概率矢量 $\boldsymbol{p} = (p(1), p(2), \cdots, p(n))$ 和条件概率矩阵 $\boldsymbol{Q} = (p(y|x))_{n\times m}$ 的函数，记作 $I(\boldsymbol{p}, \boldsymbol{Q})$。当条件概率矩阵 $\boldsymbol{Q}$ 一定时，平均互信息 $I(\boldsymbol{p}, \boldsymbol{Q})$ 是 $\bar{p}$ 的上凸函数。

证略。

定理 2.5 对于固定的概率分布 $p(x)$，$I(X;Y)$ 为条件概率 $p(y|x)$ 的下凸函数。

当概率分布 $\boldsymbol{p}$ 一定时，平均互信息 $I(\boldsymbol{p}, \boldsymbol{Q})$ 是条件概率矩阵 $\boldsymbol{Q}$ 的下凸函数。

证略。

2.4.6 多随机变量的互信息

考虑 3 个随机变量

$$\begin{bmatrix} X \\ P(x) \end{bmatrix} = \begin{bmatrix} 1 & 2 & \cdots & n \\ p_X(1) & p_X(2) & \cdots & p_X(n) \end{bmatrix}$$

$$\begin{bmatrix} Y \\ P(y) \end{bmatrix} = \begin{bmatrix} 1 & 2 & \cdots & m \\ p_Y(1) & p_Y(2) & \cdots & p_Y(m) \end{bmatrix}$$

$$\begin{bmatrix} Z \\ P(z) \end{bmatrix} = \begin{bmatrix} 1 & 2 & \cdots & l \\ p_Z(1) & p_Z(2) & \cdots & p_Z(l) \end{bmatrix}$$

它们的联合概率分布为

$$p_{XYZ}(x,y,z), \quad x = 1,2,\cdots,n, \quad y = 1,2,\cdots,m, \quad z = 1,2,\cdots,l$$

定义 2.5 仿照前面互信息的定义，定义随机变量 X 和二元随机矢量 (Y, Z) 之间的联合互信息 $I(X;YZ)$ 为

$$I(X;YZ) = \underset{p(xyz)}{E}\left[\log \frac{P(x|yz)}{P(x)}\right]$$

$$= \sum_{x}\sum_{y}\sum_{z} P(xyz) \log \frac{P(x|yz)}{P(x)} \tag{2.40}$$

联合互信息可表示为

$$\begin{aligned} I(X;YZ) &= H(X) - H(X|YZ) \\ &= H(YZ) - H(YZ|X) \\ &= H(X) + H(YZ) - H(XYZ) \end{aligned}$$

联合互信息表示随机变量 X 和随机矢量 YZ 之间可能提供的互信息。

若 X、Y、Z 是三个概率空间，则有 $H(YZ|X) = H(Y|X) + H(Z|XY)$ 成立。

证明：根据熵的表达式得

$$\begin{aligned} H(YZ|X) &= -\sum_{X}\sum_{Y}\sum_{Z} P(xyz) \log P(yz|x) \\ &= -\sum_{X}\sum_{Y}\sum_{Z} P(xyz) \log P(y|x)P(z|xy) \\ &= -\sum_{X}\sum_{Y}\sum_{Z} P(xyz) \log P(y|x) - \sum_{X}\sum_{Y}\sum_{Z} P(xyz) \log P(z|xy) \\ &= H(Y|X) + H(Z|XY) \end{aligned}$$

证毕。

若 X、Y、Z 是三个随机变量，则从平均互信息的定义式出发可以证明

$$I(X;YZ) = I(X;Y) + I(X;Z|Y)$$

同理可得

$$I(X;YZ) = I(X;Z) + I(X;Y|Z)$$

即

$$I(X;YZ) = I(X;Y) + I(X;Z|Y) = I(X;Z) + I(X;Y|Z)$$

定理 2.6 X、Y、Z 是 3 个随机变量，则有

$$I(XY;Z) \geqslant I(Y;Z) \tag{2.41}$$

当且仅当 $p(z|xy) = p(z|y)$，$\forall x, y, z$ 时式 (2.41) 等号成立，即 X、Y、Z 组成一个马尔可夫链。

$$I(XY;Z) \geqslant I(X;Z) \tag{2.42}$$

当且仅当 $p(z|xy) = p(z|x)$，$\forall x, y, z$ 时式 (2.42) 等号成立，即 Y、X、Z 组成一个马尔可夫链。

证明：

考虑下式

$$
\begin{aligned}
I(Y;Z) - I(XY;Z) &= E\left[\log \frac{p(z|y)}{p(z)}\right] - E\left[\log \frac{p(z|xy)}{p(z)}\right] \\
&= E\left[\log \frac{p(z|y)}{p(z|xy)}\right] \\
&\leqslant \log E\left[\frac{p(z|y)}{p(z|xy)}\right] \\
&= \log \sum_x \sum_y \sum_z p(xyz) \frac{p(z|y)}{p(z|xy)} \\
&= \log \sum_x \sum_y \sum_z p(xy) p(z|y) \\
&= \log \sum_x \sum_y p(xy) \sum_z p(z|y) \\
&= \log \sum_x \sum_y p(xy) = 0
\end{aligned}
$$

由对数函数的严格上凸性，当且仅当

$$
p(z|xy) = p(z|y), \quad \forall x, y, z
$$

时等号成立。当 X 确定后，Z 的概率分布只与 Y 有关，而与 X 无关，即 X、Y、Z 组成一个马尔可夫链。同理可证式 (2.42)。证毕。

令 Z 是一个待测的随机变量，X 是第一次测量的结果，Y 是第二次测量的结果。上述定理表明，从两次测量中获得的关于被测量的信息量必不小于从一次测量中获得的信息量。

定理 2.7【多次测量原理】 通过多次测量可以获得更多关于被测量的信息。测量的次数越多，获得的信息就越多。

2.4.7 平均条件互信息

平均条件互信息 $I(X;Y|Z)$ 定义为：设联合集 X、Y、Z，在 Z 条件下，X 与 Y 之间的平均互信息定义为条件互信息 $I(x;y|z)$ 的平均值，即

$$
I(X;Y|Z) = \underset{p(xyz)}{E}[I(x;y|z)] = \sum_{x,y,z} p(xyz) \log \frac{p(x|yz)}{p(x|z)} \tag{2.43}
$$

$I(X;Y|Z)$ 也可表示为

$$I(X;Y|Z) = H(X|Z) - H(X|YZ)$$
$$I(X;Y|Z) = H(Y|Z) - H(Y|XZ)$$
$$I(X;Y|Z) = H(X|Z) + H(Y|Z) - H(XY|Z) \tag{2.44}$$

类似地，可以证明，条件互信息是非负的，即

$$I(X;Y|Z) \geqslant 0 \tag{2.45}$$

定理 2.8【数据处理定理或信息不增原理】 设 X 是发射信号 (待测量)，Y 是接收信号 (测量结果)，由于干扰 (测量误差) 存在，往往需要对 Y 进行处理，获得 Z。上述定理表明，从 Z 中获得的关于 X 的信息不可能超过从 Y 中获得的 X 的信息，即

$$I(X;Z) \leqslant I(X;Y) \tag{2.46}$$

平均互信息提供了一个新的观点去研究马尔可夫链，还提供了一种新的定量手段去研究马尔可夫链中变量之间联系的紧密程度。

数据处理定理表明，数字通信系统在经过编译码器、信道的处理后，从信宿得到的关于信源的信息会减少，而且处理的次数越多，减少得越多，这就是数据处理定理。但实际上，总是要对数据进行处理的，因为只有这样才能保留对信宿有用的信息，去掉无用的信息或干扰。例如，为看清晰的图像，要尽量去除杂波。虽然信息的总量减少，但对信宿有用的信息突出了。

2.5　连续随机变量

2.5.1　连续信源的熵与平均互信息

1. 微分熵

连续信源可以用连续型随机变量来刻画。设连续随机变量 X 的概率密度函数 (probability density function, PDF) 为 $p(x), x \in (-\infty, +\infty)$，那么 $\int_{-\infty}^{+\infty} p(x)\mathrm{d}x = 1$。现将 X 的值域分成间隔为 Δx 的小区间，只要区间足够小，那么 X 的值落入区间 $(x_i, x_i + \Delta x)$ 的概率近似为 $p(x_i)\Delta x$。仿照离散熵的定义，连续熵为

$$H(X) = \sum_{i=-\infty}^{+\infty} p(x_i)\Delta x \log \frac{1}{p(x_i)\Delta x}$$

当 $\Delta x \to 0$ 时，有

$$\begin{aligned}
\lim_{\Delta x\to 0} H(X) &= \lim_{\Delta x\to 0}\sum_{i=-\infty}^{+\infty} p(x_i)\Delta x\log\frac{1}{p(x_i)\Delta x}\\
&= \lim_{\Delta x\to 0}\sum_{i=-\infty}^{+\infty} p(x_i)\log\frac{1}{p(x_i)}\Delta x + \lim_{\Delta x\to 0}\sum_{i=-\infty}^{+\infty} p(x_i)\log\frac{1}{\Delta x}\Delta x\\
&= \int_{-\infty}^{+\infty} p(x)\log\frac{1}{p(x)}\mathrm{d}x + \lim_{\Delta x\to 0}\log\frac{1}{\Delta x}\int_{-\infty}^{+\infty} p(x)\mathrm{d}x\\
&= \int_{-\infty}^{+\infty} p(x)\log\frac{1}{p(x)}\mathrm{d}x + \lim_{\Delta x\to 0}\log\frac{1}{\Delta x}
\end{aligned}$$

其中，第二项当 $\Delta x \to 0$ 时为无穷大，按照离散熵的定义，连续随机变量的熵为无穷大。然而，注意到第二项的取值与随机变量的概率分布无关，也就是说，对不同的随机变量，式中第二项可以认为是“相同的”。事实上，第一项也有一些与离散熵相同的性质，为此，定义连续随机变量的微分熵 (或差熵) $h(X)$ 为

$$\begin{aligned}
h(X) &= \int_{-\infty}^{+\infty} p(x)\log\frac{1}{p(x)}\mathrm{d}x\\
&= \underset{p(x)}{E}[-\log p(x)]
\end{aligned} \tag{2.47}$$

微分熵具有和离散熵类似的性质，如对称性和上凸性，但不满足非负性。

算例 2.3 令 X 是在区间 (a, b) 上服从均匀分布的随机变量，求 X 的微分熵。

解：x 的概率密度为

$$p_x(x) = \begin{cases} \dfrac{1}{b-a}, & x\in(a,b)\\ 0, & x\notin(a,b)\end{cases}$$

$$\begin{aligned}
h(X) &= \int_a^b \frac{1}{b-a}\log(b-a)\mathrm{d}x\\
&= \log(b-a)\text{比特/自由度}
\end{aligned}$$

当 $b-a<1$ 时，$h(X)<0$。微分熵小于零这一事实并不表明，连续随机变量的不确定性可以为负数，它是由微分熵定义中忽略了一个无穷大项引起的。所以连续随机变量的微分熵具有相对性，也就是说，当两个或多个随机变量相互比较时，微分熵反映了它们的相对不确定性。

算例 2.4 正态分布随机变量的微分熵

设随机变量 X 的概率密度函数 $\mathrm{g}(x)$ 为正态分布

$$g(x)=\frac{1}{\sqrt{2\pi\sigma^2}}\exp\left[-\frac{(x-m)^2}{2\sigma^2}\right] \tag{2.48}$$

式中，m 和 σ^2 分别是 X 的均值和方差。它的熵 $h(X)$ 为

$$\begin{aligned}h(X)&=\int_{-\infty}^{+\infty}g(x)\log\frac{1}{g(x)}\mathrm{d}x=-\int_{-\infty}^{+\infty}g(x)\log\left\{\frac{1}{\sqrt{2\pi\sigma^2}}\exp\left[-\frac{(x-m)^2}{2\sigma^2}\right]\right\}\mathrm{d}x\\&=\int_{-\infty}^{+\infty}g(x)\log\sqrt{2\pi\sigma^2}\mathrm{d}x+\int_{-\infty}^{+\infty}g(x)\frac{(x-m)^2}{2\sigma^2}\mathrm{d}x\log\mathrm{e}\\&=\log\sqrt{2\pi\sigma^2}+\frac{\log\mathrm{e}}{2\sigma^2}\int_{-\infty}^{+\infty}(x-m)^2g(x)\mathrm{d}x\\&=\frac{1}{2}\log(2\pi\sigma^2)+\frac{1}{2}\log\mathrm{e}=\frac{1}{2}\log(2\pi\mathrm{e}\sigma^2)\end{aligned} \tag{2.49}$$

推导中用到了条件 $\int_{-\infty}^{+\infty}g(x)\mathrm{d}x=1$ 和 $\int_{-\infty}^{+\infty}(x-m)^2g(x)\mathrm{d}x=\sigma^2$。服从高斯分布的随机变量的熵与均值无关，仅取决于方差。当 $m=0$ 时，方差就等于 X 的平均功率 P。

微分熵与离散熵的差别如下所述。

(1) 如前所述，微分熵实际上只是连续信源熵的一部分，因此不能作为信源平均不确定性大小的绝对量度。但是每个信源所包含的绝对熵部分都等于 $\lim\limits_{\Delta x\to 0}-\log\Delta x$，与信源的概率分布无关，所以差熵的大小仍然可以作为信源平均不确定性的相对量度，即微分熵大的信源平均不确定性大。

(2) 微分熵不具有非负性。若概率密度的值大于 1，则计算出的微分熵的值就小于零。

(3) 在一一对应变换的条件下，微分熵可能发生变化。

2. 联合微分熵和条件微分熵

微分熵的定义可以推广到两个和多个随机变量的情形。

设有两个随机变量 X 和 Y，它们的联合概率密度函数为 $p(xy)$，边缘概率密度函数 $p(x)$ 和 $p(y)$ 分别为

$$p(x)=\int_{-\infty}^{+\infty}p(xy)\mathrm{d}y$$

$$p(y)=\int_{-\infty}^{+\infty}p(xy)\mathrm{d}x$$

条件概率密度函数为

$$p(x|y) = p(xy)/p(y)$$
$$p(y|x) = p(xy)/p(x)$$

则 X 和 Y 的联合微分熵 $h(XY)$ 定义为

$$h(XY) = \iint p(xy)\log\frac{1}{p(xy)}\mathrm{d}x\mathrm{d}y \tag{2.50}$$

在 X 给定的条件下，X 和 Y 的条件微分熵 $h(Y|X)$ 定义为

$$h(Y|X) = \iint p(xy)\log\frac{1}{p(y|x)}\mathrm{d}x\mathrm{d}y \tag{2.51}$$

联合微分熵和条件微分熵之间具有和离散熵类似的性质，如

$$h(XY) = h(X) + h(Y|X) = h(Y) + h(X|Y) \tag{2.52}$$

$$h(X|Y) \leqslant h(X) \tag{2.52a}$$

$$h(Y|X) \leqslant h(Y) \tag{2.52b}$$

$$h(XY) \leqslant h(X) + h(Y) \tag{2.53}$$

设 $\boldsymbol{X} = (X_1X_2\cdots X_n)$ 是一个 n 维随机矢量，其 n 维联合概率密度函数为 $p(\boldsymbol{x}) = p(x_1x_2\cdots x_n)$，那么 n 维随机矢量的微分熵定义为

$$\begin{aligned} h(\boldsymbol{X}) &= \oint_{\mathbb{R}^n} p(\boldsymbol{x})\log\frac{1}{p(\boldsymbol{x})}\mathrm{d}\boldsymbol{x} \\ &= \int\cdots\int p(x_1x_2\cdots x_n)\log\frac{1}{p(x_1x_2\cdots x_n)}\mathrm{d}x_1\mathrm{d}x_2\cdots\mathrm{d}x_n \end{aligned} \tag{2.54}$$

3. 平均互信息

两个随机变量之间的平均互信息定义为

$$I(X;Y) = \iint p(xy)\log\frac{p(xy)}{p(x)p(y)}\mathrm{d}x\mathrm{d}y = E\left[\log\frac{p(xy)}{p(x)p(y)}\right] \tag{2.55}$$

和离散互信息类似，可以证明

$$\begin{aligned} I(X;Y) &= h(X) - h(X|Y) \\ &= h(Y) - h(Y|X) \\ &= h(X) + h(Y) - h(XY) \end{aligned} \tag{2.56}$$

连续随机变量的平均互信息具有和离散平均互信息完全类似的性质，如对称性和非负性。当条件概率密度函数 $p(y|x)$ 给定时，平均互信息是信源概率密度函数 $p(x)$ 的上凸函数；当 $p(x)$ 给定时，平均互信息是信道条件概率密度函数的下凸函数。

由于平均互信息反映了两个连续随机变量之间的联系程度，其值等于微分熵与条件微分熵之差，所以不存在微分熵定义中涉及的无穷大项，在实际中也比微分熵更重要。

平均互信息同样可以推广到多个变量的情形，只需将离散情况下的和式改为积分即可。

微分熵与离散熵的类似性如下所述。

(1) 计算表达式类似。通过比较可见，由计算离散熵到计算连续熵，不过是将离散概率变成概率密度，将离散求和变成积分。

(2) 熵的不增性。

$$h(X) \geqslant h(X|Y) \tag{2.57}$$

由于 $h(X)-h(X|Y)=\iint p(xy)\log\dfrac{p(x|y)}{p(x)}\mathrm{d}x\mathrm{d}y=I(X;Y)\geqslant 0$，所以式 (2.57) 成立，且仅当 X、Y 独立时等式成立。

(3) 可加性。

设 N 维随机变量集合 $\boldsymbol{X}=(X_1X_2\cdots X_N)$，可以证明

$$\begin{aligned} h(\boldsymbol{X}) &= h(X_1)+h(X_2|X_1)+\cdots+h(X_N|X_1\cdots X_{N-1}) \\ &\leqslant h(X_1)+h(X_2)+\cdots+h(X_N) \end{aligned} \tag{2.58}$$

且仅当 $X_1X_2\cdots X_N$ 相互独立时，等式成立。

2.5.2 几种特殊分布连续信源熵

算例 2.5　有一信源发出恒定宽度，但不同幅度的脉冲，幅度值 x 在 $a_1\sim a_2$。此信源连至信道，信道接收端接收脉冲的幅度 y 处在 b_1 和 b_2 之间。已知随机变量 X 和 Y 的联合概率密度函数

$$p(xy)=\frac{1}{(a_2-a_1)(b_2-b_1)}$$

试计算 $h(x),h(y),h(xy)$ 和 $I(x;y)$。

由 $p(xy)$ 得

$$p(x)=\begin{cases}\dfrac{1}{a_2-a_1}, & a_1\leqslant x\leqslant a_2\\ 0, & \text{其他}\end{cases}$$

$$p(y)=\begin{cases}\dfrac{1}{b_2-b_1}, & b_1\leqslant y\leqslant b_2\\ 0, & \text{其他}\end{cases}$$

可见，$p(xy)=p(x)p(y)$，x 和 y 相互独立，且均服从均匀分布。

$$h(x)=\log(a_2-a_1)\ \text{比特/自由度}$$
$$h(y)=\log(b_2-b_1)\ \text{比特/自由度}$$
$$h(xy)=h(x)+h(y)=\log(a_2-a_1)(b_2-b_1)\ \text{比特/2 自由度}$$
$$I(x;y)=0$$

算例 2.6 n 维实高斯分布随机矢量的熵

设 n 维实随机矢量 $\boldsymbol{X}=(X_1X_2\cdots X_n)$ 服从高斯分布，其一阶矩和二阶矩分别为

$$m_i=\int_{-\infty}^{+\infty}x_ip(x_i)\mathrm{d}x_i,\quad i=1,2,\cdots,n$$
$$R_{ij}=E[(X_i-m_i)(X_j-m_j)],\quad i,j=1,2,\cdots,n$$

令协方差矩阵

$$\boldsymbol{R}=\begin{bmatrix}R_{11}&R_{12}&\cdots&R_{1n}\\R_{21}&R_{22}&\cdots&R_{2n}\\\vdots&\vdots&&\vdots\\R_{n1}&R_{n2}&\cdots&R_{nn}\end{bmatrix}$$

是可逆的，其逆矩阵为

$$\boldsymbol{R}^{-1}=\begin{bmatrix}r_{11}&r_{12}&\cdots&r_{1n}\\r_{21}&r_{22}&\cdots&r_{2n}\\\vdots&\vdots&&\vdots\\r_{n1}&r_{n2}&\cdots&r_{nn}\end{bmatrix}$$

定义 $\boldsymbol{x}=[x_1,x_2,\cdots,x_n]$，$\boldsymbol{m}=[m_1,m_2,\cdots,m_n]$。那么，$\boldsymbol{X}$ 的 n 维正态分布为

$$\begin{aligned}g(\boldsymbol{x})&=\frac{1}{\sqrt{(2\pi)^n|\boldsymbol{R}|}}\exp\left[-\frac{1}{2}(\boldsymbol{x}-\boldsymbol{m})\boldsymbol{R}^{-1}(\boldsymbol{x}-\boldsymbol{m})^{\mathrm{T}}\right]\\&=\frac{1}{\sqrt{(2\pi)^n|\boldsymbol{R}|}}\exp\left[-\frac{1}{2}\sum_{i=1}^{n}\sum_{j=1}^{n}r_{ij}(x_i-m_i)(x_j-m_j)\right]\end{aligned}\tag{2.59}$$

可推得 n 维实高斯随机矢量的联合微分熵为

$$h(\boldsymbol{X},g(\boldsymbol{x}))=\oint_{\mathbb{R}^n}g(\boldsymbol{x})\log\frac{1}{g(\boldsymbol{x})}\mathrm{d}\boldsymbol{x}=\frac{1}{2}\log|\boldsymbol{R}|+\frac{n}{2}\log(2\pi\mathrm{e})$$

如果各随机变量之间相互独立，则协方差矩阵为对角矩阵

$$|\boldsymbol{R}|=\prod_{i=1}^{n}R_{ii}=\prod_{i=1}^{n}\sigma_i^2$$

这里 σ_i^2 是第 i 个分量的方差。因此

$$h(\boldsymbol{X})=\frac{1}{2}\sum_{i=1}^{n}\log\sigma_i^2+\frac{n}{2}\log(2\pi\mathrm{e})=\frac{1}{2}\sum_{i=1}^{n}\log(2\pi\mathrm{e}\sigma_i^2)=\sum_{i=1}^{n}h(X_i)$$

当各分量之间相互独立时，随机矢量的熵等于各个分量的熵之和。

当 n=2 时，设协方差矩阵为

$$\boldsymbol{R}=\begin{bmatrix}\sigma_1^2 & \sigma_1\sigma_2\rho\\ \sigma_1\sigma_2\rho & \sigma_2^2\end{bmatrix}$$

式中，$0\leqslant\rho\leqslant 1$ 是相关系数，那么

$$\begin{aligned}h(X_1X_2)&=\frac{1}{2}\log\sigma_1^2\sigma_2^2(1-\rho^2)+\log(2\pi\mathrm{e})\\&=\frac{1}{2}\log(2\pi\mathrm{e}\sigma_1^2)+\frac{1}{2}\log(2\pi\mathrm{e}\sigma_2^2)+\log\sqrt{1-\rho^2}\\&=h(X_1)+h(X_2)+\log\sqrt{1-\rho^2}\end{aligned}\tag{2.60}$$

事实上

$$I(X_1;X_2)=h(X_1)+h(X_2)-h(X_1X_2)=-\log\sqrt{1-\rho^2}\tag{2.61}$$

当 $\rho=0$ 时，$I(X_1;X_2)=0$，表示两个随机变量相互独立，它们的互信息为零。当 $\rho=1$ 时，$I(X_1;X_2)$ 等于无穷大。这是因为，当 $\rho=1$ 时，两个随机变量之间具有确定的线性关系，它们的平均互信息等于其中一个随机变量的熵，而连续随机变量的绝对熵是无穷大。

在多维矢量中也出现这种情况。如果 n 维矢量中的一个分量是其他分量的线性组合，那么，协方差矩阵的行列式等于零，前面熵的公式就不成立了。这就是规定 $|\boldsymbol{R}|\neq 0$ 的原因。

算例 2.7　n 维复高斯分布随机矢量的熵

设 n 维随机矢量 $\boldsymbol{X}=(X_1X_2\cdots X_n)$ 服从复高斯分布，即对于矢量的每个元素 $X_i=a_i+jb_i$，a_i、b_i 相互独立且都服从具有相同方差的高斯分布。其一阶矩和二阶矩分别为

$$m_i=\int_{-\infty}^{+\infty}a_ip(a_i)\mathrm{d}a_i+j\int_{-\infty}^{+\infty}b_ip(b_i)\mathrm{d}b_i,\quad i=1,2,\cdots,n$$

$$C_{ij} = E\left[(X_i - m_i)(X_j - m_j)^*\right], \quad i,j = 1,2,\cdots,n$$

令协方差矩阵

$$\boldsymbol{C} = \begin{bmatrix} C_{11} & C_{12} & \cdots & C_{1n} \\ C_{21} & C_{22} & \cdots & C_{2n} \\ \vdots & \vdots & & \vdots \\ C_{n1} & C_{n2} & \cdots & C_{nn} \end{bmatrix}$$

是可逆的，其逆矩阵为

$$\boldsymbol{C}^{-1} = \begin{bmatrix} c_{11} & c_{12} & \cdots & c_{1n} \\ c_{21} & c_{22} & \cdots & c_{2n} \\ \vdots & \vdots & & \vdots \\ c_{n1} & c_{n2} & \cdots & c_{nn} \end{bmatrix}$$

定义 $\boldsymbol{x} = [x_1, x_2, \cdots, x_n]$，$\boldsymbol{m} = [m_1, m_2, \cdots, m_n]$。那么，$\boldsymbol{X}$ 的 n 维复高斯分布为

$$\begin{aligned} g(\boldsymbol{x}) &= \frac{1}{\pi^n|\boldsymbol{C}|}\exp\left[-(\boldsymbol{x}-\boldsymbol{m})\boldsymbol{C}^{-1}(\boldsymbol{x}-\boldsymbol{m})^{\mathrm{H}}\right] \\ &= \frac{1}{\pi^n|\boldsymbol{C}|}\exp\left[-\sum_{i=1}^{n}\sum_{j=1}^{n} c_{ij}(x_i - m_i)(x_j - m_j)^*\right] \end{aligned} \tag{2.62}$$

类似算例 2.6 中的推导，n 维复高斯随机矢量的联合微分熵为

$$\begin{aligned} & h(\boldsymbol{X}, g(\boldsymbol{x})) \\ = & \oint_{\mathbb{C}} g(\boldsymbol{x})\log\frac{1}{g(\boldsymbol{x})}\mathrm{d}\boldsymbol{x} \\ = & \oint_{\mathbb{C}} g(\boldsymbol{x})\log\pi^n|\boldsymbol{C}|\mathrm{d}\boldsymbol{x} + \oint_{\mathbb{C}} g(\boldsymbol{x})\log\left\{\exp\left[\sum_{i=1}^{n}\sum_{j=1}^{n} c_{ij}(x_i - m_i)(x_j - m_j)^*\right]\right\}\mathrm{d}\boldsymbol{x} \\ = & \log\pi^n|\boldsymbol{C}| + \log\mathrm{e}\oint_{\mathbb{C}} g(\boldsymbol{x})\sum_{i=1}^{n}\sum_{j=1}^{n} c_{ij}(x_i - m_i)(x_j - m_j)^*\mathrm{d}\boldsymbol{x} \\ = & \log\pi^n|\boldsymbol{C}| + \log\mathrm{e}\sum_{i=1}^{n}\sum_{j=1}^{n}\oint_{\mathbb{C}} g(\boldsymbol{x})c_{ij}(x_i - m_i)(x_j - m_j)^*\mathrm{d}\boldsymbol{x} \\ = & \log\pi^n|\boldsymbol{C}| + \log\mathrm{e}\sum_{i=1}^{n}\sum_{j=1}^{n} c_{ij}C_{ij} \\ = & \log\pi^n|\boldsymbol{C}| + \log\mathrm{e}\sum_{i=1}^{n}\sum_{j=1}^{n} c_{ij}C_{ji} \end{aligned}$$

$$= \log \pi^n |\boldsymbol{C}| + n \log \mathrm{e}$$
$$= \log(2\pi\mathrm{e})^n |\boldsymbol{C}|$$
$$= \log |\boldsymbol{C}| + n \log(2\pi\mathrm{e})$$

多维复高斯矢量分布与多维实高斯矢量分布的微分熵有着许多类似的性质，读者可以参照算例 2.6 自行证明。

2.5.3　限平均功率最大熵定理

如果 n 维随机矢量 $\boldsymbol{X}$ 的协方差矩阵 $\boldsymbol{R}$ 是确定的，那么，当 $\boldsymbol{X}$ 服从正态分布时达到最大熵 $\dfrac{1}{2}\log|\boldsymbol{R}| + \dfrac{n}{2}\log(2\pi\mathrm{e})$。

证明：令 $h(\boldsymbol{X}, p(\boldsymbol{x}))$ 表示协方差矩阵为 $\boldsymbol{R}$ 的随机矢量的熵，$h(\boldsymbol{X}, g(\boldsymbol{x}))$ 表示协方差矩阵为 $\boldsymbol{R}$，且服从正态分布时的熵。现在

$$\begin{aligned}
&\oint_{\boldsymbol{R}} p(\boldsymbol{x}) \log \frac{1}{g(\boldsymbol{x})} \mathrm{d}\boldsymbol{x} \\
=& \oint_{\boldsymbol{R}} p(\boldsymbol{x}) \log \sqrt{(2\pi)^n |\boldsymbol{R}|} \mathrm{d}\boldsymbol{x} \\
&+ \oint_{\boldsymbol{R}} p(\boldsymbol{x}) \log \left\{ \exp \left[\frac{1}{2} \sum_{i=1}^{n} \sum_{j=1}^{n} r_{ij}(x_i - m_i)(x_j - m_j) \right] \right\} \mathrm{d}\boldsymbol{x} \\
=& \log \sqrt{(2\pi)^n |\boldsymbol{R}|} + \frac{\log \mathrm{e}}{2} \int_{\boldsymbol{R}} p(\boldsymbol{x}) \sum_{i=1}^{n} \sum_{j=1}^{n} r_{ij}(x_i - m_i)(x_j - m_j) \mathrm{d}\boldsymbol{x} \\
=& \log \sqrt{(2\pi)^n |\boldsymbol{R}|} + \frac{\log \mathrm{e}}{2} \sum_{i=1}^{n} \sum_{j=1}^{n} r_{ij} \int_{\boldsymbol{R}} p(\boldsymbol{x})(x_i - m_i)(x_j - m_j) \mathrm{d}\boldsymbol{x}
\end{aligned}$$

由于随机矢量概率密度函数也有相同的协方差矩阵 $\boldsymbol{R}$，所以

$$\begin{aligned}
\oint_{\boldsymbol{R}} p(\boldsymbol{x}) \log \frac{1}{g(\boldsymbol{x})} \mathrm{d}\boldsymbol{x} &= \log \sqrt{(2\pi)^n |\boldsymbol{R}|} + \frac{\log \mathrm{e}}{2} \sum_{i=1}^{n} \sum_{j=1}^{n} r_{ij} R_{ij} \\
&= \frac{1}{2} \log |\boldsymbol{R}| + \frac{n}{2} \log(2\pi\mathrm{e}) \\
&= h(\boldsymbol{X}, g(\boldsymbol{x}))
\end{aligned}$$

由 Jensen 不等式

$$\begin{aligned}
&h(\boldsymbol{X}, p(\boldsymbol{x})) - h(\boldsymbol{X}, g(\boldsymbol{x})) \\
=& \oint_{\boldsymbol{R}} p(\boldsymbol{x}) \log \frac{1}{p(\boldsymbol{x})} \mathrm{d}\boldsymbol{x} - \oint_{\boldsymbol{R}} g(\boldsymbol{x}) \log \frac{1}{g(\boldsymbol{x})} \mathrm{d}\boldsymbol{x}
\end{aligned}$$

$$
\begin{aligned}
&= \oint_{\boldsymbol{R}} p(\boldsymbol{x}) \log \frac{1}{p(\boldsymbol{x})} \mathrm{d}\boldsymbol{x} - \oint_{\boldsymbol{R}} p(\boldsymbol{x}) \log \frac{1}{g(\boldsymbol{x})} \mathrm{d}\boldsymbol{x} \\
&= \oint_{\boldsymbol{R}} p(\boldsymbol{x}) \log \frac{g(\boldsymbol{x})}{p(\boldsymbol{x})} \mathrm{d}\boldsymbol{x} \\
&\leqslant \log \oint_{\boldsymbol{R}} p(\boldsymbol{x}) \frac{g(\boldsymbol{x})}{p(\boldsymbol{x})} \mathrm{d}\boldsymbol{x} = 0
\end{aligned}
$$

当且仅当 $p(\boldsymbol{x}) = g(\boldsymbol{x})$ 时，等式成立。证毕。

2.5.4 熵功率

设连续随机变量 X 的熵率为 $h(X)$，定义 X 的熵功率为

$$
\sigma^2 = \frac{1}{2\pi \mathrm{e}} \mathrm{e}^{2h(X)} \tag{2.63}
$$

由式 (2.49) 知

$$
h(X) = \frac{1}{2} \log(2\pi \mathrm{e} \sigma^2)
$$

设一维信源 X 的功率为 σ_x^2，那么根据限功率最大熵定理，有

$$
h(X) \leqslant \frac{1}{2} \log(2\pi \mathrm{e} \sigma_x^2) \tag{2.64}
$$

根据式 (2.50)，得

$$
\sigma^2 \leqslant \sigma_x^2
$$

所以，可以得到以下结论：

(1) 任何一个信源的熵功率不大于其平均功率 (方差)。

(2) 当信源为高斯分布时，熵功率等于平均功率。

(3) 连续信源的熵功率就是具有相同差熵的高斯信源的平均功率。

如果连续高斯信源 $X(t)$ 的功率谱 $S_x(f)$ 给定，那么 $X(t)$ 的熵功率为

$$
\sigma^2 = \exp\left\{ \frac{1}{W} \int_0^W \log[S_x(f)] \mathrm{d}f \right\} \tag{2.65}
$$

2.6 信道与信道容量

2.6.1 信道模型

考虑一个单符号信道，令输入符号集 $\boldsymbol{A} = \{a_1, a_2, \cdots, a_n\}$，输出符号集为 $\boldsymbol{B} = \{b_1, b_2, \cdots, b_m\}$。在输入随机变量为 X 时，输出为 Y 的信道转移概率为 $p(y|x)$。平均互信息 $I(X;Y)$ 是输入概率矢量 $\boldsymbol{p} = [p(1), p(2), \cdots, p(n)]$ 和条件概

率矩阵 $\boldsymbol{P}=[p(y|x)]_{n\times m}$ 的函数，记作 $I(\boldsymbol{p},\boldsymbol{P})$。信道的转移概率矩阵刻画了信道的特性，而输入概率分布刻画了信源的特性。

在信道有多个输入和多个输出的情况下，令 $\boldsymbol{X}=(X_1X_2\cdots X_L)$ 表示符号集 $\boldsymbol{A}=\{a_1,a_2,\cdots,a_n\}$ 上的 L 维输入随机矢量，$\boldsymbol{Y}=(Y_1Y_2\cdots Y_L)$ 表示符号集 $\boldsymbol{B}=\{b_1,b_2,\cdots,b_m\}$ 上的 L 维输出随机矢量。$p(\boldsymbol{y}|\boldsymbol{x})=p(y_1,y_2,\cdots,y_L|x_1,x_2,\cdots,x_L)$ 表示当输入为 $x_1x_2\cdots x_L$ 时，输出 $y_1y_2\cdots y_L$ 的条件概率，称为信道的条件转移概率。那么，信道由信道转移概率、输入符号集和输出符号集唯一确定。信道模型见图 2.1。

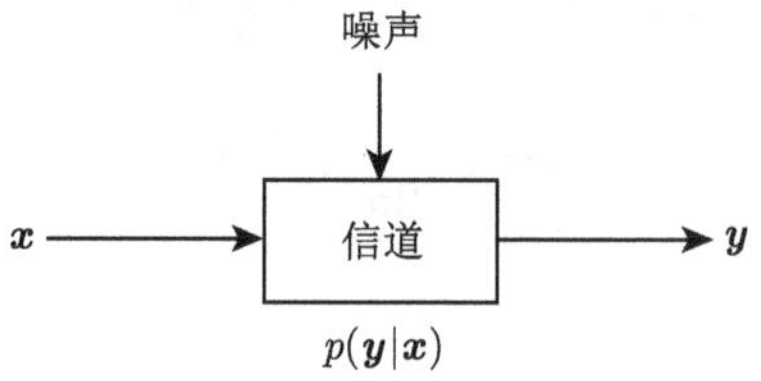

图 2.1 信道模型

更一般的情况是，信道的输入和输出都是时间的函数，即随机过程。实际中随机过程大都满足一些限制条件，如限时或限频过程。这时随机过程如果可以转化成时间上离散的随机序列，那么也可以用上面的模型来描述。

2.6.2 信道分类

根据信道输入和输出波形可以将信道分为以下几类 [1−12]。

(1) 离散信道：输入和输出信号在时间和幅度上都是离散的。

(2) 连续信道：输入和输出信号在时间上是离散的，在幅度上是连续的。

(3) 波形信道：输入和输出信号在时间和幅度上都是连续的。

(4) 半离散半连续信道：输入信号是离散的，输出信号是连续的信道。或者相反，输入信号是连续的，而输出信号是离散的。

按信道转移概率的性质分类可分为以下几类。

(1) 无记忆信道：信道的输出只取决于当时的输入，而与以前的输入无关。

(2) 有记忆信道：信道的输出不仅与当时的输入有关，而且与以前的输入有关。

按信道统计特性分类可分为以下几类。

(1) 恒参量信道：信道的特性不随时间而变化。

(2) 变参量信道：信道的特性随时间变化。

按输入集和输出集的个数分类可分为以下几类。

(1) 单用户信道：输入和输出中各有一个事件集，称单路或单端信道。

(2) 多用户信道：输入和输出中至少有一端是多个事件集，也称多端信道。

以上几类分类方法总结见表 2.1。

表 2.1 信道的分类

信道划分条件	信道类型
信道输入输出波形	离散信道 连续信道 波形信道 半离散半连续信道
信道转移概率的性质	无记忆信道 有记忆信道
信道统计特性	恒参量信道 变参量信道
输入集和输出集的个数	单用户信道 多用户信道

2.6.3 连续信道分类

鉴于书中的内容，本章重点分析连续信道。

根据噪声的性质，连续信道可分为如下几类，详见表 2.2。

表 2.2 连续信道的分类

信道划分条件	信道类型
噪声本身的性质	高斯信道 白噪声信道 高斯白噪声信道 有色噪声信道
噪声对信号的干扰作用	加性信道 乘性信道

高斯信道：噪声的概率密度函数服从高斯分布 (正态分布)。

白噪声信道：信道上的噪声是白噪声。白噪声是平稳遍历的随机过程，它的功率谱密度在整个频率轴上为常数，即

$$P(w) = \frac{N_0}{2}, \quad -\infty < w < +\infty \tag{2.66}$$

式中，N_0 称为单边谱密度。白噪声的瞬时值的概率密度函数可以是任意的。

高斯白噪声信道：信道上噪声是高斯白噪声，即噪声瞬时值的概率密度函数服从高斯分布，功率谱在整个频率轴上为常数。

有色噪声信道：白噪声以外的噪声称为有色噪声。信道上的噪声是有色噪声，则此信道为有色噪声信道。

加性信道：信道上噪声对信号的干扰作用表现为相加关系，这时信道的输出等于信道的输入与噪声之和。

乘性信道：信道上噪声对信号的干扰不仅表现为相加关系，同时还表现为相乘关系。乘性干扰主要是由信道的多径传播引起的。这时，信道可以作为线性时变系统处理。

连续信道的输入和输出都是连续型随机变量。设信道的输入随机变量为 X，输出随机变量为 Y。信道的特性由条件概率密度函数 $p(y|x)$ (又称转移概率密度函数) 来描述。一般地，信道的转移概率密度函数取决于信道上噪声的特性。

2.6.4 加性噪声信道和容量

如果信道输入和独立于输入的噪声均为随机变量，而信道的输出是输入与噪声的和，那么这种信道称为加性噪声信道。对于这种信道，假设信道输入 X 是均值为零的连续随机变量，概率密度为 $p(x)$。噪声 Z 是均值为零的独立于 X 的随机变量集，概率密度为 $p(z)$，信道的输出为

$$Y = X + Z$$

条件概率密度为 $p(y|x)$。这种信道的模型见图 2.2。

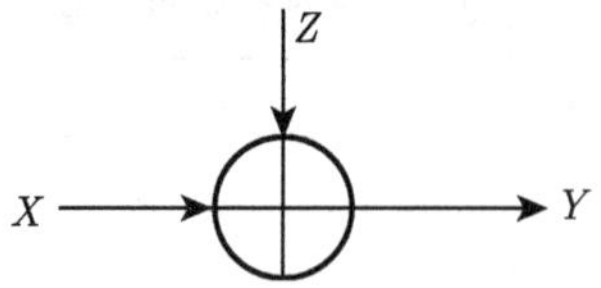

图 2.2 加性噪声信道模型

定理 2.9 设加性噪声信道的噪声 Z 独立于输入且熵为 $h(Z)$，则信道输入与输出的平均互信息为

$$I(X;Y) = h(Y) - h(Z) \tag{2.67}$$

式中，$h(Y)$ 为信道输出的熵。

证明：由于 x、z 独立，所以

$$p(y|x) = p_z(y - x)$$

$$I(X;Y) = h(Y) - h(Y|X)$$

而

$$h(Y|X) = -\int_X p(x) \int_Y p(y|x) \log p(y|x) \mathrm{d}y \mathrm{d}x$$

$$
\begin{aligned}
&= -\int_X p(x)\left(\int_Y p_z(y-x)\log p_z(y-x)\mathrm{d}y\right)\mathrm{d}x \\
&= h(Z)
\end{aligned}
$$

则

$$
I(X;Y) = h(Y) - h(Z)
$$

证毕。

由于 $h(Y)$ 依赖于输入 X，而 $h(Z)$ 独立于输入 X，所以求 $\max\limits_{p(x)} I(X;Y)$ 相当于求 $h(Y)$ 的最大值。

对单符号连续信道，信道容量定义为

$$
\begin{aligned}
C &= \max_{p(x)} I(X;Y) = \max_{p(x)} I\left[p(x), p(y|x)\right] \\
&= \max_{p(x)} \iint_{\boldsymbol{R}^2} p(xy)\log\frac{p(y|x)}{p(y)}\mathrm{d}x\mathrm{d}y
\end{aligned} \tag{2.68}
$$

约束条件

$$
\begin{cases}
\displaystyle\int_{\boldsymbol{R}} p(x)\mathrm{d}x = 1 \\
p(x) \geqslant 0
\end{cases} \tag{2.69}
$$

下的极值问题。其中，$p(x)$ 是信道的输入概率密度函数。$p(y|x)$ 是信道的条件转移概率密度函数。当条件转移概率密度函数给定时，平均互信息是输入概率密度函数的上凸函数。因此由式 (2.68) 得到的极值必为最大值。

2.6.5 加性高斯信道和容量

给定信道输入 X 的方差为 σ_x^2，噪声 Z 为零均值、方差为 σ_z^2 的高斯分布，则加性高斯信道的输出为

$$
Y = X + Z \tag{2.70}
$$

信道的条件转移概率密度函数为

$$
p(y|x) = \frac{1}{\sqrt{2\pi\sigma^2}}\exp\left[-\frac{(y-x)^2}{2\sigma_z^2}\right] \tag{2.71}
$$

平均互信息

$$
\begin{aligned}
I(X;Y) &= h(Y) - h(Y|X) = h(Y) - h(Z) \\
&= h(Y) - \log\sqrt{2\pi\mathrm{e}\sigma_z^2}
\end{aligned} \tag{2.72}
$$

输出 Y 的方差为 $\sigma_x^2+\sigma_z^2$。根据限功率最大熵定理，当 Y 为高斯分布时，$h(Y)$ 达到最大，此时 X 服从正态分布时，Y 也服从正态分布。因此有

$$h(Z)=\frac{1}{2}\log(2\pi e\sigma_z^2) \tag{2.73}$$

$$h(Y)=\frac{1}{2}\log[2\pi e(\sigma_x^2+\sigma_z^2)] \tag{2.74}$$

这时平均互信息达到最大值，即

$$\begin{aligned} C&=\log\sqrt{2\pi e(\sigma_x^2+\sigma_z^2)}-\log\sqrt{2\pi e\sigma_z^2} \\ &=\frac{1}{2}\log(1+\sigma_x^2/\sigma_z^2) \end{aligned} \tag{2.75}$$

对于加性高斯噪声信道，当 $I(X;Y)$ 达到最大值时，输入与输出均为高斯分布，而且这个最大值仅与输入信噪比 σ_x^2/σ_z^2 有关。

当 $\sigma_x^2/\sigma_z^2\to\infty$ 时，$\max\limits_{p(x)} I(X;Y)\to\infty$。必须对 σ_x^2/σ_z^2 进行限制才能得到有限的 $I(X;Y)$ 的最大值。

一般而言，输入的功率或峰值是有限的，而且这些值的增大也会使通信系统的成本或代价增大。因此，对连续信道总要对其输入增加某些约束条件，再求这个平均互信息的最大值，这就引出了容量代价函数。

首先定义一个与输入有关的代价函数 $f(x)$ 和一个约束量 β (如可以对功率进行约束)，那么一个离散无记忆单符号信道容量代价函数定义为

$$C(\beta)=\max_{p(x)}\{I(X;Y);\ \underset{p(x)}{E}(f(x))\leqslant\beta\} \tag{2.76}$$

即容量代价函数就是在满足约束 $\underset{p(x)}{E}(f(x))\leqslant\beta$ 的条件下 $I(X;Y)$ 的最大值。

定理 2.10　设一个离散时间平稳无记忆加性高斯噪声信道，噪声方差为 σ_z^2 时，平均输入功率 $\overline{x^2}\leqslant P$，则信道容量为

$$C=\frac{1}{2}\log\left(1+\frac{P}{\sigma_z^2}\right) \tag{2.77}$$

由式 (2.77) 可知，对功率受限平稳无记忆加性高斯信道，其容量仅与输入信噪比有关。

2.6.6 多维无记忆加性高斯信道

设 L 维输入随机矢量和输出随机矢量分别为 $\boldsymbol{X}=(X_1X_2\cdots X_L)$ 和 $\boldsymbol{Y}=(Y_1Y_2\cdots Y_L)$。

$$Y_l=X_l+Z_l,\quad l=1,\cdots,L \tag{2.78}$$

式中，$\boldsymbol{Z}=(Z_1Z_2\cdots Z_L)$ 是 L 维噪声矢量，每个分量分别是均值为零、方差为 σ_l^2 的高斯随机变量，如图 2.3 所示。假设信道是加性的和无记忆的，那么

$$C=\frac{1}{2}\sum_{l=1}^{L}\log\left(1+\frac{P_l}{\sigma_l^2}\right) \tag{2.79}$$

式中，P_l 是第 l 个分量的输入功率。

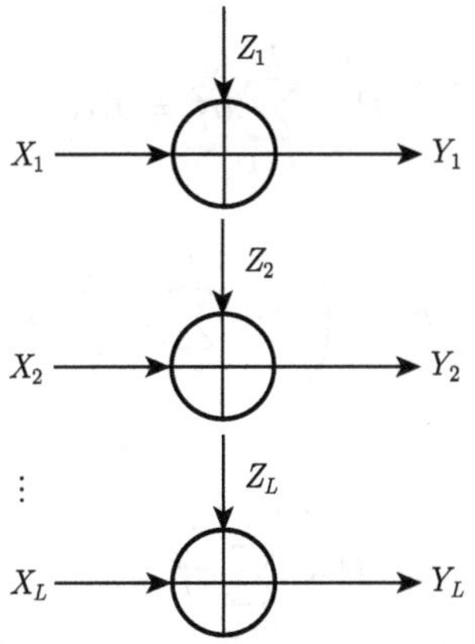

图 2.3 并联加性高斯噪声信道

如果各输入分量和噪声分量是独立同分布的，功率分别为 P 和 σ^2，那么

$$C=\frac{L}{2}\log\left(1+\frac{P}{\sigma^2}\right) \tag{2.80}$$

假设总的输入功率是受限的，即

$$\sum_{l=1}^{L}P_l=P \tag{2.81}$$

这时的信道容量问题是目标函数式 (2.80) 在约束条件式 (2.81) 下的极值问题。很多实际情况可以等效于这种信道模型。

使用拉格朗日乘子法，构建如下代价函数：

$$f=\frac{1}{2}\sum_{l=1}^{L}\log\left(1+\frac{P_l}{\sigma_l^2}\right)+\mu\sum_{l=1}^{L}P_l \tag{2.82}$$

对式 (2.82) 求偏导数，并令之为零，得

$$\frac{1}{2}\frac{1}{P_l+\sigma_l^2}+\mu=0,\quad l=1,\cdots,L \tag{2.83}$$

或

$$P_l + \sigma_l^2 = K, \quad l = 1, \cdots, L \tag{2.84}$$

这就是说，各信道的输出功率应相等，才能使联合信道容量最大。将式 (2.83) 代入式 (2.80) 得

$$\sum_{l=1}^{L} (P_l + \sigma_l^2) = LK$$

则

$$P + \sum_{l=1}^{L} \sigma_l^2 = LK$$

则 K 为

$$K = \left(P + \sum_{l=1}^{L} \sigma_l^2 \right) / L$$

根据该式和式 (2.84)，得

$$P_l = K - \sigma_l^2 = \frac{P + \sum\limits_{l=1}^{L} \sigma_l^2}{L} - \sigma_l^2, \quad l = 1, \cdots, L \tag{2.85}$$

如果由式 (2.85) 求出的各 P_l 都大于零，则联合信道容量就是

$$\begin{aligned} C &= \frac{1}{2} \sum_{l=1}^{L} \log \left(1 + \frac{P_l}{\sigma_l^2} \right) = \frac{1}{2} \sum_{l=1}^{L} \log \frac{K}{\sigma_l^2} \\ &= \frac{1}{2} \log \frac{K^L}{\prod\limits_{l=1}^{L} \sigma_l^2} \end{aligned} \tag{2.86}$$

如果由式 (2.85) 得到的 P_l 小于零，即该信道的噪声功率大于总信道的平均输出功率时，表明该信道不值得使用，必须用 $P_l = 0$ 代替算得的负值。为了保持总功率不变，必须在剩下的信道中重新分配，直到每个信道分配到的功率都为正值。

在一般情况下，各子信道的能量分配原则可以用蓄水池注水来解释。见图 2.4，利用垂直的纵截面将蓄水池分成宽度相同的 L 个部分，对应于 L 个并联子信道，各部分底面的高度对应信道噪声方差 σ_l^2，总注水量等于总输入能量 P，水完全注满后水面高度为 K。可以看出，底面高度低的部分注水多，高度高的部分注水少，而高度特别高的部分根本没有水。

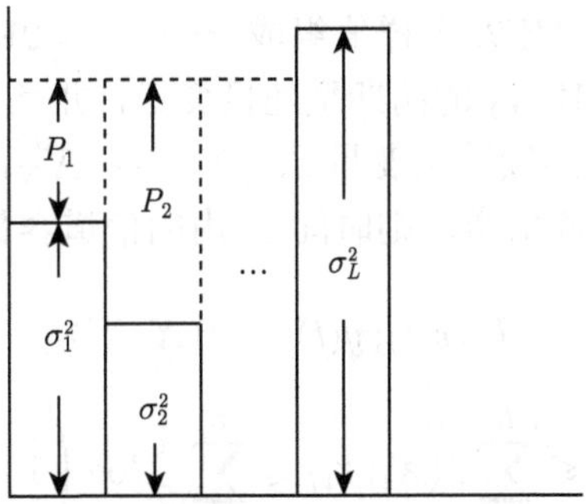

图 2.4 并联信道容量的注水解释

2.6.7 限频限功率高斯信道容量与香农信道容量公式

限带 AWGN 信道，简称 AWGN 信道，是通信系统中最普遍的信道。限带的含义是指通信系统或传输的信号被限制在某个频带范围，而噪声在这一频带范围的谱密度为常数 N_0 (单边)，对于噪声在频带外的情况并不关心。那么，可以假设信道的输入、输出和噪声都是频带受限信号。

现在研究波形信道的信道容量问题。设信道的输入 $x(t)$ 和输出 $y(t)$ 都是随机过程，且

$$y(t) = x(t) + z(t) \tag{2.87}$$

其中信道的噪声 $z(t)$ 是高斯白噪声过程，具有功率谱密度 $N_0/2$ (N_0 称为单边功率谱密度)。

设信道的最高频率为 W，选择抽样函数，在时间 $(-T/2, T/2)$ 间隔内，将信道的输出、输入和噪声进行正交展开，即 $x(t) = \sum\limits_j X_j\varphi_j(t)$，$y(t)=\sum\limits_j Y_j\varphi_j(t)$，$z(t) = \sum\limits_j Z_j\varphi_j(t)$，其中 $\varphi_j(t)$ 为正交基，从而得到 $N = 2WT$ 个等价的离散时间信道，且有

$$Y_j = X_j + Z_j, \quad j = 1, 2, \cdots, N$$

从而构成

$$\boldsymbol{X} = X_1X_2\cdots X_N, \quad \boldsymbol{Y} = Y_1Y_2\cdots Y_N, \quad \boldsymbol{Z} = Z_1Z_2\cdots Z_N$$

如果 $z(t)$ 是功率谱为 $N_0/2$ 的白噪声，限带白噪声的自相关函数为

$$R_z(\tau) = N_0W\frac{\sin 2\pi W\tau}{2\pi W\tau} \tag{2.88}$$

在 $\tau = \dfrac{k}{2W}$ 时，$R_z(\tau) = 0$。因此，以时间间隔为 $1/2W$ 采样的样点之间相互独

立。在时间 T 内采到的 $2WT$ 个样值组成一个 $N=2WT$ 维矢量，各分量都是均值为零、方差为 $\sigma^2=WN_0$ 的高斯型随机变量，并且各分量之间相互独立。将输入信号也分解成 N 个连续随机变量 $X_1,X_2,\cdots,X_N$，这样就把一个波形信道转化为一个 N 维独立并联信道，则时间 T 内的信道容量为

$$I_T[x(t);y(t)]=I(\boldsymbol{X};\boldsymbol{Y}) \tag{2.89}$$

$$I(\boldsymbol{X};\boldsymbol{Y})\leqslant\sum_{i=1}^{N}I(X_i;Y_i)\leqslant\sum_{i=1}^{N}\frac{1}{2}\log\left(1+\frac{\overline{x_i^2}}{N_0/2}\right) \tag{2.90}$$

输入约束为 $\sum\limits_{i=1}^{N}\overline{x_i^2}\leqslant PT$，仅当 x_i 独立时，等式成立。

这又是能量分配问题。由于各子信道噪声方差相同 (都为 $N_0/2$)，所以各子信道的信号能量均匀分配，即取 $\overline{x_i^2}=\dfrac{PT}{N}$ 可使 $I(\boldsymbol{X};\boldsymbol{Y})$ 达到最大。所以

$$C_T=\max I(\boldsymbol{X};\boldsymbol{Y})=\frac{N}{2}\log\left(1+\frac{PT}{NN_0/2}\right) \tag{2.91}$$

利用 $N=2WT$ 和 $C=\lim\limits_{T\to\infty}\dfrac{C_T}{T}$，就有下面的定理。

定理 2.11 一个加性高斯白噪声 (AWGN) 信道的噪声功率谱密度为 $N_0/2$，输入信号平均功率限制为 P，信道的带宽为 W，那么信道每单位时间的容量为

$$C=W\log\left(1+\frac{P}{N_0W}\right) \tag{2.91a}$$

式 (2.91a) 就是著名的香农限带高斯白噪声信道的容量公式。当输入为高斯分布时达到信道容量，此时输入功率约束为 P，信道容量曲线见图 2.5。

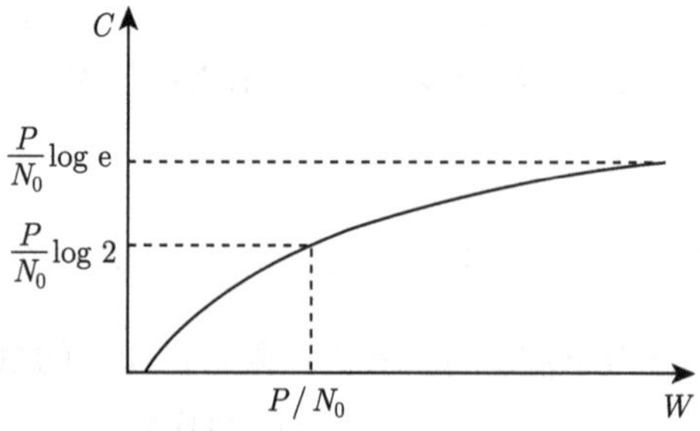

图 2.5 加性高斯白噪声信道容量曲线

关于香农公式的几点注释如下。

(1) 带宽 W 是指正频率范围，不包括负频率范围。

(2) 达到容量时，信道的输入也应该是高斯过程，因此如果事先已经限制了输入的概率分布，那么就未必能达到信道容量。噪声为非高斯时，式 (2.80) 不适用，利用此式可使计算的容量比实际容量低。

(3) 当噪声不是加性或噪声不独立于信号时，此式不适用。

(4) 只要求噪声谱密度在信号带宽内为常数，不考虑信号频带外的噪声特性。

(5) 此公式是在功率为唯一受约束的量的条件下得到的，如果是别的量 (如峰值功率受限，或峰值功率和平均功率都受限制的情况下)，该公式不适用。

(6) W 的范围并不要求一个连续的频带，可以允许由若干不相邻的频段组成。

关于香农公式的讨论如下。

(1) 信道容量与信号功率的关系。

由公式 (2.91a) 可知，

$$\frac{\mathrm{d}C}{\mathrm{d}P} = W\frac{\log \mathrm{e}}{1+\dfrac{P}{N_0W}}\frac{1}{N_0W} = \frac{\log \mathrm{e}}{N_0+P/W} \tag{2.92}$$

当 P 增加时，容量 C 也增加；但当 P 无限增长时，C 增长的速度也在减小。

(2) 信道容量与带宽的关系。

由公式 (2.91a) 可知，当带宽 W 增大时，C 也增大；但当 W 无限增大时，C 与 W 无关。因为

$$\lim_{W\to\infty} C = \lim W\frac{P}{N_0W}\log \mathrm{e} = 1.44\frac{P}{N_0} \tag{2.93}$$

(3) 带宽与信噪比的互换关系。

设两个通信系统，其容量表达式分别为

$$C_i = W_i\log\left(1+\frac{P_i}{N_0W_i}\right),\quad i=1,2$$

当 $C_1 = C_2$ 时，有

$$W_1\log\left(1+\frac{P_1}{N_0W_1}\right) = W_2\log\left(1+\frac{P_2}{N_0W_2}\right)$$

$$1+\frac{P_1}{N_0W_1} = \left(1+\frac{P_2}{N_0W_2}\right)^{W_2/W_1}$$

或

$$\frac{P_1}{N_0W_1} = \left(1+\frac{P_2}{N_0W_2}\right)^{W_2/W_1}-1 \tag{2.94}$$

式 (2.87) 说明了在信道容量不变条件下信噪比和带宽的互换关系。如果 $\frac{P_1}{N_0 W_1} \gg \frac{P_2}{N_0 W_2}$，那么，应有 $W_2 \gg W_1$，以保证式 (2.94) 成立。如果系统带宽很大，那么降低信噪比也能保证需要的容量，如扩频通信系统。如果系统带宽较小，那么可以通过增加信噪比来提高容量，如窄带通信系统。

注意，在本书后面将分析的复高斯信号模型，噪声信号也为圆对称复高斯随机过程。此时信道的带宽，噪声信号的功率谱密度都将与普通 AWGN 信道有所不同。

2.6.8 香农信道编码定理

定理 2.12 设离散无记忆信道的容量为 C，当信息传输速率 $R < C$ 时，只要码长 n 足够长，就总存在一种编码方式和相应的译码方式，使译码错误概率满足

$$P_{\mathrm{e}} \leqslant \exp[-nE_{\mathrm{r}}(R)]$$

式中，$E_{\mathrm{r}}(R)$ 称为可靠性指数，是非负的。且当 $n \to \infty$ 时，$P_{\mathrm{e}} \to 0$。反之，当 $R>C$ 时，无论 n 为何值，不存在使 $P_{\mathrm{e}} \to 0$ 的编码方式。该定理也适用于连续信道和有记忆信道。

根据编码定理，在限带高斯白噪声信道条件下，欲达到可靠的信息传输，必须使传输的信息速率 R(bit/s) 不大于 C。因此有

$$R \leqslant C = W \log\left(1 + \frac{P}{N_0 W}\right) \tag{2.95}$$

而 $P = E_{\mathrm{b}} R$，其中 E_{b} 为每比特能量。因此得

$$\frac{R}{W} \leqslant \log\left(1 + \frac{E_{\mathrm{b}} R}{N_0 W}\right)$$

或

$$\frac{E_{\mathrm{b}}}{N_0} \geqslant \frac{2^{R/W} - 1}{R/W} \tag{2.96}$$

E_{b}/N_0 (即每比特能量 E_{b} 与白噪声的单边功率谱密度 N_0 之比) 的值用来衡量功率利用率，此值越小，说明系统的功率利用率越高。R/W(bit/(s·Hz)) 为信息速率 R 与系统带宽 W 的比，此值越高，说明系统的频谱利用率越大。

由于 $\frac{E_{\mathrm{b}}}{N_0}$ 和 $\frac{R}{W}$ 均不为负值，所以在以 $\frac{E_{\mathrm{b}}}{N_0}$ 和 $\frac{R}{W}$ 为坐标轴的第一象限画出曲线，见图 2.6。该曲线将第一象限的区域划分成两部分，即可靠通信可能区域与可靠通信不可能区域。当 $\frac{E_{\mathrm{b}}}{N_0}$ 和 $\frac{R}{W}$ 的关系处于可靠通信可能区域时，总会找到

一种编码方式使得传输差错率任意小。

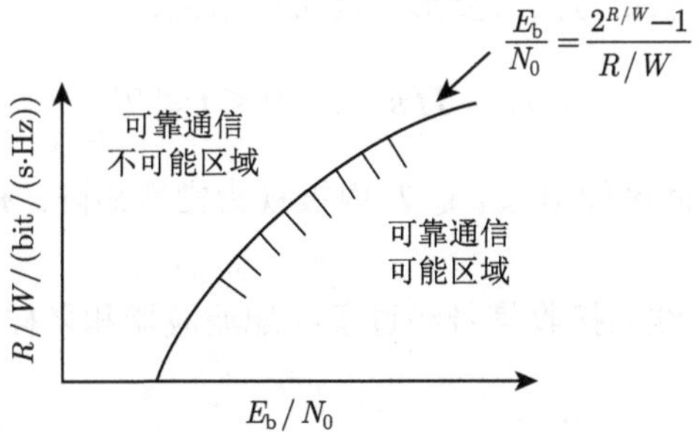

图 2.6 $\frac{E_\mathrm{b}}{N_0}$ 和 $\frac{R}{W}$ 的关系

当 $R/W \to 0$ 时，求式 (2.96) 右边的极限，这个极限值是 E_b/N_0 的最小值，即

$$\frac{E_\mathrm{b}}{N_0} \geqslant \lim_{R/W\to 0} \frac{2^{R/W}-1}{R/W} = \ln 2 = 0.693 = -1.59\mathrm{dB}$$

这就是加性高斯白噪声信道实现可靠通信的信噪比的下界，这个下界称为香农限 (Shannon limit)。这个界对应着系统的带宽是无限大。

2.6.9 MIMO 信道及其容量

MIMO 系统即天线多输入多输出无线通信系统，其特征在于发射端与接收端分别使用多个天线进行信号的收发。MIMO 系统对应的空间信道称为 MIMO 信道。

下面对 MIMO 系统的信道模型进行描述。假设发射端的天线数目为 N_T，接收端的天线数目为 N_R。在频率非选择性信道的假设下，设第 j 个发射天线与第 i 个接收天线之间存在的子信道的等效低通脉冲响应为 $h_{ij}(t)$，则可以定义系统的随机信道矩阵为 $\boldsymbol{H}(t)$。

$$\boldsymbol{H}(t) = \begin{bmatrix} h_{11}(t) & h_{12}(t) & \cdots & h_{1N_\mathrm{T}}(t) \\ h_{21}(t) & h_{22}(t) & \cdots & h_{2N_\mathrm{T}}(t) \\ \vdots & \vdots & & \vdots \\ h_{N_\mathrm{R}1}(t) & h_{N_\mathrm{R}2}(t) & \cdots & h_{N_\mathrm{R}N_\mathrm{T}}(t) \end{bmatrix} \tag{2.97}$$

假设从第 j 个发射天线所发送的信号为 $s_j(t)$，$j=1,2,\cdots,N_\mathrm{T}$。则第 i 个接收天线处所能接收到的信号为

$$r_i(t) = \sum_{j=1}^{N_\mathrm{T}} h_{ij}(t)s_j(t), \quad i=1,2,\cdots,N_\mathrm{R} \tag{2.98}$$

假设在接收时间区间 $0 \leqslant t \leqslant T$ 中，信道冲激响应的变化十分缓慢且区间长度大于符号长度，接收信号的矢量形式便可以给出：

$$\boldsymbol{r}(t) = \boldsymbol{H}\boldsymbol{s}(t), \quad 0 \leqslant t \leqslant T \tag{2.99}$$

式中，矩阵 $\boldsymbol{H}$ 在时间区间 $0 \leqslant t \leqslant T$ 内被视为常数矩阵。$\boldsymbol{r} = [r_1, r_2, \cdots, r_{N_\mathrm{R}}]^\mathrm{T}$ 为接收信号矢量。

在第 i 个接收天线的接收信号经过了匹配滤波器和采样处理后的输出信号可以表示为

$$y_i = \sum_{j=1}^{N_\mathrm{T}} h_{ij} s_j + w_i, \quad i = 1, 2, \cdots, N_\mathrm{R} \tag{2.100}$$

式中，w_i 表示加性高斯白噪声信号。类似地，上述信号的全体可以用矩阵的形式来表示：

$$\boldsymbol{y} = \boldsymbol{H}\boldsymbol{s} + \boldsymbol{w} \tag{2.101}$$

式中，$\boldsymbol{y} = [y_1, y_2, \cdots, y_{N_\mathrm{R}}]^\mathrm{T}$，$\boldsymbol{s} = [s_1, s_2, \cdots, s_{N_\mathrm{T}}]^\mathrm{T}$，$\boldsymbol{w} = [w_1, w_2, \cdots, w_{N_\mathrm{R}}]^\mathrm{T}$。MIMO 通信系统的模型图便可由图 2.7 表示。

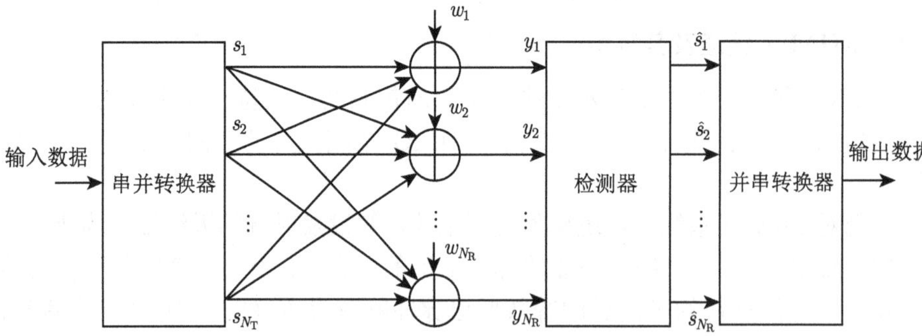

图 2.7　MIMO 系统模型图

通过 MIMO 系统的信道模型，便可以计算系统的信道容量。根据信道容量的定义，MIMO 系统的容量为在输入信号矢量概率密度函数的约束条件下的输入输出矢量互信息。

$$C = \max_{p(\boldsymbol{s})} I(\boldsymbol{s}; \boldsymbol{y}) \tag{2.102}$$

可以证明，当 $\boldsymbol{s}$ 是零均值的圆对称复高斯矢量时，$I(\boldsymbol{s}; \boldsymbol{y})$ 达到最大值。此时的 MIMO 信道容量表达式为

$$C = \max_{\mathrm{tr}(\boldsymbol{R}_{ss}) = \varepsilon_s} \log \left| \boldsymbol{I}_{N_\mathrm{R}} + \frac{1}{N_0} \boldsymbol{H}\boldsymbol{R}_{ss}\boldsymbol{H}^\mathrm{H} \right| \tag{2.103}$$

式中，$\mathrm{tr}(\boldsymbol{R}_{ss})$ 为 $\boldsymbol{s}$ 的协方差矩阵 $\boldsymbol{R}_{ss}=E\left(\boldsymbol{s}\boldsymbol{s}^{\mathrm{H}}\right)$ 的迹；N_0 为高斯白噪声的功率。在实际情况中，每个传输天线所传输的符号相互独立并且具有相等的能量 $\varepsilon_s/N_{\mathrm{T}}$，此时式 (2.103) 可被化简为

$$\begin{aligned} C&=\log\left|\boldsymbol{I}_{N_{\mathrm{R}}}+\frac{\varepsilon_s}{N_{\mathrm{T}}N_0}\boldsymbol{H}\boldsymbol{H}^{\mathrm{H}}\right| \\ &=\sum_{i=1}^{r}\log\left(1+\frac{\varepsilon_s}{N_{\mathrm{T}}N_0}\lambda_i\right) \end{aligned} \tag{2.104}$$

式中，λ_i 为西对称矩阵 $\boldsymbol{H}\boldsymbol{H}^{\mathrm{H}}$ 的非零特征值；r 为矩阵 $\boldsymbol{H}$ 的秩。

2.7 本 章 小 结

(1) 自信息的平均值为熵

$$H(X)=\underset{p(x)}{E}[I(x)]=\underset{p(x)}{E}[-\log p(x)]$$

(2) 条件自信息的平均值为条件熵

$$H(X|Y)=\underset{p(xy)}{E}[I(x|y)]=\underset{p(xy)}{E}[-\log p(x|y)]$$

(3) 联合自信息的平均值为联合熵

$$H(XY)=\underset{p(xy)}{E}[I(xy)]=\underset{p(xy)}{E}[-\log p(xy)]$$

(4) 互信息的平均值为平均互信息

$$\begin{aligned} I(X;Y)&=\underset{p(xy)}{E}[I(x;y)]=\underset{p(xy)}{E}\left[\log\frac{p(x|y)}{p(x)}\right] \\ &=\underset{p(xy)}{E}\left[\log\frac{p(y|x)}{p(y)}\right]=\underset{p(xy)}{E}\left[\log\frac{p(xy)}{p(x)p(y)}\right] \end{aligned}$$

(5) 定义 P 相对于 Q 的散度为

$$D(P\parallel Q)=\sum_{x}P(x)\log\frac{P(x)}{Q(x)}=\underset{P(x)}{E}\left[\log\frac{P(x)}{Q(x)}\right]$$

(6) 条件互信息的平均值为平均条件互信息

$$I(X;Y|Z)=\underset{p(xyz)}{E}\left[\log\frac{p(y|xz)}{p(y|z)}\right]$$

(7) 平均互信息与熵的关系

$$\begin{aligned} I(X;Y) &= H(X) - H(X|Y) \\ &= H(Y) - H(Y|X) \\ &= H(X) + H(Y) - H(XY) \end{aligned}$$

(8) 信源数学模型：对离散无记忆信源 X 的数学模型，

$$\begin{bmatrix} X \\ p \end{bmatrix} = \begin{bmatrix} a_1 & \cdots & a_n \\ p(a_1) & \cdots & p(a_n) \end{bmatrix}$$

$$p(a_i) \geqslant 0, \quad \sum_{i=1}^{n} p(a_i) = 1$$

其中，$\boldsymbol{A} = \{a_1, \cdots, a_n\}$ 为信源的符号集，符号集的大小为 n；a_i 为随机变量 X 的取值；$p(a_i)$ 为 $X = a_i$ 的概率。

对于连续信源的数学模型

$$\begin{bmatrix} X \\ p \end{bmatrix} = \begin{bmatrix} (a,b) \\ p(x) \end{bmatrix}$$

$$p(x) \geqslant 0, \quad \int_a^b p(x)\,\mathrm{d}x = 1$$

式中，$p(x)$ 为连续随机变量 X 的概率密度函数，且 $p(x) \geqslant 0$，$\int_a^b p(x)\mathrm{d}x = 1$，$(a,b)$ 为 X 的取值区间。

(9) 连续随机变量的微分熵 (或差熵) $h(X)$ 为

$$h(X) = \int_{-\infty}^{+\infty} p(x) \log \frac{1}{p(x)} \mathrm{d}x$$

(10) 连续随机变量 X 和 Y 的联合微分熵 $h(XY)$ 定义为

$$h(XY) = \iint p(xy) \log \frac{1}{p(xy)} \mathrm{d}x\mathrm{d}y$$

(11) 在 X 给定的条件下，连续随机变量 X 和 Y 的条件微分熵 $h(Y|X)$ 定义为

$$h(Y|X) = \iint p(xy) \log \frac{1}{p(y|x)} \mathrm{d}x\mathrm{d}y$$

(12) 两个连续随机变量之间的平均互信息定义为

$$I(X;Y) = \iint p(xy) \log \frac{p(xy)}{p(x)p(y)} \mathrm{d}x\mathrm{d}y$$

$$= E\left[\log \frac{p(xy)}{p(x)p(y)}\right]$$

(13) 连续随机变量之间的平均互信息可表示为

$$\begin{aligned} I(X;Y) &= h(X) - h(X|Y) \\ &= h(Y) - h(Y|X) \\ &= h(X) + h(Y) - h(XY) \end{aligned}$$

(14) 高斯信源的熵。

N 维离散时间实高斯信源熵

$$h(X^N) = \frac{N}{2}\log[2\pi \mathrm{e} \det(\boldsymbol{\Sigma})^{1/N}]$$

N 维离散时间复高斯信源熵

$$h(X^N) = N\log[2\pi \mathrm{e} \det(\boldsymbol{\Sigma})^{1/N}]$$

(15) 离散无记忆信道的容量定义。一个平稳离散无记忆信道的容量 C 定义为输入与输出平均互信息 $I(X;Y)$ 的最大值，即

$$C \equiv \max_{p(x)} I(X;Y)$$

(16) 信道容量定理：信道容量是满足下列方程组的

$$\begin{aligned} I(a_i;Y) &= C, \quad 对于\ p_i > 0 \\ I(a_i;Y) &\leqslant C, \quad 对于\ p_i = 0 \end{aligned}$$

(17) 并联信道容量：当各子信道的输入 X_i 互相独立时，达到容量

$$C = \sum_{i=1}^{N} C_i$$

式中，C_i 为子信道 i 的容量。

(18) 高斯分布对信道容量的影响：对于加性噪声，高斯分布是使信道容量最小的分布，是我们最不希望的噪声；而对于加性高斯噪声，信源具有高斯分布，可使信道容量达到最大，是我们希望的信源分布。

(19) 高斯信道容量公式。

① 离散时间加性高斯噪声信道的容量

$$C = \frac{1}{2}\log\left(1 + \frac{E}{\sigma^2}\right)$$

式中，E 为信号能量；σ^2 为噪声方差。

② AWGN 信道容量 (香农公式)

$$C = W\log\left(1+\frac{P}{N_0 W}\right)$$

其中，P 为信号功率；N_0 为白噪声单边功率谱密度；W 为系统带宽。

③ 并联加性高斯噪声信道

$$C = \frac{1}{2}\sum_{i=1}^{N}\log\left(1+\frac{E_i}{\sigma_i^2}\right)$$

其中，$\sum\limits_i E_i = E$ 为总能量；σ_i^2 为各子信道噪声方差；E_i 按注水原理分配。

(20) MIMO 系统的定义。MIMO 系统即天线多输入多输出无线通信系统，其特征在于发射端与接收端分别使用多个天线进行信号的收发。其信道模型为

$$\boldsymbol{y} = \boldsymbol{H}\boldsymbol{s} + \boldsymbol{w}$$

式中，$\boldsymbol{y} = [y_1, y_2, \cdots, y_{N_\mathrm{R}}]^\mathrm{T}$，$\boldsymbol{s} = [s_1, s_2, \cdots, s_{N_\mathrm{T}}]^\mathrm{T}$，$\boldsymbol{w} = [w_1, w_2, \cdots, w_{N_\mathrm{R}}]^\mathrm{T}$。

$$\boldsymbol{H}(t) = \begin{bmatrix} h_{11}(t) & h_{12}(t) & \cdots & h_{1N_\mathrm{T}}(t) \\ h_{21}(t) & h_{22}(t) & \cdots & h_{2N_\mathrm{T}}(t) \\ \vdots & \vdots & & \vdots \\ h_{N_\mathrm{R}1}(t) & h_{N_\mathrm{R}2}(t) & \cdots & h_{N_\mathrm{R}N_\mathrm{T}}(t) \end{bmatrix}$$

(21) MIMO 系统的信道容量：

$$\begin{aligned} C &= \log\left|\boldsymbol{I}_{N_\mathrm{R}} + \frac{\varepsilon_s}{N_\mathrm{T}N_0}\boldsymbol{H}\boldsymbol{H}^\mathrm{H}\right| \\ &= \sum_{i=1}^{r}\log\left(1+\frac{\varepsilon_s}{N_\mathrm{T}N_0}\lambda_i\right) \end{aligned}$$

式中，λ_i 为酉对称矩阵 $\boldsymbol{H}\boldsymbol{H}^\mathrm{H}$ 的非零特征值；r 为矩阵 $\boldsymbol{H}$ 的秩。

在本章编写过程中，我们参考了大量文献 [2−13]，在此对文献作者表示感谢。

参考文献

[1] 汪飞. 噪声中的二维谐波参量估计及四元数在其中的应用 [D]. 长春: 吉林大学, 2006.

[2] 傅祖芸. 信息论——基础理论与应用 [M]. 2 版. 北京: 电子工业出版社, 2008.

[3] Cover T M, Thomas J A. Elements of Information Theory[M]. New York: John Wiley & Sons, 2004.

[4] 唐朝京, 雷菁. 信息论与编码基础 [M]. 北京: 电子工业出版社, 2010.
[5] 田宝玉. 工程信息论 [M]. 北京: 北京邮电大学出版社, 2004.
[6] 王育民, 梁传甲. 信息与编码理论 [M]. 西安: 西北电讯工程学院出版社, 1986.
[7] 吴伟陵. 信息处理与编码 [M]. 北京: 人民邮电出版社, 1999.
[8] 姜丹. 信息论与编码 [M]. 合肥: 中国科学技术大学出版社, 1992.
[9] 曹雪虹, 张宗橙. 信息论与编码 [M]. 北京: 清华大学出版社, 2004.
[10] 李亦农, 李梅. 信息论基础教程 [M]. 北京: 北京邮电大学出版社, 2005.
[11] 杨孝先, 杨坚. 信息论基础 [M]. 合肥: 中国科学技术大学出版社, 2011.
[12] 张小飞, 刘敏, 朱秋明, 等. 信息论基础 [M]. 北京: 科学出版社, 2015.
[13] 邹永魁, 宋立新. 信息论基础 [M]. 北京: 科学出版社, 2010.

第 3 章　空间信息论的基本框架

本章论述空间信息论的基本框架，首先介绍了雷达目标探测系统的基本功能、基本组成以及主要性能指标，然后介绍了贝叶斯统计的基础理论和相关知识，着重讨论了贝叶斯的估计方法、先验分布的确定、似然原理以及无信息先验分布的选择。在此基础上给出了空间信息的定义，讨论了目标探测系统的基本模型、发射信号波形和目标的散射模型等。最后，给出了熵误差性能指标的定义，并讨论了熵误差与均方误差之间的关系。

3.1　目标探测系统

目标探测系统，例如雷达、声呐和医学成像等探测系统，正在国防和国民经济部门发挥越来越重要的作用 [1−10]。目标探测系统可以从目标的反射信号中获取目标的空间信息，包括距离信息、方向信息和散射信息。

3.1.1　雷达探测系统的基本功能

1. 目标检测

雷达信号处理最基本的功能是检测感兴趣的目标是否存在，目标是否存在的信息包含在雷达脉冲的回波中 [11−20]。雷达回波信号中不仅含有接收机前段热噪声和杂波信号，甚至还有敌对的或无意的干扰信号。信号处理器必须采用某些方法对这些接收回波进行分析，确定其中是否包含感兴趣目标信号的回波。如果有目标回波，还要确定它的距离、角度和速度。

雷达信号的复杂性迫使我们必须采用统计模型，在噪声和干扰信号中检测目标回波实际上是统计判决问题 [20−24]。在大多数情况下，采用阈值检测技术能够获得良好的检测性能。这种方法需要雷达回波信号的每个复样本的幅度都要和一个预先计算好的阈值进行比较。如果信号幅度低于阈值，则认为信号中只存在噪声和干扰。如果信号高于阈值，则认为是目标回波叠加产生了这样一个强信号，阈值系统就报告检测到一个目标。大体上，检测器判决的依据是每个接收信号样本中的能量是否过强，以至于它看起来不像是仅仅由噪声和干扰产生的。如果是这样，则认为样本中存在目标的回波。

阈值检测的判决存在一定的错误概率。例如，噪声中的尖峰信号有可能超过阈值，导致系统检测到虚假目标，通常称为“虚警”。如果目标的峰值信号比噪声、干扰背景信号突出很多，即信干比非常大，这时可以将阈值设置得相对较高，就可以在保持较少虚警的同时仍能检测到大多数的目标。这一现象还解释了匹配滤波在雷达系统中的重要性。因为匹配滤波能最大化信干比，所以能提供最佳的阈值检测性能。此外，能够获得的信干比随发射脉冲能量增加而单调增加，这促使人们采用更长的脉冲来获得更高的目标能量。

检测器需要对回波信号进行适当的处理，包括复信号采样的幅度、幅度平方、幅度的对数等。而阈值是按照噪声和干扰的统计特性进行计算得到的，其目标是将虚警率控制在一个可接受的范围 [25]。然而在实际系统中，噪声和干扰的统计特性很少能够足够精确地预先得到，这就很难预先计算一个固定的阈值。实际上，所需的阈值通常利用从数据中估计得到的统计量进行设置，该过程称为恒虚警率 (constant false alarm rate, CFAR) 检测。

2. 跟踪与测量

在目标检测环节之后，雷达系统可以采用各种各样的后处理。目标跟踪是许多雷达系统的基本组成部分，是最常见的检测后处理步骤之一，跟踪包括对检测到的目标位置 (通常是多个) 进行测量和轨迹滤波 [26−33]。

雷达信号处理器利用阈值检测法检测目标。被检测目标的距离、角度和多普勒分辨单元提供了目标坐标位置的粗略估计。检测完成后，雷达会利用信号处理的方法精确估计过阈值时刻相对于脉冲发射时刻的时间延迟，以提高目标距离的估计精度，同时也会精确估计目标相对于天线波束中心方向的角度，有些情况下还要精确估计目标的径向速度。受干扰的影响，在某一时刻得到的目标位置和运动状况的测量值都受到噪声污染，因此都存在估计误差。

跟踪滤波代表了一种高层次的长时间尺度的处理，为获得目标随时间变化的完整轨迹，该处理对一系列的测量进行积累。通常将跟踪滤波称为“数据处理”而不是“信号处理”。由于可能存在多个目标轨迹交叉或者非常接近的情况，跟踪滤波还须解决测量与已被跟踪目标进行关联的问题，以便正确地分辨接近的或交叉的轨迹。已有多种实现目标跟踪的估计技术。

3. 雷达成像

多数成像雷达能够产生场景的高分辨率图像，雷达获得的场景图像和可见光图像之间存在很多相似之处，但也存在很多明显的差别。对人眼而言光学照片更容易理解和分析，这是因为其成像的波长和现象与人的视觉系统是相同的。与此相反，雷达图像是单色的、不够精细、呈现一种斑斑点点的纹理，而且在很多地方还呈现不自然的明暗颠倒。

虽然雷达不能获得像光学系统一样的分辨率和图像质量，但是它有两个非常重要的优点，首先由于射频波长具有超强的穿透性，雷达可以穿透云层和恶劣气象对场景进行成像；其次由于雷达用发射脉冲为自己提供光照，所以可以不依赖太阳作为照射源，全天候工作 [34–38]。

为了得到高分辨率图像，雷达采用大带宽的波形获得距离维的高分辨率，同时采用合成孔径雷达技术获得角度维的高分辨率。采用脉冲压缩波形，通常是线性调频波形，使我们可以保证足够信号能量的同时获得所需的距离分辨率。雷达发射脉冲在足够宽的频率带宽上进行扫描，并利用匹配滤波进行脉冲压缩，使我们可以得到非常好的距离分辨率 [39–48]。

对于传统的非成像雷达，称为真实孔径雷达，其角度分辨率是由目标距离和天线波束宽度获得的。对于窄波束天线，天线波束宽度通常为 1°～3°，即使在相当近的距离内，其垂直距离分辨率也相当差，这个分辨率远低于典型的距离分辨率，克服这种问题的方法是采用合成孔径雷达 (synthetic aperture radar, SAR) 技术。

合成孔径雷达技术这一概念指的是将实际的雷达天线相对于要成像的场景进行移动，以综合出一个等效的非常大的天线，所以 SAR 通常是和运动的机载雷达或星载雷达相联系的，地面固定雷达通常无法直接采用这一技术。通过在每一个特定的位置发射脉冲，采集所有的接收回波数据并将它们经过适当的综合处理，SAR 系统可以获得一个巨大的相控阵天线的效果，其长度等于真实天线采集数据时飞过的长度。非常大的孔径尺寸可以产生非常窄的天线波束，从而得到非常好的角度分辨率 [49,50]。

3.1.2　雷达发射信号及主要参数

1. sinc 信号

令 $\psi(t)$ 的频谱表示基带发射信号，考虑理想低通信号

$$\psi(t) = \operatorname{sinc}(Bt) = \frac{\sin(\pi Bt)}{\pi Bt}, \quad -\frac{T_s}{2} \leqslant t \leqslant \frac{T_s}{2} \tag{3.1}$$

式中，T_s 表示信号的持续时间，通常假设信号能量几乎全部位于观测区间内。$\psi(t)$ 的频谱为

$$\psi(f) = \begin{cases} \dfrac{1}{B}, & |f| \leqslant \dfrac{B}{2} \\ 0, & \text{其他} \end{cases} \tag{3.2}$$

我们经常用到 sinc 函数的均方根带宽 β，定义为

$$\beta = \sqrt{\frac{(2\pi)^2 \displaystyle\int_{-B/2}^{B/2} f^2 |S(f)|^2 \mathrm{d}f}{\displaystyle\int_{-B/2}^{B/2} |S(f)|^2 \mathrm{d}f}} = \frac{\pi}{\sqrt{3}} B \tag{3.3}$$

sinc 信号的自相关函数可以表示为 $R_\psi(x)$ [51,52]：

$$R_\psi(x)=\int_{-T_s/2}^{T_s/2}\operatorname{sinc}^*(t-x_0)\operatorname{sinc}(t-x)\mathrm{d}t=\operatorname{sinc}(x-x_0) \tag{3.4}$$

2. 线性调频信号

线性调频 (linear frequency modulation, LFM) 是一种不需要伪随机编码序列的扩展频谱调制技术。因为线性调频信号占用的频带宽度远大于信息带宽，所以也可以获得很大的系统处理增益。线性调频信号也称为鸟声 (chirp) 信号，因为其频谱带宽落于可听范围，听着像鸟声，所以又称 chirp 扩展频谱 (CSS) 技术。LFM 技术在雷达、声呐技术中有广泛应用，例如，在雷达定位技术中，它可用来增大射频脉冲宽度、加大通信距离、提高平均发射功率，同时又保持足够的信号频谱宽度，不降低雷达的距离分辨率。

1962 年，Winkler 将 CSS 技术用于通信中，它以同一码元周期内不同的 chirp 速率表达符号信息。研究表明，这种以 chirp 速率调制的恒包络数字调制技术抗干扰能力强，能显著减少多径干扰的影响，有效地降低移动通信带来的快衰落影响，非常适合无线接入的应用。

线性调频信号在 SAR 系统中非常重要，其瞬时频率是时间的线性函数，这种信号用于发射可以得到均匀的信号带宽，其在接收信号中则来自传感器运动。物理探测系统经常发射这样形式的脉冲，由于频率的线性调制，相位是时间的二次函数，信号的复数形式为

$$s(t)=\operatorname{rect}\left(\frac{t}{T}\right)\exp\left(\mathrm{j}\pi Kt^2\right) \tag{3.5}$$

式中，t 是时间变量，单位为 s；K 是线性调频率，单位为 Hz/s。

由此可得，当 LFM 信号矢量为 $\boldsymbol{U}=\left[\mathrm{e}^{\mathrm{j}\pi k(-N/2-x)^2},\cdots,\mathrm{e}^{\mathrm{j}\pi k(N/2-1-x)^2}\right]$ 时，信号的自相关

$$\begin{aligned}\boldsymbol{U}^{\mathrm{H}}\boldsymbol{U}&=\sum_{n=-N/2}^{N/2-1}\mathrm{e}^{\mathrm{j}\pi k(n-x_1)^2}\mathrm{e}^{\mathrm{j}\pi k(n-x_2)^2}=s(t)*s(-t)\big|_{t=x_2-x_1}\\&=\sum_{n=-N/2}^{N/2-1}s(n)\,s(n-(x_2-x_1))\end{aligned} \tag{3.6}$$

由傅里叶变换，有

$$\begin{aligned}s(t)&\leftrightarrow\operatorname{rect}\left(\frac{f}{KT}\right)\mathrm{e}^{-\mathrm{j}\pi\frac{f^2}{K}}\mathrm{e}^{-\mathrm{j}2\pi fx_1}\\s^*(t)&\leftrightarrow\operatorname{rect}\left(\frac{f}{KT}\right)\mathrm{e}^{\mathrm{j}\pi\frac{f^2}{K}}\mathrm{e}^{\mathrm{j}2\pi fx_1}\end{aligned} \tag{3.7}$$

由此可得

$$s(t) * s^*(t) \leftrightarrow \mathrm{rect}\left(\frac{f}{KT}\right) \tag{3.8}$$

又因为 $\mathrm{sinc}(t) \leftrightarrow G_{2\pi}(\omega)$，那么有 $\mathrm{sinc}(Bt) \leftrightarrow G_B(f)/B$，综上所述可以得到

$$s(t) * s^*(t) = KT\mathrm{sinc}(KTt) \tag{3.9}$$

也即自相关函数表示为

$$R_{\mathrm{s}}(x) = KT\mathrm{sinc}(KT(x_2 - x_1)) \tag{3.10}$$

3. 多载波信号

OFDM 是一种正交多载波调制信号，它的基本思想是把高速的串行数据转换成低速的并行子数据流，再调制到多个正交的子载波上传输。OFDM 信号广泛应用于各种现代通信系统中，近年来 OFDM 信号也被用作雷达发射信号进行研究。它的调制方式对应于傅里叶逆变换，子载波的正交性保证了各子信道间干扰不会影响数据的传输。各正交子载波频谱上的重叠部分为 1/2，频谱利用率得到了有效的提高。在相邻 OFDM 符号之间插入保护间隔，可以很大程度上消除信道间干扰 (inter channel interference, ICI) 和符号间干扰 (inter symbol interference，ISI)。随着 OFDM 技术的发展成熟，一般采用 CP 作保护间隔，CP 指的是将 OFDM 符号进行周期扩展，把后面扩展的值平移到 OFDM 符号前面形成前缀，这样在调制时可以有效避免产生 ICI，在对信号进行接收处理时去掉添加的 CP 就能消除 ISI。OFDM 符号的持续时间由于数据传输速率的降低而增加，这使得多径时延对信号带来的不利影响会大大降低。对于子载波个数的选择，应该使每个子载波的带宽小于信道的相干带宽，保证每个子信道的衰落是平坦的，这样可以使得信道上的码间串扰比较小。

经过上述分析，OFDM 信号产生过程如图 3.1 所示。

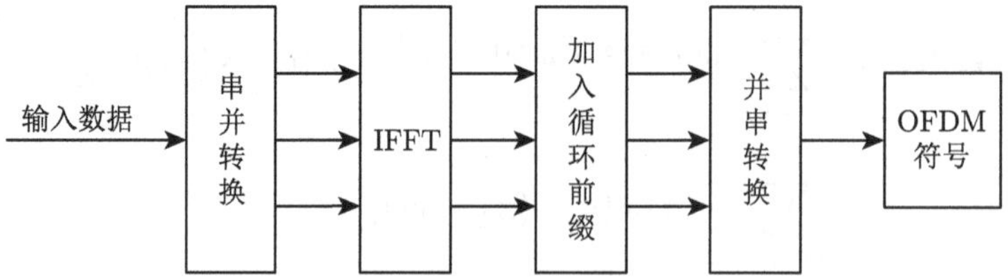

图 3.1 OFDM 信号产生框图

本书采用具有 N 个子载波、带宽为 B Hz 的 OFDM 信号作为雷达发射信号，令 $\boldsymbol{S} = [S_0, S_1, \cdots, S_{N-1}]^{\mathrm{T}}$ 表示通过子载波传输的复数序列，并且 $\sum\limits_{k=0}^{N-1} |S_k|^2 = N$。

那么，离散时间的 OFDM 信号是 $\boldsymbol{S}$ 的快速傅里叶逆变换 (inverse fast Fourier transformation，IFFT)。这里 S_k 选用 Zadoff-Chu 序列，该序列具有非常好的自相关性和很低的互相关性，且具有恒包络特性，在第四代移动通信系统 (LTE) 中有重要应用，也是目前优先选择的多载波雷达信号波形。它的时域表达式如下 [53]：

$$S_k=\begin{cases}\exp\left\{-\mathrm{j}2\pi\dfrac{r}{N}\left[\dfrac{k(k+1)}{2}+qk\right]\right\}, & N\text{ 为奇数}\\ \exp\left[-\mathrm{j}2\pi\dfrac{r}{N}\left(\dfrac{k^2}{2}+qk\right)\right], & N\text{ 为偶数}\end{cases}\tag{3.11}$$

式中，q 是任意整数；r 是任何与 N 互质的整数。给每个子载波加上 CP 后，作为发射波形发送出去。那么，多载波时域发射信号为 [54]

$$s(t)=\frac{1}{\sqrt{N}}\sum_{k=-N/2}^{N/2-1}S_k\mathrm{e}^{\mathrm{j}2\pi k\Delta ft},\quad t\in[-T/2-T_{\mathrm{CP}},T/2]\tag{3.12}$$

式中，$\Delta f=B/N=1/T$ 是子载波间隔。$[-T/2-T_{\mathrm{CP}},-T/2]$ 是在离散时域中对应于 CP 的保护间隔的持续时间 (为了方便表述，这里用了负号)，其长度 T_{CP} 取 T，T 是不包括 CP 的多载波信号的长度，由于指数函数 $\mathrm{e}^{(\cdot)}$ 具有周期性，所以 $s(t)$ 在 $t\in[-T/2-T_{\mathrm{CP}},-T/2]$ 上是 $t\in[-T/2,T/2]$ 上的重复，如图 3.2 所示。

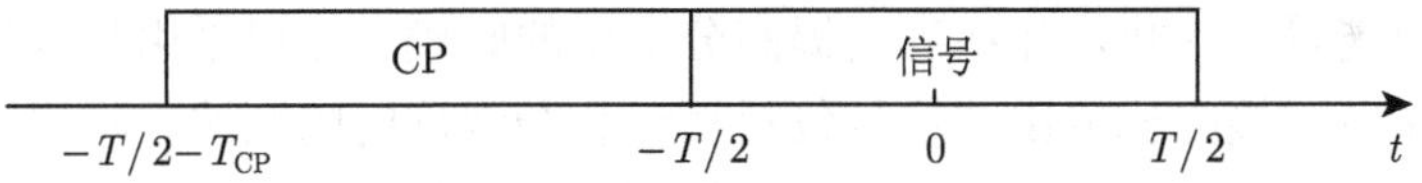

图 3.2 加循环前缀的多载波信号结构

在一个 OFDM 符号周期 T 内，各子载波之间有

$$\frac{1}{T}\int_0^T S_k\mathrm{e}^{\mathrm{j}2\pi k\Delta ft}\left(S_l\mathrm{e}^{\mathrm{j}2\pi l\Delta ft}\right)^*\mathrm{d}t=\delta(k-l)=\begin{cases}1, & k=l\\0, & k\neq l\end{cases}\tag{3.13}$$

这也解释了 OFDM 信号子载波相互正交的原因，

$$v(n-x)=\frac{1}{\sqrt{N}}\sum_{k=-N/2}^{N/2-1}S_k\mathrm{e}^{\mathrm{j}2\pi k\frac{(n-x)}{N}}\tag{3.14}$$

信号的自相关函数可以表示为 $R_{\mathrm{s}}(x)$ [55]：

$$R_{\mathrm{s}}(x)=\sum_{n=-N/2}^{N/2-1}v(n-x_0)\,v^*(n-x)$$

$$
\begin{aligned}
&= \frac{1}{N}\sum_{k=-N/2}^{N/2-1}\sum_{l=-N/2}^{N/2-1} p_k p_l^* \mathrm{e}^{\mathrm{j}\frac{2\pi(kx-lx_0)}{N}} N\delta(k-l) \\
&= \sum_{k=-N/2}^{N/2-1} \mathrm{e}^{\mathrm{j}\frac{2\pi k(x-x_0)}{N}} \\
&= N\mathrm{e}^{-\mathrm{j}\frac{\pi(x-x_0)}{N}} \frac{\mathrm{sinc}(x-x_0)}{\mathrm{sinc}((x-x_0)/N)}
\end{aligned} \tag{3.15}
$$

3.1.3　雷达目标散射的统计模型

雷达发射一个确定的已知信号，在接收机输出端可以测得该信号的响应。这个响应信号是几个主要分量的叠加，这些主要的信号分量包括目标、杂波和噪声，在有些情况下还包括干扰，而所有这些分量中没有任何一个是雷达设计者能够完全控制的。对这个复合的信号进行处理的目的是提取其中的有用信息，包括判断目标是否存在，提取目标的特性，或者产生目标的雷达图像。噪声和干扰都是有害的信号，它们的存在会使雷达对目标的探测能力下降。杂波有时候是有害的信号，比如在对飞机进行检测的时候；但有时杂波又是需要的信号，比如在地面成像雷达工作的时候。信号处理的效能可以通过对各种指标参数，如检测概率、信干比、测角精度等的改善程度进行衡量。

传统的脉冲雷达发射的是窄带的带通信号。约束脉冲的幅度调制波形为矩形，可以使发射能量最大化，而在需要提高分辨率的时候，可以采用相位调制扩展信号的瞬时带宽。接收机输出的信号包括目标和杂波反射的回波、噪声以及可能存在的干扰信号。因为目标分量和杂波分量都是发射脉冲的延迟回波，所以虽然在通常情况下它们的幅度调制和相位调制都变了，但它们仍然是窄带信号，而接收机噪声信号是加性的随机信号。散射体反射的单个脉冲的回波信号中，重要参数包括时间延迟、回波分量的幅度、回波与噪声的功率比以及回波的相位调制函数。这些参数可用于估计目标的距离、散射强度和径向速度，还可以用于干扰抑制、杂波抑制以及成像等。幅度和相位调制函数还决定了测量的距离分辨率。而对于非成像雷达，角度分辨率以及横向分辨率由天线图 3dB 带宽决定。

为了设计出信息提取理论框架，需要给出良好的信号模型。针对散射过程对雷达测量的幅度、相位以及频率特性的影响模型，便于逐步理解与信息提取有关的原理。确定性模型一般用于分析简单散射体，但对于复杂的真实目标，还需要采用基于统计模型的散射过程描述。

雷达距离方程是一种确定性模型，它通过各种系统参数将接收回波的功率与发射功率联系起来，是雷达系统设计和分析的基础。由于接收信号是窄带脉冲，根据距离方程估计出来的接收功率可以直接与接收脉冲的幅度相联系。当电磁波照

射到距离 R 处单个离散散射体或点目标上时，有一部分入射功率会被散射体吸收，其余功率被散射到各个方向。假设面积为 σ 的目标能够接收全部入射能量，而且可以将所有这些能量无方向性地再次辐射出去，那么被再次辐射向雷达的总的辐射功率为

$$P_{\mathrm{b}} = \frac{P_{\mathrm{t}} G \sigma}{4\pi R^2} \tag{3.16}$$

式中，P_{t} 为发射功率；G 为天线增益；σ 称为目标的雷达截面积 (RCS)。

假设目标处的入射功率密度为 Q_{t}，发射机处的后向散射功率密度为 Q_{b}，如果后向散射的功率密度源于目标的无方向性辐射，那么对于总的后向散射功率 P_{b}，需要满足 $Q_{\mathrm{b}} = P_{\mathrm{b}}/4\pi R^2$。RCS 是一个虚拟面积，表示在发射功率密度为 Q_{t} 的条件下截获能量而产生总功率 P_{b} 时所对应的截面积，而 P_{b} 可以用来计算接收功率密度，即截面积 σ 必须满足

$$\sigma = 4\pi R^2 \frac{Q_{\mathrm{b}}}{Q_{\mathrm{t}}} \tag{3.17}$$

一个简单的常数不能有效地描述真实目标的雷达截面积，通常情况下，RCS 是视角、频率、极化的复杂函数，而 RCS 的统计特性又会随着几何关系、分辨率、波长等因素的改变而发生显著变化。因此，人们提出用雷达目标的概率密度函数 (probability density function，PDF) 模型来描述雷达截面积的统计特性，表 3.1 给出了几种较为常用的 PDF 模型，它们能够有效地反映在有强散射体和无强散射体情况下，目标 RCS 值随视角以及雷达工作频率的变化。对于 PDF 不能写成 RCS 均值 $\bar{\sigma}$ 的显式函数的情况，给出了 $\bar{\sigma}$ 的表达式，同时也给出了对应方差 $\mathrm{var}(\sigma)$ 的表达式。

表 3.1 雷达截面积的常用统计模型

模型名称	RCS 值 σ 的 PDF	注释
非起伏、Marcum、Swerling0 或者 Swerling5	$p_\sigma(\sigma) = \delta_D(\sigma - \bar{\sigma})$ $\mathrm{var}(\sigma) = 0$	回波功率恒定，如校正球或者雷达和目标都不运动情况下完全静止的目标
指数分布，二自由度 χ^2 分布	$p_\sigma(\sigma) = \frac{1}{\bar{\sigma}} \exp\left(\frac{-\sigma}{\bar{\sigma}}\right)$ $\mathrm{var}(\sigma) = \bar{\sigma}^2$	随机分布的很多散射体，没有占主导作用的强散射体。适用于 Swerling1 和 Swerling2 模型
四自由度 χ^2 分布	$p_\sigma(\sigma) = \frac{4\sigma}{\bar{\sigma}} \exp\left(\frac{-2\sigma}{\bar{\sigma}}\right)$ $\mathrm{var}(\sigma) = \bar{\sigma}^2/2$	目标近似为由一个强散射体及许多个弱散射体构成。适用于 Swerling3 和 Swerling4 模型
$2m$ 自由度 χ^2 分布，Weinstock 分布	$p_\sigma(\sigma) = \frac{m}{\Gamma(m)\bar{\sigma}} \left(\frac{m\sigma}{\bar{\sigma}}\right)^{m-1} \exp\left(\frac{-m\sigma}{\bar{\sigma}}\right)$ $\mathrm{var}(\sigma) = \bar{\sigma}^2/m$	前两种情况的推广。Weinstock 分布的适用范围是 $0.6 \leqslant 2m \leqslant 4$

续表

模型名称	RCS 值 σ 的 PDF	注释
二自由度的偏正 χ^2 分布	$p_\sigma(\sigma)=\frac{1}{\sigma}(1+a^2)\exp\left[-a^2-\frac{\sigma}{\bar{\sigma}}(1+a^2)\right]\times I_0\left[2a\sqrt{1+a^2(\sigma/\bar{\sigma})}\right]$ $\mathrm{var}(\sigma)=\frac{(1+2a^2)}{(1+a^2)^2}\bar{\sigma}^2$	一个强散射体与很多小散射体的精确解，对应于幅度服从莱斯分布的情况
韦布尔分布	$p_\sigma(\sigma)=\frac{c}{b}\left(\frac{\sigma}{b}\right)^{c-1}\exp\left[-\left(\frac{\sigma}{b}\right)^c\right]$ $\bar{\sigma}=b\Gamma(1+1/c)$ $\mathrm{var}(\sigma)=b^2\left[\Gamma(1+2/c)-\Gamma^2(1+1/c)\right]$	很多测量目标和杂波分布的经验拟合结果，比前面各种情况有更长的拖尾
对数正态分布	$p_\sigma(\sigma)=\frac{1}{\sqrt{2\pi}q\sigma}\exp\left[-\frac{\ln^2(\sigma/\sigma_m)}{2q^2}\right]$ $\bar{\sigma}=\sigma_m\exp(q^2/2)$ $\mathrm{var}(\sigma)=\bar{\sigma}^2\left[\exp(q^2)-1\right]$	很多目标和杂波分布测量的经验拟合结果，拖尾最长

在表 3.1 中，二自由度的偏正 χ^2 分布公式中的 a^2 表示强散射体的 RCS 与弱散射体 RCS 和的比，$I_0(\cdot)$ 表示第一类零阶修正贝塞尔函数；韦布尔分布公式中的 b 和 c 分别表示比例参数和形状参数，PDF 难以写成变量 $\bar{\sigma}$ 的表达式；对数正态分布的参数为 σ_m 和 q，σ_m 是 σ 的中值，PDF 同样难以写成变量 $\bar{\sigma}$ 的表达式。

3.2　贝叶斯估计

3.2.1　贝叶斯公式的密度函数形式

总体信息是总体分布或总体所属分布族带给我们的信息；样本信息是从总体抽取的样本给我们提供的信息。通过对样本的处理可以对总体的某些特征做出较为精确的推断。基于上述两种信息进行的推断称为经典统计学，其基本观点是把数据和样本看成来自具有一定概率分布的总体。所研究的对象，是这个总体而不是局限于数据本身 [56,57]。

先验信息来源于经验和历史。基于总体信息、样本信息和先验信息三种信息进行的统计推断称为贝叶斯统计学。它与经典统计学的主要差别在于是否利用先验信息，在使用样本信息上也是有差异的。贝叶斯学派重视已出现样本的观察值，而对尚未发生的样本观察值不予考虑。贝叶斯学派很重视先验信息的收集、挖掘和加工，使它数量化，形成先验分布，参加到统计推断中来，以提高统计推断的质量。忽视先验信息的利用是一种浪费，有时还会导致不合理的结论 [58,59]。

贝叶斯学派最基本的观点是：任一个未知量 x 都可看作一个随机变量，应该用一个概率分布去描述 x 的未知状况。这个概率分布是在抽样前就有的关于 θ 的先验信息，称为先验分布，有时还简称为先验 (prior)。因为任一个未知量都有不确定性，而在表述不确定性程度时，概率与概率分布是最好的描述方法 [60,61]。

下面以距离估计为例，用随机变量的密度函数叙述贝叶斯公式。

(1) 设总体指标 Z 有依赖于参数 x 的密度函数，在经典统计中常记为 $p_x(z)$，它表示在参数空间 $\boldsymbol{X}=\{x\}$ 中不同的 x 对应不同的分布。可在贝叶斯统计中记为 $p(z|x)$，它表示在随机变量 x 给定某个值时，总体指标的条件分布。

(2) 根据参数 x 的先验信息确定先验分布 $\pi(x)$，这是贝叶斯学派在最近几十年里重点研究的问题。

(3) 从贝叶斯观点看，样本 $\boldsymbol{z}=(z_1,\cdots,z_n)$ 的产生分两步进行。第一步，设想从先验分布 $\pi(x)$ 产生一个样本 x'。第二步，从总体分布 $p(\boldsymbol{z}|x')$ 产生一个样本 $\boldsymbol{z}=(z_1,\cdots,z_n)$，这个样本是具体的，此样本 $\boldsymbol{z}$ 发生的概率与如下联合密度函数成正比：

$$p(\boldsymbol{z}|x')=\prod_{i=1}^{n}p(z_i|x') \tag{3.18}$$

这个联合密度函数综合了总体信息和样本信息，常称为似然函数，记为 $L(x')$。在有了样本观察值 $\boldsymbol{z}=(z_1,\cdots,z_n)$ 后，总体和样本中所含 x 的信息都被包含在似然函数 $L(x')$ 之中。

(4) 由于 x' 是设想出来的，它仍然是未知的，它是按先验分布 $\pi(x)$ 而产生的，要把先验信息进行综合，不能只考虑 x'，而应对 x 的一切可能加以考虑。故要用 $\pi(x)$ 参与进一步综合。这样一来，样本 $\boldsymbol{z}$ 和参数 x 的联合分布

$$p(\boldsymbol{z},x)=p(\boldsymbol{z}|x)\,\pi(x) \tag{3.19}$$

把三种可用的信息都综合进去了。

(5) 我们的任务是要对未知数 x 做出统计推断。在没有样本信息时，人们只能根据先验分布对 x 做出推断。在有样本观察值 $\boldsymbol{z}=(z_1,\cdots,z_n)$ 之后，我们应该依据 $p(\boldsymbol{z},x)$ 对 x 做出推断。为此我们需把 $p(\boldsymbol{z},x)$ 作如下分解：

$$p(\boldsymbol{z},x)=\pi(x|\boldsymbol{z})\,m(\boldsymbol{z}) \tag{3.20}$$

式中，$m(\boldsymbol{z})$ 是 $\boldsymbol{z}$ 的边缘密度函数。

$$m(\boldsymbol{z})=\int_{\boldsymbol{X}}p(\boldsymbol{z},x)\,\mathrm{d}x=\int_{\boldsymbol{X}}p(\boldsymbol{z}|x)\,\pi(x)\,\mathrm{d}x \tag{3.21}$$

它与 x 无关，或者说 $m(\boldsymbol{z})$ 中不含 x 的任何信息。因此能用来对 x 做出推断的仅仅是条件分布 $\pi(x|\boldsymbol{z})$，它的计算公式是

$$\pi(x|\boldsymbol{z})=\frac{p(\boldsymbol{z},x)}{m(\boldsymbol{z})}=\frac{p(\boldsymbol{z}|x)\,\pi(x)}{\displaystyle\int_{\boldsymbol{X}}p(\boldsymbol{z}|x)\,\pi(x)\,\mathrm{d}x} \tag{3.22}$$

这就是贝叶斯公式的密度函数形式。这种在样本 $\boldsymbol{z}$ 给定下，x 的条件分布被称为 x 的后验分布。它是集中了总体、样本和先验三种信息中有关 x 的一切信息，而又排除一切与 x 无关的信息之后所得到的结果。故基于后验分布 $\pi(x|\boldsymbol{z})$ 对 x 进行统计推断是更为有效，也是最合理的。

一般说来，先验分布 $\pi(x)$ 是反映人们在抽样前对 x 的认识，后验分布 $\pi(x|\boldsymbol{z})$ 则反映人们在抽样后对 x 的认识。之间的差异是由于样本 $\boldsymbol{z}$ 出现后人们对 x 认识的一种调整。所以后验分布 $\pi(x|\boldsymbol{z})$ 可以看成人们用总体信息和样本信息 (统称为抽样信息) 对先验分布 $\pi(x)$ 作调整的结果。

未知参数 x 的后验分布 $\pi(x|\boldsymbol{z})$ 集三种信息 (总体、样本和先验) 于一身，它包含了 x 的所有可供利用的信息，所以，有关 x 的点估计、区间估计和假设检验等统计推断都按一定方式从后验分布提取信息，其提取方法与经典统计推断相比要简单明确得多。

后验分布 $\pi(x|\boldsymbol{z})$ 是在样本 $\boldsymbol{z}$ 给定下 x 的条件分布，基于后验分布的统计推断就意味着只考虑已出现的数据 (样本观察值)，而认为未出现的数据与推断无关，这一重要的观点被称为条件观点。基于这种观点提出的统计推断方法称为条件方法，它与大家熟悉的频率方法之间有很大区别，譬如在对估计的无偏性的认识上，经典统计学认为参数 x 的无偏估计 $\hat{x}(\boldsymbol{z})$ 应满足如下等式：

$$E\hat{x}(\boldsymbol{z}) = \int_{\boldsymbol{Z}} \hat{x}(\boldsymbol{z})\, p(\boldsymbol{z}|x)\mathrm{d}\boldsymbol{z} = 0 \tag{3.23}$$

3.2.2 贝叶斯估计和误差

设 x 是总体分布 $p(\boldsymbol{z}|x)$ 中的参数，为了估计该参数，可从该总体随机抽样得到样本 $\boldsymbol{z} = (z_1, \cdots, z_n)$，同时依据 x 的先验信息选择一个先验分布 $\pi(x)$，再用贝叶斯公式算得后验分布 $\pi(x|\boldsymbol{z})$，这时，作为 x 的估计可选用后验分布 $\pi(x|\boldsymbol{z})$ 的某个位置特征量，如后验分布的众数、中位数或期望值，所以估计是应用后验分布最简单的推断形式。

定义 3.1　使后验密度 $\pi(x|\boldsymbol{z})$ 达到最大的 x_{MD} 称为最大后验估计；后验分布的中位数 $\hat{x}_{\mathrm{ME}}$ 称为 x 的后验中位数估计；后验分布的期望值 $\hat{x}_{\mathrm{E}}$ 称为 x 的后验期望估计，这三个估计也都称为 x 的贝叶斯估计，记为 $\hat{x}_{\mathrm{B}}$，在不引起混乱时也记为 $\hat{x}$。

在一般场合下，这三种贝叶斯估计是不同的，当后验密度函数对称时，这三种贝叶斯估计重合，使用时可根据实际情况选用其中一种估计，这三种估计因适合不同的实际需要而沿用至今。

设 $\hat{x}$ 是 x 的一个贝叶斯估计，在样本给定后，$\hat{x}$ 是一个数，在综合各种信息后，x 按 $\pi(x|\boldsymbol{z})$ 取值，所以评定一个贝叶斯估计的误差的最好而又简单的方式是

用 x 对 $\hat{x}$ 的后验均方误差或其平方根来度量。

定义 3.2 设参数 x 的后验分布 $\pi(x|\boldsymbol{z})$，贝叶斯估计为 $\hat{x}$，则 $(x-\hat{x})^2$ 的后验期望

$$\mathrm{MSE}(\hat{x}|\boldsymbol{z}) = E_{\hat{x}|\boldsymbol{z}}(x-\hat{x})^2 \tag{3.24}$$

称为 $\hat{x}$ 的后验均方误差，其平方根称为后验标准误差。其中 $E_{\hat{x}|\boldsymbol{z}}$ 表示用条件分布 $\pi(x|\boldsymbol{z})$ 求期望，当 $\hat{x}$ 为后验期望 $\hat{x}_{\mathrm{E}} = E(x|\boldsymbol{z})$ 时，则

$$\mathrm{MSE}(\hat{x}_{\mathrm{E}}|\boldsymbol{z}) = E_{\hat{x}|\boldsymbol{z}}(x-\hat{x})^2 = \mathrm{var}(x|\boldsymbol{z}) \tag{3.25}$$

称为后验方差，其平方根称为后验标准差。

后验均方差和后验方差的关系如下：

$$\begin{aligned}\mathrm{MSE}(\hat{x}|\boldsymbol{z}) &= E_{x|\boldsymbol{z}}(x-\hat{x})^2 \\ &= E_{x|\boldsymbol{z}}\left[(x-\hat{x}_{\mathrm{E}}) + (\hat{x}_{\mathrm{E}}-\hat{x})\right]^2 \\ &= \mathrm{var}(x|\boldsymbol{z}) + (\hat{x}_{\mathrm{E}}-\hat{x})^2\end{aligned} \tag{3.26}$$

这表明，当 $\hat{x}$ 为后验均值 $\hat{x}_{\mathrm{E}} = E(x|\boldsymbol{z})$ 时，可使后验均方差达到最小，所以实际中常取后验均值作为 x 的贝叶斯估计值。

3.2.3 先验分布的确定

贝叶斯统计中要使用先验信息，而先验信息主要是指经验和历史数据。如何使用经验和过去的历史数据确定先验分布是贝叶斯学派要研究的主要问题。贝叶斯学派是完全同意概率的公理化定义，但认为概率也可以用经验确定，这与人们的实践活动一致。这就可以使不能重复或不能大量重复的随机现象也可谈及概率。贝叶斯学派认为，一个事件的概率是人们根据经验对该事件发生可能性所给出的个人推断，这种概率称为主观概率。

主观概率并不反对用频率方法确定概率，但意识到频率方法的局限性。频率学派认为概率是频率的稳定值，而现实世界中能够在相同条件下进行大量重复的随机现象并不多。无穷次重复更不可能，除非是在某种理想的意义下进行重复。

3.2.4 似然原理

似然原理的核心概念是似然函数。设 $\boldsymbol{z} = (z_1, \cdots, z_n)$ 是来自密度函数 $p(\boldsymbol{z}|x)$ 的一个样本，则

$$p(\boldsymbol{z}|x) = \prod_{i=1}^{n} p(z_i|x) \tag{3.27}$$

有两个解释：当 x 给定时，$p(\boldsymbol{z}|x)$ 是样本 $\boldsymbol{z}$ 的联合密度函数；当样本 $\boldsymbol{z}$ 的观察值给定时，$p(\boldsymbol{z}|x)$ 是未知参数 x 的函数，即似然函数，记为 $L(x)$。

似然函数强调 $L(x)$ 是 x 的函数，而样本 $\boldsymbol{z}$ 在似然函数中只是一组数据或一组观察值。所有与试验有关的 x 信息都被包含在似然函数之中，使 $L(x)=p(\boldsymbol{z}|x)$ 更大的 x 比使 $L(x)$ 较小的 x 更“像”是 x 的真值，特别地，使 $L(x)$ 达到最大的参数 x 称为最大似然估计。

3.2.5 无信息先验

贝叶斯统计的特点就在于利用先验信息 (经验与历史数据) 形成先验分布，参与统计推断，它启发人们要充分挖掘周围的各种信息使统计推断更为有效。如何在没有先验信息可利用的情况下，确定先验分布一直以来是一个问题。至今研究者们已提出多种无信息先验分布。贝叶斯假设主要结果如下：

所谓参数 x 的无信息先验分布是指除参数 x 的取值范围 X 和 x 在总体分布中的地位之外，再也不包含 x 的任何信息的先验分布。亦即对 x 的任何可能值，都没有偏爱，都是同等无知的。因此，很自然地把 x 的取值范围上的均匀分布看作 x 的先验分布，即

$$\pi(x)=\begin{cases} c, & x\in X \\ 0, & x\notin X \end{cases} \tag{3.28}$$

式中，X 是 x 的取值范围；c 是一个容易确定的常数。这一看法通常称为贝叶斯假设，又称拉普拉斯 (Laplace) 先验。

一般的，若 $X=\{x_1,\cdots,x_n\}$ 为有限集，且对 x_i 无任何信息，那么很自然认为以均匀分布

$$P(x=x_i)=\frac{1}{n} \tag{3.29}$$

作为 x 的先验分布是合理的。

对分布在有限区间上的连续随机变量，均匀分布表示没有任何先验信息。

1. 位置参数的无信息先验

Jeffreys 首先考虑位置参数的无信息先验。若要考虑参数 x 的无信息先验，首先要知道该参数 x 在总体分布中的地位，譬如 x 是位置参数，还是尺度参数。根据参数在分布中的地位选用适当变换下的不变性来确定其无信息先验分布。这样确定先验分布的方法没有用任何先验信息，但要用到总体分布的信息。

设总体 Z 的密度具有形式 $p(z-x)$，其样本空间 $\boldsymbol{z}$ 和参数空间 X 皆为实数集 $\mathbb{R}$。这类密度组成位置参数族。x 称为位置参数，方差 σ^2 已知时的正态分布 $\mathcal{N}(x,\sigma^2)$ 就是其成员之一。现要导出这种场合下 x 的无信息先验分布。

设想让 Z 移动一个量 c，得到 $Y=Z+c$，同时让参数 x 也移动一个量 c，得到 $\eta=x+c$，显然 Y 有密度 $p(y-x)$。它仍是位置参数族的成员，且其样本

空间与参数空间仍为 $\mathbb{R}$。所以 (Z,x) 问题与 (Y,η) 问题的统计结构完全相同。因此 x 与 η 应是有相同的无信息先验分布，即

$$\pi(\tau)=\pi^*(\tau) \tag{3.30}$$

式中，$\pi(\cdot)$ 和 $\pi^*(\cdot)$ 分别为 x 与 η 的无信息先验分布。另外，由变换 $\eta=x+c$ 可得到 η 的无信息先验分布为

$$\pi^*(\eta)=\left|\frac{\partial x}{\partial \eta}\right|\pi(\eta-c)=\pi(\eta-c) \tag{3.31}$$

式中，$\partial x/\partial\eta=1$，由式 (3.30) 可得

$$\pi(\eta)=\pi(\eta-c) \tag{3.32}$$

取 $\eta=c$，则

$$\pi(c)=\pi(0)=\text{const} \tag{3.33}$$

由于 c 具有任意性，故 x 的无信息先验分布为

$$\pi(x)=1 \tag{3.34}$$

这表明，当 x 为位置参数时，其先验分布可用均匀分布作为无信息先验分布。

2. Jeffreys 先验

在更一般场合，Jeffreys 用 Fisher 信息量 (阵) 给出未知参数 x 的无信息先验。

设总体密度函数为 $p(\boldsymbol{z}|x)$，$x\in X$，又设参数 x 的无信息先验为 $\pi(x)$。若对参数 x 作一一对应变换 $\eta=\eta(x)$，一方面，由于一一对应变换不会增加或减少信息，故新参数 η 的无信息先验 $\pi^*(\eta)$ 与 $\pi(x)$ 在结构上应完全相同，即 $\pi(\tau)=\pi^*(\tau)$；另一方面，x 与 η 的密度函数间应满足如下关系式：

$$\pi(x)=\pi^*(\eta)\left|\frac{\partial \eta}{\partial x}\right| \tag{3.35}$$

把上述两方面联系起来，x 的无信息先验 $\pi(x)$ 应有如下关系式：

$$\pi(x)=\left|\frac{\partial \eta}{\partial x}\right|\pi(\eta(x)) \tag{3.36}$$

Jeffreys 用不变测度证明，若取

$$\pi(x)=|I(x)|^{1/2} \tag{3.37}$$

可使式 (3.36) 成立，则 $\pi(x)$ 就是 x 的 Jeffreys 先验。

在一维场合，若令 $l=\ln p(z|x)$，则其 Fisher 信息量在变换 $\eta=\eta(x)$ 下为

$$\begin{aligned}I(x)&=E\left(\frac{\partial l}{\partial x}\right)^2=E\left(\frac{\partial l}{\partial \eta}\frac{\partial \eta}{\partial x}\right)^2\\&=E\left(\frac{\partial l}{\partial \eta}\right)^2\cdot\left(\frac{\partial \eta}{\partial x}\right)^2\\&=I(\eta(x))\cdot\left(\frac{\partial \eta}{\partial x}\right)^2\end{aligned}\tag{3.38}$$

式中，$I(\eta)=E(\partial l/\partial\eta)^2$ 为变换后的分布的 Fisher 信息量。若对式 (3.38) 两侧开方后有

$$|I(x)|^{1/2}=I(\eta(x))^{1/2}\cdot\left(\frac{\partial\eta}{\partial x}\right)\tag{3.39}$$

只要取 $\pi(x)=|I(x)|^{1/2}$ 即可，这表明在一维参数场合下 $\pi(x)=|I(x)|^{1/2}$ 是合适的。

3.3 空间信息的概念及定量方法

3.3.1 雷达目标探测系统模型

雷达探测的目的是从回波信号中获取目标距离、方向和幅度等信息。假设雷达由多根天线组成，发射的基带信号为 $\psi(t)$，有多个点目标位于观测区间内，其系统模型如图 3.3 所示。

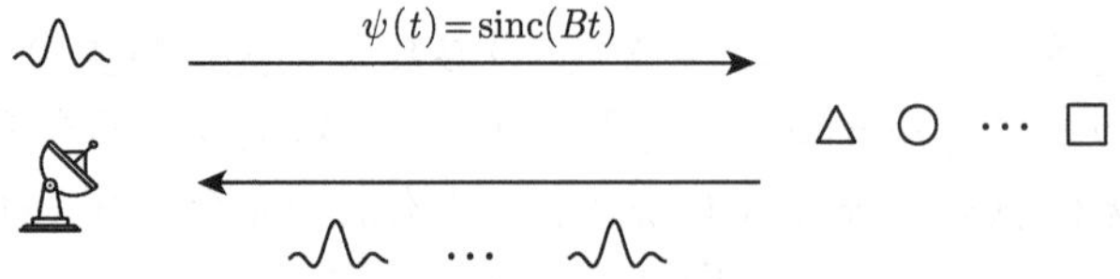

图 3.3　雷达探测系统模型

发射信号在目标处产生散射，其中一部分散射信号到达雷达天线。回波信号是多天线的多目标散射信号的叠加，这些散射信号具有不同的时延，隐含目标相对于雷达的距离和方向。对于基带系统模型，散射信号是复数，其幅度反映目标雷达散射面积的大小。因为目标到雷达的距离远大于天线间隔，所以，下面的讨论均假设散射信号只与目标的散射面积有关，而与天线的位置无关。在接收端对回波信号进行采样，一次快拍的系统方程可写成如下形式：

$$\boldsymbol{Z}=\boldsymbol{\Psi}(\boldsymbol{\chi})\otimes\boldsymbol{S}+\boldsymbol{W}\tag{3.40}$$

式中，$\boldsymbol{\chi}=(\tau,\theta)$ 表示目标的位置矢量，参数 τ 表示距离，θ 表示方向；$\boldsymbol{\Psi}(\boldsymbol{\chi})$ 称为位置矩阵，一般由发射信号波形和目标位置参数决定；$\boldsymbol{S}$ 表示目标的散射矢量，其分量是对应目标的复散射系数；$\otimes$ 表示某种运算；$\boldsymbol{Z}$ 表示接收到的采样数据；$\boldsymbol{W}$ 表示噪声矢量。

3.3.2 空间信息的定义

研究雷达获取信息的难点在于，我们需要处理几种不同类型的参数，包括距离、方向和散射，并且，这些参数具有不同的单位。距离参数是长度单位，方向参数是角度单位，而散射信号是功率单位，或信噪比 (dB)。目标的位置参数 $\boldsymbol{\chi}=(\tau,\theta)$ 和散射信号 $\boldsymbol{S}$ 是相互影响的，为了全面准确地反映这种影响，我们的处理方法是考虑接收数据与位置参数和散射信号之间的联合互信息。

下面以香农信息论的观点给出空间信息的定义，首先确定信源和信道的统计特性。

1. 目标参数的统计特性

目标参数的统计特性就是信源的统计特性。考虑目标参数的 PDF 为 $p(\boldsymbol{\chi},\boldsymbol{s})$，由于目标的散射特性与位置无关，故有 $p(\boldsymbol{\chi},\boldsymbol{s})=p(\boldsymbol{\chi})p(\boldsymbol{s})$，这里 $p(\boldsymbol{\chi})$ 表示目标位置的先验 PDF，合理的假设是在观测区间内服从均匀分布；$p(\boldsymbol{s})$ 表示目标的散射特性，取决于应用场景，后面主要考虑恒模和复高斯两种散射模型。

2. 雷达系统的条件 PDF

条件 PDF 对应于信道的条件转移概率，即给定目标参数条件下接收信号的条件 PDF $p(\boldsymbol{z}|\boldsymbol{\chi},\boldsymbol{s})$ 表示为

$$p(\boldsymbol{z}|\boldsymbol{\chi},\boldsymbol{s})=p_{\mathrm{w}}(\boldsymbol{z}-\boldsymbol{\psi}(\boldsymbol{\chi})\otimes\boldsymbol{s})$$

式中，$p_{\mathrm{w}}(\cdot)$ 表示噪声的 PDF。条件 PDF 完全取决于噪声的统计特性。假设噪声服从均值为 0、方差为 N_0 的复高斯分布，且各分量独立同分布，那么，条件 PDF 即多维复高斯分布。

3. 空间信息的定义

空间信息定义为接收数据与目标位置和散射的联合互信息 $I(\boldsymbol{Z};\boldsymbol{\chi},\boldsymbol{S})$，又称位置–散射信息 [62]，即

$$I(\boldsymbol{Z};\boldsymbol{\chi},\boldsymbol{S})=E\left[\log\frac{p(\boldsymbol{z}|\boldsymbol{\chi},\boldsymbol{s})}{p(\boldsymbol{z})}\right] \tag{3.41}$$

式中，$E[\cdot]$ 为数学期望，并且有

$$p(\boldsymbol{z})=\iint p(\boldsymbol{z}|\boldsymbol{\chi},\boldsymbol{s})p(\boldsymbol{\chi},\boldsymbol{s})\mathrm{d}\boldsymbol{\chi}\mathrm{d}\boldsymbol{s} \tag{3.42}$$

根据互信息的可加性有

$$I(\boldsymbol{Z};\boldsymbol{\chi},\boldsymbol{S}) = I(\boldsymbol{Z};\boldsymbol{\chi}) + I(\boldsymbol{Z};\boldsymbol{S} \mid \boldsymbol{\chi}) \tag{3.43}$$

式中，$I(\boldsymbol{Z};\boldsymbol{\chi})$ 表示位置信息；$I(\boldsymbol{Z};\boldsymbol{S}|\boldsymbol{\chi})$ 表示已知目标位置条件下的散射信息；而位置信息 $I(\boldsymbol{Z};\boldsymbol{\chi})$ 又是接收数据与距离–方向的联合互信息。

上面给出空间信息的一般定义，针对特定的单天线雷达、传感器阵列和相控阵雷达三种信息获取系统，空间信息的组成结构不同，比如：

(1) 单天线雷达的空间信息：距离信息 + 散射信息 [63]。

(2) 传感器阵列的空间信息：方向信息 + 散射信息 [64−68]。

(3) 相控阵雷达的空间信息：距离信息 + 方向信息 + 散射信息 [69]。

关于三种信息获取系统空间信息的论述将在后面章节逐步展开。

4. 空间信息的意义

根据空间信息的定义

$$I(\boldsymbol{Z};\boldsymbol{\chi},\boldsymbol{S}) = h(\boldsymbol{\chi},\boldsymbol{S}) - h(\boldsymbol{\chi};\boldsymbol{S} \mid \boldsymbol{Z})$$

式中，$h(\boldsymbol{\chi},\boldsymbol{S})$ 是目标位置和散射的联合微分熵，称为先验微分熵，表示目标的先验不确定性；$h(\boldsymbol{\chi};\boldsymbol{S}|\boldsymbol{Z})$ 是已知接收数据后目标位置和散射的联合微分熵，称为后验微分熵，表示目标的后验不确定性。先验微分熵与后验微分熵之差即雷达获取的空间信息，因此，空间信息的概念揭示了雷达信息获取系统的本质特征。空间信息的定义具有两方面意义：

(1) 雷达和通信两种信息系统理论基础的统一。雷达是典型的信息获取系统，通信是典型的信息传输系统，现在，这两种系统在香农信息论的基础上统一起来了。

(2) 雷达和通信两种信息系统定量方法的统一。空间信息使雷达与通信两种系统都以比特为单位进行定量，为两种系统的联合设计奠定了基础。

到目前为止，雷达信号处理的关注点在信号层面，空间信息论的关注点在更基础的信息层面，两个学科领域之间存在密切的联系，同时也存在很多新的问题。空间信息论的发展必将对雷达信号处理产生重要推动作用。

3.4　探测精度与空间信息

3.4.1　目标探测系统的主要性能指标

1. 信噪比

将发射信号的能量归一化，定义回波信号的信噪比 ρ^2 为目标回波信号的能量与复高斯噪声实部的功率谱密度的比值，即

$$\rho^2 = \frac{E\left(\sum_{n=-N/2}^{N/2-1} |s\psi(n-x)|^2\right)}{N_0/2} = \frac{2E(\alpha^2)}{N_0} \tag{3.44}$$

用分贝表示为 $\mathrm{SNR} = 10\lg(\rho^2)$。

2. 均方误差

若以 $\hat{x}$ 表示参量 x 的估计，那么，均方误差 (mean square error, MSE) 定义为

$$\sigma_{\mathrm{MSE}}^2 = E[\hat{x} - x]^2 \tag{3.45}$$

均方误差的平方根称为平方根均方误差，或简称均方根误差 (root mean square error, RMSE)。

3.4.2 熵误差

1. 熵误差的定义

假设估计器对参量 x 的后验分布为 $p(x|\boldsymbol{z})$，它的后验微分熵 $h(X|\boldsymbol{Z})$ 表示已知接收数据后被估计量的不确定性。一般说来，后验微分熵越大表示估计器的性能越差，而后验微分熵越小表示估计器的性能越好。因此，后验微分熵本身就可以作为估计器性能的评价指标，为了使用方便，我们将后验微分熵的熵功率定义为熵误差 (entropy error, EE)，即 [65]

$$\sigma_{\mathrm{EE}}^2 = \frac{2^{2h(X|\boldsymbol{Z})}}{2\pi \mathrm{e}} \tag{3.46}$$

类似地，熵误差的平方根称为熵偏差 (entropy deviation error，EDE)。

实际上，熵误差可以看成均方误差的推广。在高信噪比条件下，后验分布 $p(x|\boldsymbol{z})$ 逼近高斯分布，这时，熵误差退化为均方误差。而在中低信噪比时，熵误差是均方误差的下界。

作者认为，熵误差是比均方误差更合理的性能指标，因为，在中低信噪比条件下，估计统计量不服从正态分布，这时，均方误差作为二阶统计量已不能准确反映估计器的性能；而熵误差是从信息论角度定义的评价指标，可适用于各种信噪比条件。

熵误差的定义反映空间信息与雷达探测系统性能之间存在着本质的联系。令 $\sigma_{\mathrm{EE}}(X)$ 表示先验熵偏差，那么

$$\frac{\sigma_{\mathrm{EE}}(X|\boldsymbol{Z})}{\sigma_{\mathrm{EE}}(X)} = 2^{h(X|\boldsymbol{Z})-h(X)} = 2^{-I(\boldsymbol{Z};X)} \tag{3.47}$$

式 (3.47) 表明，每获得 1 比特距离信息意味着熵偏差缩小了一半，或估计精度提高了一倍。

2. 高斯–均匀混合分布的熵误差和均方误差

下面通过高斯–均匀混合分布进一步说明熵误差和熵偏差的意义 [62]，设 $g(x)$ 为高斯分布 $\mathcal{N}(0,\sigma^2)$，$u(x)$ 为观测区间 $[-1/2,1/2]$ 上的均匀分布 $\mathcal{U}(-1/2,1/2)$，我们称如下的后验概率分布

$$p(x|z)=\frac{u(x)+g(x)}{\displaystyle\int_{-1/2}^{1/2}[u(x)+g(x)]\,\mathrm{d}x}=\frac{\dfrac{1}{\sqrt{2\pi\sigma^2}}\mathrm{e}^{-\frac{x^2}{2\sigma^2}}+\left[1-\mathrm{erf}\left(\dfrac{\eta}{2\sqrt{2}}\right)\right]}{\displaystyle\int_{-\infty}^{\infty}\left\{\dfrac{1}{\sqrt{2\pi\sigma^2}}\mathrm{e}^{-\frac{x^2}{2\sigma^2}}+\left[1-\mathrm{erf}\left(\dfrac{\eta}{2\sqrt{2}}\right)\right]\right\}\mathrm{d}x} \tag{3.48}$$

为高斯–均匀混合分布，如图 3.4 所示，其中，$\eta=1/\sigma$ 称为高斯混合因子。

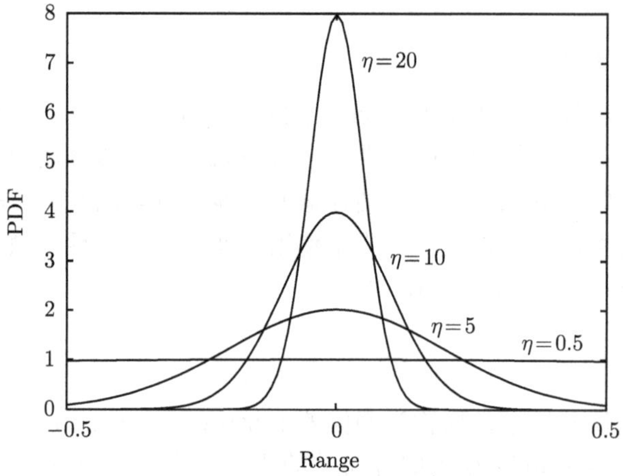

图 3.4　高斯–均匀混合分布归一化 PDF

高斯–均匀混合分布的物理意义如下：假设目标位置估计总体上服从高斯分布，但在有限的观测区间上，高斯分布不满足概率的归一化条件。为此，引入均匀分布对高斯分布进行修正。高斯混合因子越大，表明信噪比越高，目标位置估计的精度越高，高斯分布的占比越大，后验概率分布越接近高斯分布。高斯混合因子越小，表明信噪比越低，均匀分布的占比越大，后验概率分布越接近均匀分布。

熵误差、均方误差与高斯因子的关系如图 3.5 所示。注意到，高斯因子 η 越小，方差 σ^2 越大，对应于低信噪比情况，此时归一化 PDF 越趋近于均匀分布。而当 η 越大，方差 σ^2 越小，对应于高信噪比情况，此时归一化 PDF 越趋近于一个高斯分布。在高信噪比情况下，熵误差和均方误差趋于一致。

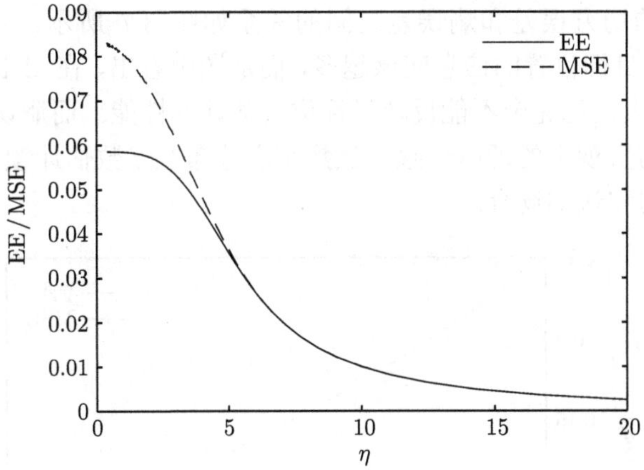

图 3.5 熵误差、均方误差与高斯因子的关系

3. 空心分布的熵误差和均方误差

假设目标位置的估计服从一个空心分布，即目标仅在两端 $\Delta/2$ 范围内等概率出现，如图 3.6 所示 [62]。

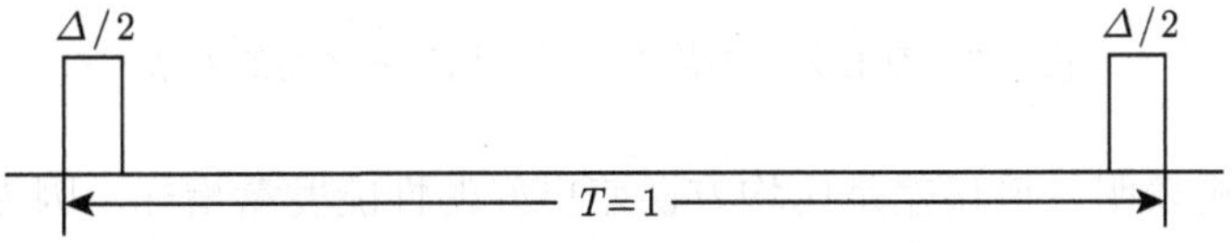

图 3.6 空心分布

那么，空心分布的 PDF 可以表示为

$$p(x)=\begin{cases}\dfrac{1}{\Delta}, & -\dfrac{1}{2}\leqslant x\leqslant -\dfrac{1}{2}+\dfrac{\Delta}{2}\\ 0, & -\dfrac{1}{2}+\dfrac{\Delta}{2}<x<\dfrac{1}{2}-\dfrac{\Delta}{2}\\ \dfrac{1}{\Delta}, & \dfrac{1}{2}-\dfrac{\Delta}{2}\leqslant x\leqslant \dfrac{1}{2}\end{cases} \tag{3.49}$$

该空心分布的熵 $H=-\displaystyle\int_{-1/2}^{1/2}p(x)\log p(x)\mathrm{d}x=\log\Delta$，故熵误差为

$$\sigma_{\mathrm{EE}}^2=\frac{1}{2\pi\mathrm{e}}2^{2\log\Delta}=\frac{1}{2\pi\mathrm{e}}2^{\log\Delta^2}=\frac{1}{2\pi\mathrm{e}}\Delta^2 \tag{3.50}$$

而均方误差等于

$$\mathrm{MSE}=\int_{-T/2}^{T/2}x^2p(x)\,\mathrm{d}x=\frac{\Delta^2}{12}-\frac{\Delta}{4}+\frac{1}{4} \tag{3.51}$$

空心分布的均方误差和熵误差之间的关系如图 3.7 所示。我们知道，$\varDelta$ 越小，获得的关于目标位置的信息应该越多，而从图中看出，在 $\varDelta$ 比较小的情况下，MSE 却变得越大，已完全不能反映目标位置估计的性能。而熵误差则随着 $\varDelta$ 变小而变小，这与直观上的理解一致。虽然空心分布在参数估计领域并不常见，但常见于许多学习和认知场合。

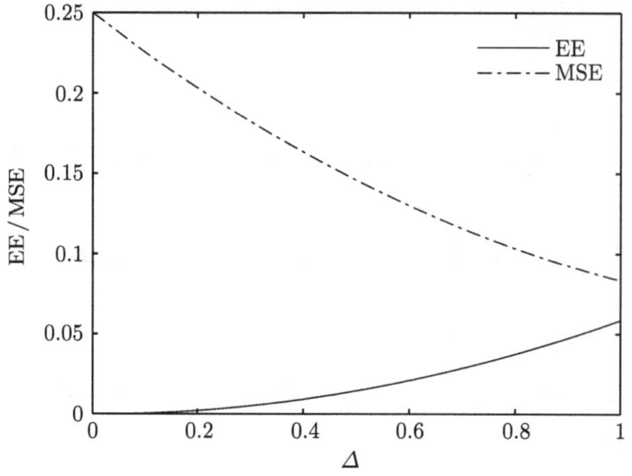

图 3.7　空心分布中均方误差和熵误差之间的关系

以上分析表明，熵误差是比均方误差更好的性能度量指标，因为均方误差是二阶统计量，更适合误差分布接近高斯分布的应用场景，而在中低信噪比条件下，均方误差逐渐失效。

3.5　本章小结

(1) 空间信息定义为接收数据与目标位置和散射的联合互信息 $I(\boldsymbol{Z};\boldsymbol{\chi},\boldsymbol{S})$，又称位置-散射信息，即

$$I(\boldsymbol{Z};\boldsymbol{\chi},\boldsymbol{S})=E\left[\log\frac{p(\boldsymbol{z}|\boldsymbol{\chi},\boldsymbol{s})}{p(\boldsymbol{z})}\right]$$

(2) 空间信息的可加性

$$I(\boldsymbol{Z};\boldsymbol{\chi},\boldsymbol{S})=I(\boldsymbol{Z};\boldsymbol{\chi})+I(\boldsymbol{Z};\boldsymbol{S}\mid\boldsymbol{\chi})$$

式中，$I(\boldsymbol{Z};\boldsymbol{\chi})$ 表示位置信息，$I(\boldsymbol{Z};\boldsymbol{S}|\boldsymbol{\chi})$ 表示已知目标位置条件下的散射信息。

(3) 熵误差定义为

$$\sigma_{\mathrm{EE}}^2=\frac{2^{2h(X|\boldsymbol{Z})}}{2\pi\mathrm{e}} \tag{3.52}$$

式中，$h(X|\boldsymbol{Z})$ 表示后验微分熵。熵误差的平方根称为熵偏差。

(4) 信息与探测精度的关系

$$\frac{\sigma_{\mathrm{EE}}(X|\boldsymbol{Z})}{\sigma_{\mathrm{EE}}(X)}=2^{-I(\boldsymbol{Z};X)} \tag{3.53}$$

每获得 1 比特距离信息意味着熵偏差缩小了一半，或估计精度提高了一倍。

参 考 文 献

[1] Sen S, Nehorai A. Adaptive OFDM radar for target detection in multipath scenarios[J]. IEEE Transactions on Signal Processing, 2011, 59(1): 78-90.

[2] Bekkerman I, Tabrikian J. Target detection and localization using MIMO radars and sonars[J]. IEEE Transactions on Signal Processing, 2006, 54(10): 3873-3883.

[3] Fishler E, Haimovich A, Blum R S, et al. Spatial diversity in radars-models and detection performance[J]. IEEE Transactions on Signal Processing, 2006, 54(3): 823-838.

[4] Alessandretti G, Broggi A, Cerri P. Vehicle and guard rail detection using radar and vision data fusion[J]. IEEE Transactions on Intelligent Transportation Systems, 2007, 8(1): 95-105.

[5] Amin M G, Zhang Y D, Ahmad F, et al. Radar signal processing for elderly fall detection: The future for in-home monitoring[J]. IEEE Signal Processing Magazine, 2016, 33(2): 71-80.

[6] Bandiera F, de Maio A, Greco A S, et al. Adaptive radar detection of distributed targets in homogeneous and partially homogeneous noise plus subspace interference[J]. IEEE Transactions on Signal Processing, 2007, 55(4): 1223-1237.

[7] Barton C V M, Montagu K D. Detection of tree roots and determination of root diameters by ground penetrating radar under optimal conditions[J]. Tree Physiology, 2004, 24(12): 1323-1331.

[8] Buzzi S, Lops M, Venturino L. Track-before-detect procedures for early detection of moving target from airborne radars[J]. IEEE Transactions on Aerospace and Electronic Systems, 2005, 41(3): 937-954.

[9] Chesley S R, Ostro S J, Vokrouhlicky D, et al. Direct detection of the Yarkovsky effect by radar ranging to asteroid 6489 Golevka[J]. Science, 2003, 302(5651): 1739-1742.

[10] Colone F, O'Hagan D W, Lombardo P, et al. A multistage processing algorithm for disturbance removal and target detection in passive bistatic radar[J]. IEEE Transactions on Aerospace and Electronic Systems, 2009, 45(2): 698-722.

[11] Frigui H, Gader P. Detection and discrimination of land mines in ground-penetrating radar based on edge histogram descriptors and a possibilistic K-nearest neighbor classifier[J]. IEEE Transactions on Fuzzy Systems, 2009, 17(1): 185-199.

[12] Gader P D, Mystkowski M, Zhao Y X. Landmine detection with ground penetrating radar using hidden Markov models[J]. IEEE Transactions on Geoscience and Remote Sensing, 2001, 39(6): 1231-1244.

[13] Garren D A, Osborn M K, Odom A C, et al. Enhanced target detection and identification via optimised radar transmission pulse shape[J]. IEE Proceedings-Radar Sonar and Navigation, 2001, 148(3): 130-138.

[14] Gong M G, Zhao J J, Liu J, et al. Change detection in synthetic aperture radar images based on deep neural networks[J]. IEEE Transactions on Neural Networks and Learning Systems, 2016, 27(1): 125-138.

[15] Gong M G, Zhou Z Q, Ma J J. Change detection in synthetic aperture radar images based on image fusion and fuzzy clustering[J]. IEEE Transactions on Image Processing, 2012, 21(4): 2141-2151.

[16] Greco M, Gini F, Farina A. Radar detection and classification of jamming signals belonging to a cone class[J]. IEEE Transactions on Signal Processing, 2008, 56(5): 1984-1993.

[17] Gu C Z, Li C Z, Lin J S, et al. Instrument-based noncontact doppler radar vital sign detection system using heterodyne digital quadrature demodulation architecture[J]. IEEE Transactions on Instrumentation and Measurement, 2010, 59(6): 1580-1588.

[18] He Q, Lehmann N H, Blum R S, et al. MIMO radar moving target detection in homogeneous clutter[J]. IEEE Transactions on Aerospace and Electronic Systems, 2010, 46(3): 1290-1301.

[19] Henderson F M, Lewis A J. Radar detection of wetland ecosystems: A review[J]. International Journal of Remote Sensing, 2008, 29(20): 5809-5835.

[20] Kim Y, Ha S, Kwon J. Human detection using doppler radar based on physical characteristics of targets[J]. IEEE Geoscience and Remote Sensing Letters, 2015, 12(2): 289-293.

[21] Kimura H, Yamaguchi Y. Detection of landslide areas using satellite radar interferometry[J]. Photogrammetric Engineering and Remote Sensing, 2000, 66(3): 337-344.

[22] Klemm M, Leendertz J A, Gibbins D, et al. Microwave radar-based breast cancer detection: Imaging in inhomogeneous breast phantoms[J]. IEEE Antennas and Wireless Propagation Letters, 2009, 8: 1349-1352.

[23] Klemm M, Craddock I J, Leendertz J A, et al. Radar-based breast cancer detection using a hemispherical antenna array-experimental results[J]. IEEE Transactions on Antennas and Propagation, 2009, 57(6): 1692-1704.

[24] Nezirovic A, Yarovoy A G, Ligthart L P. Signal processing for improved detection of trapped victims using UWB radar[J]. IEEE Transactions on Geoscience and Remote Sensing, 2010, 48(4): 2005-2014.

[25] Fouche D G. Detection and false-alarm probabilities for laser radars that use Geiger-mode detectors[J]. Applied Optics, 2003, 42(27): 5388-5398.

[26] Challa S, Pulford G W. Joint target tracking and classification using radar and ESM sensors[J]. IEEE Transactions on Aerospace and Electronic Systems, 2001, 37(3): 1039-1055.

[27] Chavali P, Nehorai A. Scheduling and power allocation in a cognitive radar network for multiple-target tracking[J]. IEEE Transactions on Signal Processing, 2012, 60(2):

715-729.

[28] Colpitts B G, Boiteau G. Harmonic radar transceiver design: Miniature tags for insect tracking[J]. IEEE Transactions on Antennas and Propagation, 2004, 52(11): 2825-2832.

[29] Grossi E, Lops M, Venturino L. A novel dynamic programming algorithm for track-before-detect in radar systems[J]. IEEE Transactions on Signal Processing, 2013, 61(10): 2608-2619.

[30] Luckman A, Quincey D, Bevan S. The potential of satellite radar interferometry and feature tracking for monitoring flow rates of Himalayan glaciers[J]. Remote Sensing of Environment, 2007, 111(2-3): 172-181.

[31] Niu R, Blum R S, Varshney P K, et al. Target localization and tracking in noncoherent multiple-input multiple-output radar systems[J]. IEEE Transactions on Aerospace and Electronic Systems, 2012, 48(2): 1466-1489.

[32] Quincey D J, Luckman A, Benn D. Quantification of everest region glacier velocities between 1992 and 2002, using satellite radar interferometry and feature tracking[J]. Journal of Glaciology, 2009, 55(192): 596-606.

[33] Romeiser R, Thompson D R. Numerical study on the along-track interferometric radar imaging mechanism of oceanic surface currents[J]. IEEE Transactions on Geoscience and Remote Sensing, 2000, 38(1): 446-458.

[34] Anfinsen S N, Eltoft T. Application of the matrix-variate Mellin transform to analysis of polarimetric radar images[J]. IEEE Transactions on Geoscience and Remote Sensing, 2011, 49(6): 2281-2295.

[35] Argenti F, Lapini A, Alparone L, et al. A tutorial on speckle reduction in synthetic aperture radar images[J]. IEEE Geoscience and Remote Sensing Magazine, 2013, 1(3): 6-35.

[36] Cetin M, Stojanovic I, Onhon N O, et al. Sparsity-driven synthetic aperture radar imaging reconstruction, autofocusing, moving targets, and compressed sensing[J]. IEEE Signal Processing Magazine, 2014, 31(4): 27-40.

[37] Cooper K B, Dengler R J, Llombart N, et al. THz imaging radar for standoff personnel screening[J]. IEEE Transactions on Terahertz Science and Technology, 2011, 1(1): 169-182.

[38] Fear E C, Bourqui J, Curtis C, et al. Microwave breast imaging with a monostatic radar-based system: A study of application to patients[J]. IEEE Transactions on Microwave Theory and Techniques, 2013, 61(5): 2119-2128.

[39] Reigber A, Scheiber R, Jaeger M, et al. Very-high-resolution airborne synthetic aperture radar imaging: Signal processing and applications[J]. Proceedings of the IEEE, 2013, 101(3): 759-783.

[40] Samadi S, Cetin M, Masnadi-Shirazi M A. Sparse representation-based synthetic aperture radar imaging[J]. IET Radar Sonar and Navigation, 2011, 5(2): 182-193.

[41] Tabatabaei N, Mandelis A, Amaechi B T. Thermophotonic radar imaging: An emissivity-normalized modality with advantages over phase lock-in thermography[J]. Applied

Physics Letters, 2011, 98(16): 163706-163706-3.

[42] Tan X, Roberts W, Li J, et al. Sparse learning via iterative minimization with application to MIMO radar imaging[J]. IEEE Transactions on Signal Processing, 2011, 59(3): 1088-1101.

[43] Wang Y, Jiang Y C. Inverse synthetic aperture radar imaging of maneuvering target based on the product generalized cubic phase function[J]. IEEE Geoscience and Remote Sensing Letters, 2011, 8(5): 958-962.

[44] Xu G, Xing M D, Zhang L, et al. Bayesian inverse synthetic aperture radar imaging[J]. IEEE Geoscience and Remote Sensing Letters, 2011, 8(6): 1150-1154.

[45] Zhu S Q, Liao G S, Yang D, et al. A new method for radar high-speed maneuvering weak target detection and imaging[J]. IEEE Geoscience and Remote Sensing Letters, 2014, 11(7): 1175-1179.

[46] Zhu S Q, Liao G S, Qu Y, et al. Ground moving targets imaging algorithm for synthetic aperture radar[J]. IEEE Transactions on Geoscience and Remote Sensing, 2011, 49(1): 462-477.

[47] Kidera S, Sakamoto T, Sato T. Accurate UWB radar three-dimensional imaging algorithm for a complex boundary without range point connections[J]. IEEE Transactions on Geoscience and Remote Sensing, 2010, 48(4): 1993-2004.

[48] Klemm M, Leendertz J A, Gibbins D, et al. Microwave radar-based differential breast cancer imaging: Imaging in homogeneous breast phantoms and low contrast scenarios[J]. IEEE Transactions on Antennas and Propagation, 2010, 58(7): 2337-2344.

[49] Chauhan N S, Lang R H, Ranson K J. Radar modeling of a boreal forest[J]. IEEE Transactions on Geoscience and Remote Sensing, 1991, 29(4): 627-638.

[50] Sheen D R, Johnston L P. Statistical and spatial properties of forest clutter measured with polarimetric synthetic aperture radar (SAR)[J]. IEEE Transactions on Geoscience and Remote Sensing, 1992, 30(3): 578-588.

[51] 徐大专, 陈越帅, 陈月, 等. 雷达探测系统中目标位置和幅相信息量研究 [J]. 数据采集与处理, 2018, 33(2): 207-214.

[52] Xu S, Xu D, Luo H. Information theory of detection in radar systems[C]//2017 IEEE International Symposium on Signal Processing and Information Technology, Bilbao, 2018: 249-254.

[53] Chen Y, Xu D, Luo H, et al. Maximum likelihood distance estimation algorithm for multi-carrier radar system[J]. The Journal of Engineering, 2019, 2019(21): 7432-7435.

[54] 徐大专, 陈月, 陈越帅, 等. 多载波雷达系统的信息量及克拉美罗界 [J]. 数据采集与处理, 2020, 35(6): 1011-1021.

[55] Luo H, Xu D, Chen Y, et al. Range Information and Amplitude-phase Information for Multi-carrier Radar Systems[C]//2019 International Conference on Computer, Information and Telecommunication Systems (CITS), New Delhi, 2019: 1-5.

[56] Lee P M. Bayesian Statistics[M]. Oxford: Oxford University Press, 1989.

[57] Berry D A, Berry D A. Statistics: A Bayesian Perspective[M]. Belmont, CA: Duxbury

Press, 1996.

[58] Smith A F M, Gelfand A E. Bayesian statistics without tears: A sampling-resampling perspective[J]. The American Statistician, Taylor & Francis, 1992, 46(2): 84-88.

[59] Lindley D V. Bayesian Statistics, A Review[M]. London: Oxford University Press, 1970.

[60] Marin J M, Robert C P. Bayesian Core: A Practical Approach to Computational Bayesian Statistics[M]. Phoenix: Springer Science & Business Media, 2007.

[61] Gelman A, Shalizi C R. Philosophy and the practice of Bayesian statistics[J]. British Journal of Mathematical and Statistical Psychology, Wiley Online Library, 2013, 66(1): 8-38.

[62] 徐大专, 罗浩. 空间信息论的新研究进展 [J]. 数据采集与处理, 2019, 34(6): 941-961.

[63] Luo H, Xu D, Tu W, et al. Closed-Form Asymptotic Approximation of Target's Range Information in Radar Detection Systems[J]. IEEE Access, 2020, 8: 105561-105570.

[64] Xu D, Yan X, Xu S, et al. Spatial Information Theory of Sensor Array and Its Application in Performance Evaluation[C]//2019 IEEE 4th International Conference on Signal and Image Processing (ICSIP), Wuxi, 2019: 459-463.

[65] Xu D, Yan X, Xu S, et al. Spatial information theory of sensor array and its application in performance evaluation[J]. IET Communications, 2019, 13(15): 2304-2312.

[66] Tu W, Xu D, Zhou Y, et al. The upper bound of multi-source DOA information in sensor array and its application in performance evaluation[J]. EURASIP Journal on Advances in Signal Processing, 2020, 2020(1): 1-15.

[67] Zhou Y, Xu D, Tu W, et al. Spatial information and angular resolution of sensor array[J]. Signal Processing, 2020, 174: 107635.

[68] Pan D, Xu D, Hu C. Source Detection of Sensor Array Based on Information Theory[C]//2020 International Conference on Wireless Communications and Signal Processing (WCSP), Wuhan, 2020: 489-493.

[69] Xu D, Shi C, Zhou Y, et al. Spatial information in phased-array radar[J]. IET Communications, 2020, 14(13): 2141-2150.

第 4 章　单目标探测的距离信息和散射信息

本章论述单天线雷达探测系统中单目标的空间信息理论，包括空间信息的概念及定量方法、距离信息的计算、已知距离条件下散射信息的计算。导出空间信息的理论公式及近似表达式，通过分析距离信息上界与 CRB 之间的关系，进一步说明空间信息论对雷达系统设计的指导作用。

4.1　空 间 信 息

4.1.1　雷达探测系统模型

雷达探测的目的是从回波信号中获取目标的距离和幅度信息，为了方便分析，本章只考虑单天线雷达的单目标探测系统 [1]，如图 4.1 所示。

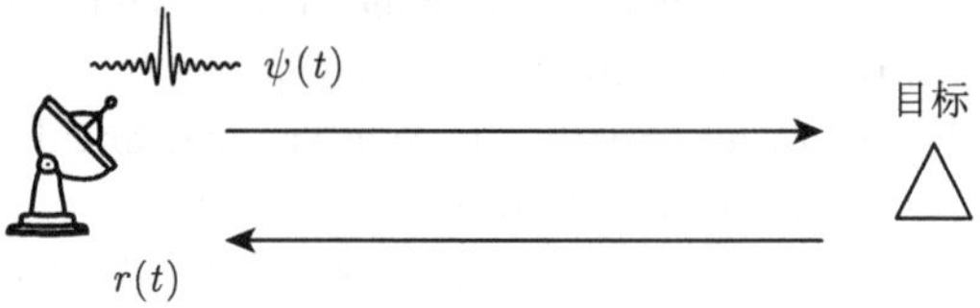

图 4.1　单天线雷达的基带系统模型

在图 4.1 的目标探测模型中，$\psi(t)$ 表示发送的基带信号，当载波频率为 f_c、初始相位为 φ_0 时，发射信号表示为 $\psi(t)\,\mathrm{e}^{\mathrm{j}(-2\pi f_c t+\varphi_0)}$。再设目标的散射系数幅值为 α，那么，接收信号可表示为

$$r(t)=\alpha\psi(t-\tau)\,\mathrm{e}^{\mathrm{j}[2\pi f_c(t-\tau)+\varphi_0]}+w_c(t) \tag{4.1}$$

式中，$\tau=2d/v$ 表示接收信号的时延，d 为目标与天线间的距离；$w_c(t)$ 是带限高斯白噪声过程。

一般来说，散射系数的幅度 α 是时延的函数，随距离的增加而减小。为简单起见，本书的大部分章节将 α 看成常数，隐含地假设观测区间较小，可以忽略衰减的影响。但是，根据雷达方程，散射系数通常随距离的 4 次方衰减，因此，这种影响一般情况是不能忽略的。对于大观测区间，我们可以将观测区间分成若干小区间，虽然每个区间的 α 不同，但在一个小区间内可视为常数，后面的分析方法仍然适用。

将接收信号下变频到基带，可以得到

$$z(t) = \alpha\psi(t-\tau)\mathrm{e}^{\mathrm{j}(-2\pi f_{\mathrm{c}}\tau+\varphi_0)} + w(t) \tag{4.2}$$

或

$$z(t) = s\psi(t-\tau) + w(t) \tag{4.3}$$

式中，$s=\alpha\mathrm{e}^{\mathrm{j}\varphi}$ 为目标的复散射系数，$\varphi=-2\pi f_{\mathrm{c}}\tau+\varphi_0$ 是与时延和载波频率有关的散射相位。由于雷达通常工作在微波和毫米波频段，载波频率很高，微小的时延所导致的相移远大于 2π，因此，通常将散射相位建模为均匀分布的随机变量。$w(t)$ 是带宽为 $B/2$、均值为零的复高斯噪声随机过程，其实部和虚部的功率谱密度均为 $N_0/2$。

4.1.2 雷达探测的等效通信系统模型

雷达是一种典型的信息获取系统，而通信是信息传输系统 [2]。雷达与通信既有很多相似的特征，也有本质的区别，从通信的角度观察雷达有助于理解雷达与通信的异同。由式 (4.3)，雷达探测的等效通信系统模型如图 4.2 所示。

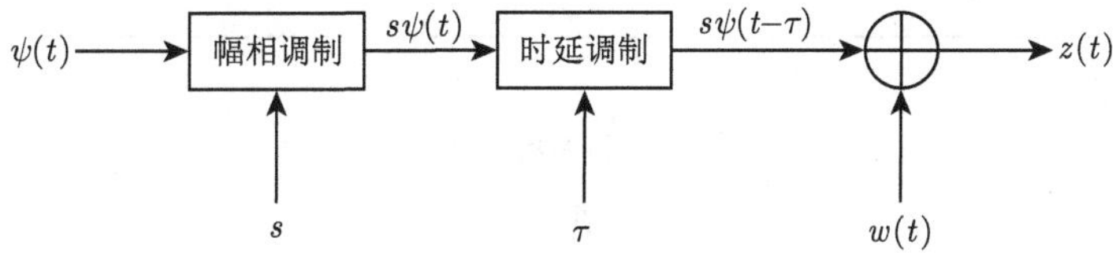

图 4.2 雷达探测的等效通信系统模型

这里 $\psi(t)$ 对应于通信系统的基带信号，散射信号 s 对基带信号 $\psi(t)$ 的幅度和相位进行调制，而目标的时延 τ 则调制基带信号 $\psi(t)$ 的时延。因此，雷达探测系统等效于一个幅度、相位和时延联合调制的通信系统，调制过程是在目标对雷达信号的散射过程中实现的。不同于一般通信系统的主要特征，单目标雷达探测系统相当于单符号通信系统，并且，加入了对基带信号的时延调制。

为了理论分析的方便，本章假设参考点位于观测区间的中心，设目标观测区间为 $[-D/2, D/2)$，如图 4.3(a) 所示，则接收信号对应的时延范围为 $[-T/2, T/2)$，如图 4.3(b) 所示，这里 $T=2D/v$，v 表示信号传播速度。并假设雷达发射信号为理想低通信号，即基带信号为

$$\psi(t) = \mathrm{sinc}(Bt) = \frac{\sin(\pi Bt)}{\pi Bt}, \quad -\frac{T}{2} \leqslant t \leqslant \frac{T}{2} \tag{4.4}$$

式中，T 表示观测时间，假设 $T \gg 1/B$，即 $BT \gg 1$，这时信号能量几乎全部位

于观测区间之内。$\psi(t)$ 的频谱为

$$\psi(f)=\begin{cases}\dfrac{1}{B}, & |f|\leqslant\dfrac{B}{2}\\ 0, & \text{其他}\end{cases} \tag{4.5}$$

式中，$\psi(t)$ 的带宽是 $B/2$，根据 Shannon-Nyquist 采样定理 [2]，以速率 B 对信号 $z(t)$ 进行采样，得到式 (4.3) 的离散形式

$$z\left(\frac{n}{B}\right)=s\psi\left(\frac{n-B\tau}{B}\right)+w\left(\frac{n}{B}\right),\quad n=-\frac{N}{2},\cdots,\frac{N}{2}-1 \tag{4.6}$$

令 $x=B\tau$，表示目标的归一化延迟，进而可以得到 $z(t)$ 的采样序列为

$$z(n)=\alpha\mathrm{e}^{\mathrm{j}\varphi}\psi(n-x)+w(n),\quad n=-\frac{N}{2},\cdots,\frac{N}{2}-1 \tag{4.7}$$

式中，$N=TB$，为时间带宽积 (time bandwidth product, TBP)，TBP 是雷达系统的基本参数，它表征雷达的信息获取能力。虽然 $\psi(t)$ 的带宽为 $B/2$，但式 (4.6) 定义的复信号的带宽为 B，故称式 (4.4) 定义的雷达的带宽为 B。此时归一化的观测区间如图 4.3(c) 所示。

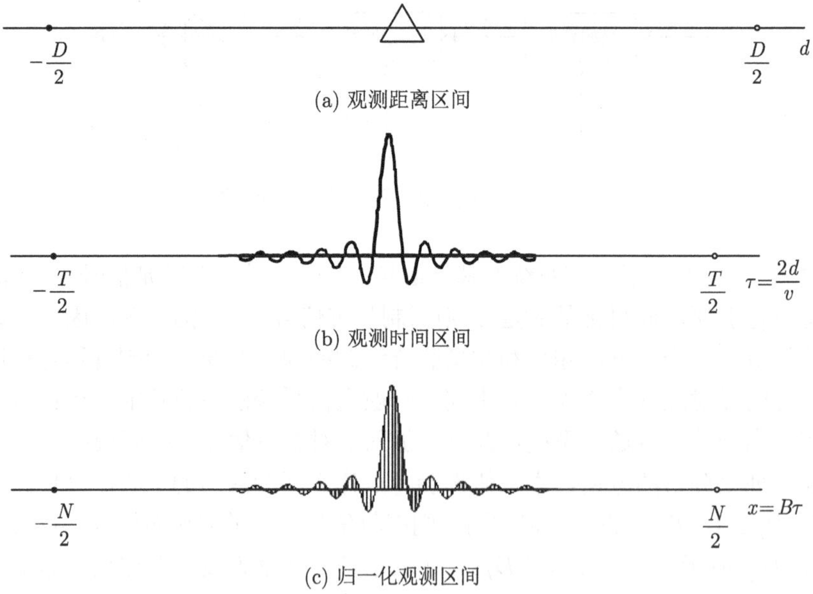

图 4.3　三种观测区间与信号波形

W 为窄带高斯噪声，它的自相关函数为

$$R(\tau)=\frac{N_0B\sin\pi B\tau}{2\pi B\tau} \tag{4.8}$$

由式 (4.8) 可知，在 $1/B$ 的整数间隔上得到的随机变量互不相关，又因为 $w(n)$ 是复高斯随机变量，故 $w(n)$ 的采样值之间相互独立。$\boldsymbol{W}$ 是均值为 0、方差为 N_0 的复高斯随机矢量，它的分量独立同分布，所以 N 维噪声矢量的 PDF 为

$$p(\boldsymbol{w})=\left(\frac{1}{\pi N_0}\right)^N\exp\left(-\frac{1}{N_0}\sum_{n=-N/2}^{N/2-1}|w(n)|^2\right) \tag{4.9}$$

已知 $z(n)-\alpha\mathrm{e}^{\mathrm{j}\varphi}\psi(n-x)=w(n)$，所以由式 (4.9) 可得在给定 X 和 S 的条件下，$\boldsymbol{Z}$ 的多维 PDF 为

$$p(\boldsymbol{z}\,|\alpha,\varphi,x)=\left(\frac{1}{\pi N_0}\right)^N\exp\left(-\frac{1}{N_0}\sum_{n=-N/2}^{N/2-1}\left|z(n)-\alpha\mathrm{e}^{\mathrm{j}\varphi}\psi(n-x)\right|^2\right) \tag{4.10}$$

上面的条件 PDF 定义了一个多参数调制的等效通信信道，这样，雷达探测的空间信息等效于该多参数调制通信系统传输的信息量。

4.1.3 空间信息的定义

本节采用香农信息论 [3] 的思想方法研究雷达探测的信息获取过程 [4–6]。不管目标的位置和散射信号是固定的还是变化的，对探测者来说都是不确定的。获取接收序列可以显著地减小这种不确定性，从而获得关于目标的信息量。

定义 4.1【距离–散射信息】 设 $p(x,s)$ 是目标归一化距离 X 和散射信号 S 的联合分布，$p(\boldsymbol{z}|x,s)$ 是已知距离和散射时接收序列 $\boldsymbol{Z}$ 的条件 PDF，那么，空间信息定义为从接收序列 $\boldsymbol{Z}$ 中获得的关于目标距离 X 和散射 S 的联合互信息 $I(\boldsymbol{Z};X,S)$，即

$$I(\boldsymbol{Z};X,S)=E\left[\log\frac{p(\boldsymbol{z}|x,s)}{p(\boldsymbol{z})}\right] \tag{4.11}$$

式中，$p(\boldsymbol{z})=\oiint p(x,s)\,p(\boldsymbol{z}|x,s)\,\mathrm{d}x\mathrm{d}s$ 是 $\boldsymbol{Z}$ 的 PDF。

从定义可知，空间信息既含有距离信息，也含有散射信息。事实上，由互信息的性质 [7] 可知

$$\begin{aligned}I(\boldsymbol{Z};X,S)&=E\left[\log\frac{p(\boldsymbol{z}|x,s)}{p(\boldsymbol{z})}\right]\\&=E\left[\log\frac{p(\boldsymbol{z}|x,s)}{p(\boldsymbol{z}|x)}\frac{p(\boldsymbol{z}|x)}{p(\boldsymbol{z})}\right]\\&=E\left[\log\frac{p(\boldsymbol{z}|x)}{p(\boldsymbol{z})}\right]+E\left[\log\frac{p(\boldsymbol{z}|x,s)}{p(\boldsymbol{z}|x)}\right]\\&=I(\boldsymbol{Z};X)+I(\boldsymbol{Z};S\,|X)\end{aligned} \tag{4.12}$$

从式 (4.12) 可以看出，空间信息是目标的距离信息 $I(\boldsymbol{Z};X)$ 与距离已知条件下目标的散射信息 $I(\boldsymbol{Z};S|X)$ 之和。这也表明，雷达目标探测可以分为两个步骤：第一步，确定目标的距离信息 $I(\boldsymbol{Z};X)$；第二步，在获取目标位置的条件下确定目标的散射信息 $I(\boldsymbol{Z};S|X)$。

由互信息的性质，条件概率分布 $p(\boldsymbol{z}|x,s)$ 给定时，空间信息 $I(\boldsymbol{Z};X,S)$ 是目标距离与散射的联合 PDF $p(x,s)$ 的上凸函数，故存在探测空间上空间信息的最大值，称为目标的探测容量。

定义 4.2【探测容量】　在观测区间上，如果给定条件概率分布 $p(\boldsymbol{z}|x,s)$，那么，目标的探测容量 [8] 定义为

$$C = \max_{p(x,\boldsymbol{s})} I(\boldsymbol{Z};X,S) \tag{4.13}$$

与信道容量只取决于信道一样，探测容量也只取决于探测信道，或探测系统的噪声干扰环境，与目标的先验分布无关。

评注： 由于空间信息增加了一个时延维，因此，探测容量问题复杂得多。目前，AWGN 信道的探测容量问题仍然没有解决。

4.2　距离信息的计算

本节推导目标距离信息 $I(\boldsymbol{Z};X)$ 的理论公式，由互信息的定义 [7]

$$I(\boldsymbol{Z};X) = h(X) - h(X|\boldsymbol{Z}) \tag{4.14}$$

式中，$h(X)$ 是由目标距离的先验 PDF $p(x)$ 确定的微分熵，称为先验熵。$h(X|\boldsymbol{Z})$ 是由目标距离的后验 PDF $p(x|\boldsymbol{z})$ 确定的微分熵，称为后验熵。故距离信息是先验熵和已知接收信号的后验熵之差。距离信息与目标的统计特性有关，下面分别讨论恒模散射目标和复高斯散射 [1] 目标的情况。

4.2.1　恒模散射目标距离信息的计算

1. 恒模散射目标的距离信息

首先讨论恒模散射目标的情况，这时 $s=\alpha e^{j\varphi}$，目标散射系数的幅值 α 为常数，目标的相位 φ 在区间 $[0,2\pi]$ 上服从均匀分布，那么，φ 的先验 PDF 为 $p(\varphi)=1/2\pi$。假设目标的归一化时延为 x，则接收离散序列为

$$z(n) = \alpha e^{j\varphi}\psi(n-x) + w(n),\quad n = -\frac{N}{2},\cdots,\frac{N}{2}-1 \tag{4.15}$$

假设目标在检测范围内均匀分布，则 X 的先验概率分布为 $p(x) = 1/N$；假设噪声服从复高斯分布，那么在给定 X 和 φ 条件下，接收矢量 $\boldsymbol{Z}$ 的多维 PDF 为 [9,10]

$$p(\boldsymbol{z}\,|x,\varphi) = \left(\frac{1}{\pi N_0}\right)^N \exp\left(-\frac{1}{N_0}\sum_{n=-N/2}^{N/2-1}\left|z(n) - \alpha \mathrm{e}^{\mathrm{j}\varphi}\mathrm{sinc}(n-x)\right|^2\right) \tag{4.16}$$

将和式展开得

$$\begin{aligned} p(\boldsymbol{z}\,|x,\varphi) = &\left(\frac{1}{\pi N_0}\right)^N \exp\left(-\frac{1}{N_0}\left(\sum_{n=-N/2}^{N/2-1}|z(n)|^2 + \alpha^2\right)\right) \\ &\cdot \exp\left(\frac{2\alpha}{N_0}\Re\left(\mathrm{e}^{-\mathrm{j}\varphi}\sum_{n=-N/2}^{N/2-1} z(n)\,\mathrm{sinc}(n-x)\right)\right) \end{aligned} \tag{4.17}$$

由 $p(\boldsymbol{z}\,|x) = \int_0^{2\pi} p(\boldsymbol{z}\,|x,\varphi)\,p(\varphi)\mathrm{d}\varphi$ 得

$$\begin{aligned} p(\boldsymbol{z}\,|x) = &\left(\frac{1}{\pi N_0}\right)^N \exp\left(-\frac{1}{N_0}\left(\sum_{n=-N/2}^{N/2-1}|z(n)|^2 + \alpha^2\right)\right) \\ &\cdot \frac{1}{2\pi}\int_0^{2\pi} \exp\left(\frac{2\alpha}{N_0}\Re\left(\mathrm{e}^{-\mathrm{j}\varphi}\sum_{n=-N/2}^{N/2-1} z(n)\,\mathrm{sinc}(n-x)\right)\right)\mathrm{d}\varphi \end{aligned} \tag{4.18}$$

令

$$R(x,\boldsymbol{z}) = \sum_{n=-N/2}^{N/2-1} z(n)\,\mathrm{sinc}(n-x) = R_{\mathrm{I}}(x,\boldsymbol{z}) + \mathrm{j}R_{\mathrm{Q}}(x,\boldsymbol{z}) \tag{4.19}$$

注意到

$$\begin{aligned} &\int_0^{2\pi} \exp\left(\frac{2\alpha}{N_0}\Re\left(\mathrm{e}^{-\mathrm{j}\varphi}\sum_{n=-N/2}^{N/2-1} z(n)\,\mathrm{sinc}(n-x)\right)\right)\mathrm{d}\varphi \\ &= \int_0^{2\pi} \exp\left(\frac{2\alpha}{N_0}\left(R_{\mathrm{I}}(x,\boldsymbol{z})\cos\varphi + R_{\mathrm{Q}}(x,\boldsymbol{z})\sin\varphi\right)\right)\mathrm{d}\varphi \\ &= 2\pi I_0\left(\frac{2\alpha}{N_0}\left|R(x,\boldsymbol{z})\right|\right) \end{aligned} \tag{4.20}$$

式中，$I_0(\cdot)$ 表示第一类零阶修正贝塞尔函数 [11]。那么，给定 X 时 $\boldsymbol{Z}$ 的条件 PDF 为

$$p(\boldsymbol{z}\,|x) = \left(\frac{1}{\pi N_0}\right)^N \exp\left(-\frac{1}{N_0}\left(\sum_{n=-N/2}^{N/2-1}|z(n)|^2+\alpha^2\right)\right) I_0\left(\frac{2\alpha}{N_0}|R(x,\boldsymbol{z})|\right) \tag{4.21}$$

式 (4.21) 又称为似然函数，我们有如下定义：

定义 4.3【最大似然估计】　$\hat{x}$ 称为目标距离的最大似然估计 (maximum likelihood estimation, MLE)，如果 $\hat{x}$ 使似然函数 $p(\boldsymbol{z}\,|x)$ 达到最大，即

$$\hat{x} = \arg\max_x\{p(\boldsymbol{z}\,|x)\} \tag{4.22}$$

最大似然估计值记为 $\hat{x}_{\mathrm{ML}}$，达到 $\hat{x}_{\mathrm{ML}}$ 的系统称为最大似然估计器。根据似然函数表达式立即有

$$\hat{x}_{\mathrm{ML}} = \arg\max_x\left\{I_0\left(\frac{2\alpha}{N_0}|R(x,\boldsymbol{z})|\right)\right\} \tag{4.23}$$

由 $p(\boldsymbol{z},x)=p(\boldsymbol{z}\,|x)\,p(x)$，$p(\boldsymbol{z})=\int_{-TB/2}^{TB/2}p(\boldsymbol{z},x)\,\mathrm{d}x$，$p(x\,|\boldsymbol{z})=p(\boldsymbol{z},x)/p(\boldsymbol{z})$ 可得已知接收信号 $\boldsymbol{Z}$ 条件下目标距离 X 的后验概率分布为

$$p(x\,|\boldsymbol{z}) = \frac{I_0\left(\dfrac{2\alpha}{N_0}\left|\displaystyle\sum_{n=-N/2}^{N/2-1}z(n)\,\mathrm{sinc}(n-x)\right|\right)}{\displaystyle\int_{-TB/2}^{TB/2}I_0\left(\dfrac{2\alpha}{N_0}\left|\displaystyle\sum_{n=-N/2}^{N/2-1}z(n)\,\mathrm{sinc}(n-x)\right|\right)\mathrm{d}x} \tag{4.24}$$

定理 4.1【后验概率分布】　假设目标位置在观测区间上均匀分布，散射系数幅值为常数，相位在 $[0,2\pi]$ 上均匀分布，那么，单边功率谱密度为 N_0 的 AWGN 信道上，已知接收信号 $\boldsymbol{Z}$ 时目标距离 X 的后验概率分布由式 (4.24) 确定。

式 (4.24) 的后验概率分布是一个非常重要的结论，后面的论述都是在后验分布的基础上进行的。

定义 4.4【最大后验概率估计】　$\hat{x}$ 称为目标距离的最大后验 (maximum a posteriori, MAP) 概率估计，如果 $\hat{x}$ 使似然函数 $p(x\,|\boldsymbol{z})$ 达到最大，即

$$\hat{x} = \arg\max_x\{p(x\,|\boldsymbol{z})\} \tag{4.25}$$

最大后验概率估计值记为 $\hat{x}_{\mathrm{MAP}}$，达到 $\hat{x}_{\mathrm{MAP}}$ 的系统称为最大后验概率估计器。由于后验概率分布表达式的分母是一常量，故有

$$\hat{x}_{\mathrm{MAP}} = \arg\max_{x} \left\{ p(x)\, I_0 \left(\frac{2\alpha}{N_0} \left| \sum_{n=-N/2}^{N/2-1} z(n) \operatorname{sinc}(n-x) \right| \right) \right\} \tag{4.26}$$

在没有任何先验信息情况下，假设目标归一化距离的先验分布在观测区间内服从均匀分布 $p(x) = 1/TB$ 是合理的，我们立即有如下推论：

推论 4.1 假设目标位置的先验分布为观测区间内的均匀分布 $p(x)=1/TB$，那么，恒模散射目标的后验 PDF 为

$$p(x\,|\boldsymbol{z}) = \frac{I_0 \left(\dfrac{2\alpha}{N_0} \left| \displaystyle\sum_{n=-N/2}^{N/2-1} z(n) \operatorname{sinc}(n-x) \right| \right)}{\displaystyle\int_{-TB/2}^{TB/2} I_0 \left(\dfrac{2\alpha}{N_0} \left| \displaystyle\sum_{n=-N/2}^{N/2-1} z(n) \operatorname{sinc}(n-x) \right| \right) \mathrm{d}x} \tag{4.27}$$

比较最大后验概率估计和最大似然估计的定义，立即有恒模散射目标的最大后验概率估计即最大似然估计。

显然，最大似然估计适用于没有任何先验信息的情况，如果实际中通过探测已经获得关于目标距离的先验分布，则须采用最大后验概率估计，这时把先验分布 $p(x)$ 看成一个窗函数，对似然函数 $I_0(\cdot)$ 进行加权。

评注：在通信系统中，如果没有先验信息，那么，最大似然检测方法是最佳的。但是，在迭代检测方法中，由于迭代过程中不断获得信息，这时必须采用最大后验概率检测方法。在雷达参数估计中也存在类似情况，在连续参数估计或目标跟踪场合，必须采用最大后验概率估计方法才能获得最佳性能。

令上面的和式为

$$v(x) = \sum_{n=-N/2}^{N/2-1} z(n) \operatorname{sinc}(n-x) \tag{4.28}$$

式中，$v(x)$ 是接收信号与基带信号的离散卷积，也正好是接收信号经过匹配滤波器的输出。故最大后验概率估计的判决统计量就是匹配滤波器输出的幅值，这与雷达信号处理的结论是一致的。

上面推导的最大似然估计器和最大后验概率估计器利用了目标和信道的全部统计特性，并且，推导的每一步都是等式，所以，有理由相信这样的估计器是最佳的。我们称上面推导的估计器为信息论意义上的最佳估计器，简称最佳估计器。

定义 4.5【最佳估计器】　参数估计器称为最佳估计器，如果该估计器利用了目标和信道的全部统计特性。

推论 4.2　单个恒模散射目标的最佳距离估计器就是匹配滤波器。

因为目标位置在观测区间上均匀分布，所以信源熵 $h(X)=\log N=\log(TB)$。

定理 4.2【距离信息】　假设目标位置在观测区间上均匀分布，散射系数幅值为常数，相位在 $[0,2\pi]$ 上均匀分布，那么，单边功率谱密度为 N_0 的 AWGN 信道上，从接收信号中获得的距离信息量为

$$\begin{aligned}I(\boldsymbol{Z};X)&=h(X)-h(X|\boldsymbol{Z})\\&=\log(TB)-E_{\boldsymbol{z}}\left[-\int_{-TB/2}^{TB/2}p(x|\boldsymbol{z})\log p(x|\boldsymbol{z})\,\mathrm{d}x\right]\end{aligned}\tag{4.29}$$

式中，$p(x|\boldsymbol{z})$ 由式 (4.24) 给出；$E_{\boldsymbol{z}}[\cdot]$ 表示对 $\boldsymbol{Z}$ 的概率分布求期望。

注意式 (4.29) 中，互信息与散射信息的模值 α 及噪声功率谱密度 N_0 有关。此外，互信息涉及对接收矢量 $\boldsymbol{Z}$ 的平均，也就是说，对每次快拍 $\boldsymbol{Z}$ 计算一次距离信息，实际距离信息是多次快拍的期望值。

定理 4.2 中距离信息的理论公式非常复杂，下面推导另一种更简单的形式。对一次特定的快拍，假定目标位于 x_0，散射信号为 $\alpha\mathrm{e}^{\mathrm{j}\varphi_0}$，那么，$z(n)=\alpha\mathrm{e}^{\mathrm{j}\varphi_0}\psi(n-x_0)+w_0(n)$，代入式 (4.27) 得

$$\begin{aligned}&p(x|\boldsymbol{w})\\&=\frac{I_0\left\{\dfrac{2\alpha}{N_0}\left|\displaystyle\sum_{n=-N/2}^{N/2-1}\left[\alpha\mathrm{e}^{\mathrm{j}\varphi_0}\operatorname{sinc}(n-x_0)\operatorname{sinc}(n-x)+w_0(n)\operatorname{sinc}(n-x)\right]\right|\right\}}{\displaystyle\int_{-TB/2}^{TB/2}I_0\left\{\dfrac{2\alpha}{N_0}\left|\displaystyle\sum_{n=-N/2}^{N/2-1}\left[\alpha\mathrm{e}^{\mathrm{j}\varphi_0}\operatorname{sinc}(n-x_0)\operatorname{sinc}(n-x)+w_0(n)\operatorname{sinc}(n-x)\right]\right|\right\}\mathrm{d}x}\\&=\frac{I_0\left\{\dfrac{2\alpha^2}{N_0}\left|\displaystyle\sum_{n=-N/2}^{N/2-1}\left[\operatorname{sinc}(n-x_0)\operatorname{sinc}(n-x)+\dfrac{1}{\alpha}\mathrm{e}^{-\mathrm{j}\varphi_0}w_0(n)\operatorname{sinc}(n-x)\right]\right|\right\}}{\displaystyle\int_{-TB/2}^{TB/2}I_0\left\{\dfrac{2\alpha^2}{N_0}\left|\displaystyle\sum_{n=-N/2}^{N/2-1}\left[\operatorname{sinc}(n-x_0)\operatorname{sinc}(n-x)+\dfrac{1}{\alpha}\mathrm{e}^{-\mathrm{j}\varphi_0}w_0(n)\operatorname{sinc}(n-x)\right]\right|\right\}\mathrm{d}x}\\&=\frac{I_0\left[\rho^2\left|\operatorname{sinc}(x-x_0)+\dfrac{1}{\alpha}w(x)\right|\right]}{\displaystyle\int_{-TB/2}^{TB/2}I_0\left[\rho^2\left|\operatorname{sinc}(x-x_0)+\dfrac{1}{\alpha}w(x)\right|\right]\mathrm{d}x}\end{aligned}\tag{4.30}$$

式中，$\rho^2 = 2\alpha^2/N_0$ 为 SNR，而

$$w(x) = \mathrm{e}^{-\mathrm{j}\varphi_0} \sum_{n=-N/2}^{N/2-1} w_0(n)\mathrm{sinc}(n-x) \tag{4.31}$$

仍是均值为零、方差为 N_0 的高斯白噪声过程，$\dfrac{1}{\alpha}w(x)$ 的均值为零，方差为 $1/\rho^2$，只与 SNR 有关。

推论 4.3 假设目标位置在观测区间上均匀分布，散射系数幅值为常数，相位在 $[0, 2\pi]$ 上均匀分布，那么，单边功率谱密度为 N_0 的 AWGN 信道上，距离信息量为

$$I(\boldsymbol{Z}; X) = \log(TB) - E_{\boldsymbol{w}}\left[-\int_{-TB/2}^{TB/2} p(x|\boldsymbol{w}) \log p(x|\boldsymbol{w})\,\mathrm{d}x\right] \tag{4.32}$$

式中，$p(x|\boldsymbol{w})$ 由式 (4.30) 和式 (4.31) 确定；$E_{\boldsymbol{w}}[\cdot]$ 表示对 $\boldsymbol{W}$ 的概率分布求期望。

上述定理表明，距离信息只与 TBP 和 SNR 有关，与人们的直觉是一致的。另外，从 $p(x|\boldsymbol{w})$ 的表达式可以看出，后验概率分布是以目标位置为中心对称的，分布的形状完全由分子决定，分母只起归一化作用。进一步令

$$\mu(x) = \frac{\rho}{\sqrt{2}\alpha} w(x) \tag{4.33}$$

或

$$\frac{1}{\alpha} w(x) = \frac{\sqrt{2}}{\rho}\mu(x) \tag{4.34}$$

可得另一种后验概率表达式

$$p(x|\mu) = \frac{I_0\left[\rho^2\left|\mathrm{sinc}(x-x_0) + \dfrac{\sqrt{2}}{\rho}\mu(x)\right|\right]}{\displaystyle\int_{-TB/2}^{TB/2} I_0\left[\rho^2\left|\mathrm{sinc}(x-x_0) + \dfrac{\sqrt{2}}{\rho}\mu(x)\right|\right]\mathrm{d}x} \tag{4.35}$$

式中，$\mu(x)$ 是均值为零、方差为 1 的复高斯随机过程。$p(x|\mu)$ 仅与 SNR 和 TBP 有关，是刻画探测或测量类问题的典型的 PDF，作者称之为测量分布。测量分布不仅用于雷达探测领域，而且在很多测量问题中也有重要参考价值。

2. 恒模散射目标距离信息的上界

为推导距离信息的理论界，令

$$g(x) = \rho^2 \mathrm{sinc}(x-x_0) \tag{4.36}$$

将 $g(x)$ 在 x_0 处泰勒展开，并忽略高次项，得

$$g(x) \approx \rho^2 - \frac{1}{2}\rho^2\frac{\pi^2}{3}(x-x_0)^2 \tag{4.37}$$

再令

$$h(x) = \frac{2\alpha}{N_0}w(x) \tag{4.38}$$

将 $h(x)$ 的实部和虚部在 x_0 处泰勒展开，并忽略高次项可得

$$h(x) = \xi + \mathrm{j}\eta \approx \xi_0 + \xi'(x-x_0) + \mathrm{j}\left[\eta_0 + \eta'(x-x_0)\right] \tag{4.39}$$

其中

$$E\left(\xi_0^2\right) = E\left(\eta_0^2\right) = \rho^2 \tag{4.40}$$

$$E\left(\xi'^2\right) = E\left(\eta'^2\right) = \rho^2\frac{\pi^2}{3} \tag{4.41}$$

由式 (4.37) 和式 (4.39) 可得

$$\begin{aligned} |g(x)+h(x)| &\approx \rho^2 + \xi_0 + \frac{\eta_0^2}{2\rho^2} + \frac{3\xi'^2}{2\rho^2\pi^2} - \frac{1}{6}\rho^2\pi^2\left(x - x_0 - \frac{3\xi'}{\rho^2\pi^2}\right)^2 \\ &\approx \rho^2 + \chi - \frac{1}{6}\rho^2\pi^2(x-x_m)^2 \end{aligned} \tag{4.42}$$

其中

$$E(\chi) = 1 \tag{4.43}$$

$$E(x_m) = x_0 \tag{4.44}$$

$$E\left[(x_0-x_m)^2\right] = 3/\rho^2\pi^2 \tag{4.45}$$

于是距离 X 的后验 PDF 可以近似为

$$p(x|\boldsymbol{w}) \approx \frac{I_0\left[\rho^2 + \chi - \frac{1}{6}\rho^2\pi^2(x-x_m)^2\right]}{\int_{-TB/2}^{TB/2} I_0\left[\rho^2 + \chi - \frac{1}{6}\rho^2\pi^2(x-x_m)^2\right]\mathrm{d}x} \tag{4.46}$$

利用第一类零阶贝塞尔函数的近似公式

$$I_0(x) \approx \frac{\mathrm{e}^x}{\sqrt{2\pi x}}\left[1 + \frac{1}{8x} + O\left(\frac{1}{x^2}\right)\right] \tag{4.47}$$

当 x 较大时式 (4.47) 的大小主要由第一项决定，因此，式 (4.46) 在高 SNR 条件下可进一步简化，经整理可得

$$p(x|\boldsymbol{w}) \approx \frac{\exp\left[-\dfrac{1}{6}\rho^2\pi^2(x-x_0)^2\right]}{\displaystyle\int_{-TB/2}^{TB/2}\exp\left[-\dfrac{1}{6}\rho^2\pi^2(x-x_0)^2\right]\mathrm{d}x} = \frac{1}{\sqrt{2\pi\sigma^2}}\exp\left[-\frac{(x-x_0)^2}{2\sigma^2}\right] \tag{4.48}$$

式中，$\sigma^2=3/\left(\rho^2\pi^2\right)$，式 (4.48) 表明高 SNR 时 X 的后验概率分布近似为高斯分布。

推论 4.4 针对恒模散射目标，当 SNR$\rho^2\to\infty$ 时，距离的后验概率分布逼近均值为 x_0、方差为 $\sigma^2=3/\left(\rho^2\pi^2\right)$ 的高斯分布。

根据高斯分布的微分熵，我们有以下推论：

推论 4.5 针对恒模散射目标，距离信息 $I\left(\boldsymbol{Z};X\right)$ 在高 SNR 时的渐近上界为

$$I\left(\boldsymbol{Z};X\right)\leqslant\log\left(TB\right)-\frac{1}{2}\log\left[2\pi\mathrm{e}\left(3/(\rho^2\pi^2)\right)\right]=\log\frac{T\beta\rho}{\sqrt{2\pi\mathrm{e}}} \tag{4.49}$$

不同时间带宽积距离信息与 SNR 的关系如图 4.4 所示，可以看出，距离信息与时间带宽积的对数呈线性关系，并随着 SNR 的增大而增大，且 TB 越大，获得的信息量越多，这是因为不同 TB 值对应的信息熵 $h\left(X\right)$ 是不同的。图中的虚线是高 SNR 距离信息的上界。

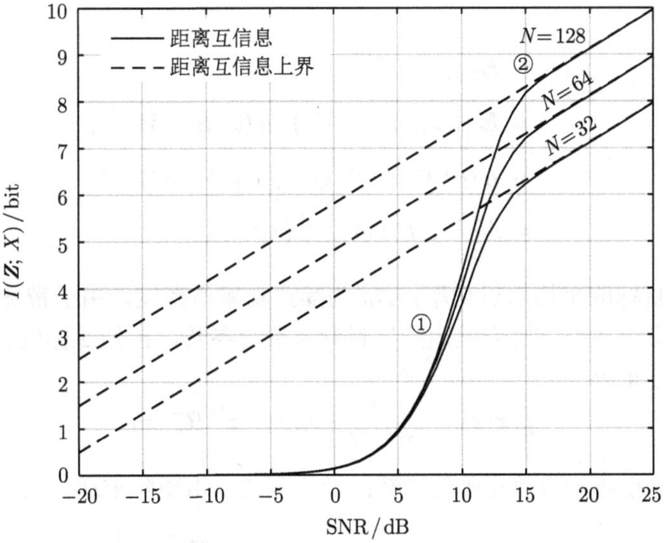

图 4.4 不同时间带宽积恒模散射目标的距离信息与 SNR 的关系

借助图 4.4 我们可以从信息论的角度来描述雷达目标探测的过程。当 SNR 较小时，噪声干扰较大，无法发现目标，距离信息很小。随着 SNR 的增大，距离信息的变化划分为两个重要的阶段，即目标捕获阶段 (图 4.4 中①) 和目标跟踪阶段 (图 4.4 中②)。在目标捕获阶段，SNR 超过 0dB 之后，距离信息随着 SNR 以较大的斜率增加，每增加 1bit，意味着探测目标的位置区间缩小为原来的一半。当达到 $\log TB$ 的信息量时，目标的区域变为观测区间的 $1/TB$，即达到雷达系统的距离分辨率 $1/B$。在目标跟踪阶段，即大 SNR 区域，距离信息与时间带宽积的对数呈线性变化，且随着信息量的增加，目标范围继续缩小，并突破 $1/B$ 的限制。

4.2.2 复高斯散射目标距离信息的计算

1. 复高斯散射目标的距离信息

对于复高斯散射目标的情况，接收信号矢量形式可表示为

$$\boldsymbol{Z} = \boldsymbol{u}(x)S+\boldsymbol{W} \tag{4.50}$$

式中，$\boldsymbol{Z} = [\cdots, z(n), \cdots]^{\mathrm{T}}$ 为接收采样信号；$\boldsymbol{u}(x) = [\cdots, \operatorname{sinc}(n-x), \cdots]^{\mathrm{T}}$ 是位置波形矢量；散射信号 S 服从均值为 0、方差为 P 的复高斯分布；$\boldsymbol{W} = [\cdots, w(n), \cdots]^{\mathrm{T}}$ 为噪声信号，其分量是独立同分布的复高斯随机变量，均值为 0、方差为 N_0，n 取 $[-N/2, N/2-1]$ 间的整数。

假设雷达系统的时间带宽积为 TB，被测目标在探测范围内均匀分布，距离参数 X 的先验概率分布为 $p(x) = 1/TB$。给定 X，$\boldsymbol{Z}$ 是 N 维复高斯矢量，其协方差矩阵 [9]

$$\begin{aligned}
\boldsymbol{R}_{\boldsymbol{z}} &= E_{S,\boldsymbol{W}}\left[\boldsymbol{Z}\boldsymbol{Z}^{\mathrm{H}}\right] \\
&= E\left[\left(\boldsymbol{u}(x)S+\boldsymbol{W}\right)\left(\boldsymbol{u}(x)S+\boldsymbol{W}\right)^{\mathrm{H}}\right] \\
&= \boldsymbol{u}(x)E\left[SS^{\mathrm{H}}\right]\boldsymbol{u}^{\mathrm{H}}(x) + E\left[\boldsymbol{W}\boldsymbol{W}^{\mathrm{H}}\right] \\
&= N_0\boldsymbol{I} + P\boldsymbol{u}(x)\boldsymbol{u}^{\mathrm{H}}(x)
\end{aligned} \tag{4.51}$$

式中，P 为目标的平均散射功率；N_0 为噪声功率谱密度，由于带宽已经归一化，这里也表示噪声功率。协方差矩阵以目标位置为参数，已知目标位置时接收信号的条件概率分布为

$$p(\boldsymbol{z}|x) = \frac{1}{\pi^N|\boldsymbol{R}_{\boldsymbol{z}}|}\exp\left(-\boldsymbol{z}^{\mathrm{H}}\boldsymbol{R}_{\boldsymbol{z}}^{-1}\boldsymbol{z}\right) \tag{4.52}$$

下面首先推导协方差矩阵的逆矩阵及行列式。由矩阵求逆公式

$$\left(\boldsymbol{A}+\boldsymbol{x}\boldsymbol{y}^{\mathrm{H}}\right)^{-1} = \boldsymbol{A}^{-1} - \frac{\boldsymbol{A}^{-1}\boldsymbol{x}\boldsymbol{y}^{\mathrm{H}}\boldsymbol{A}^{-1}}{1+\boldsymbol{y}^{\mathrm{H}}\boldsymbol{A}^{-1}\boldsymbol{x}}$$

设 $\boldsymbol{A}=\boldsymbol{I}$，$\boldsymbol{x}=\frac{\rho^2}{2}\boldsymbol{u}(x)$，$\boldsymbol{y}=\boldsymbol{u}(x)$，可得协方差矩阵的逆矩阵为

$$\boldsymbol{R}_{\boldsymbol{z}}^{-1}=\frac{1}{N_0}\left[\boldsymbol{I}-\frac{\boldsymbol{u}(x)\boldsymbol{u}^{\mathrm{H}}(x)}{2\rho^{-2}+\boldsymbol{u}^{\mathrm{H}}(x)\boldsymbol{u}(x)}\right] \tag{4.53}$$

此外，考虑到 $x\in[-N/2,N/2)$，当 N 足够大时，探测区间远大于信号范围，有下式

$$\boldsymbol{u}^{\mathrm{H}}(x)\,\boldsymbol{u}(x)=\sum_{n=-N/2}^{N/2-1}\operatorname{sinc}^2(n-x)\approx 1 \tag{4.54}$$

代入式 (4.53) 中可以得到

$$\boldsymbol{R}_{\boldsymbol{z}}^{-1}=\frac{1}{N_0}\left[\boldsymbol{I}-\frac{\boldsymbol{u}(x)\boldsymbol{u}^{\mathrm{H}}(x)}{1+2\rho^{-2}}\right] \tag{4.55}$$

考虑二次型

$$\begin{aligned}\boldsymbol{z}^{\mathrm{H}}\boldsymbol{R}_{\boldsymbol{z}}\boldsymbol{z}&=\frac{1}{N_0}\left[\boldsymbol{z}^{\mathrm{H}}\boldsymbol{z}-\frac{\boldsymbol{z}^{\mathrm{H}}\boldsymbol{u}(x)\boldsymbol{u}^{\mathrm{H}}(x)\boldsymbol{z}}{1+2\rho^{-2}}\right]\\&=\frac{1}{N_0}\boldsymbol{z}^{\mathrm{H}}\boldsymbol{z}-\frac{1}{N_0}\frac{\left[\boldsymbol{u}^{\mathrm{H}}(x)\boldsymbol{z}\right]^{\mathrm{H}}\boldsymbol{u}^{\mathrm{H}}(x)\boldsymbol{z}}{1+2\rho^{-2}}\\&=\frac{1}{N_0}\boldsymbol{z}^{\mathrm{H}}\boldsymbol{z}-\frac{1}{N_0}\frac{\left\|\boldsymbol{u}^{\mathrm{H}}(x)\boldsymbol{z}\right\|^2}{1+2\rho^{-2}}\end{aligned} \tag{4.56}$$

注意第一项只与接收信号有关，而第二项中 $\boldsymbol{u}^{\mathrm{H}}(x)\boldsymbol{z}$ 是接收信号经过匹配滤波器的输出。

为求 $\boldsymbol{R}_{\boldsymbol{z}}$ 的行列式，注意到 $\boldsymbol{u}(x)\,\boldsymbol{u}^{\mathrm{H}}(x)$ 是对称的，且秩为 1，对其进行正交分解得

$$\boldsymbol{u}(x)\,\boldsymbol{u}^{\mathrm{H}}(x)=\boldsymbol{Q}^{\mathrm{H}}(x)\begin{bmatrix}1&&\\&0&\\&&\ddots\end{bmatrix}\boldsymbol{Q}(x) \tag{4.57}$$

式中

$$\boldsymbol{Q}(x)=\begin{bmatrix}\operatorname{sinc}\left(-\dfrac{N}{2}-x\right)&\cdots&\operatorname{sinc}\left(\dfrac{N}{2}-1-x\right)\\\vdots&\ddots&\vdots\\\operatorname{sinc}\left(\dfrac{N}{2}-1-x\right)&\cdots&\operatorname{sinc}\left(\dfrac{N}{2}-N-x\right)\end{bmatrix}$$

为正交矩阵。代入协方差阵得

$$\boldsymbol{R}_{\boldsymbol{z}}=N_0\boldsymbol{Q}^{\mathrm{H}}(x)\,\boldsymbol{\Sigma}\boldsymbol{Q}(x) \tag{4.58}$$

式中，$\boldsymbol{\Sigma}=\operatorname{diag}[1+\rho^2/2,1,\cdots,1]$ 为对角阵。则协方差阵 $\boldsymbol{R}_{\boldsymbol{z}}$ 的行列式

$$\begin{aligned}|\boldsymbol{R}_{\boldsymbol{z}}| &= \left|N_0\boldsymbol{Q}^{\mathrm{H}}(x)\,\boldsymbol{\Sigma}\boldsymbol{Q}(x)\right| \\ &= \left|\boldsymbol{Q}^{\mathrm{H}}(x)\right|\cdot|N_0\boldsymbol{\Sigma}|\cdot|\boldsymbol{Q}(x)| \\ &= (N_0)^N\cdot\left(1+\rho^2/2\right)\end{aligned} \tag{4.59}$$

式 (4.59) 表明，虽然 $\boldsymbol{R}_{\boldsymbol{z}}$ 的元素是目标位置的函数，但 $\boldsymbol{R}_{\boldsymbol{z}}$ 的行列式为常数。

将二次型和行列式代入似然函数表达式得

$$p(\boldsymbol{z}\,|x)=\frac{1}{(\pi N_0)^N\left(1+\rho^2/2\right)}\exp\left(-\frac{1}{N_0}\boldsymbol{z}^{\mathrm{H}}\boldsymbol{z}\right)\exp\left[\frac{1}{N_0}\frac{\left\|\boldsymbol{u}^{\mathrm{H}}(x)\boldsymbol{z}\right\|^2}{1+2\rho^{-2}}\right] \tag{4.60}$$

由指数函数的单调性，复高斯散射目标距离的最大似然估计为

$$\hat{x}_{\mathrm{ML}}=\arg\max_x\left\{\left\|\boldsymbol{u}^{\mathrm{H}}(x)\boldsymbol{z}\right\|^2\right\} \tag{4.61}$$

可见，匹配滤波器仍然是最佳的。

由贝叶斯公式的后验概率分布

$$p(x\,|\boldsymbol{z})=\frac{p(\boldsymbol{z},x)}{\displaystyle\int_{-TB/2}^{TB/2}p(\boldsymbol{z},x)\mathrm{d}x}=\frac{\exp\left(-\boldsymbol{z}^{\mathrm{H}}\boldsymbol{R}_{\boldsymbol{z}}^{-1}\boldsymbol{z}\right)}{\displaystyle\int_{-TB/2}^{TB/2}\exp\left(-\boldsymbol{z}^{\mathrm{H}}\boldsymbol{R}_{\boldsymbol{z}}^{-1}\boldsymbol{z}\right)\mathrm{d}x} \tag{4.62}$$

再由逆矩阵的表达式，可得已知接收信号 $\boldsymbol{Z}$ 时复高斯散射目标距离 X 的后验 PDF 为

$$p(x|\boldsymbol{z})=\frac{\exp\left[\dfrac{1}{N_0\left(1+2\rho^{-2}\right)}\left\|\boldsymbol{u}^{\mathrm{H}}(x)\boldsymbol{z}\right\|^2\right]}{\displaystyle\int_{-TB/2}^{TB/2}\exp\left[\dfrac{1}{N_0\left(1+2\rho^{-2}\right)}\left\|\boldsymbol{u}^{\mathrm{H}}(x)\boldsymbol{z}\right\|^2\right]\mathrm{d}x} \tag{4.63}$$

将 $p(x|\boldsymbol{z})$ 代入式 (4.29) 即可求出复高斯散射目标的距离信息量。

定理 4.3【后验概率分布】 假设复高斯散射目标的归一化距离在观测区间上服从均匀分布，那么，单边功率谱密度为 N_0 的 AWGN 信道上，已知接收信号 $\boldsymbol{Z}$ 时目标距离 X 的后验概率分布由式 (4.63) 确定。

式 (4.63) 还表明，后验概率分布的统计量就是匹配滤波器的输出量 $\boldsymbol{u}^{\mathrm{H}}(x)\boldsymbol{z}$，因此，从信息论观点，匹配滤波器就是最佳估计器，这与雷达信号处理的结论是一致的。

推论 4.6 单个复高斯散射目标的最佳距离估计器就是匹配滤波器。

由后验概率分布，我们立即有如下定理。

定理 4.4【距离信息】 假设复高斯散射目标的归一化距离在观测区间上服从均匀分布，那么，单边功率谱密度为 N_0 的 AWGN 信道上，从接收信号中获得的距离信息量为

$$I(\boldsymbol{Z};X)=\log(TB)-E_{\boldsymbol{z}}\left[-\int_{-TB/2}^{TB/2}p(x|\boldsymbol{z})\log p(x|\boldsymbol{z})\,\mathrm{d}x\right] \tag{4.64}$$

式中，$p(x|\boldsymbol{z})$ 由式 (4.63) 给出；$E_{\boldsymbol{z}}[\cdot]$ 表示对 $\boldsymbol{Z}$ 的概率分布求期望。

2. 复高斯散射目标距离信息的上界

为了推导复高斯目标距离信息的上界，我们需要用到前面导出的恒模散射距离信息上界公式。复高斯散射目标的幅度和功率都是随机的，其幅度服从瑞利分布，功率服从指数分布。设恒模散射的瞬时 SNR 为 v，平均 SNR 为 ρ^2，那么，瞬时 SNR 服从指数分布

$$p(v)=\frac{1}{\rho^2}\exp\left(-\frac{v}{\rho^2}\right)$$

距离信息不超过式 (4.49) 的期望，即

$$\begin{aligned}I(\boldsymbol{Z};X)&\leqslant E\left[\ln\frac{T\beta}{\sqrt{2\pi\mathrm{e}}}+\frac{1}{2}\ln v\right]\\&=\ln\frac{T\beta}{\sqrt{2\pi\mathrm{e}}}+\frac{1}{2}\int_0^{+\infty}\frac{1}{\rho^2}\exp\left(-\frac{v}{\rho^2}\right)\ln v\mathrm{d}v\\&=\ln\frac{T\beta}{\sqrt{2\pi\mathrm{e}}}+\frac{1}{2}(\ln\rho^2-\gamma)\\&=\ln\frac{T\beta\rho}{\sqrt{2\pi\mathrm{e}}}-\frac{\gamma}{2}\end{aligned} \tag{4.65}$$

式中，γ 是欧拉常数，推导时用自然对数，单位为 nat。

推论 4.7 复高斯散射目标距离信息 $I(\boldsymbol{Z};X)$ 高 SNR 时的上界为

$$I(\boldsymbol{Z};X)\leqslant\log\frac{T\beta\rho}{\sqrt{2\pi\mathrm{e}}}-\frac{\gamma}{2\ln 2} \tag{4.66}$$

3. 距离信息的数值仿真

距离信息的计算需要对理论公式进行数值计算和计算机仿真，图 4.5 是恒模散射目标和复高斯散射目标的距离信息对比曲线，时间带宽积 $TB=32$。从图中可以看出，在低 SNR (0dB 以下) 时，两种目标模型获取的距离信息量很小，对目标探测的意义不大；随着 SNR 的增加，从恒模散射目标得到的信息量始终要高于复高斯散射目标；达到较高的 SNR (20dB 以上) 后，高斯目标模型的距离信

息量比常数目标模型的距离信息量上界低，这是由于在实际探测过程中，复高斯目标的幅度总是随机变化，在相同的平均 SNR 条件下，雷达系统实际获取复高斯散射目标的距离信息相对较少。

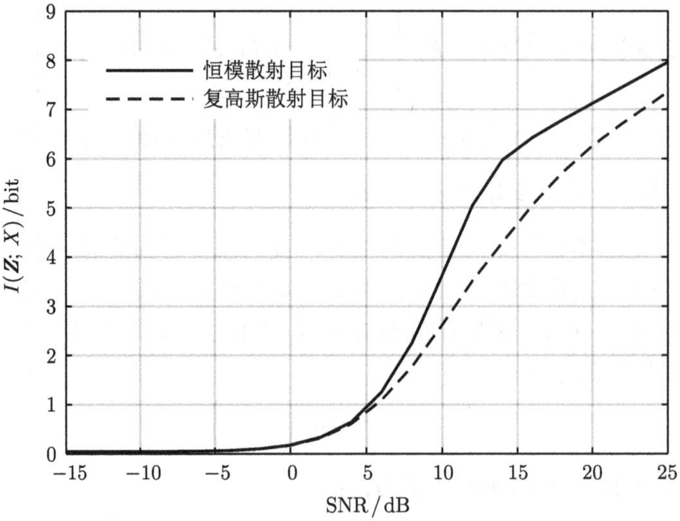

图 4.5　两种目标模型下的距离信息量

两种散射模型距离信息的上界如图 4.6 所示。在平均 SNR 相同时，恒模散射的距离信息超过复高斯 0.416bit，或为达到相同距离信息量，复高斯散射的平均 SNR 超过恒模散射 2.5dB。

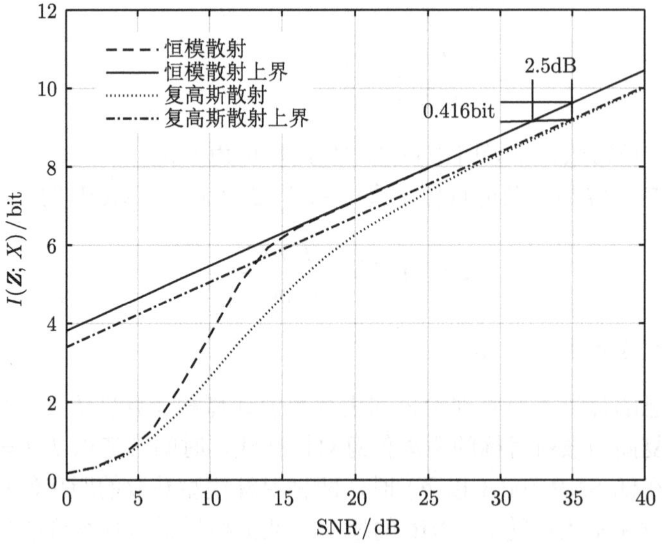

图 4.6　两种散射模型距离信息的上界

4.2.3 最大似然估计、均方误差和熵误差

1. 最大似然估计

最大似然估计 (MLE) [1] 是雷达信号处理最常见的目标参数估计方法。最大似然位置估计器使似然函数 $p(\boldsymbol{z}|x)$ 达到最大，其对数形式为

$$\hat{x} = \arg\max_{x} \{\ln [p(\boldsymbol{z}|x)]\} \tag{4.67}$$

图 4.7 给出了当恒模散射目标位于 x_0 处时，仿真 30000 次后，三种 SNR 的位置估计的概率密度曲线。可以看出，概率分布类似于高斯分布，且均值在 x_0 附近，而且随着 SNR 增加，曲线变得越加尖锐，意味着位置的估计精度更高。

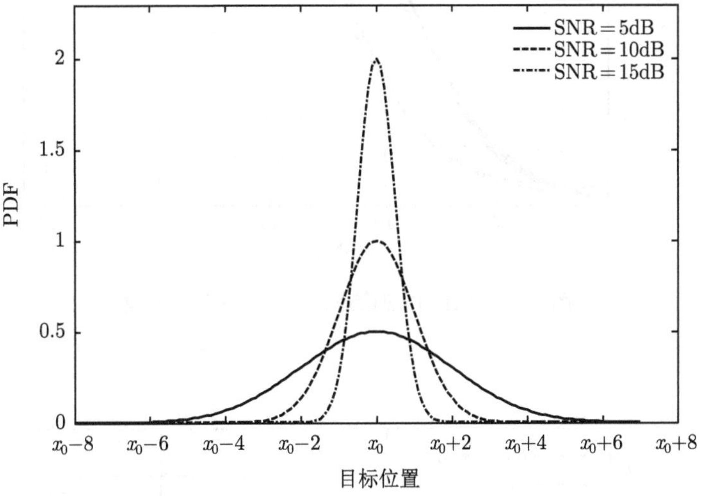

图 4.7 MLE 方法得到的目标位置 PDF

MLE 得到的概率密度可用来计算距离信息，与理论公式得到的距离信息对比曲线如图 4.8 所示。一般来说，MLE 方法获得的距离信息小于理论值，但是，在高 SNR 条件下，MLE 的距离信息逼近理论值。

针对复高斯散射，时间带宽积选择 64 和 32，其他仿真参数同恒模散射目标的情况。MLE 和理论公式推导出的距离信息对比曲线如图 4.9 所示，上方的黑实线和黑虚线代表 $N = 64$ 的仿真结果，下方的黑实线和黑虚线代表 $N = 32$ 的仿真结果，可以看出，我们理论公式推导出的结果始终高于 MLE 得出的信息量。

2. 克拉默–拉奥界

CRB [9] 是无偏参数估计方法均方误差性能的下界，为各种参数估计方法性能的比较提供理论依据。CRB 的表达式为

$$\sigma_{\mathrm{CRB}}^2 = \frac{1}{-E\left[\dfrac{\partial^2 \ln p(\boldsymbol{z}|x)}{\partial x^2}\right]} \tag{4.68}$$

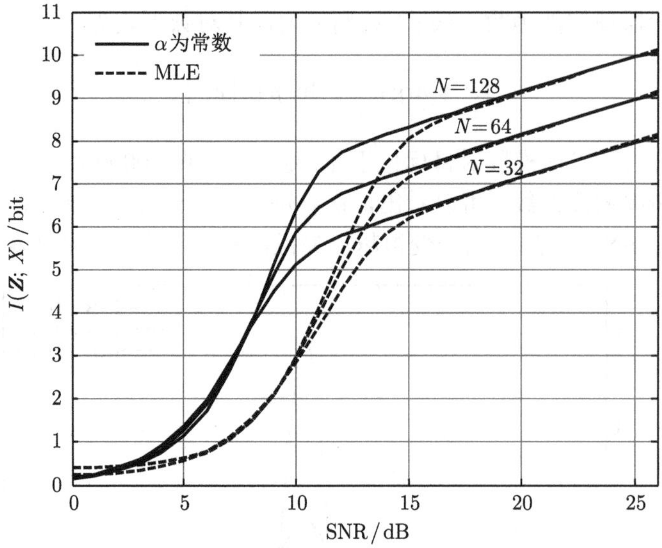

图 4.8　MLE 和理论公式距离信息对比曲线

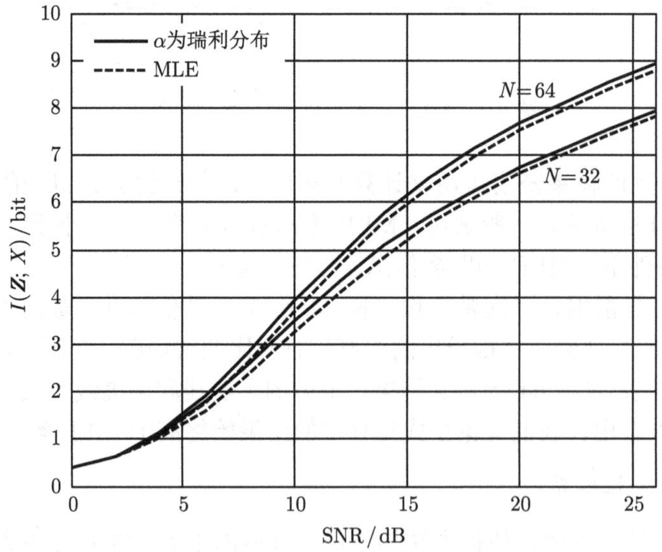

图 4.9　MLE 和理论公式推导出的距离信息对比曲线 (复高斯散射目标)

CRB 的倒数称为 Fisher 信息，定义为

$$\mathrm{FI}(X) = -E\left[\frac{\partial^2 \ln p(\boldsymbol{z}|x)}{\partial x^2}\right] \tag{4.69}$$

已知恒模散射目标时延无偏估计的 CRB 为

$$\sigma_{\mathrm{CRB}}^2 = 3/\left(\rho^2\pi^2\right) \tag{4.70}$$

且 MLE 在高 SNR 条件下可逼近 CRB。

下面计算复高斯散射目标的 CRB。将式 (4.52) 代入式 (4.68)，可得

$$\sigma_{\mathrm{CRB}}^2 = \frac{1}{E\left[\dfrac{\partial^2\left(\boldsymbol{z}^{\mathrm{H}}\boldsymbol{R}_{\boldsymbol{z}}^{-1}\boldsymbol{z}\right)}{\partial x^2}\right]} \tag{4.71}$$

考虑期望和求导针对不同变量，故可交换运算顺序

$$\sigma_{\mathrm{CRB}}^2 = \frac{1}{\dfrac{\partial^2 E\left[\boldsymbol{z}^{\mathrm{H}}\boldsymbol{R}_{\boldsymbol{z}}^{-1}\boldsymbol{z}\right]}{\partial x^2}} \tag{4.72}$$

先计算期望

$$\begin{aligned}
E\left[\boldsymbol{z}^{\mathrm{H}}\boldsymbol{R}_{\boldsymbol{z}}^{-1}\boldsymbol{z}\right] &= \frac{1}{N_0}E\left[\boldsymbol{z}^{\mathrm{H}}\left(\boldsymbol{I} - \frac{\boldsymbol{u}(x)\boldsymbol{u}^{\mathrm{H}}(x)}{1+2\rho^{-2}}\right)\boldsymbol{z}\right] \\
&= \frac{1}{N_0}E\left[\boldsymbol{z}^{\mathrm{H}}\boldsymbol{z}\right] - \frac{1}{\sigma_n^2}\frac{1}{1+2\rho^{-2}}E\left[\boldsymbol{z}^{\mathrm{H}}\boldsymbol{u}(x)\boldsymbol{u}^{\mathrm{H}}(x)\boldsymbol{z}\right]
\end{aligned} \tag{4.73}$$

式中

$$\begin{aligned}
E\left[\boldsymbol{z}^{\mathrm{H}}\boldsymbol{u}(x)\boldsymbol{u}^{\mathrm{H}}(x)\boldsymbol{z}\right] &= \boldsymbol{u}^{\mathrm{H}}(x)E\left[\boldsymbol{z}\boldsymbol{z}^{\mathrm{H}}\right]\boldsymbol{u}(x) \\
&= N_0\left[1 + \frac{\rho^2}{2}\boldsymbol{u}^{\mathrm{H}}(x)\boldsymbol{u}\left(x_0\right)\boldsymbol{u}^{\mathrm{H}}\left(x_0\right)\boldsymbol{u}(x)\right] \\
&= N_0\left[1 + \frac{\rho^2}{2}\mathrm{sinc}^2\left(x - x_0\right)\right]
\end{aligned} \tag{4.74}$$

用泰勒展开，式 (4.73) 可进一步写成

$$E\left[\boldsymbol{z}^{\mathrm{H}}\boldsymbol{R}_{\boldsymbol{z}}^{-1}\boldsymbol{z}\right] = \frac{1}{N_0}E\left[\sum_n \left|z_n\right|^2\right] - \frac{1}{1+2\rho^{-2}}\left[1 + \frac{\rho^2}{2}\left(1 - \frac{\pi^2}{6}\left(x - x_0\right)^2\right)^2\right] \tag{4.75}$$

将式 (4.75) 代入式 (4.72) 可得

$$\sigma_{\mathrm{CRB}}^2 = \frac{3(1+2/\rho^2)}{\rho^2\pi^2} \tag{4.76}$$

在高 SNR 时，$1+2/\rho^2 \approx 1$，复高斯散射的 CRB 逼近恒模散射的 CRB。

3. 熵误差

我们知道 $h(X|\boldsymbol{Z})$ 表示不确定性，$h(X|\boldsymbol{Z})$ 越小表示系统的性能越好。为了从信息论角度评价系统的性能，我们有如下定义：

定义 4.6【熵误差】 设某距离估计器的后验概率分布为 $p(x|\boldsymbol{z})$，那么，我们称

$$\sigma_{\mathrm{EE}}^2=\frac{2^{2h(X|\boldsymbol{Z})}}{2\pi\mathrm{e}} \tag{4.77}$$

为距离估计的熵误差，其中 $h(X|\boldsymbol{Z})$ 是对应于 $p(x|\boldsymbol{z})$ 的微分熵。

定义 4.7【熵偏差】 熵误差的平方根称为熵偏差。

熵偏差的单位与所估计参数的单位相同，熵误差的单位是熵偏差单位的平方。以观测区间上的先验熵偏差为例，均匀分布的微分熵 $h(X)=\log_2 TB$，其单位为归一化时延的对数，那么，熵偏差的单位为归一化时延，熵误差的单位则为归一化时延的平方。

事实上，熵误差就是后验概率分布的熵功率。熵误差是从信息论角度出发定义的性能指标，与均方误差指标相比能够更准确地反映系统的性能。恒模散射和复高斯散射的后验概率分布已由式 (4.48) 和式 (4.63) 给出，根据熵误差的定义式即可计算两种目标位置估计的熵误差。由恒模散射距离信息的上界可得熵误差的下界：

$$\sigma_{\mathrm{EE}}^2\geqslant\frac{2^{2\log\frac{\sqrt{6\pi\mathrm{e}}}{\rho\pi}}}{2\pi\mathrm{e}}=3/\left(\rho^2\pi^2\right) \tag{4.78}$$

由此可知，恒模散射距离估计熵误差的下界就是 CRB。

同理，由复高斯散射目标距离信息上界可得对应的熵误差下界

$$\sigma_{\mathrm{EE}}^2\geqslant\frac{2^{2\left(\log\frac{\sqrt{6\pi\mathrm{e}}}{\rho\pi}+\frac{\gamma}{2\ln 2}\right)}}{2\pi\mathrm{e}}=\left(3/(\rho^2\pi^2)\right)2^{\frac{\gamma}{\ln 2}} \tag{4.79}$$

熵误差、均方误差及 CRB 之间的关系如图 4.10 所示。可以看出，均方误差和熵误差均随 SNR 的增大而减小，并逐渐趋近于 CRB。这说明，在高 SNR 时 σ_{EE}^2 逐渐退化为 σ_{MSE}^2，而在中低 SNR 时，后验概率分布不再服从高斯分布，熵误差是更好的度量指标。

熵误差和熵偏差与距离信息具有密切的联系，设 $\sigma_{\mathrm{EE}}(X)$ 是先验分布 $p(x)$ 定义的熵偏差，$\sigma_{\mathrm{EE}}(X|\boldsymbol{Z})$ 是后验概率分布 $p(x|\boldsymbol{z})$ 定义的熵偏差，那么

$$\frac{\sigma_{\mathrm{EE}}(X|\boldsymbol{Z})}{\sigma_{\mathrm{EE}}(X)}=2^{-I(\boldsymbol{Z};X)} \tag{4.80}$$

式中，$I(\boldsymbol{Z};X)$ 表示距离信息。

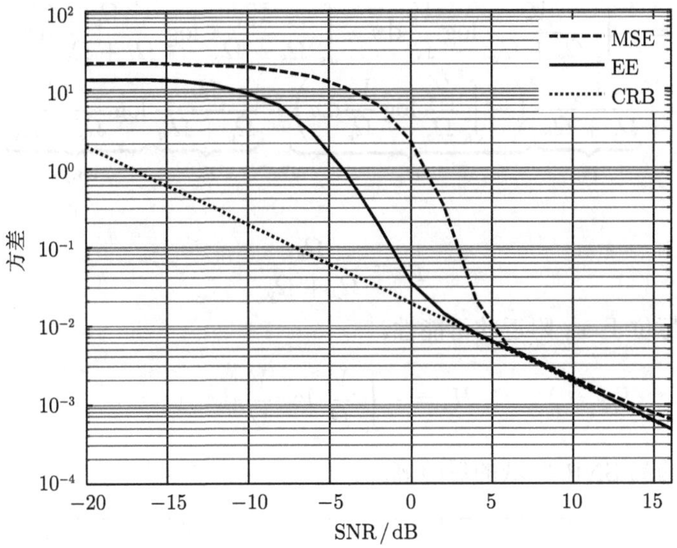

图 4.10 恒模散射目标归一化时延的方差

式 (4.80) 表明，每获取 1bit 信息量等价于熵偏差缩小一半，或估计精度提高一倍。

4.2.4 距离信息的近似表达式 [12]

为了得到恒模散射目标距离信息的闭合表达式，我们通过归一化方法对式 (4.32) 进行近似计算。由式 (4.30) 可知 $p(x|\boldsymbol{w})$ 的数值集中在目标所在的位置 x_0 附近，因此在计算微分熵时对 x 积分的区间可以划分为信号区间 $[s]$ 和噪声区间 $[w]$。如图 4.11 所示，信号区间是包含 $p(x|\boldsymbol{w})$ 峰值位置 x_0 附近的区间，噪声区间是剩余的噪声起主要作用的区间。

为了计算方便，我们令 $V_{\rm s}=I_0\left(\left|R_{\rm s}(x)+R_{\rm w}(x)\right|\right)$，$V_{\rm w}=I_0\left(\left|R_{\rm w}(x)\right|\right)$，即在噪声区间信号分量被忽略，其中 $R_{\rm s}(x)=\rho^2{\rm sinc}(x-x_0)$，$R_{\rm w}(x)=\rho w(x)$。那么式 (4.30) 可改写为

$$p(x|\boldsymbol{w})=\frac{V_{\rm s}}{\Omega_{\rm s}+\Omega_{\rm w}} \tag{4.81}$$

式中，$\Omega_{\rm s}=\int_{\rm s}V_{\rm s}{\rm d}x$，$\Omega_{\rm w}=\int_{\rm w}V_{\rm w}{\rm d}x$。那么，后验熵 $h(X|\boldsymbol{Z})$ 可改写为

$$h(X|\boldsymbol{Z})=-\int_{\rm s}\frac{V_{\rm s}}{\Omega_{\rm s}+\Omega_{\rm w}}\log\frac{V_{\rm s}}{\Omega_{\rm s}+\Omega_{\rm w}}{\rm d}x-\int_{\rm w}\frac{V_{\rm w}}{\Omega_{\rm s}+\Omega_{\rm w}}\log\frac{V_{\rm w}}{\Omega_{\rm s}+\Omega_{\rm w}}{\rm d}x \tag{4.82}$$

式中第一项可进一步写成

$$-\int_{\rm s}\frac{V_{\rm s}}{\Omega_{\rm s}+\Omega_{\rm w}}\log\frac{V_{\rm s}}{\Omega_{\rm s}+\Omega_{\rm w}}{\rm d}x$$

$$
\begin{aligned}
&= -\int_{\mathrm{s}} \frac{V_{\mathrm{s}}}{\Omega_{\mathrm{s}}+\Omega_{\mathrm{w}}} \log \frac{V_{\mathrm{s}}}{\Omega_{\mathrm{s}}} \mathrm{d}x - \int_{\mathrm{s}} \frac{V_{\mathrm{s}}}{\Omega_{\mathrm{s}}+\Omega_{\mathrm{w}}} \log \frac{\Omega_{\mathrm{s}}}{\Omega_{\mathrm{s}}+\Omega_{\mathrm{w}}} \mathrm{d}x \\
&= \underbrace{\frac{\Omega_{\mathrm{s}}}{\Omega_{\mathrm{s}}+\Omega_{\mathrm{w}}}}_{p_{\mathrm{s}}} \underbrace{\left(-\int_{\mathrm{s}} \frac{V_{\mathrm{s}}}{\Omega_{\mathrm{s}}} \log \frac{V_{\mathrm{s}}}{\Omega_{\mathrm{s}}} \mathrm{d}x\right)}_{H_{\mathrm{s}}} - \underbrace{\frac{\Omega_{\mathrm{s}}}{\Omega_{\mathrm{s}}+\Omega_{\mathrm{w}}}}_{p_{\mathrm{s}}} \underbrace{\log \frac{\Omega_{\mathrm{s}}}{\Omega_{\mathrm{s}}+\Omega_{\mathrm{w}}}}_{\log p_{\mathrm{s}}}
\end{aligned} \tag{4.83}
$$

其中

$$
p_{\mathrm{s}} = \frac{\Omega_{\mathrm{s}}}{\Omega_{\mathrm{s}}+\Omega_{\mathrm{w}}} \tag{4.84}
$$

表示发现目标位于 x_0 附近的可能性。

$$
H_{\mathrm{s}} = -\int_{\mathrm{s}} \frac{V_{\mathrm{s}}}{\Omega_{\mathrm{s}}} \log \frac{V_{\mathrm{s}}}{\Omega_{\mathrm{s}}} \mathrm{d}x \tag{4.85}
$$

表示归一化的高 SNR 区域的后验熵。

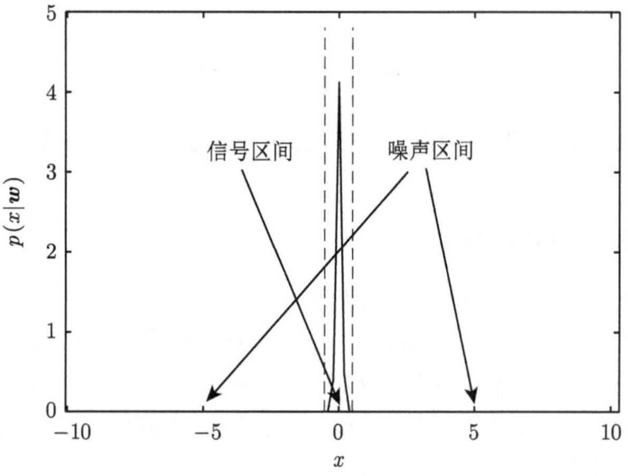

图 4.11　微分熵计算积分的信号区间与噪声区间

同理，对应于噪声的第二项可以写成

$$
\begin{aligned}
&-\int_{\mathrm{s}} \frac{V_{\mathrm{s}}}{\Omega_{\mathrm{s}}+\Omega_{\mathrm{w}}} \log \frac{V_{\mathrm{s}}}{\Omega_{\mathrm{s}}+\Omega_{\mathrm{w}}} \mathrm{d}x \\
&= \underbrace{\frac{\Omega_{\mathrm{w}}}{\Omega_{\mathrm{s}}+\Omega_{\mathrm{w}}}}_{1-p_{\mathrm{s}}} \underbrace{\left(-\int_{\mathrm{w}} \frac{V_{\mathrm{w}}}{\Omega_{\mathrm{w}}} \log \frac{V_{\mathrm{w}}}{\Omega_{\mathrm{w}}} \mathrm{d}x\right)}_{H_{\mathrm{w}}} - \underbrace{\frac{\Omega_{\mathrm{w}}}{\Omega_{\mathrm{s}}+\Omega_{\mathrm{w}}}}_{1-p_{\mathrm{s}}} \underbrace{\log \frac{\Omega_{\mathrm{w}}}{\Omega_{\mathrm{s}}+\Omega_{\mathrm{w}}}}_{\log(1-p_{\mathrm{s}})}
\end{aligned} \tag{4.86}
$$

其中 H_{w} 是噪声区域的后验熵。

于是，式 (4.82) 可化简为

$$
h\left(x|\,\boldsymbol{z}\right) = p_{\mathrm{s}} H_{\mathrm{s}} + (1-p_{\mathrm{s}}) H_{\mathrm{w}} + H(p_{\mathrm{s}}) \tag{4.87}
$$

式中，$H(p_{\rm s})=-p_{\rm s}\log p_{\rm s}-(1-p_{\rm s})\log(1-p_{\rm s})$ 表示目标的不确定性。

将式 (4.87) 代入式 (4.32) 可得

$$I(\boldsymbol{Z};X)=\log(TB)-p_{\rm s}H_{\rm s}-(1-p_{\rm s})H_{\rm w}-H(p_{\rm s}) \tag{4.88}$$

下面分别对 $\Omega_{\rm s}$、$\Omega_{\rm w}$ 和 $p_{\rm s}$ 进行估算，先计算 $\Omega_{\rm s}$。将 $V_{\rm s}$ 在 x_0 处泰勒展开得到

$$V_{\rm s}=I_0\left[\rho^2+1-\frac{1}{6}\rho^2\pi^2(x-x_0)^2\right] \tag{4.89}$$

利用第一类零阶贝塞尔函数的近似公式 (式 (4.47))，并由下式计算可得

$$\Omega_{\rm s}=\int_{\rm s}V_{\rm s}{\rm d}x\approx\frac{\sqrt{3}{\rm e}^{\rho^2+1}}{\rho^2\pi}\left(1-\frac{1}{8\rho^2}\right) \tag{4.90}$$

接着我们计算 $\Omega_{\rm w}$，将 $R_{\rm w}$ 改写成向量形式 $R_{\rm w}(x)=2\alpha\boldsymbol{w}^{\rm H}\psi(x)/N_0$，它的实部和虚部独立同分布且零均值，均方误差都是

$$\sigma^2=\frac{4\alpha^2}{N_0^2}\psi^{\rm H}(x)\left(\boldsymbol{w}\boldsymbol{w}^{\rm H}\right)\psi(x)=\rho^2 \tag{4.91}$$

因此 $|R_{\rm w}(x)|$ 服从瑞利分布，PDF 为

$$f(|R_{\rm w}(x)|)=\frac{|R_{\rm w}(x)|}{\rho^2}\exp\left[-\frac{|R_{\rm w}(x)|^2}{2\rho^2}\right] \tag{4.92}$$

于是 $\Omega_{\rm w}$ 可由下式得到

$$\Omega_{\rm w}=TB\int_0^\infty I_0(|R_{\rm w}(x)|)f(|R_{\rm w}(x)|)\,{\rm d}|R_{\rm w}(x)|\approx TB{\rm e}^{\rho^2/2} \tag{4.93}$$

将 $\Omega_{\rm s}$ 和 $\Omega_{\rm w}$ 的结果代入式 (4.84) 可得

$$p_{\rm s}=\frac{\exp\left(\dfrac{1}{2}\rho^2+1\right)}{T\rho^2\beta+\exp\left(\dfrac{1}{2}\rho^2+1\right)} \tag{4.94}$$

下面分别计算高 SNR 和低 SNR 情况下的后验熵 $H_{\rm s}$ 和 $H_{\rm w}$。高 SNR 情况下 $p(x|\boldsymbol{w})$ 近似服从方差为 $\sigma^2=3/(\rho^2\pi^2)$ 的高斯分布，由式 (4.49) 可知

$$H_{\rm s}\approx\log\frac{\sqrt{6\pi{\rm e}}}{\rho\pi} \tag{4.95}$$

低 SNR 情况下，可以得到噪声部分的熵

$$\begin{aligned} H_{\mathrm{w}} &= -TB\int_0^{\infty} f\left(\left|R_{\mathrm{w}}\left(x\right)\right|\right)\left(\frac{V_{\mathrm{w}}}{\Omega_{\mathrm{w}}}\log\frac{V_{\mathrm{w}}}{\Omega_{\mathrm{w}}}\right)\mathrm{d}\left|R_{\mathrm{w}}\left(x\right)\right| \\ &\approx \log\frac{TB\rho\sqrt{2\pi}}{\mathrm{e}^{\frac{1}{2}\left(\rho^2+1\right)}} \end{aligned} \tag{4.96}$$

把式 (4.94)~式 (4.96) 代入近似式 (4.88)，可得距离信息的近似表达式：

$$I(\boldsymbol{Z};X) = \underbrace{p_{\mathrm{s}}\log\frac{T\beta\rho}{\sqrt{2\pi\mathrm{e}}}}_{\text{发现目标}} + \underbrace{(1-p_{\mathrm{s}})\log\frac{\mathrm{e}^{\frac{1}{2}\left(\rho^2+1\right)}}{\rho\sqrt{2\pi}}}_{\text{未发现目标}} - \underbrace{H(p_{\mathrm{s}})}_{\text{目标不确定性}} \tag{4.97}$$

式 (4.97) 与距离信息理论结果的比较如图 4.12 所示。近似结果在总体上是吻合的，只在中等 SNR 到高 SNR 的过渡阶段存在一定的误差，该误差主要是由式 (4.95) 的近似引入的。近似公式清楚地表明距离信息与时间带宽积和 SNR 之间的关系，对实际系统设计也有参考价值。

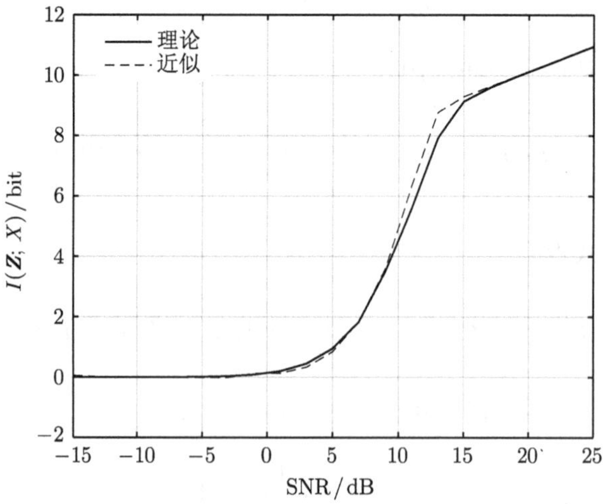

图 4.12　距离信息数值结果与闭合表达式

4.3　散射信息的计算

目标的空间信息由距离信息和散射信息两部分组成，前面详细分析和推导了目标的距离信息，本节研究目标散射信息的计算。下面分别讨论恒模散射目标和复高斯散射目标两种情况。

4.3.1 恒模散射

对恒模散射目标，散射信息 $I(\boldsymbol{Z};S|X)$ 简化为相位信息 $I(\boldsymbol{Z};\Phi|X)$。在已知距离参量 X 和相位参量 Φ 的条件下，$\boldsymbol{Z}$ 的多维 PDF 为

$$p(\boldsymbol{z}|x,\varphi)=\left(\frac{1}{\pi N_0}\right)^N\exp\left(-\frac{1}{N_0}\sum_{n=-N/2}^{N/2-1}\left|z(n)-\alpha\mathrm{e}^{\mathrm{j}\varphi}\mathrm{sinc}(n-x)\right|^2\right)\tag{4.98}$$

进一步求得已知相位参量的条件 PDF 为

$$p(\varphi|\boldsymbol{z},x)=\frac{p(\boldsymbol{z},\varphi|x)}{p(\boldsymbol{z}|x)}=\frac{\exp\left(-\dfrac{1}{N_0}\displaystyle\sum_{n=-N/2}^{N/2-1}\left|z(n)-\alpha\mathrm{e}^{\mathrm{j}\varphi}\mathrm{sinc}(n-x)\right|^2\right)}{\displaystyle\int_0^{2\pi}\exp\left(-\dfrac{1}{N_0}\sum_{n=-N/2}^{N/2-1}\left|z(n)-\alpha\mathrm{e}^{\mathrm{j}\varphi}\mathrm{sinc}(n-x)\right|^2\right)\mathrm{d}\varphi}\tag{4.99}$$

$$p(\varphi|\boldsymbol{w},x)=\frac{\exp\left(\dfrac{2\alpha}{N_0}\Re\left(\mathrm{e}^{-\mathrm{j}\varphi}R(x,\boldsymbol{w})\right)\right)}{2\pi I_0\left(\dfrac{2\alpha}{N_0}|R(x,\boldsymbol{w})|\right)}\tag{4.100}$$

根据互信息的性质，可以得出目标的相位信息为

$$\begin{aligned}I(\boldsymbol{Z};\Phi|X)&=h(\Phi|X)-h(\Phi|\boldsymbol{Z},X)\\&=\log(2\pi)-E_{x,\boldsymbol{w}}\left[h(\varphi|\boldsymbol{w},x)\right]\end{aligned}\tag{4.101}$$

式中，$E_{x,\boldsymbol{w}}\left[h(\varphi|\boldsymbol{w},x)\right]=\iint_{-TB/2}^{TB/2}\int_0^{2\pi}-p(\varphi|\boldsymbol{w},x)\log p(\varphi|\boldsymbol{w},x)\mathrm{d}\varphi p(x)\mathrm{d}x p(\boldsymbol{w})\mathrm{d}\boldsymbol{w}$。

4.3.2 复高斯散射

针对复高斯散射，接收信号 $\boldsymbol{Z}$ 也是复高斯矢量，其协方差矩阵为

$$\begin{aligned}E\left[\boldsymbol{Z}\boldsymbol{Z}^{\mathrm{H}}\right]&=E\left[(\boldsymbol{u}(x)S+\boldsymbol{W})(\boldsymbol{u}(x)S+\boldsymbol{W})^{\mathrm{H}}\right]\\&=\boldsymbol{u}(x)E\left[SS^{\mathrm{H}}\right]\boldsymbol{u}^{\mathrm{H}}(x)+E\left[\boldsymbol{W}\boldsymbol{W}^{\mathrm{H}}\right]\\&=E\left[\alpha^2\right]\boldsymbol{u}(x)\boldsymbol{u}^{\mathrm{H}}(x)+N_0\boldsymbol{I}\end{aligned}\tag{4.102}$$

已知距离参量 X 的条件微分熵为

$$h(\boldsymbol{Z}|X=x)=\log\left|E\left[\alpha^2\right]\boldsymbol{u}(x)\boldsymbol{u}^{\mathrm{H}}(x)+N_0\boldsymbol{I}\right|+N\log(2\pi\mathrm{e})\tag{4.103}$$

且有

$$h\left(\boldsymbol{Z}\left|X=x,S\right.\right)=h\left(\boldsymbol{W}\right)=\log\left|N_0\boldsymbol{I}\right|+N\log\left(2\pi\mathrm{e}\right) \tag{4.104}$$

则散射信息由下式给出：

$$\begin{aligned}I\left(\boldsymbol{Z};S\left|X=x\right.\right)&=h\left(\boldsymbol{Z}\left|X=x\right.\right)-h\left(\boldsymbol{Z}\left|X=x,S\right.\right)\\&=\log\left|E\left[\alpha^2\right]\boldsymbol{u}\left(x\right)\boldsymbol{u}^{\mathrm{H}}\left(x\right)+N_0\boldsymbol{I}\right|-\log\left|N_0\boldsymbol{I}\right|\\&=\log\left|\boldsymbol{I}+\frac{E\left[\alpha^2\right]}{N_0}\boldsymbol{u}\left(x\right)\boldsymbol{u}^{\mathrm{H}}\left(x\right)\right|\\&=\log\left(1+\frac{\rho^2}{2}\boldsymbol{u}^{\mathrm{H}}\left(x\right)\boldsymbol{u}\left(x\right)\right)\end{aligned} \tag{4.105}$$

由于 $\boldsymbol{u}^{\mathrm{H}}\left(x\right)\boldsymbol{u}\left(x\right)\approx 1$，代入式 (4.105)，可以得到

$$I\left(\boldsymbol{Z};S\left|X=x\right.\right)=\log\left(1+\frac{\rho^2}{2}\right) \tag{4.106}$$

上式意味着 $I\left(\boldsymbol{Z};S\left|X=x\right.\right)$ 与目标的归一化时延无关，也就是说，目标的散射信息与距离信息无关。

定理 4.5【散射信息】　假设回波信号能量全部位于观测区间内，当目标的散射系数服从瑞利分布，相位服从均匀分布时，散射信息为

$$I\left(\boldsymbol{Z};S\left|X\right.\right)=\log\left(1+\frac{\rho^2}{2}\right) \tag{4.107}$$

且散射信息量与目标位置无关。

由 SNR 的定义，ρ^2 是信号能量与实部噪声功率谱密度之比，因此 $\rho^2/2=\alpha^2/N_0$ 是信号能量与复信道总的噪声功率谱密度之比，故式 (4.107) 与香农信道容量公式完全一致。

如前述，在给定目标位置时，雷达探测等价于一个幅相调制系统，当散射信号服从高斯分布时正好达到信道容量。散射信息与位置 x 无关是因为，只要散射能量位于观测区间内，不管目标位置如何，通过采样可以获得全部散射信号能量。

恒模散射目标和复高斯散射目标两种情形下，对应的散射信息仿真曲线如图 4.13 所示，可以看出散射信息与 SNR 成正比关系，随着 SNR 的升高而增加，且复高斯散射目标比恒模散射目标获得的信息量要大。两者的差值就是恒模散射目标下散射信息退化为相位信息所减少的信息量。

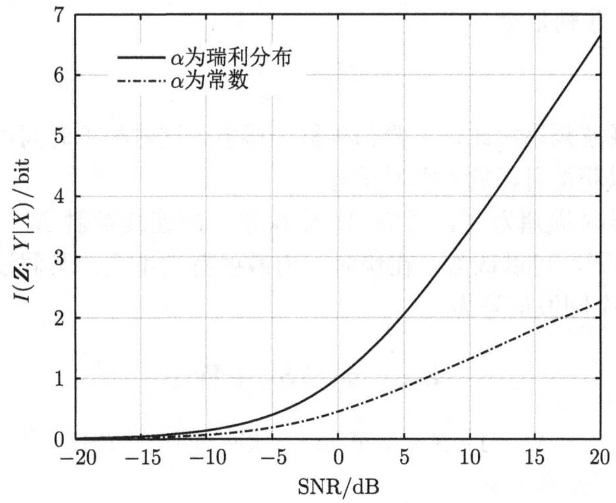

图 4.13　幅度相位信息量与 SNR 的关系曲线

4.4　多普勒散射信息

当雷达和散射体之间相对移动时，回波信号的频率可能产生偏移，这种现象称为多普勒效应 [13]。我们可以通过多普勒频移获得关于目标特性的更多信息。多普勒模型是雷达信号处理领域中非常重要的一部分，下面将从信息论的角度分析这一问题。

4.4.1　慢时间采样的系统模型

考虑单基雷达，它的发射机和接收机在相同的位置且彼此之间没有相对运动。假设雷达观测范围内有一个点散射目标，它的速度为 v m/s，速度矢量和雷达视线方向的夹角为 θ，则发射和接收频率之差为

$$F_{\mathrm{d}} = \frac{2v\cos\theta}{\lambda} \tag{4.108}$$

式中，F_{d} 为多普勒频率；λ 是发射波长。

实际中，目标的速度、大小和方向往往是未知的，多普勒频移使接收信号的散射相位表现出随机性，为此，我们将目标的散射特性看成关于时间 t 的平稳随机过程。一种典型场景是，目标的运动速度很小，在多次快拍期间 (慢时间采样) 目标可看成准静止状态，而散射信号是快变的。下面研究在距离给定条件下，通过多次快拍所获得的散射信息，又称多普勒散射信息。

不失一般性，假设散射信号的自相关函数为 $R_{\mathrm{c}}(\tau)$，相干时间为 T_{c}。当 $\tau > T_{\mathrm{c}}$ 时，$R_{\mathrm{c}}(\tau) = 0$。根据自相关函数，我们可以通过傅里叶变换得到多普勒功率谱密

度 $S_{\mathrm{c}}(f)$，其多普勒带宽

$$B_{\mathrm{d}} = \frac{1}{T_{\mathrm{c}}} \tag{4.109}$$

与发射信号的载波频率相比，多普勒频移小得多，这时相干时间远大于脉冲周期，采用单脉冲难以获得目标的多普勒信息。

假设脉冲发射周期为 T，考虑 M 个快拍，即连续发射 M 个脉冲。在满足 $MT \ll T_{\mathrm{c}}$ 条件下，可以认为，在快时间内散射特性不变。又假设目标位置不变，则目标的第 m 个回波信号为

$$\boldsymbol{Z}_m = \boldsymbol{u}(x) S_m + \boldsymbol{W}_m \tag{4.110}$$

式中，$m = 0, 1, \cdots, M-1$；S_m 是第 m 个脉冲对应的散射特性；$\boldsymbol{W}$ 为高斯白噪声；$\boldsymbol{u}(x)$ 为采样波形矢量。

$$\boldsymbol{u}(x) = \left[\operatorname{sinc}\left(-\frac{N}{2} - x\right), \cdots, \operatorname{sinc}\left(\frac{N}{2} - 1 - x\right)\right]^{\mathrm{T}} \tag{4.111}$$

M 个脉冲的总接收序列是 $MN \times 1$ 维向量

$$\begin{aligned}\boldsymbol{Z} &= \left[S_1 \boldsymbol{u}^{\mathrm{T}}(x), \cdots, S_M \boldsymbol{u}^{\mathrm{T}}(x)\right]^{\mathrm{T}} + \boldsymbol{W} \\ &= \boldsymbol{S} \otimes \boldsymbol{u}(x) + \boldsymbol{W}\end{aligned} \tag{4.112}$$

式中，$\boldsymbol{Z} = [\boldsymbol{Z}_1^{\mathrm{T}} \quad \cdots \quad \boldsymbol{Z}_M^{\mathrm{T}}]^{\mathrm{T}}$；$\boldsymbol{S} = [S_1 \quad \cdots \quad S_M]^{\mathrm{T}}$ 为目标的散射序列；$\otimes$ 表示 Kronecker 积。

4.4.2 多普勒散射信息

根据互信息的定义，在给定目标位置条件下的多普勒散射信息为

$$I(\boldsymbol{Z}; S \mid X = x) = h(\boldsymbol{Z} \mid X = x) - h(\boldsymbol{Z} \mid X = x, S) \tag{4.113}$$

其中在给定位置和散射特性时 $\boldsymbol{Z}$ 的条件熵 [14]

$$\begin{aligned}h(\boldsymbol{Z} \mid X = x, S) &= h(\boldsymbol{W}) \\ &= M \log |N_0 \boldsymbol{I}_N| + MN \log(2\pi\mathrm{e})\end{aligned} \tag{4.114}$$

假设目标散射特性服从复高斯分布，则接收信号 $\boldsymbol{Z}$ 服从均值为 0 的复高斯分布，其协方差矩阵为

$$\begin{aligned}\boldsymbol{R}_{\boldsymbol{Z}} &= E\left[\boldsymbol{Z}\boldsymbol{Z}^{\mathrm{H}}\right] \\ &= E\left[(\boldsymbol{S} \otimes \boldsymbol{u}(x) + \boldsymbol{W})(\boldsymbol{S} \otimes \boldsymbol{u}(x) + \boldsymbol{W})^{\mathrm{H}}\right]\end{aligned}$$

$$= \boldsymbol{R_S} \otimes \boldsymbol{u}(x)\,\boldsymbol{u}^{\mathrm{H}}(x) + N_0 \boldsymbol{I_{MN}} \tag{4.115}$$

式中，$\boldsymbol{R_S}$ 为散射矢量的协方差矩阵 [9]

$$\boldsymbol{R_S} = E\left[\boldsymbol{S}\boldsymbol{S}^{\mathrm{H}}\right]$$
$$= \begin{bmatrix} R_{\mathrm{c}}(0) & R_{\mathrm{c}}(T) & \cdots & R_{\mathrm{c}}((M-1)T) \\ R_{\mathrm{c}}(T) & R_{\mathrm{c}}(0) & \cdots & \cdots \\ \cdots & \cdots & & R_{\mathrm{c}}(T) \\ R_{\mathrm{c}}((M-1)T) & \cdots & R_{\mathrm{c}}(T) & R_{\mathrm{c}}(0) \end{bmatrix} \tag{4.116}$$

$\boldsymbol{Z}$ 的微分熵为

$$h(\boldsymbol{Z}\,|X = x) = \log|\boldsymbol{R_Z}| + MN\log(2\pi\mathrm{e}) \tag{4.117}$$

计算行列式 $|\boldsymbol{R_Z}|$ 需要借助 Kronecker 积的运算性质。

性质一：若矩阵 $\boldsymbol{A}$、$\boldsymbol{B}$ 有奇异值分解

$$\boldsymbol{A} = \boldsymbol{U_1}\boldsymbol{\Sigma}_1\boldsymbol{V_1}$$

$$\boldsymbol{B} = \boldsymbol{U}_2\boldsymbol{\Sigma}_2\boldsymbol{V}_2$$

则有

$$\boldsymbol{A} \otimes \boldsymbol{B} = (\boldsymbol{U}_1 \otimes \boldsymbol{U}_2)^{\mathrm{H}}(\boldsymbol{\Sigma}_1 \otimes \boldsymbol{\Sigma}_2)(\boldsymbol{V}_1 \otimes \boldsymbol{V}_2)$$

性质二：若矩阵 $\boldsymbol{A}$、$\boldsymbol{B}$ 为酉矩阵，则 $\boldsymbol{A} \otimes \boldsymbol{B}$ 也为酉矩阵。

由于 $\boldsymbol{R_S}$ 和 $\boldsymbol{u}(x)\,\boldsymbol{u}^{\mathrm{H}}(x)$ 都为酉矩阵，因此对式 (4.115) 的 $\boldsymbol{R_Z}$ 进行奇异值分解可得

$$\begin{aligned} \boldsymbol{R_Z} &= \boldsymbol{R_S} \otimes \boldsymbol{u}(x)\,\boldsymbol{u}^{\mathrm{H}}(x) + N_0\boldsymbol{I_{MN}} \\ &= \boldsymbol{Q}^{\mathrm{H}}\left(\boldsymbol{\Sigma_{R_S}} \otimes \boldsymbol{\Sigma}_{\boldsymbol{u}(x)\boldsymbol{u}^{\mathrm{H}}(x)} + N_0\boldsymbol{I_{MN}}\right)\boldsymbol{Q} \end{aligned} \tag{4.118}$$

式中，$\boldsymbol{Q}$ 为酉矩阵。$\boldsymbol{\Sigma_{R_S}}$ 和 $\boldsymbol{\Sigma}_{\boldsymbol{u}(x)\boldsymbol{u}^{\mathrm{H}}(x)}$ 分别为 $\boldsymbol{R_S}$ 和 $\boldsymbol{U}(x)\,\boldsymbol{U}^{\mathrm{H}}(x)$ 矩阵特征值分解得到的特征值矩阵。由于

$$\boldsymbol{\Sigma}_{\boldsymbol{u}(x)\boldsymbol{u}^{\mathrm{H}}(x)} = \begin{bmatrix} \boldsymbol{u}^{\mathrm{H}}(x)\,\boldsymbol{u}(x) & & \\ & 0 & \\ & & \ddots \end{bmatrix}_{N\times N} = \begin{bmatrix} 1 & & \\ & 0 & \\ & & \ddots \end{bmatrix}_{N\times N} \tag{4.119}$$

则行列式值

$$|\boldsymbol{R_Z}| = \left|\boldsymbol{\Sigma_{R_y}} \otimes \boldsymbol{\Sigma}_{\boldsymbol{u}(x)\boldsymbol{u}^{\mathrm{H}}(x)} + N_0\boldsymbol{I_{MN}}\right|$$

$$
\begin{aligned}
&= \left[1+\frac{\lambda_1 \boldsymbol{u}^{\mathrm{H}}(x)\,\boldsymbol{u}(x)}{N_0}\right]\cdots\left[1+\frac{\lambda_M \boldsymbol{u}^{\mathrm{H}}(x)\,\boldsymbol{u}(x)}{N_0}\right] N_0^{MN} \\
&= \left(1+\frac{\lambda_1}{N_0}\right)\cdots\left(1+\frac{\lambda_M}{N_0}\right) N_0^{MN}
\end{aligned}
\tag{4.120}
$$

式中，$\lambda_1, \lambda_2, \cdots, \lambda_M$ 为矩阵 $\boldsymbol{R_S}$ 的 M 个特征值。注意，在数值上 $\boldsymbol{u}^{\mathrm{H}}(x)\,\boldsymbol{u}(x)=1$，但其代表的实际意义是归一化带宽后的信号能量。因此，$\lambda\boldsymbol{u}^{\mathrm{H}}(x)\,\boldsymbol{u}(x)=\lambda$ 表示能量。将式 (4.120) 代入式 (4.117)，则 M 次快拍的多普勒散射信息

$$
\begin{aligned}
I(\boldsymbol{Z};S\,|X=x) &= h(\boldsymbol{Z}\,|X=x) - h(\boldsymbol{Z}\,|X=x,S) \\
&= \log\left[\left(\frac{\lambda_1}{N_0}+1\right)\cdots\left(\frac{\lambda_M}{N_0}+1\right)\right] \\
&= \sum_{i=1}^{M}\log\left(1+\frac{\lambda_i}{N_0}\right)
\end{aligned}
\tag{4.121}
$$

式 (4.121) 表明，多普勒散射信息取决于散射信号相关矩阵的特征值。特别地，如果脉冲间隔远大于相干时间，即 $T \gg T_{\mathrm{c}}$，则慢时间采样得到的散射特性互不相关，且对高斯散射信号相互独立。于是

$$
\begin{aligned}
\boldsymbol{R_S} &= R_{\mathrm{c}}(0)\,\boldsymbol{I_M} \\
&= E_{\boldsymbol{S}}\boldsymbol{I_M}
\end{aligned}
\tag{4.122}
$$

此时，特征值 $\lambda_1 = \cdots = \lambda_M = E_{\boldsymbol{S}}$ 等于回波信号的平均能量。因此多普勒散射信息为

$$
I(\boldsymbol{Z};S\,|X=x) = M\log\left(1+\frac{E_{\boldsymbol{S}}}{N_0}\right) \tag{4.123}
$$

由式 (4.123) 可知，当目标散射特性互不相关时，可以通过多次观测达到信息量的累积。这种累积方式能够更加高效地获取目标信息。当脉冲间隔满足奈奎斯特采样

$$
T = \frac{1}{B_{\mathrm{d}}} \tag{4.124}
$$

即以相干时间作为脉冲间隔，那么，快拍数 M 是总观测时间 T_M 与多普勒带宽的乘积

$$
M = T_M B_{\mathrm{d}} \tag{4.125}
$$

代入式 (4.123)，可得单位时间内获得的散射信息 $I_{\boldsymbol{S}}$

$$
I_{\boldsymbol{S}} = B_{\mathrm{d}}\log\left(1+\frac{E_{\boldsymbol{S}}}{N_0}\right) \tag{4.126}
$$

此时多普勒散射信息与多普勒频谱展宽成正比，与香农信道容量 [15] 的形式相似。从通信的角度理解式 (4.126)，我们可以将目标视为信源，而多普勒展宽视为信道带宽。

4.4.3 多普勒散射信息的仿真结果

在瑞利衰落状态下，Jakes 模型 [16] 是一种典型移动无线信道多普勒功率谱。在此模型中，散射特性 y 的自相关函数为

$$R_{\mathrm{c}}(\tau) = E_{\boldsymbol{S}} I_0(2\pi f_m \tau) \tag{4.127}$$

式中，$E_{\boldsymbol{S}} = R_{\mathrm{c}}(0)$ 为能量信号自相关函数在零点的取值，代表回波信号的平均能量；$I_0(\cdot)$ 为第一类零阶贝塞尔函数：

$$I_0(x) = \frac{1}{2\pi}\int_0^{2\pi} \cos(x\sin\tau)\mathrm{d}\tau \tag{4.128}$$

$f_m = v/\lambda$ 为径向运动速度导致的最大多普勒频移。通过对自相关函数作傅里叶变换可以得到多普勒功率谱密度 $S_{\mathrm{c}}(f)$：

$$S_{\mathrm{c}}(f) = \begin{cases} \dfrac{P_{\mathrm{av}}}{\pi f_m}\dfrac{1}{\sqrt{1-(f/f_m)^2}}, & |f| \leqslant f_m \\ 0, & |f| > f_m \end{cases} \tag{4.129}$$

$S_{\mathrm{c}}(f)$ 和 $R_{\mathrm{c}}(\tau)$ 的图形如图 4.14 和图 4.15 所示。

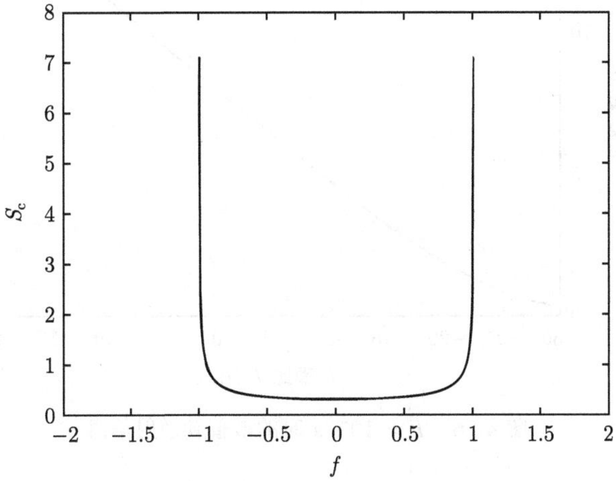

图 4.14 Jakes 模型功率谱密度

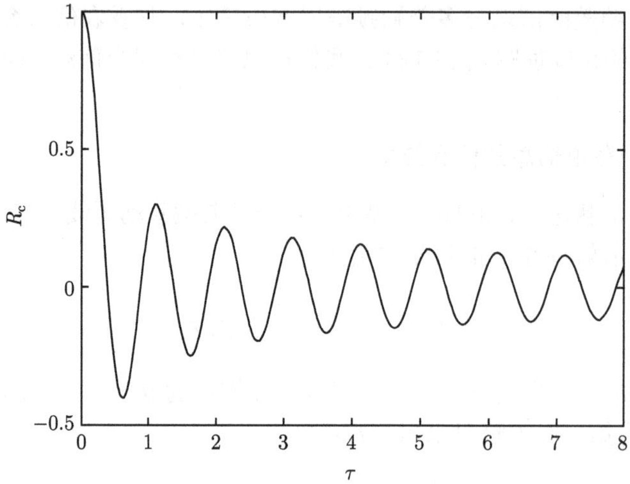

图 4.15 Jakes 模型自相关函数

在 Jakes 模型下，根据自相关函数和脉冲间隔 T 可以得到散射特性的协方差矩阵式 (4.116)，对其进行特征值分解并将特征值代入式 (4.121) 即得到多普勒散射信息。假设 $f_m = 1\text{Hz}$，$M = 256$，$E_{\boldsymbol{S}} = 1$，脉冲间隔 T 为 10^{-6}s、0.1s、10^5s 不同情形下的多普勒散射信息如图 4.16~图 4.18 所示。

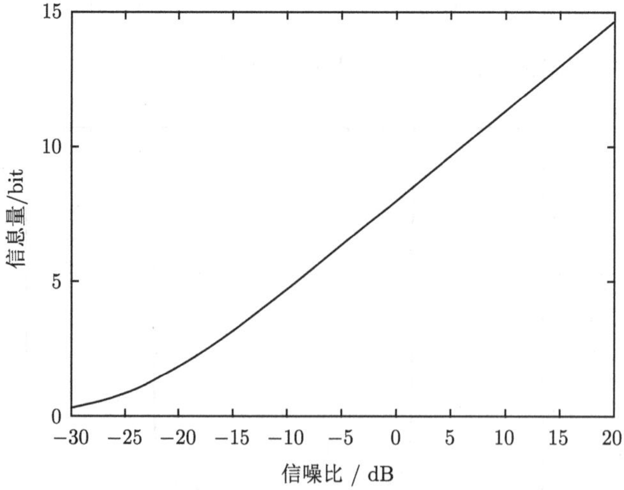

图 4.16 $T = 10^{-6}$s 时的多普勒散射信息

从图 4.19 可以看出，当脉冲间隔增大时，获得的多普勒散射信息也不断增大。在脉冲间隔很小的情况下，可以认为不同脉冲的目标散射特性完全相关，目标在

观测期间内静止。此时 $\boldsymbol{R_S}$ 满足

$$\boldsymbol{R_S}=\begin{bmatrix} E_{\boldsymbol{S}} & E_{\boldsymbol{S}} & \cdots & E_{\boldsymbol{S}} \\ E_{\boldsymbol{S}} & E_{\boldsymbol{S}} & \cdots & E_{\boldsymbol{S}} \\ \vdots & \vdots & & \vdots \\ E_{\boldsymbol{S}} & E_{\boldsymbol{S}} & \cdots & E_{\boldsymbol{S}} \end{bmatrix} \tag{4.130}$$

其唯一非零特征值为 $ME_{\boldsymbol{S}}$，代入式 (4.121) 可以得到

$$I_{\boldsymbol{S}}=\log\left(1+M\rho^2\right) \tag{4.131}$$

表示对静止目标的多次观测达到功率累积。

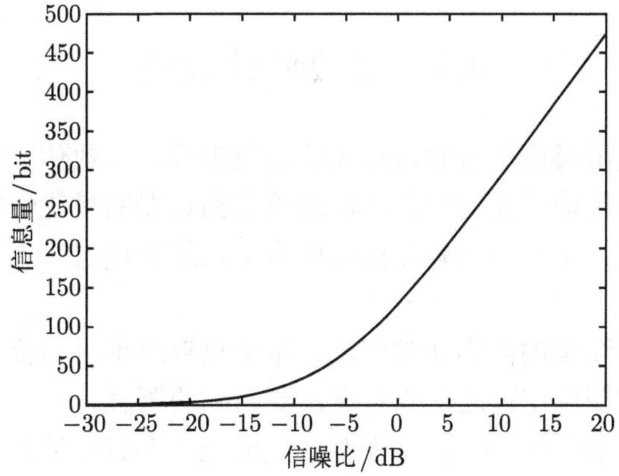

图 4.17 $T=0.1\mathrm{s}$ 时的多普勒散射信息

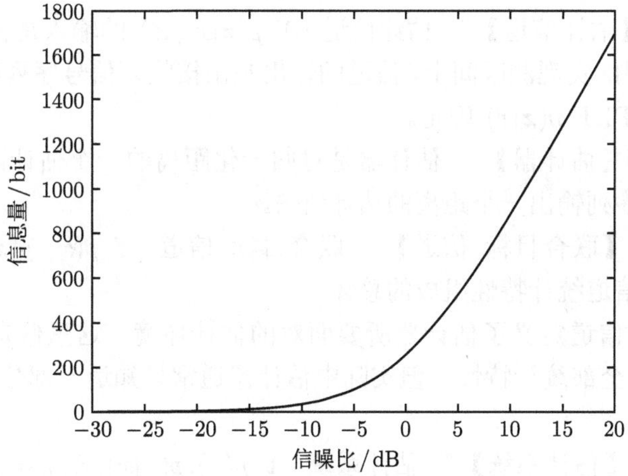

图 4.18 $T=10^5\mathrm{s}$ 时的多普勒散射信息

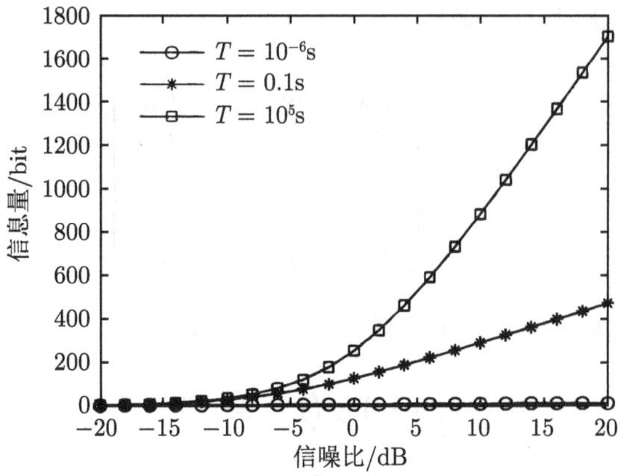

图 4.19　三种情形的多普勒散射信息

4.5　参数估计定理

参数估计定理可类比于香农信息论的编码定理。参数估计定理关注的主要问题包括：① 如何评价估计器的性能；② 理论上估计器的最优性能是什么；③ 最优性能是不是可达的。第一个问题在前面内容中已经论述过，本节将解决第二、三两个问题。

参数估计定理涉及的内容非常广泛，本节只针对单目标位置参数估计问题给出证明的框架。在证明定理之前先定义需要用到的概念。

定义 4.8【目标距离特性】　在观测区间上一个目标的归一化距离为随机变量，归一化距离的先验分布称为目标距离特性或信源统计特性，有时也简称为目标或信源。

定义 4.9【估计信道】　估计信道 $(\mathcal{X}, p(\boldsymbol{z}|x), \mathcal{Z})$ 的输入是目标的归一化距离，定义在有限的实观测区间上，信道的输出是由接收复信号序列组成的集合，信道特性由条件 PDF $p(\boldsymbol{z}|x)$ 确定。

定义 4.10【估计器】　估计器是对归一化距离的一个估计函数 $\hat{x} = f(\boldsymbol{z})$，对给定的接收序列输出一个距离的估计值 $\hat{x}$。

定义 4.11【联合目标–信道】　联合目标–信道 $(\mathcal{X}, p(x), p(\boldsymbol{z}|x), \mathcal{Z})$ 是指目标统计特性和信道统计特性组成的总体。

联合目标–信道定义了估计器所要面对的估计环境，这里假定估计器知道联合目标–信道的全部统计特性，但实际中估计器通常只知道一部分目标–信道统计特性。

定义 4.12【估计系统】　估计系统 $(\mathcal{X}, p(x), p(\boldsymbol{z}|x), \mathcal{Z}, \hat{x} = f(\boldsymbol{z}))$ 刻画目标特性、信道特性和估计器组成的总体。

一次参数估计过程由目标、信道和估计器几部分组成，简称为一次快拍。多次快拍将产生扩展目标和扩展信道，m 次快拍的参数估计过程如图 4.20 所示。

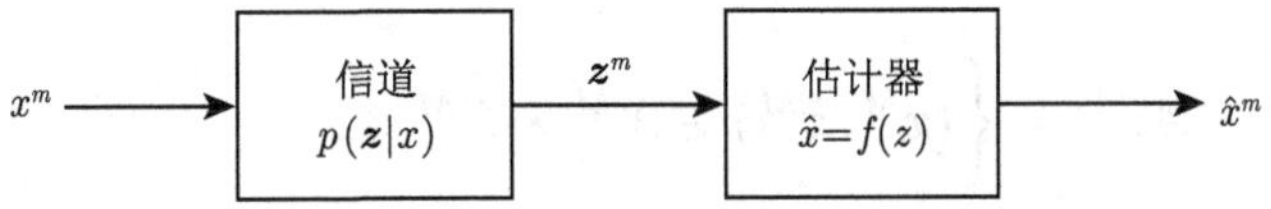

图 4.20 m 次快拍的参数估计系统

定义 4.13【无记忆扩展目标】 无记忆扩展目标指扩展目标之间相互独立。

定义 4.14【无记忆扩展信道】 无记忆快拍信道 (memoryless snapshot channel，MSC) 指多次快拍产生的扩展信道 $\left(\mathcal{X}^M, p(\boldsymbol{z}^M|x^M), \mathcal{Z}^M\right)$ 满足

$$p(\boldsymbol{z}^M|x^M) = \prod_{m=1}^{M} p(\boldsymbol{z}_m|x_m) \tag{4.132}$$

定义 4.15【抽样后验概率估计】 抽样后验 (sampling a posteriori, SAP) 概率估计器对后验概率分布 $p(x|\boldsymbol{z})$ 进行抽样产生估计值，x 的抽样后验概率估计记为 $\hat{x}_{\text{SAP}}$。

评注：常见的最大似然估计和最大后验概率估计是确定性估计，对给定接收信号序列的估计值是唯一确定的，而抽样后验概率估计是一种随机估计器，对给定接收信号的估值 $\hat{x}_{\text{SAP}}$ 是不确定的。我们提出抽样后验概率估计的目的是证明参数估计定理，因为它的性能取决于后验概率分布，而最大后验概率估计的性能不容易确定。这种思想与香农编码定理采用的随机编码一脉相承。抽样后验概率估计方法还具有重要的实际应用价值，它避免了确定性估计方法遇到的谱峰摸索问题，在多维参数估计应用场景具有低复杂度优势。

联合目标–信道 $(\mathcal{X}, p(x), p(\boldsymbol{z}|x), \mathcal{Z})$ 确定了后验概率分布 $p(x|\boldsymbol{z})$ 和后验微分熵 $h(X|\boldsymbol{Z})$，进而也确定了理论熵误差为 $\sigma_{\text{EE}}^2 = \dfrac{1}{2\pi\text{e}}2^{2h(X|\boldsymbol{Z})}$。我们还需定义另一种与估计器相关的熵误差。

定义 4.16【经验熵误差】 M 次快拍的经验熵定义为 $-\dfrac{1}{M}\log p\left(\hat{x}^M\left|\boldsymbol{z}^M\right.\right)$，经验熵误差为

$$\sigma_{\text{EE}}^{2(M)} = \frac{1}{2\pi\text{e}}2^{-\frac{2}{M}\log p\left(\hat{x}^M|\boldsymbol{z}^M\right)} \tag{4.133}$$

定义 4.17【可达性】 熵误差 σ_{EE}^2 称为可达的，如果存在一个估计器，其 M 次快拍的经验熵误差满足

$$\lim_{M\to\infty} \sigma_{\text{EE}}^{2(M)} = \sigma_{\text{EE}}^2 \tag{4.134}$$

定义 4.18【联合典型序列】　服从联合分布 $p(x,\boldsymbol{z})$ 的联合典型序列 $\left\{\left(x^M, \boldsymbol{z}^M\right)\right\}$ 所构成的集合 $A_\varepsilon^{(M)}$ 是指其经验熵与真实熵 ε-接近的 M 长序列构成的集合，即

$$A_\varepsilon^{(M)} = \left\{\left(x^M, \boldsymbol{z}^M\right) \in \mathcal{X}^M \times \mathcal{Z}^M : \right. \tag{4.135}$$

$$\left|-\frac{1}{M}\log p\left(x^M\right) - H\left(X\right)\right| < \varepsilon, \tag{4.136}$$

$$\left|-\frac{1}{M}\log p\left(\boldsymbol{z}^M\right) - H\left(\boldsymbol{Z}\right)\right| < \varepsilon, \tag{4.137}$$

$$\left.\left|-\frac{1}{M}\log p\left(x^M, \boldsymbol{z}^M\right) - H\left(X, \boldsymbol{Z}\right)\right| < \varepsilon\right\} \tag{4.138}$$

式中

$$p\left(x^M, \boldsymbol{z}^M\right) = \prod_{m=1}^{M} p\left(x_m, \boldsymbol{z}_m\right)$$

引理 4.1　对于无记忆快拍信道 $\left(\mathcal{X}^M, p(\boldsymbol{z}^M|x^M), \mathcal{Z}^M\right)$，如果 $\hat{x}^M$ 是后验概率分布 $p(x|\boldsymbol{z})$ 的 M 次抽样估计，则 $\left(\hat{x}^M, \boldsymbol{z}^M\right)$ 是关于概率分布 $p(\hat{x}^M, \boldsymbol{z}^M)$ 的联合典型序列。

证明：由于 $\hat{x}^M$ 是后验概率分布 $p(x|\boldsymbol{z})$ 的 M 次抽样估计，则扩展后验概率分布 $p_{\mathrm{f}}\left(\hat{x}^M|\boldsymbol{z}^M\right) = p\left(\hat{x}^M|\boldsymbol{z}^M\right)$，那么

$$p_{\mathrm{f}}\left(\hat{x}^M, \boldsymbol{z}^M\right) = p\left(\boldsymbol{z}^M\right) p_{\mathrm{f}}\left(\hat{x}^M|\boldsymbol{z}^M\right) = p\left(\boldsymbol{z}^M\right) p\left(\hat{x}^M|\boldsymbol{z}^M\right) = p\left(\hat{x}^M, \boldsymbol{z}^M\right) \tag{4.139}$$

证毕。

定理 4.6【参数估计定理】　大于熵误差 σ_{EE}^2 的任何估计精度都是可达的，具体来说，设估计器已知联合信源–信道 $(\mathcal{X}, p(x), p(\boldsymbol{z}|x), \mathcal{Z})$ 统计特性，则，对任意 $\varepsilon > 0$，存在估计器的经验熵误差满足

$$\sigma_{\mathrm{EE}}^2 \mathrm{e}^{-4\varepsilon} < \sigma_{\mathrm{EE}}^{2(M)} < \sigma_{\mathrm{EE}}^2 \mathrm{e}^{4\varepsilon} \tag{4.140}$$

且

$$\lim_{M\to\infty} \sigma_{\mathrm{EE}}^{2(M)} = \sigma_{\mathrm{EE}}^2 \tag{4.141}$$

反之，任何无偏估计器的经验熵误差不可能小于熵误差。

定理分为正定理和逆定理两部分，先证明正定理。

正定理的证明：

(1) 根据目标距离特性独立产生 M 次扩展目标 x^M；

(2) 根据扩展目标 x^M 和 M 次扩展信道特性 $p(\boldsymbol{z}|x)$ 产生接收序列 $\boldsymbol{z}^M$，经过 M 次快拍产生的接收信号 $\boldsymbol{z}^M$ 满足

$$p(\boldsymbol{z}^M|x^M) = \prod_{m=1}^{M} p(\boldsymbol{z}_m|x_m) \tag{4.142}$$

采用抽样后验概率估计器，令 $\hat{x}^M$ 是对于无记忆快拍信道 $p(\boldsymbol{z}^M|x^M)$ 的 M 次抽样估计，$(\hat{x}^M, \boldsymbol{z}^M)$ 是关于概率分布 $p(\hat{x}^M, \boldsymbol{z}^M)$ 的联合典型序列。

根据联合典型序列的定义，对任意 $\varepsilon > 0$，只要快拍数足够大，就有

$$\begin{gathered}\left|-\frac{1}{M}\log p\left(\hat{x}^M, \boldsymbol{z}^M\right) - H\left(X, \boldsymbol{Z}\right)\right| < \varepsilon \\ \left|-\frac{1}{M}\log p\left(\boldsymbol{z}^M\right) - H\left(\boldsymbol{Z}\right)\right| < \varepsilon\end{gathered} \tag{4.143}$$

由于 $p\left(\hat{x}^M|\boldsymbol{z}^M\right) = p\left(\hat{x}^M, \boldsymbol{z}^M\right)/p\left(\boldsymbol{z}^M\right)$，那么

$$\left|-\frac{1}{M}\log p\left(\hat{x}^M\left|\boldsymbol{z}^M\right.\right) - H\left(X\left|\boldsymbol{Z}\right.\right)\right| < 2\varepsilon \tag{4.144}$$

根据熵误差及经验熵误差的定义，有

$$\begin{gathered}H\left(X\left|\boldsymbol{Z}\right.\right) - 2\varepsilon < -\frac{1}{M}\log p\left(\hat{x}^M\left|\boldsymbol{z}^M\right.\right) < H\left(X\left|\boldsymbol{Z}\right.\right) + 2\varepsilon \\ \sigma_{\mathrm{EE}}^2 \mathrm{e}^{-4\varepsilon} < \sigma_{\mathrm{EE}}^{2(M)} < \sigma_{\mathrm{EE}}^2 \mathrm{e}^{4\varepsilon}\end{gathered} \tag{4.145}$$

根据切比雪夫定理，随快拍数 $M \to \infty$，$\varepsilon \to 0$，则

$$\lim_{M\to\infty} \sigma_{\mathrm{EE}}^{2(M)} = \sigma_{\mathrm{EE}}^2 \tag{4.146}$$

逆定理的证明：

令 $\hat{x}^m = f(\boldsymbol{z}^m)$ 是任一估计器，由该估计器获得的互信息记为 $I_{\mathrm{f}}\left(\boldsymbol{Z}^M, X^M\right)$，微分熵记为 $h_{\mathrm{f}}\left(X^M\left|\boldsymbol{Z}^M\right.\right)$。显然 $\left(\boldsymbol{Z}^M, \hat{X}^M, X^M\right)$ 组成马尔可夫链，由数据处理定理

$$I_{\mathrm{f}}\left(\boldsymbol{Z}^M, X^M\right) \leqslant I\left(\boldsymbol{Z}^M, X^M\right) \tag{4.147}$$

因此

$$\begin{aligned}h_{\mathrm{f}}\left(X^M\left|\boldsymbol{Z}^M\right.\right) &= h\left(X^M\right) - I_{\mathrm{f}}\left(X^M, \boldsymbol{Z}^M\right) \\ &\geqslant h\left(X^M\right) - I\left(X^M, \boldsymbol{Z}^M\right) \\ &= h\left(X^M\left|\boldsymbol{Z}^M\right.\right)\end{aligned} \tag{4.148}$$

由熵误差的定义立即有

$$\sigma_{\mathrm{EE}}^{2(M)}\left(X^M\left|\boldsymbol{Z}^M\right.\right) \geqslant \sigma_{\mathrm{EE}}^2 \tag{4.149}$$

证毕。

参数估计定理的证明是构造性的，就是说，参数估计定理同时给出了一种实际可行的参数估计方法，其性能是渐近最优的。

尽管上面参数估计定理是针对单目标时延参数估计证明的，但证明方法可以很容易推广到多参数和多目标情况。以时延和幅度的联合估计为例，这时后验概率分布为 $p(x,\alpha|z)$，联合熵误差取决于后验微分熵 $h(X,\alpha|Z)$。估计器则对联合后验概率分布 $p(x,\alpha|z)$ 进行抽样。联合熵误差的单位由时延和幅度共同决定，如 (时间 · 电压)。

多目标情况则用下一章推导的多目标后验概率分布及其微分熵代替。

参数估计定理证明空间信息论在雷达等信息获取系统中具有重要的理论意义和应用价值，它首次证明了参数估计问题的性能极限，为评价实际系统性能提供理论依据。在此之前，CRB 是任何参数估计方法所能达到的理论下界，但只适用于高 SNR 应用场景，而本章给出的距离信息和熵误差则对各种 SNR 条件具有普适性。由于实际系统往往更多工作于中低 SNR 条件下，因此，空间信息论给出的理论界具有更重要的实际意义。

4.6 本章小结

(1) 空间信息定义为从接收序列 $\boldsymbol{Z}$ 中获得的关于目标距离 X 和散射 S 的联合互信息 $I(\boldsymbol{Z};X,S)$，且可以表示为目标的距离信息 $I(\boldsymbol{Z};X)$ 与距离已知条件下目标的散射信息 $I(\boldsymbol{Z};S|X)$ 之和。

$$I(\boldsymbol{Z};X,S)=E\left[\log\frac{p(\boldsymbol{z}|x,s)}{p(\boldsymbol{z})}\right]=I(\boldsymbol{Z};X)+I(\boldsymbol{Z};S|X)$$

(2) 给定条件概率分布 $p(\boldsymbol{z}|x,s)$，空间信息容量定义为

$$C=\max_{p(x,\boldsymbol{s})}I(\boldsymbol{Z};X,S)$$

(3) 单目标探测时，已知目标位置先验分布为均匀分布，散射系数幅值为常数，相位均匀分布时，从接收信号中获得的距离信息量为

$$\begin{aligned}I(\boldsymbol{Z};X)&=h(X)-h(X|\boldsymbol{Z})\\&=\log(TB)-E_{\boldsymbol{z}}\left[-\int_{-TB/2}^{TB/2}p(x|\boldsymbol{z})\log p(x|\boldsymbol{z})\,\mathrm{d}x\right]\end{aligned}$$

(4) 恒模散射目标距离信息 $I(\boldsymbol{Z};X)$ 高 SNR 时的上界为

$$I(\boldsymbol{Z};X)\leqslant\log\frac{T\beta\rho}{\sqrt{2\pi\mathrm{e}}}$$

(5) 复高斯散射目标距离信息 $I(\boldsymbol{Z};X)$ 高 SNR 时的上界为

$$I(\boldsymbol{Z};X) \leqslant \log\frac{T\beta\rho}{\sqrt{2\pi\mathrm{e}}} - \frac{\gamma}{2\ln 2}$$

(6) 恒模散射目标和复高斯散射目标模型的 CRB 在高 SNR 条件下是渐近的。

(7) 类似于熵功率，我们定义熵误差作为一种衡量估计性能的指标，设目标距离 x 的后验分布为 $p(x|\boldsymbol{z})$，那么，定义

$$\sigma_{\mathrm{EE}}^2 = \frac{2^{2h(X|\boldsymbol{Z})}}{2\pi\mathrm{e}}$$

为熵误差，其中 $h(X|\boldsymbol{Z})$ 是对应于 $p(x|\boldsymbol{z})$ 的微分熵。

(8) 恒模散射目标的距离信息近似由如下近似表达式给出：

$$I(\boldsymbol{Z};X) = p_{\mathrm{s}}\underbrace{\log\frac{T\beta\rho}{\sqrt{2\pi\mathrm{e}}}}_{\text{发现目标}} + (1-p_{\mathrm{s}})\underbrace{\log\frac{\mathrm{e}^{\frac{1}{2}(\rho^2+1)}}{\rho\sqrt{2\pi}}}_{\text{未发现目标}} - \underbrace{H(p_{\mathrm{s}})}_{\text{目标不确定性}}$$

(9) 恒模散射目标的散射信息 $I(\boldsymbol{Z};Y|X)$ 等同于相位信息 $I(\boldsymbol{Z};\varPhi|X)$：

$$\begin{aligned} I(\boldsymbol{Z};\varPhi|X) &= h(\varPhi|X) - h(\varPhi|\boldsymbol{Z},X) \\ &= \log(2\pi) - E_{x,\boldsymbol{w}}[h(\varphi|\boldsymbol{w},x)] \end{aligned}$$

(10) 当目标散射系数服从瑞利分布，相位服从均匀分布时，单目标探测的散射信息为

$$I(\boldsymbol{Z};S|X) = \log\left(1+\frac{\rho^2}{2}\right)$$

它与距离信息无关，且在高 SNR 条件下，幅度相位信息量与 SNR 的对数成正比关系。

(11) 在给定目标位置条件下，M 次快拍的多普勒散射信息为

$$I(\boldsymbol{Z};S|X=x) = \sum_{i=1}^{M}\log\left(1+\frac{\lambda_i}{N_0}\right)$$

式中，$\lambda_1,\lambda_2,\cdots,\lambda_M$ 为矩阵 $\boldsymbol{R_S}$ 的 M 个特征值。

(12) 当脉冲间隔远大于相干时间时，单位时间内可获得的散射信息为

$$I_{\boldsymbol{S}} = B_{\mathrm{d}}\log\left(1+\frac{E_{\boldsymbol{S}}}{N_0}\right)$$

与香农信道容量公式形式相同。

(13) 参数估计定理：大于熵误差 σ_{EE}^2 的任何估计精度都是可达的，具体来说，设估计器已知联合信源–信道 $(\mathcal{X}, p(x), p(\boldsymbol{z}|x), \mathcal{Z})$ 统计特性，则，对任意 $\varepsilon > 0$，存在估计器的经验熵误差满足

$$\sigma_{\mathrm{EE}}^2 \mathrm{e}^{-4\varepsilon} < \sigma_{\mathrm{EE}}^{2(M)} < \sigma_{\mathrm{EE}}^2 \mathrm{e}^{4\varepsilon}$$

且

$$\lim_{M\to\infty} \sigma_{\mathrm{EE}}^{2(M)} = \sigma_{\mathrm{EE}}^2$$

反之，任何估计器的经验熵误差不可能小于熵误差。

参考文献

[1] Richards M A. 雷达信号处理基础 [M]. 2 版. 邢孟道, 王彤, 李真芳, 等译. 北京: 电子工业出版社, 2017.

[2] 樊昌信, 曹丽娜. 通信原理 [M]. 6 版. 北京: 国防工业出版社, 2010.

[3] Shannon C E. A mathematical theory of communication[J]. The Bell System Technical Journal, 1948, 27: 379-423, 623-656.

[4] Woodward P. Theory of radar information[J]. Transactions of the Ire Professional Group on Information Theory, 1953, 1(1): 108-113.

[5] Woodward P M, Davies I L. A theory of radar information[J]. The London, Edinburgh, and Dublin Philosophical Magazine and Journal of Science, 1950, 41(321): 1001-1017.

[6] Woodward P. Information theory and the design of radar receivers[J]. Proceeding of the Ire, 1951, 39(12): 1521-1524.

[7] 张小飞, 刘敏, 朱秋明, 等. 信息论基础 [M]. 北京: 科学出版社, 2015: 111-112, 136-137.

[8] Bell M. Information theory and radar: Mutual information and the design and analysis of radar waveforms and systems[D]. Pasadena: California Institute of Technology, 1988.

[9] Mcdonough R N, Whalen A D. Detection of Signals in Noise[M]. Utah: Academic Press, 1971: 411.

[10] Kay S M. 统计信号处理基础——估计与检测理论 [M]. 罗鹏飞, 张文明, 刘忠, 等译. 北京: 电子工业出版社, 2006.

[11] 奚定平. 贝塞尔函数 [M]. 北京: 高等教育出版社, 1998.

[12] Luo H, Xu D, Tu W, et al. Closed-Form Asymptotic Approximation of Target's Range Information in Radar Detection Systems[J]. IEEE Access, 2020, 8: 105561-105570.

[13] Richards M A. Fundamentals of Radar Signal Processing[M]. New York: McGraw-Hill Education, 2005.

[14] Cover T M, Thomas J A. Elements of Information Theory[M]. New York: Wiley, 1991.

[15] Johnson O. Information Theory and the Central Limit Theorem[M]. London: Imperial College Press, 2004.

[16] Proakis J G, Salehi M. Digital communications[J]. Digital Communications, 2015, 73(11): 3-5.

第 5 章　多目标探测的距离信息和散射信息

本章论述多目标雷达探测系统的距离信息和散射信息 [1]，首先，推导多目标的距离信息理论表达式，结合复高斯散射目标的 CRB 说明距离信息对参数估计的指导作用。然后，推导已知距离条件下散射信息的理论表达式，得到两目标散射信息的闭合表达式。分辨率是雷达系统的重要性能指标，本章从信息论 [2] 角度给出距离分辨率新定义。不同于传统分辨率，新的距离分辨率不仅与带宽有关，而且随 SNR 的增加而下降。

5.1　多目标空间信息

5.1.1　多目标系统模型

假设在观测区间内存在 L 个目标，目标间相互独立，目标的位置和散射信号也相互独立。将接收信号变频到基带，并通过带宽为 $B/2$ 的理想低通滤波器，则接收信号 [3] 为

$$z(t)=\sum_{l=1}^{L}s_l\psi(t-\tau_l)+w(t) \tag{5.1}$$

式中，$\psi(t)$ 表示发送的基带信号；$s_l=\alpha_l\mathrm{e}^{\mathrm{j}\varphi_l}$ 为第 l 个目标的散射系数；$\varphi_l=-2\pi f_c\tau_l+\varphi_{l0}$ 是第 l 个目标的散射相位；$\tau_l=2d_l/v$ 表示第 l 个目标的时延，其中 d_l 表示第 l 个目标和接收机的距离，v 表示信号传播速度；$w(t)$ 是带宽为 $B/2$、均值为零的复高斯噪声，实部和虚部的功率谱密度均为 $N_0/2$。

仍以 $\mathrm{sinc}(Bt)$ 为基带信号，假设信号能量几乎全部在观测区间内，根据 Shannon-Nyquist 采样定理 [4]，以速率 B 对信号 $z(t)$ 进行采样，得到式 (5.1) 的离散形式：

$$z\left(\frac{n}{B}\right)=\sum_{l=1}^{L}s_l\psi\left(\frac{n-B\tau_l}{B}\right)+w\left(\frac{n}{B}\right),\quad n=-\frac{N}{2},\cdots,\frac{N}{2}-1 \tag{5.2}$$

式中，$N=TB$ 为时间带宽积 (TBP)。令 $x_l=B\tau_l$，表示目标的归一化延迟，进而可以得到 $z(t)$ 的离散采样信号

$$z(n)=\sum_{l=1}^{L}s_l\psi(n-x_l)+w(n),\quad n=-\frac{N}{2},\cdots,\frac{N}{2}-1 \tag{5.3}$$

为了描述方便，将式 (5.3) 写成矢量形式：

$$\boldsymbol{z} = \boldsymbol{U}(\boldsymbol{x})\,\boldsymbol{s} + \boldsymbol{w} \tag{5.4}$$

式中，$\boldsymbol{z} = [z(-N/2), \cdots, z(N/2-1)]^{\mathrm{T}}$ 表示离散接收信号；$\boldsymbol{s} = [s_1, \cdots, s_L]^{\mathrm{T}}$ 表示目标散射矢量；$\boldsymbol{U}(\boldsymbol{x}) = [\boldsymbol{u}_1(\boldsymbol{x}), \cdots, \boldsymbol{u}_L(\boldsymbol{x})]^{\mathrm{T}}$ 表示由发射信号波形和目标时延确定的位置矩阵,其第 l 列矢量 $\boldsymbol{u}_l(\boldsymbol{x}) = [\mathrm{sinc}(-N/2 - x_l), \cdots, z(N/2-1-x_l)]^{\mathrm{T}}$ 是经过第 l 个目标时延后的回波；$\boldsymbol{w} = [w(-N/2), \cdots, w(N/2-1)]^{\mathrm{T}}$ 表示噪声矢量。

5.1.2 多目标空间信息的定义

我们从统计的观点处理系统方程，令 $\boldsymbol{X}$ 和 $\boldsymbol{S}$ 分别表示多目标的随机距离矢量和散射矢量，$\boldsymbol{Z}$ 和 $\boldsymbol{W}$ 分别表示随机接收信号矢量和噪声矢量。由式 (5.3) 可得给定 $\boldsymbol{X}$ 和 $\boldsymbol{S}$ 时 $\boldsymbol{Z}$ 的条件多维 PDF：[5,6]

$$p(\boldsymbol{z}\,|\boldsymbol{x}, s) = \left(\frac{1}{\pi N_0}\right)^N \exp\left[-\frac{1}{N_0}\sum_{n=-N/2}^{N/2-1}\left|z(n) - \sum_{l=1}^{L} s_l \psi(n - x_l)\right|^2\right] \tag{5.5}$$

将接收信号写成矢量形式可得

$$\begin{aligned} p(\boldsymbol{z}\,|\boldsymbol{x}, \boldsymbol{s}) &= \left(\frac{1}{\pi N_0}\right)^N \exp\left\{-\frac{1}{N_0}[\boldsymbol{z} - \boldsymbol{U}(\boldsymbol{x})\,\boldsymbol{s}]^{\mathrm{H}}[\boldsymbol{z} - \boldsymbol{U}(\boldsymbol{x})\,\boldsymbol{s}]\right\} \\ &= \left(\frac{1}{\pi N_0}\right)^N \exp\left(-\frac{1}{N_0}\left\{\boldsymbol{z}^{\mathrm{H}}\boldsymbol{z} - 2\Re\left[\boldsymbol{s}^{\mathrm{H}}\boldsymbol{U}^{\mathrm{H}}(\boldsymbol{x})\,\boldsymbol{z}\right] + \boldsymbol{s}^{\mathrm{H}}\boldsymbol{U}^{\mathrm{H}}(\boldsymbol{x})\,\boldsymbol{U}(\boldsymbol{x})\,\boldsymbol{s}\right\}\right) \end{aligned} \tag{5.6}$$

从通信的观点看，式 (5.6) 定义了一个多符号传输信道，其调制方式为幅度、相位和时延联合调制，不同之处在于，符号之间不是等间隔的，存在符号间干扰。

定义 5.1【多目标空间信息】　设多目标距离的 PDF 为 $p(\boldsymbol{x})$，散射信号的 PDF 为 $p(\boldsymbol{s})$，那么，多目标的空间信息定义为

$$I(\boldsymbol{Z}; \boldsymbol{X}, \boldsymbol{S}) = E\left[\log\frac{p(\boldsymbol{z}|\boldsymbol{x}, \boldsymbol{s})}{p(\boldsymbol{z})}\right] \tag{5.7}$$

可以证明空间信息是多目标的距离信息 $I(\boldsymbol{Z}; \boldsymbol{X})$ 与已知距离的条件散射信息 $I(\boldsymbol{Z}; \boldsymbol{S}\,|\boldsymbol{X})$ 之和 [7,8]。

$$\begin{aligned} I(\boldsymbol{Z}; \boldsymbol{X}, \boldsymbol{S}) &= E\left[\log\frac{p(\boldsymbol{z}|\boldsymbol{x}, \boldsymbol{s})}{p(\boldsymbol{z})}\right] \\ &= E\left[\log\frac{p(\boldsymbol{z}|\boldsymbol{x}, \boldsymbol{s})}{p(\boldsymbol{z}|\boldsymbol{x})}\frac{p(\boldsymbol{z}|\boldsymbol{x})}{p(\boldsymbol{z})}\right] \end{aligned}$$

$$
\begin{aligned}
&= E\left[\log\frac{p(\boldsymbol{z}|\boldsymbol{x})}{p(\boldsymbol{z})}\right] + E\left[\log\frac{p(\boldsymbol{z}|\boldsymbol{x},\boldsymbol{s})}{p(\boldsymbol{z}|\boldsymbol{x})}\right] \\
&= I(\boldsymbol{Z};\boldsymbol{X}) + I(\boldsymbol{Z};\boldsymbol{S}\,|\boldsymbol{X}\,)
\end{aligned}
\tag{5.8}
$$

从式 (5.8) 也可以看出，多目标空间信息的计算同样可以分为两个步骤：第一步，确定目标的距离信息 $I(\boldsymbol{Z};\boldsymbol{X})$；第二步，确定已知目标距离的条件散射信息 $I(\boldsymbol{Z};\boldsymbol{S}\,|\boldsymbol{X}\,)$。

5.2 多目标距离信息的计算

本节推导多目标的距离信息 $I(\boldsymbol{Z};\boldsymbol{X})$ 的理论表达式，由式 (2.42) 可得

$$
I(\boldsymbol{Z};\boldsymbol{X}) = h(\boldsymbol{X}) - h(\boldsymbol{X}\,|\boldsymbol{Z}\,) \tag{5.9}
$$

式中，$h(\boldsymbol{X})$ 是目标距离的先验微分熵；$h(\boldsymbol{X}|\boldsymbol{Z})$ 是已知接收信号条件下目标距离的后验微分熵。下面分别讨论恒模散射目标和复高斯散射目标两种情况。

5.2.1 恒模散射多目标的距离信息

参考单目标距离信息的推导过程 [9–11]，假设目标在检测范围内均匀分布，则 $\boldsymbol{X}$ 的先验概率分布为 $p(\boldsymbol{x}) = (1/N)^L$，目标距离的先验微分熵为

$$
h(\boldsymbol{X}) = L\log N \tag{5.10}
$$

由式 (5.6) 可得给定 $\boldsymbol{S}$ 时，$\boldsymbol{X}$ 和 $\boldsymbol{Z}$ 的联合 PDF 为

$$
p(\boldsymbol{z},\boldsymbol{x}\,|\boldsymbol{s}\,) = p(\boldsymbol{z}\,|\boldsymbol{x},s\,)\,p(\boldsymbol{x}) \tag{5.11}
$$

当目标的散射系数为常数时，$\boldsymbol{X}$ 和 $\boldsymbol{Z}$ 的联合 PDF 为

$$
p(\boldsymbol{z},\boldsymbol{x}) = \oint p(\boldsymbol{z},\boldsymbol{x}\,|\boldsymbol{\varphi}\,)\,p(\boldsymbol{\varphi})\,\mathrm{d}\boldsymbol{\varphi} \tag{5.12}
$$

式中，$p(\boldsymbol{\varphi}) = \prod_{l=1}^{L} p(\varphi_l) = (1/2\pi)^L$。于是给定 $\boldsymbol{Z}$ 时，$\boldsymbol{X}$ 的后验 PDF 为

$$
p(\boldsymbol{x}\,|\boldsymbol{z}\,) = \frac{\oint p(\boldsymbol{z},\boldsymbol{x}\,|\boldsymbol{\varphi}\,)\,p(\boldsymbol{\varphi})\,\mathrm{d}\boldsymbol{\varphi}}{\int_{-N/2}^{N/2-1}\oint p(\boldsymbol{z},\boldsymbol{x}\,|\boldsymbol{\varphi}\,)\,p(\boldsymbol{\varphi})\,\mathrm{d}\boldsymbol{\varphi}\mathrm{d}\boldsymbol{x}} \tag{5.13}
$$

约去分式中与 $\boldsymbol{x}$ 无关项，可得

$$
p(\boldsymbol{z},\boldsymbol{x}\,|\boldsymbol{\varphi}\,) \propto g(\boldsymbol{z},\boldsymbol{x},\boldsymbol{\varphi}) = \exp\left\{\frac{2}{N_0}\Re\left[\boldsymbol{s}^{\mathrm{H}}\boldsymbol{U}^{\mathrm{H}}(\boldsymbol{x})\boldsymbol{z}\right]\right\}\exp\left[-\frac{1}{N_0}\boldsymbol{s}^{\mathrm{H}}\boldsymbol{U}^{\mathrm{H}}(\boldsymbol{x})\boldsymbol{U}(\boldsymbol{x})\boldsymbol{s}\right] \tag{5.14}
$$

于是式 (5.13) 可改写为

$$p(\boldsymbol{x}\,|\boldsymbol{z}\,) = \frac{\oint g(\boldsymbol{z},\boldsymbol{x},\boldsymbol{\varphi})\,\mathrm{d}\boldsymbol{\varphi}}{\int_{-N/2}^{N/2-1}\oint g(\boldsymbol{z},\boldsymbol{x},\boldsymbol{\varphi})\,\mathrm{d}\boldsymbol{\varphi}\mathrm{d}\boldsymbol{x}} \tag{5.15}$$

则已知接收信号条件下目标距离的后验微分熵 $h(\boldsymbol{X}|\boldsymbol{Z})$ 为

$$h(\boldsymbol{X}|\boldsymbol{Z}) = -E\left[\int_{-TB/2}^{TB/2} p(\boldsymbol{x}\,|\boldsymbol{z}\,)\log p(\boldsymbol{x}\,|\boldsymbol{z}\,)\,\mathrm{d}\boldsymbol{x}\right] \tag{5.16}$$

将式 (5.10) 与式 (5.16) 代入式 (5.9) 可得

$$I(\boldsymbol{Z};\boldsymbol{X}) = L\log N + E\left[\int_{-TB/2}^{TB/2} p(\boldsymbol{x}\,|\boldsymbol{z}\,)\log p(\boldsymbol{x}\,|\boldsymbol{z}\,)\,\mathrm{d}\boldsymbol{x}\right] \tag{5.17}$$

5.2.2 恒模散射多目标的距离信息上界

显然式 (5.17) 很难计算得到闭合表达式，在这一节中我们将在目标之间距离较大的条件下计算多目标的距离信息上界。

首先

$$\boldsymbol{U}^{\mathrm{H}}(\boldsymbol{x})\boldsymbol{U}(\boldsymbol{x}) = \begin{bmatrix} \boldsymbol{u}^{\mathrm{H}}(x_1)\boldsymbol{u}(x_1) & \boldsymbol{u}^{\mathrm{H}}(x_1)\boldsymbol{u}(x_2) & \cdots & \boldsymbol{u}^{\mathrm{H}}(x_1)\boldsymbol{u}(x_L) \\ \boldsymbol{u}^{\mathrm{H}}(x_2)\boldsymbol{u}(x_1) & \boldsymbol{u}^{\mathrm{H}}(x_2)\boldsymbol{u}(x_2) & \cdots & \boldsymbol{u}^{\mathrm{H}}(x_2)\boldsymbol{u}(x_L) \\ \vdots & \vdots & & \vdots \\ \boldsymbol{u}^{\mathrm{H}}(x_L)\boldsymbol{u}(x_1) & \boldsymbol{u}^{\mathrm{H}}(x_L)\boldsymbol{u}(x_2) & \cdots & \boldsymbol{u}^{\mathrm{H}}(x_L)\boldsymbol{u}(x_L) \end{bmatrix} \tag{5.18}$$

式中

$$\boldsymbol{u}^{\mathrm{H}}(x_i)\boldsymbol{u}(x_j) = \mathrm{sinc}(x_i - x_j) \tag{5.19}$$

同单目标的情况类似，在高 SNR 情况下，多目标距离的后验概率分布呈现以目标实际距离 $\boldsymbol{x}_0$ 为中心的多维高斯分布。利用高斯分布的特点，我们在 $\boldsymbol{x}_0$ 的邻域内进行计算。此时由于各个目标的实际距离足够远，利用 sinc 函数的性质，在 $\boldsymbol{x}_0$ 的邻域内 $\mathrm{sinc}(x_i - x_j) \ll 1\ (i \neq j)$，因此

$$\boldsymbol{U}^{\mathrm{H}}(\boldsymbol{x})\boldsymbol{U}(\boldsymbol{x}) \approx \boldsymbol{I} \tag{5.20}$$

$$\exp\left(-\frac{1}{N_0}\boldsymbol{s}^{\mathrm{H}}\boldsymbol{U}^{\mathrm{H}}(\boldsymbol{x})\boldsymbol{U}(\boldsymbol{x})\boldsymbol{s}\right) \approx \exp\left(-\frac{1}{N_0}\boldsymbol{s}^{\mathrm{H}}\boldsymbol{s}\right) = \exp\left(-\frac{1}{N_0}\sum_{l=1}^{L}\alpha_l^2\right) \tag{5.21}$$

将式 (5.21) 代入式 (5.14) 可得

$$g(\boldsymbol{z},\boldsymbol{x},\boldsymbol{\varphi}) \propto \exp\left\{\frac{2}{N_0}\Re\left[\boldsymbol{s}^{\mathrm{H}}\boldsymbol{U}^{\mathrm{H}}(\boldsymbol{x})\boldsymbol{z}\right]\right\} \tag{5.22}$$

考虑实际的接收信号，我们有

$$\boldsymbol{z}_0 = \boldsymbol{U}(\boldsymbol{x}_0)\boldsymbol{s}_0 + \boldsymbol{w}_0 \tag{5.23}$$

式中，$\boldsymbol{x}_0$ 是目标实际位置；$\boldsymbol{s}_0 = [\alpha_1 \mathrm{e}^{\mathrm{j}\varphi_{10}},\cdots,\alpha_L \mathrm{e}^{\mathrm{j}\varphi_{L0}}]^{\mathrm{T}}$；$\boldsymbol{w}_0 = [w_1,\cdots,w_L]^{\mathrm{T}}$。将实际接收信号代入可得

$$\boldsymbol{s}^{\mathrm{H}}\boldsymbol{U}^{\mathrm{H}}(\boldsymbol{x})\boldsymbol{z} = \boldsymbol{s}^{\mathrm{H}}\boldsymbol{U}^{\mathrm{H}}(\boldsymbol{x})\boldsymbol{U}(\boldsymbol{x}_0)\boldsymbol{s}_0 + \boldsymbol{s}^{\mathrm{H}}\boldsymbol{U}^{\mathrm{H}}(\boldsymbol{x})\boldsymbol{w}_0 \tag{5.24}$$

同式 (5.20)，$\boldsymbol{U}^{\mathrm{H}}(\boldsymbol{x})\boldsymbol{U}(\boldsymbol{x})$ 在 $\boldsymbol{x}_0$ 的邻域内，第 l 行只剩 $\boldsymbol{u}^{\mathrm{H}}(x_l)\boldsymbol{u}(x_l)$，其他项都近似为零，可表示为

$$\boldsymbol{U}^{\mathrm{H}}(\boldsymbol{x})\boldsymbol{U}(\boldsymbol{x}_0) \approx \boldsymbol{U}^{\mathrm{H}}(\boldsymbol{x})\boldsymbol{U}(\boldsymbol{x}_0) \oplus \boldsymbol{I} \tag{5.25}$$

式中，$\oplus$ 是 Hadamard 积。于是

$$\begin{aligned}
&\oint \exp\left\{\frac{2}{N_0}\Re\left[\boldsymbol{s}^{\mathrm{H}}\boldsymbol{U}^{\mathrm{H}}(\boldsymbol{x})\boldsymbol{z}\right]\right\}\mathrm{d}\boldsymbol{\varphi}\\
\approx&\oint \exp\left\{\frac{2}{N_0}\Re\left[\boldsymbol{s}^{\mathrm{H}}\boldsymbol{U}^{\mathrm{H}}(\boldsymbol{x})\boldsymbol{U}(\boldsymbol{x}_0)\boldsymbol{s}_0 + \boldsymbol{s}^{\mathrm{H}}\boldsymbol{U}^{\mathrm{H}}(\boldsymbol{x})\boldsymbol{w}_0\right]\right\}\mathrm{d}\boldsymbol{\varphi}\\
\approx&\int_0^{2\pi}\cdots\int_0^{2\pi}\exp\left(\frac{2}{N_0}\Re\left\{\sum_{l=1}^{L}\alpha \mathrm{e}^{\mathrm{j}\varphi_l}\left[\alpha \mathrm{e}^{\mathrm{j}\varphi_{l0}}\operatorname{sinc}(x_l - x_{l0}) + w(x_l)\right]\right\}\right)\mathrm{d}\varphi_1\cdots\mathrm{d}\varphi_L\\
\approx&\prod_{l=1}^{L}\int_0^{2\pi}\exp\left(\frac{2\alpha^2}{N_0}\Re\left\{\sum_{l=1}^{L}\mathrm{e}^{\mathrm{j}\varphi_l'}\left[\operatorname{sinc}(x_l - x_{l0}) + \frac{1}{\alpha}w'(x_l)\right]\right\}\right)\mathrm{d}\varphi_l'
\end{aligned} \tag{5.26}$$

式中，$w'(x_l) = w(x_l)\mathrm{e}^{-\mathrm{j}\varphi_{l0}}$；$\varphi_l' = \varphi_l - \varphi_{l0}$，并假设所有目标的模 $\alpha_l = \alpha$。进一步地，同式 (4.20)，利用贝塞尔函数 [12] 有

$$\oint \exp\left\{\frac{2}{N_0}\Re\left[\boldsymbol{s}^{\mathrm{H}}\boldsymbol{U}^{\mathrm{H}}(\boldsymbol{x})\boldsymbol{z}\right]\right\}\mathrm{d}\boldsymbol{\varphi} = \prod_{l=1}^{L}2\pi I_0\left[\frac{2\alpha^2}{N_0}\left|\operatorname{sinc}(x_l - x_{l0}) + \frac{1}{\alpha}w(x_l)\right|\right] \tag{5.27}$$

将式 (5.27) 代入式 (5.15) 可得

$$p(\boldsymbol{x}\,|\boldsymbol{z}) = \frac{\displaystyle\prod_{l=1}^{L}I_0\left[\frac{2\alpha^2}{N_0}\left|\operatorname{sinc}(x_l - x_{l0}) + \frac{1}{\alpha}w(x_l)\right|\right]}{\displaystyle\int_{-N/2}^{N/2-1}\prod_{l=1}^{L}I_0\left[\frac{2\alpha^2}{N_0}\left|\operatorname{sinc}(x_l - x_{l0}) + \frac{1}{\alpha}w(x_l)\right|\right]\mathrm{d}\boldsymbol{x}} \tag{5.28}$$

在 $\boldsymbol{x}_0$ 的邻域内，同单目标距离信息上界的推导过程，有

$$
\begin{aligned}
p(\boldsymbol{x}\,|\boldsymbol{z}) &\approx \prod_{l=1}^{L} \frac{1}{\sqrt{2\pi\sigma_l^2}} \exp\left[-\frac{(x_l - x_{l0})^2}{2\sigma_l^2}\right] \\
&= \frac{1}{\sqrt{(2\pi)^L |\boldsymbol{C}_{\boldsymbol{x}}|}} \exp\left[-\frac{1}{2}(\boldsymbol{x}-\boldsymbol{x}_0)^{\mathrm{H}} \boldsymbol{C}_{\boldsymbol{x}}^{-1} (\boldsymbol{x}-\boldsymbol{x}_0)\right]
\end{aligned}
\tag{5.29}
$$

式中 $\sigma_l^2 = (\rho^2\beta^2)^{-1}$，

$$
\boldsymbol{C}_{\boldsymbol{x}} = \begin{bmatrix} \sigma_1^2 & & \\ & \ddots & \\ & & \sigma_L^2 \end{bmatrix} \tag{5.30}
$$

是 L 维高斯分布的协方差矩阵。

至此我们已经得到 $p(\boldsymbol{x}\,|\boldsymbol{z})$ 在 $\boldsymbol{x}_0$ 的邻域内的近似表达式，但当我们观察用式 (5.15) 数值计算获得的 $p(\boldsymbol{x}\,|\boldsymbol{z})$ 时，发现当目标实际距离为 $\boldsymbol{x}_0 = [x_{10}, x_{20}]^{\mathrm{T}}$ 时，如图 5.1 所示，$p(\boldsymbol{x}\,|\boldsymbol{z})$ 会呈现两个峰，峰值分别落在 $\boldsymbol{x} = [x_{10}, x_{20}]^{\mathrm{T}}$ 和 $\boldsymbol{x} = [x_{20}, x_{10}]^{\mathrm{T}}$。于是，我们猜想 $p(\boldsymbol{x}\,|\boldsymbol{z})$ 在 $\boldsymbol{x}_0$ 的不同排列处都将呈现一个峰值。

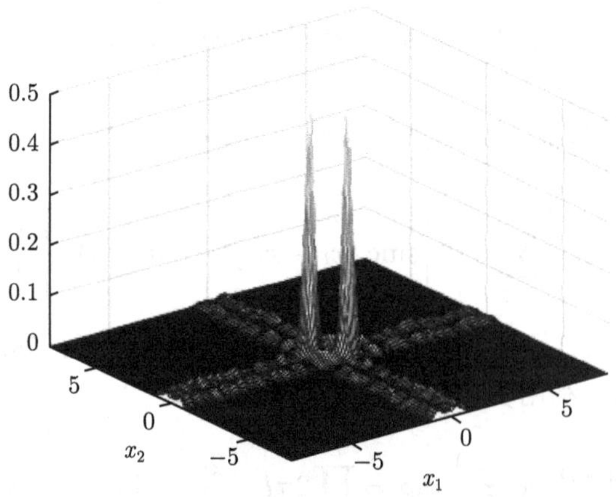

图 5.1　恒模散射两目标距离后验概率分布

为了方便后面的推导，这里引入置换矩阵。令 π_k 表示 $[1, \cdots, L]$ 的一种排列，显然这样的排列有 $L!$ 种，它的映射关系如下：

$$
\begin{pmatrix} 1 & 2 & \cdots & L \\ \pi_k(1) & \pi_k(2) & \cdots & \pi_k(L) \end{pmatrix} \tag{5.31}
$$

式中，$k=1,2,\cdots,L!$，π_k 对应的置换矩阵如下：

$$\boldsymbol{P}_{\pi_k}=\begin{bmatrix} e_{\pi_k(1)} \\ e_{\pi_k(2)} \\ \vdots \\ e_{\pi_k(L)} \end{bmatrix} \tag{5.32}$$

它的第 l 行只有第 $\pi_k(l)$ 个元素为 1，其他均为 0，即置换矩阵可由单位矩阵作行置换得到。于是 $\boldsymbol{x}_0$ 的排列可以表示为 $\boldsymbol{P}_{\pi_k}\boldsymbol{x}_0$。

当 $\boldsymbol{x}$ 在 $\boldsymbol{P}_{\pi_k}\boldsymbol{x}_0$ 的邻域中时，

$$\boldsymbol{U}^{\mathrm{H}}(\boldsymbol{x})\boldsymbol{U}(\boldsymbol{x}_0)\approx\boldsymbol{U}^{\mathrm{H}}(\boldsymbol{x})\boldsymbol{U}(\boldsymbol{P}_{\pi_k}\boldsymbol{x}_0)\oplus I \tag{5.33}$$

接下来的推导同式 (5.26)∼ 式 (5.29) 的过程，于是有

$$p(\boldsymbol{x}\,|\boldsymbol{z})\approx\frac{1}{\sqrt{(2\pi)^L\left|\boldsymbol{C}_{\boldsymbol{x}_k}\right|}}\exp\left[-\frac{1}{2}(\boldsymbol{x}-\boldsymbol{x}_0)^{\mathrm{H}}\boldsymbol{C}_{\boldsymbol{x}_k}^{-1}(\boldsymbol{x}-\boldsymbol{x}_0)\right] \tag{5.34}$$

式中

$$\boldsymbol{C}_{\boldsymbol{x}_k}=\begin{bmatrix} \sigma_{\pi_k(1)}^2 & & \\ & \ddots & \\ & & \sigma_{\pi_k(L)}^2 \end{bmatrix} \tag{5.35}$$

当目标数为 L 时，$\boldsymbol{x}_0$ 的不同排列共有 $L!$ 种，在每个 $\boldsymbol{P}_{\pi_k}\boldsymbol{x}_0$ 的邻域内，$p(\boldsymbol{x}\,|\boldsymbol{z})$ 都呈现同式 (5.34) 的 L 维高斯分布，当目标的散射系数的模相同时，这样的 $L!$ 个峰在各自邻域内的分布都相同。当目标之间距离足够远，各个峰之间互不干扰，我们将 $\boldsymbol{x}$ 积分区域划分成各自以 $\boldsymbol{P}_{\pi_k}\boldsymbol{x}_0$ 为中心的均匀的 $L!$ 个区域，那么 $h(\boldsymbol{X}\,|\boldsymbol{Z})$ 可以近似为

$$\begin{aligned} h(\boldsymbol{X}\,|\boldsymbol{Z}) &\approx\sum_{k=1}^{L!}\left[-\int_{\boldsymbol{U}(\boldsymbol{P}_{\pi_k}\boldsymbol{x}_0)}\frac{1}{L!}p(\boldsymbol{x}\,|\boldsymbol{z})\log\frac{1}{L!}p(\boldsymbol{x}\,|\boldsymbol{z})\,\mathrm{d}\boldsymbol{x}\right] \\ &\approx L!\left[-\frac{1}{L!}\int_{\boldsymbol{U}}p(\boldsymbol{x}\,|\boldsymbol{z})\log\frac{1}{L!}\mathrm{d}\boldsymbol{x}-\frac{1}{L!}\int_{\boldsymbol{U}}p(\boldsymbol{x}\,|\boldsymbol{z})\log p(\boldsymbol{x}\,|\boldsymbol{z})\,\mathrm{d}\boldsymbol{x}\right] \\ &=\log L!-\int_{\boldsymbol{U}}p(\boldsymbol{x}\,|\boldsymbol{z})\log p(\boldsymbol{x}\,|\boldsymbol{z})\,\mathrm{d}\boldsymbol{x} \end{aligned} \tag{5.36}$$

式中

$$-\int_{\boldsymbol{U}}p(\boldsymbol{x}\,|\boldsymbol{z})\log p(\boldsymbol{x}\,|\boldsymbol{z})\,\mathrm{d}\boldsymbol{x}=\frac{L}{2}\log(2\pi\mathrm{e})+\frac{1}{2}\log\left|\boldsymbol{C}_{\boldsymbol{x}_k}\right|$$

$$= \frac{L}{2} \log \frac{6\pi\mathrm{e}}{\rho^2\pi^2} \tag{5.37}$$

将以上结果代入式 (5.17) 即可得到恒模散射多目标的距离信息上界。

定理 5.1　恒模散射多目标的距离信息上界为

$$\begin{aligned} I(\boldsymbol{Z};\boldsymbol{X}) &= L\log TB - \frac{L}{2}\log\frac{6\pi\mathrm{e}}{\rho^2\pi^2} - \log L! \\ &= L\log\frac{T\beta\rho}{\sqrt{2\pi\mathrm{e}}} - \log L! \end{aligned} \tag{5.38}$$

由式 (5.38) 可知，恒模散射 L 目标的距离信息上界为单目标距离信息上界的 L 倍再减去由目标次序不确定性带来的信息量缺失 $\log L!$。

5.2.3 复高斯散射多目标的距离信息

考虑复高斯散射信号，这时接收信号 $\boldsymbol{Z}$ 也是复高斯的，其协方差矩阵 $\boldsymbol{R}$ 为 [5]

$$\boldsymbol{R} = E_{\boldsymbol{S},\boldsymbol{W}}\left[\boldsymbol{z}\boldsymbol{z}^{\mathrm{H}}\right] \tag{5.39}$$

将 $\boldsymbol{z} = \boldsymbol{U}(\boldsymbol{x})\boldsymbol{s} + \boldsymbol{w}$ 代入上式可得

$$\begin{aligned} \boldsymbol{R} &= E\left[(\boldsymbol{U}(\boldsymbol{x})\boldsymbol{s}+\boldsymbol{w})(\boldsymbol{U}(\boldsymbol{x})\boldsymbol{s}+\boldsymbol{w})^{\mathrm{H}}\right] \\ &= \boldsymbol{U}(\boldsymbol{x})E\left[\boldsymbol{s}\boldsymbol{s}^{\mathrm{H}}\right]\boldsymbol{U}^{\mathrm{H}}(\boldsymbol{x}) + E\left[\boldsymbol{w}\boldsymbol{w}^{\mathrm{H}}\right] \\ &= N_0\left[\sum_{l=1}^{L}\frac{\rho_l^2}{2}\boldsymbol{u}_l(\boldsymbol{x})\boldsymbol{u}_l^{\mathrm{H}}(\boldsymbol{x}) + \boldsymbol{I}\right] \end{aligned} \tag{5.40}$$

式中，$\rho_l^2 = 2E\left[|s_l|^2\right]/N_0$ 表示第 l 个目标的平均 SNR。给定 $\boldsymbol{X}$ 时 $\boldsymbol{Z}$ 的条件 PDF 为

$$p(\boldsymbol{z}\,|\boldsymbol{x}) = \frac{1}{\pi^N|\boldsymbol{R}|}\exp\left(-\boldsymbol{z}^{\mathrm{H}}\boldsymbol{R}^{-1}\boldsymbol{z}\right) \tag{5.41}$$

设多个目标的平均 SNR 相同，即

$$\boldsymbol{R} = N_0\left[\boldsymbol{I} + \rho^2\boldsymbol{U}(\boldsymbol{x})\boldsymbol{U}^{\mathrm{H}}(\boldsymbol{x})\right] \tag{5.42}$$

由矩阵求逆公式

$$(\boldsymbol{I}+\boldsymbol{U}\boldsymbol{V})^{-1} = \boldsymbol{I} - \boldsymbol{U}(\boldsymbol{I}+\boldsymbol{V}\boldsymbol{U})^{-1}\boldsymbol{V} \tag{5.43}$$

则协方差矩阵的逆矩阵为

$$\boldsymbol{R}^{-1} = \frac{1}{N_0^N}\left[\boldsymbol{I} + \rho^2\boldsymbol{U}(\boldsymbol{x})\boldsymbol{U}^{\mathrm{H}}(\boldsymbol{x})\right]^{-1}$$

$$= \frac{1}{N_0^N}\rho^2 \boldsymbol{U}(\boldsymbol{x})\left[\boldsymbol{I}+\rho^2\boldsymbol{U}^{\mathrm{H}}(\boldsymbol{x})\boldsymbol{U}(\boldsymbol{x})\right]^{-1}\boldsymbol{U}^{\mathrm{H}}(\boldsymbol{x}) \tag{5.44}$$

式中

$$\boldsymbol{U}^{\mathrm{H}}(\boldsymbol{x})\boldsymbol{U}(\boldsymbol{x}) = \begin{bmatrix} \cdots & \cdots & \cdots \\ \vdots & \operatorname{sinc}(x_i - x_j) & \vdots \\ \cdots & \cdots & \cdots \end{bmatrix} \tag{5.45}$$

为对称矩阵。将逆矩阵表达式代入似然函数得

$$p(\boldsymbol{z}\,|\boldsymbol{x}) = \frac{1}{\pi^N|\boldsymbol{R}|}\exp\left\{-\frac{1}{N_0}\rho^2\boldsymbol{v}^{\mathrm{H}}(\boldsymbol{x})\left[I+\rho^2\boldsymbol{U}^{\mathrm{H}}(\boldsymbol{x})\boldsymbol{U}(\boldsymbol{x})\right]^{-1}\boldsymbol{v}(\boldsymbol{x})\right\} \tag{5.46}$$

式中，$\boldsymbol{v}(\boldsymbol{x}) = \boldsymbol{U}^{\mathrm{H}}(\boldsymbol{x})\boldsymbol{z}$ 表示接收信号通过多目标匹配滤波器的输出矢量。

令 $\hat{\boldsymbol{x}}_{\mathrm{ML}}$ 表示多目标距离矢量的最大似然估计，那么

$$\hat{\boldsymbol{x}}_{\mathrm{ML}} = \arg\max_{\boldsymbol{x}}\left(\frac{1}{\pi^N|\boldsymbol{R}|}\exp\left\{-\frac{1}{N_0}\rho^2\boldsymbol{v}^{\mathrm{H}}(\boldsymbol{x})\left[\boldsymbol{I}+\rho^2\boldsymbol{U}^{\mathrm{H}}(\boldsymbol{x})\boldsymbol{U}(\boldsymbol{x})\right]^{-1}\boldsymbol{v}(\boldsymbol{x})\right\}\right) \tag{5.47}$$

或采用对数似然函数

$$\hat{\boldsymbol{x}}_{\mathrm{ML}} = \arg\max_{\boldsymbol{x}}\left\{-\frac{1}{N_0}\rho^2\boldsymbol{v}^{\mathrm{H}}(\boldsymbol{x})\left[I+\rho^2\boldsymbol{U}^{\mathrm{H}}(\boldsymbol{x})\boldsymbol{U}(\boldsymbol{x})\right]^{-1}\boldsymbol{v}(\boldsymbol{x}) - \ln|\boldsymbol{R}|\right\} \tag{5.48}$$

式 (5.48) 表明，在多目标情况下，多目标最大似然估计的判决统计量仍然是在多维匹配滤波器基础上形成的，但是，一般不再是多维匹配滤波器的直接输出。

令 $\boldsymbol{x}_0$ 为目标的实际距离矢量，$\hat{\boldsymbol{x}}_0$ 表示 $\boldsymbol{x}_0$ 的邻域，假设多目标满足稀疏条件，即 $|x_{0i}-x_{0j}|\gg 1, i\neq j$，那么，$\forall \boldsymbol{x}\in\hat{\boldsymbol{x}}_0, \boldsymbol{U}^{\mathrm{H}}(\boldsymbol{x})\boldsymbol{U}(\boldsymbol{x})\approx\boldsymbol{I}$，而行列式

$$\begin{aligned}|\boldsymbol{R}| &= \left|N_0\left[\boldsymbol{I}+\rho^2\boldsymbol{U}(\boldsymbol{x})\boldsymbol{U}^{\mathrm{H}}(\boldsymbol{x})\right]\right| \\ &= N_0^N\left|\boldsymbol{I}+\rho^2\boldsymbol{U}^{\mathrm{H}}(\boldsymbol{x})\boldsymbol{U}(\boldsymbol{x})\right| \\ &\approx N_0^N\left|\boldsymbol{I}+\rho^2\boldsymbol{I}\right| \\ &\approx N_0^N\left(1+\rho^2\right)^L\end{aligned} \tag{5.49}$$

的值近似为常数，那么

$$\begin{aligned}\hat{\boldsymbol{x}}_{\mathrm{ML}} &= \arg\max_{\boldsymbol{x}}\left\{-\frac{1}{N_0}\frac{\rho^2}{1+\rho^2}\boldsymbol{v}^{\mathrm{H}}(\boldsymbol{x})\boldsymbol{v}(\boldsymbol{x}) - \ln|\boldsymbol{R}|\right\} \\ &= \arg\max_{\boldsymbol{x}}\left\{-\frac{1}{N_0}\frac{\rho^2}{1+\rho^2}\|\boldsymbol{v}(\boldsymbol{x})\|^2\right\} \\ &= \arg\min_{\boldsymbol{x}}\left\{\|\boldsymbol{v}(\boldsymbol{x})\|^2\right\}\end{aligned} \tag{5.50}$$

式 (5.50) 表明，$\forall \boldsymbol{x} \in \hat{\boldsymbol{x}}_0$，稀疏目标最大似然估计判决统计量是多维匹配滤波器输出矢量的二阶范数。由于 $\boldsymbol{x}_0$ 必然是最大似然估计的最优解，因此，多维匹配滤波器也是最大似然估计器。

再求协方差矩阵的行列式，对矩阵 $\boldsymbol{U}(\boldsymbol{x})\boldsymbol{U}^{\mathrm{H}}(\boldsymbol{x})$ 进行特征值分解

$$\boldsymbol{U}(\boldsymbol{x})\boldsymbol{U}^{\mathrm{H}}(\boldsymbol{x}) = \boldsymbol{Q}^{\mathrm{H}}(\boldsymbol{x})\boldsymbol{\Lambda}(\boldsymbol{x})\boldsymbol{Q}(\boldsymbol{x}) \tag{5.51}$$

式中，$\boldsymbol{Q}(\boldsymbol{x})_{N\times N}$ 为正交矩阵，而特征值矩阵

$$\boldsymbol{\Lambda}(\boldsymbol{x}) = \begin{bmatrix} \lambda_1 & & & \\ & \ddots & & \\ & & \lambda_K & \\ & & & 0 \end{bmatrix} \tag{5.52}$$

的主对角线有 K 个非零特征值，其他 $\lambda_i = 0, i > K$，则

$$|\boldsymbol{R}| = \left|N_0\left[I + \rho^2\boldsymbol{U}(\boldsymbol{x})\boldsymbol{U}^{\mathrm{H}}(\boldsymbol{x})\right]\right| = N_0^N \prod_{k=1}^{K}\left(1+\rho^2\lambda_k\right) \tag{5.53}$$

设目标距离的先验分布为 $p(\boldsymbol{x})$，由贝叶斯公式得后验概率分布为

$$p(\boldsymbol{x}\,|\boldsymbol{z}) = \frac{\dfrac{1}{|\boldsymbol{R}|}p(\boldsymbol{x})\exp\left(-\boldsymbol{z}^{\mathrm{H}}\boldsymbol{R}^{-1}\boldsymbol{z}\right)}{\displaystyle\int_{-TB/2}^{TB/2}\cdots\int_{-TB/2}^{TB/2}\frac{1}{|\boldsymbol{R}|}p(\boldsymbol{x})\exp\left(-\boldsymbol{z}^{\mathrm{H}}\boldsymbol{R}^{-1}\boldsymbol{z}\right)\mathrm{d}x_1\cdots\mathrm{d}x_L} \tag{5.54}$$

式 (5.54) 的分母为归一化常数，先验分布的作用可看成一个多维权函数对似然函数加权。

令 $\hat{\boldsymbol{x}}_{\mathrm{MAP}}$ 表示目标距离的最大后验概率估计，那么

$$\hat{\boldsymbol{x}}_{\mathrm{MAP}} = \arg\max_{\boldsymbol{x}}\left\{\frac{1}{|\boldsymbol{R}|}p(\boldsymbol{x})\exp\left(-\boldsymbol{z}^{\mathrm{H}}\boldsymbol{R}^{-1}\boldsymbol{z}\right)\right\} \tag{5.55}$$

设目标的距离在观测区间内服从均匀分布，则已知接收信号时目标归一化距离的后验 PDF 为

$$p(\boldsymbol{x}\,|\boldsymbol{z}) = \frac{\dfrac{1}{|\boldsymbol{R}|}\exp\left(-\boldsymbol{z}^{\mathrm{H}}\boldsymbol{R}^{-1}\boldsymbol{z}\right)}{\displaystyle\int_{-TB/2}^{TB/2}\cdots\int_{-TB/2}^{TB/2}\frac{1}{|\boldsymbol{R}|}\exp\left(-\boldsymbol{z}^{\mathrm{H}}\boldsymbol{R}^{-1}\boldsymbol{z}\right)\mathrm{d}x_1\cdots\mathrm{d}x_L} \tag{5.56}$$

这时最大后验概率估计等价于最大似然估计。

评注： 多目标参数估计也是雷达信号处理的主题，本章推导出多目标最大似然估计和最大后验概率估计的闭合表达式，在雷达信号处理中有重要价值。另外，协方差矩阵在多目标参数估计中占有核心地位，如何充分利用统计信息对多目标参数估计的性能有很大影响。

多目标距离信息的计算十分复杂，目前尚无闭合表达式，但可通过计算机仿真得到数值结果。当散射系数为复高斯时，以两目标为例，设两目标功率均为 1，时间带宽积 $N = TB$ 分别取 16、32、64，观测区间为 $[-N/2, N/2)$，CAWGN 信道，仿真了两目标相距足够远时理论公式随 SNR 变化的联合距离信息量。从图 5.2 可以看出，在探测过程中，当 SNR 较小时，噪声干扰较大，获得的信息很小。随 SNR 增加，获得的信息量变大，且 N 越大，获得的信息量越多，验证了理论推导的正确性。

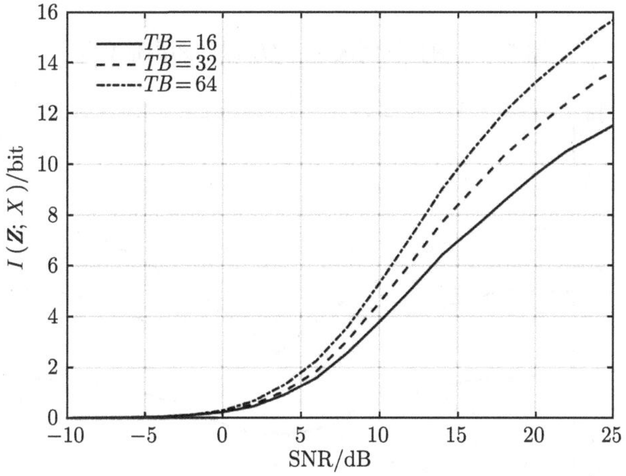

图 5.2　两目标间隔 $\gg 1/B$ 时的距离信息量

当两目标距离较近时，目标相互影响，获得的距离信息量较小。图 5.3 仿真了时间带宽积为 16，目标距离差分别为 0.4、0.6、0.8 时目标距离信息量随 SNR 的变化曲线。可以看出，两目标越靠近，两目标距离信息量越小。

SNR 分别取 15dB、20dB、25dB，仿真了不同 SNR 下复高斯散射系数两目标理论公式的联合距离信息量随距离差的变化。从图 5.4 可以看出，在探测过程中，联合距离信息随 SNR 增大而增大，当距离差较小时，目标相互干扰较大，获得的联合距离信息较小，在两目标重合时达到最小值。随距离差增大，获得的联合信息量变大，最后在两目标距离足够远时，目标互不干扰，获得的信息量趋于平稳。

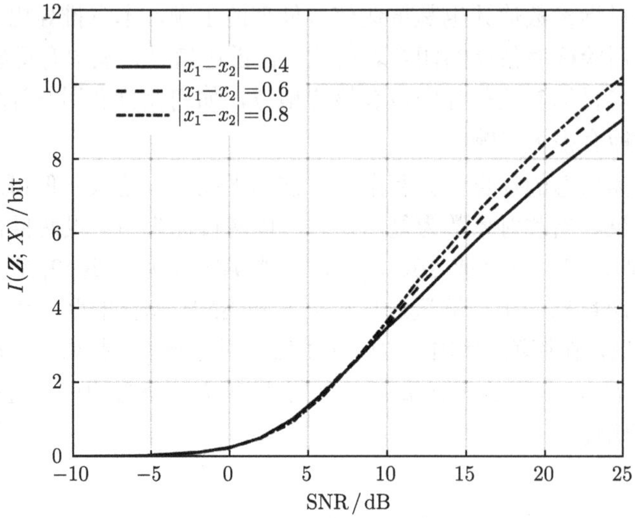

图 5.3　两目标间隔 $< 1/B$ 时的距离信息量

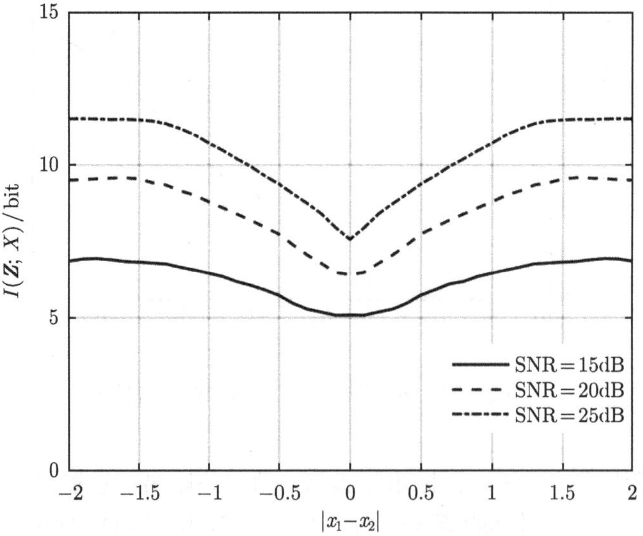

图 5.4　两目标距离信息与距离差的关系

5.2.4　复高斯散射多目标的克拉默–拉奥界

多参数估计时，参数矢量 $\boldsymbol{x}=[x_1,\cdots,x_L]^{\mathrm{T}}$ 的 CRB 允许每个元素的方差都有一个下界。此时的 Fisher 信息矩阵为 $L\times L$ 矩阵，定义为

$$[\boldsymbol{I}(\boldsymbol{x})]_{ij}=-E\left[\frac{\partial^2\ln[p(\boldsymbol{z}\,|\boldsymbol{x})]}{\partial x_i\partial x_j}\right],\quad i=1,2,\cdots,L;j=1,2,\cdots,L \tag{5.57}$$

通过对 Fisher 信息矩阵求逆即可得出矢量参数的 CRB，即

$$\boldsymbol{\sigma}_{\mathrm{CRB}}^2 \geqslant \boldsymbol{I}(\boldsymbol{x})^{-1} \tag{5.58}$$

文献 [5] 和 [6] 中给出了一般高斯情况下的 CRB，在高斯观测的情况下，假设 $\boldsymbol{z} \sim N(\mu(\boldsymbol{x}), C(\boldsymbol{x}))$，此时的 CRB 与均值和方差均有关。那么，Fisher 信息矩阵由下式给出：

$$[\boldsymbol{I}(\boldsymbol{x})]_{ij} = \mathrm{tr}\left[\boldsymbol{C}^{-1}(\boldsymbol{x})\frac{\partial \boldsymbol{C}(\boldsymbol{x})}{\partial x_i}\boldsymbol{C}^{-1}(\boldsymbol{x})\frac{\partial \boldsymbol{C}(\boldsymbol{x})}{\partial x_j}\right] + 2\Re\left[\frac{\partial \boldsymbol{\mu}^{\mathrm{H}}(\boldsymbol{x})}{\partial x_i}\boldsymbol{C}^{-1}(\boldsymbol{x})\frac{\partial \boldsymbol{\mu}^{\mathrm{H}}(\boldsymbol{x})}{\partial x_j}\right] \tag{5.59}$$

针对两个目标的情况，接收信号 $\boldsymbol{z} \sim N(0, \boldsymbol{R})$，其中 $\boldsymbol{R} = N_0\left(\frac{\rho_1^2}{2}\boldsymbol{u}_1(\boldsymbol{x})\boldsymbol{u}_1^{\mathrm{H}}(\boldsymbol{x}) + \frac{\rho_2^2}{2}\boldsymbol{u}_2(\boldsymbol{x})\boldsymbol{u}_2^{\mathrm{H}}(\boldsymbol{x}) + \boldsymbol{I}\right)$。通过式 (5.59) 计算 Fisher 信息矩阵

$$\boldsymbol{I}(\boldsymbol{x}) = \begin{bmatrix} [\boldsymbol{I}(\boldsymbol{x})]_{11} & [\boldsymbol{I}(\boldsymbol{x})]_{12} \\ [\boldsymbol{I}(\boldsymbol{x})]_{21} & [\boldsymbol{I}(\boldsymbol{x})]_{22} \end{bmatrix} \tag{5.60}$$

式中

$$\begin{aligned}[\boldsymbol{I}(\boldsymbol{x})]_{11} =& 2\rho_1^2 a_1\left\{\beta^2\frac{1 - a_2\mathrm{sinc}^2(x_1 - x_2)}{1 - a_1 a_2\mathrm{sinc}^2(x_1 - x_2)} - \left[\frac{\partial\mathrm{sinc}(x_1 - x_2)}{\partial x_1}\right]^2\right.\\ &\left.\cdot\frac{a_2\left[1 - (2 - a_1)a_2\mathrm{sinc}^2(x_1 - x_2)\right]}{\left[1 - a_1 a_2\mathrm{sinc}^2(x_1 - x_2)\right]^2}\right\}\end{aligned}$$

$$\begin{aligned}[\boldsymbol{I}(\boldsymbol{x})]_{22} =& 2\rho_2^2 a_2\left\{\beta^2\frac{1 - a_1\mathrm{sinc}^2(x_1 - x_2)}{1 - a_1 a_2\mathrm{sinc}^2(x_1 - x_2)} - \left[\frac{\partial\mathrm{sinc}(x_1 - x_2)}{\partial x_2}\right]^2\right.\\ &\left.\cdot\frac{a_1\left[1 - (2 - a_2)a_1\mathrm{sinc}^2(x_1 - x_2)\right]}{\left[1 - a_1 a_2\mathrm{sinc}^2(x_1 - x_2)\right]^2}\right\}\end{aligned}$$

$$\begin{aligned}[\boldsymbol{I}(\boldsymbol{x})]_{12} =& [\boldsymbol{I}(\boldsymbol{x})]_{21}\\ =& 2a_1 a_2\left\{\frac{\mathrm{sinc}(x_1 - x_2)\,\mathrm{sinc}''(x_1 - x_2)}{1 - a_1 a_2\mathrm{sinc}^2(x_1 - x_2)} - \frac{1 + a_1 a_2\mathrm{sinc}^2(x_1 - x_2)}{\left[1 - a_1 a_2\mathrm{sinc}^2(x_1 - x_2)\right]^2}\right.\\ &\left.\cdot\frac{\partial\mathrm{sinc}(x_1 - x_2)}{\partial x_1}\frac{\partial\mathrm{sinc}(x_1 - x_2)}{\partial x_2}\right\}^2\end{aligned}$$

参数 $a_1 = \rho_1^2/(1 + \rho_1^2)$，$a_2 = \rho_2^2/(1 + \rho_2^2)$。

$\boldsymbol{I}(\boldsymbol{x})$ 主对角线分别表示目标 1 和目标 2 的信息，次对角线两项相等，表示两目标之间的相互影响。观察 $\boldsymbol{I}(\boldsymbol{x})$ 各项可知，信息矩阵仅与两目标位置差有关，与目标绝对位置无关。

时间带宽积为 16，仿真了不同 SNR 时远距离两目标距离信息量的 CRB，并将其与理论公式进行比较。从图 5.5 可以看出，当两目标足够远时，理论值一直小于 CRB。

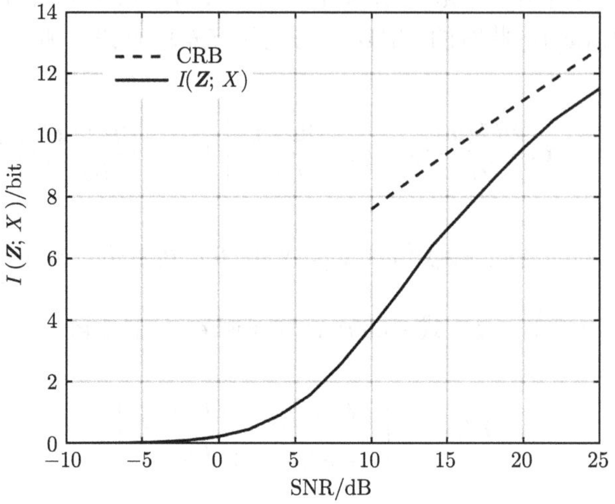

图 5.5　两目标间隔 $\gg 1/B$ 时的 CRB 与理论值比较

时间带宽积为 16，SNR 为 20dB，仿真了不同距离差下复高斯散射系数两目标距离信息量的 CRB，并将其与理论值比较。

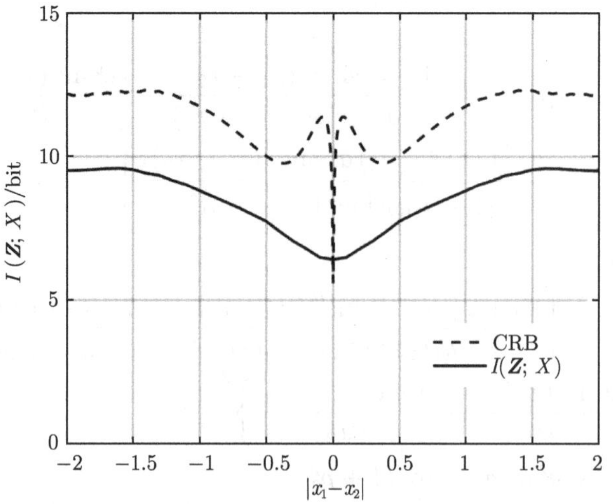

图 5.6　两目标 CRB 与理论值随距离差的变化

5.3 多目标散射信息的计算

在获取目标位置的条件下确定目标的散射信息 $I(\boldsymbol{Z};\boldsymbol{S}|\boldsymbol{X})$，由互信息的定义可得

$$I(\boldsymbol{Z};\boldsymbol{S}|\boldsymbol{X})=h(\boldsymbol{S}|\boldsymbol{X})-h(\boldsymbol{S}|\boldsymbol{Z},\boldsymbol{X}) \tag{5.61}$$

式中，$h(\boldsymbol{S}|\boldsymbol{X})$ 和 $h(\boldsymbol{S}|\boldsymbol{Z},\boldsymbol{X})$ 分别是在位置已知时，目标散射的先验和后验信息。由于恒模散射情况较为复杂，本节仅讨论复高斯散射目标的情况。

考虑复高斯散射目标，由于 $\boldsymbol{Z}$ 是一个协方差矩阵为 $\boldsymbol{R}$ 的高斯矢量，那么

$$\begin{aligned}h(\boldsymbol{Z}|\boldsymbol{X}=\boldsymbol{x})&=\log|\boldsymbol{R}|+N\log(2\pi\mathrm{e})\\&=\log\left|N_0\sum_{l=1}^{L}\frac{\rho_l^2}{2}\boldsymbol{u}_l(\boldsymbol{x})\boldsymbol{u}_l^{\mathrm{H}}(\boldsymbol{x})+N_0\boldsymbol{I}\right|+N\log(2\pi\mathrm{e})\end{aligned} \tag{5.62}$$

而噪声部分微分熵

$$h(\boldsymbol{Z}|\boldsymbol{X}=\boldsymbol{x},\boldsymbol{S})=h(\boldsymbol{W})=\log|N_0\boldsymbol{I}|+N\log(2\pi\mathrm{e}) \tag{5.63}$$

则

$$\begin{aligned}I(\boldsymbol{Z};\boldsymbol{S}|\boldsymbol{X}=\boldsymbol{x})&=h(\boldsymbol{Z}|\boldsymbol{X}=\boldsymbol{x})-h(\boldsymbol{Z}|\boldsymbol{X}=\boldsymbol{x},\boldsymbol{S})\\&=\log\left|N_0\sum_{l=1}^{L}\frac{\rho_l^2}{2}\boldsymbol{u}_l(\boldsymbol{x})\boldsymbol{u}_l^{\mathrm{H}}(\boldsymbol{x})+N_0\boldsymbol{I}\right|-\log|N_0\boldsymbol{I}|\\&=\log\left|\boldsymbol{I}+\sum_{l=1}^{L}\frac{\rho_l^2}{2}\boldsymbol{u}_l(\boldsymbol{x})\boldsymbol{u}_l^{\mathrm{H}}(\boldsymbol{x})\right|\end{aligned} \tag{5.64}$$

假设 L 个目标足够远时可以将式 (5.64) 中的 $\sum\limits_{l=1}^{L}\frac{\rho_l^2}{2}\boldsymbol{u}_l(\boldsymbol{x})\boldsymbol{u}_l^{\mathrm{H}}(\boldsymbol{x})$ 项构造为对角块矩阵

$$\begin{bmatrix}\boldsymbol{0}&&&&&&\\&\frac{\rho_1^2}{2}\boldsymbol{V}_1&&&&&\\&&\boldsymbol{0}&&&&\\&&&\frac{\rho_2^2}{2}\boldsymbol{V}_2&&&\\&&&&\ddots&&\\&&&&&\frac{\rho_L^2}{2}\boldsymbol{V}_L&\\&&&&&&\boldsymbol{0}\end{bmatrix}$$

式中，$\boldsymbol{V}_l$ 为包含 $\boldsymbol{u}_l(\boldsymbol{x})\boldsymbol{u}_l^{\mathrm{H}}(\boldsymbol{x})$ 中所有非零元素的最小方阵，$\mathbf{0}$ 为零矩阵。因此，式 (5.64) 可以进一步简化为

$$\begin{aligned} I(\boldsymbol{Z};\boldsymbol{S}|\boldsymbol{X}=\boldsymbol{x}) &= \log\left(\prod_{l=1}^{L}\left|\frac{\rho_l^2}{2}\boldsymbol{u}_l(\boldsymbol{x})\boldsymbol{u}_l^{\mathrm{H}}(\boldsymbol{x})+\boldsymbol{I}_l\right|\right) \\ &= \log\left(\prod_{l=1}^{L}\left(1+\frac{\rho_l^2}{2}\boldsymbol{u}_l(\boldsymbol{x})\boldsymbol{u}_l^{\mathrm{H}}(\boldsymbol{x})\right)\right) \end{aligned} \tag{5.65}$$

将 $\boldsymbol{u}_l(\boldsymbol{x})\boldsymbol{u}_l^{\mathrm{H}}(\boldsymbol{x})\approx 1$ 代入式 (5.65)，得到

$$I(\boldsymbol{Z};\boldsymbol{S}|\boldsymbol{X}=\boldsymbol{x}) = \sum_{l=1}^{L}\log\left(1+\rho_l^2/2\right) \tag{5.66}$$

式 (5.66) 表明 $I(\boldsymbol{Z};\boldsymbol{S}|\boldsymbol{X}=\boldsymbol{x})$ 与目标估计的归一化时延无关，且多目标探测的散射信息为各个单目标探测的散射信息之和，因此，目标状态服从复高斯分布情况下，雷达探测系统的散射信息为

$$I(\boldsymbol{Z};\boldsymbol{S}|\boldsymbol{X}) = \sum_{l=1}^{L}I(\boldsymbol{Z};S_l|X_l) = \sum_{l=1}^{L}\log\left(1+\rho_l^2/2\right) \tag{5.67}$$

推导出的目标散射信息与目标距离无关，仅与 SNR 有关，且在形式上与香农信道容量公式 [13] 一致。通过以上分析，香农信道容量表示信号散射信息的最大值，因为在系统完全同步假设条件下，不存在信号的位置信息。

定理 5.2 远距离复高斯散射目标的散射信息为

$$I(\boldsymbol{Z};\boldsymbol{S}|\boldsymbol{X}) = \sum_{l=1}^{L}I(\boldsymbol{Z};S_l|X_l) = \sum_{l=1}^{L}\log\left(1+\rho_l^2/2\right) \tag{5.68}$$

定理表明，总散射信息是各个目标散射信息之和，且散射信息仅与 SNR 有关，而与目标的距离无关。

两目标状态服从复高斯分布且互不干扰的情形下，对应的散射信息仿真曲线如图 5.7 所示。可以看出散射信息随着 SNR 的增大而增加，且为单目标时的两倍。

SNR 分别取 15dB、20dB、25dB，仿真了复高斯两目标散射信息随距离差的变化。从图 5.8 可以看出，与联合距离信息相似，当距离差较小时，目标相互影响，获得的散射信息较小，在两目标重合时达到最小值。获得的散射信息量随距离差增大而变大，最后在两目标距离足够远时，由于目标互不干扰而趋于平稳。

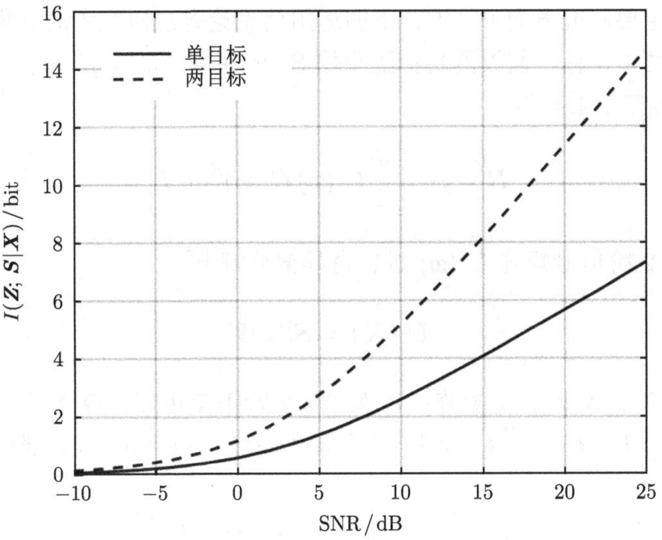

图 5.7 两目标间隔 ≫ $1/B$ 时的散射信息量

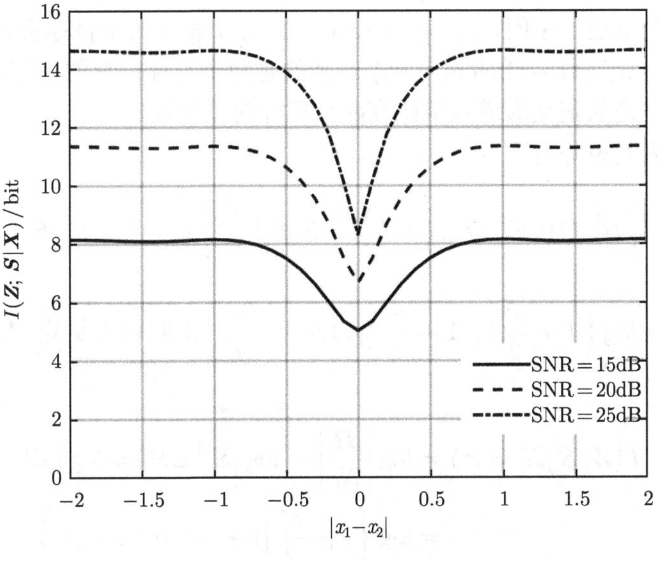

图 5.8 两目标散射信息与距离差的关系

5.4 距离分辨率

分辨率是雷达分辨不同目标能力的性能指标 [2]，根据目前的观点，雷达的距离分辨率等于信号带宽的倒数 $1/B$, 而与 SNR 无关。怎样提高分辨率一直是雷达信号处理的主要研究方向 [14–16]，下面运用信息论方法研究距离分辨率问题。

只考虑两个目标，假设两目标的平均 SNR 相同，$\rho_1^2=\rho_2^2=\rho^2$，那么，给定距离 $\boldsymbol{X}$ 的协方差矩阵为

$$\boldsymbol{R}=N_0\left[\frac{\rho^2}{2}\boldsymbol{U}(\boldsymbol{x})\boldsymbol{U}(\boldsymbol{x})^{\mathrm{H}}+\boldsymbol{I}\right] \tag{5.69}$$

对 $N\times 2$ 阶信号矩阵 $\boldsymbol{U}(\boldsymbol{x})$ 进行奇异值分解 [16]

$$\boldsymbol{U}(\boldsymbol{X})=\boldsymbol{S}^{\mathrm{H}}\boldsymbol{D}\boldsymbol{V} \tag{5.70}$$

式中，$\boldsymbol{S}$ 为 $N\times N$ 阶正交矩阵；$\boldsymbol{V}$ 为 2×2 阶正交矩阵；$\boldsymbol{D}$ 为 $N\times 2$ 阶奇异值矩阵。根据 $\left|\lambda\boldsymbol{I}-\boldsymbol{U}(\boldsymbol{x})^{\mathrm{H}}\boldsymbol{U}(\boldsymbol{x})\right|=0$ 计算特征值，可得奇异值矩阵 $\boldsymbol{D}$ 为

$$\boldsymbol{D}=\begin{bmatrix}\sqrt{\lambda_1} & 0 & 0 & \cdots & 0\\ 0 & \sqrt{\lambda_2} & 0 & \cdots & 0\end{bmatrix}^{\mathrm{T}} \tag{5.71}$$

式中，$\lambda_1=1+\mathrm{sinc}(x_1-x_2);\lambda_2=1-\mathrm{sinc}(x_1-x_2)$。$\lambda_1$ 和 λ_2 是通过奇异值分解得到的两个信道子空间，$\lambda_1=1+\mathrm{sinc}(x_1-x_2)$ 表征两个目标位置 x_1 和 x_2 的同相通道，而 $\lambda_2=1-\mathrm{sinc}(x_1-x_2)$ 表征的是两个目标位置的正交通道。这里研究距离分辨率是从正交通道入手研究两个目标的差异性。

代入协方差矩阵得

$$\boldsymbol{R}=N_0\left(\frac{\rho^2}{2}\boldsymbol{S}^{\mathrm{H}}\boldsymbol{D}\boldsymbol{V}\boldsymbol{V}^{\mathrm{H}}\boldsymbol{D}^{\mathrm{H}}\boldsymbol{S}+\boldsymbol{I}\right)=N_0\boldsymbol{S}^{\mathrm{H}}\left(\frac{\rho^2}{2}\boldsymbol{D}\boldsymbol{D}^{\mathrm{H}}+\boldsymbol{I}\right)\boldsymbol{S}=N_0\boldsymbol{S}^{\mathrm{H}}\boldsymbol{\Sigma}\boldsymbol{S} \tag{5.72}$$

式中，$\boldsymbol{\Sigma}=\mathrm{diag}\left(1+\dfrac{\rho^2}{2}\lambda_1,1+\dfrac{\rho^2}{2}\lambda_2,1,\cdots,1\right)$。由此可得给定 $\boldsymbol{X}$ 时的散射信息为

$$\begin{aligned}I(\boldsymbol{Z};\boldsymbol{S}\,|\boldsymbol{X}=\boldsymbol{x})&=\log\left|\frac{\boldsymbol{R}}{N_0}\right|=\log\left|\boldsymbol{S}^{\mathrm{H}}\boldsymbol{\Sigma}\boldsymbol{S}\right|=\log|\boldsymbol{\Sigma}|\\&=\log\left\{1+\frac{\rho^2}{2}[1+\mathrm{sinc}(x_1-x_2)]\right\}\\&\quad+\log\left\{1+\frac{\rho^2}{2}[1-\mathrm{sinc}(x_1-x_2)]\right\}\end{aligned} \tag{5.73}$$

式中，第一项称为“同相信道”的信息量；第二项称为“正交信道”的信息量。散射信息与目标间距离有关，当目标间隔很远时，目标间影响很小，由前述定理知，总散射信息等于各目标散射信息之和。随目标间距离逐渐缩小，相互作用不断加

强，表现为同相分量逐渐增加，而正交分量逐渐减小，直到两目标完全重合，同相分量达到最大，而正交分量减小到零。

正交信道能够很好地反映两目标的距离，即目标间隔越大，获得的信息量越大，越容易分辨；反之，获得的信息量越小，越难以区分。分辨率应该反映两目标将分未分这种临界情况，故有如下定义。

定义 5.2【距离分辨率】 设两目标的平均 SNR 相同，$\rho_1^2=\rho_2^2=\rho^2$，那么，满足

$$\log\left\{1+\frac{\rho^2}{2}\left[1-\operatorname{sinc}(x_1-x_2)\right]\right\}=1\ \text{bit} \tag{5.74}$$

条件下两目标间距离 $|x_1-x_2|$ 定义为距离分辨率。

目标间隔越小，正交信道的信息量越小，分辨难度越大。由定义

$$|x_1-x_2|=\operatorname{arcsinc}\left(1-2\rho^{-2}\right) \tag{5.75}$$

根据传统分辨率，当 $|x_1-x_2|\geqslant 1$ 时目标是可分辨的。下面我们称分辨率 $|x_1-x_2|<1$ 为超分辨，利用泰勒公式可得

$$|x_1-x_2|=\frac{2}{\rho\beta} \tag{5.76}$$

由于式 (5.76) 的分辨率与 Cramér-Rao 界具有相同的形式，故有如下定义。

定义 5.3【Cramér-Rao 分辨率】 设两目标的平均 SNR 相同 $\rho_1^2=\rho_2^2=\rho^2$，且目标间隔 $|x_1-x_2|<1$，或 $|\tau_1-\tau_2|<1/B$，那么，Cramér-Rao 分辨率定义为

$$|\tau_1-\tau_2|\leqslant\frac{2}{\rho\beta} \tag{5.77}$$

式中，$\beta^2=\frac{\pi^2}{3}B^2$ 为信号的均方根带宽。

Cramér-Rao 分辨率简称 CR 分辨率，不仅与带宽成反比，而且与 SNR 的平方根成反比。当 SNR 足够大时，分辨率可以远小于 $1/B$。

CR 分辨率从理论上指出超分辨的可能性，但这种分辨率与传统分辨率是否矛盾呢？本书认为 CR 分辨率与传统分辨率并不矛盾，原因在于，分辨率问题理论上是多维匹配滤波问题，而传统分辨率是一维匹配滤波方法的分辨率。

为此，我们采用二维最大似然算法来仿真两目标分辨率问题。二维最大似然算法区别于一维最大似然算法，将目标 1 的距离搜索和目标 2 的距离搜索放在两个维度，进行二维峰值搜索，从而得到概率分布，能够更加清晰地分辨出两个目标。

针对间距目标，利用一维最大似然算法和二维最大似然算法的仿真结果如图 5.9 所示。可以看出，当 SNR=20dB、目标间距离小于 $1/B$ 时，一维最大

似然已经无法分辨目标，而二维最大似然可以继续分辨目标，表明二维最大似然算法的分辨率优于一维最大似然算法。

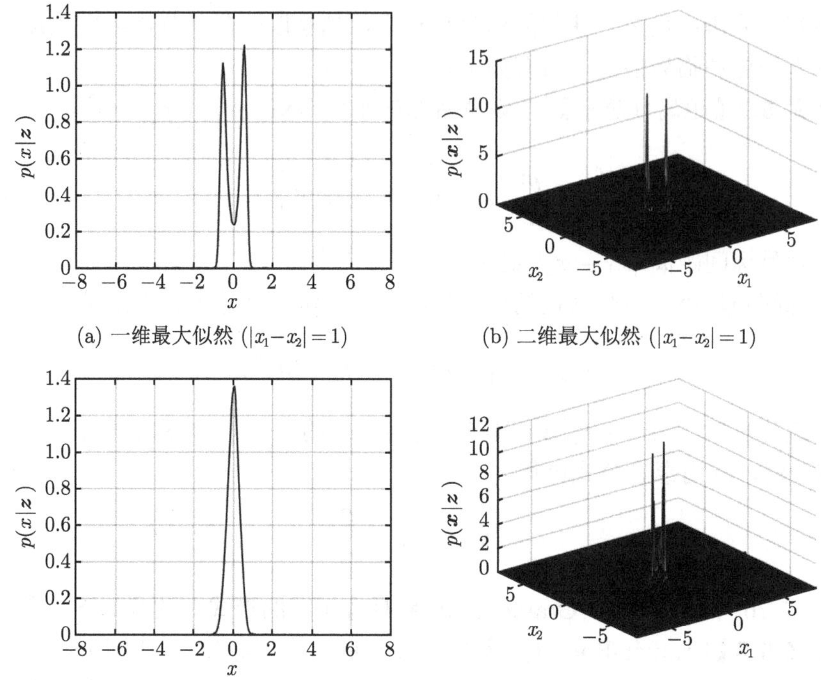

(a) 一维最大似然 ($|x_1-x_2|=1$)　　(b) 二维最大似然 ($|x_1-x_2|=1$)

(c) 一维最大似然 ($|x_1-x_2|=0.5$)　　(d) 二维最大似然 ($|x_1-x_2|=0.5$)

图 5.9　一维最大似然和二维最大似然分辨目标

利用后验概率分布 $p(\boldsymbol{x}\,|\boldsymbol{z})$ 和二维最大似然算法，针对不同距离差和 SNR 条件下分辨率的仿真结果如图 5.10 所示。可以看出，此方法能区分 $1/B$ 内的两个

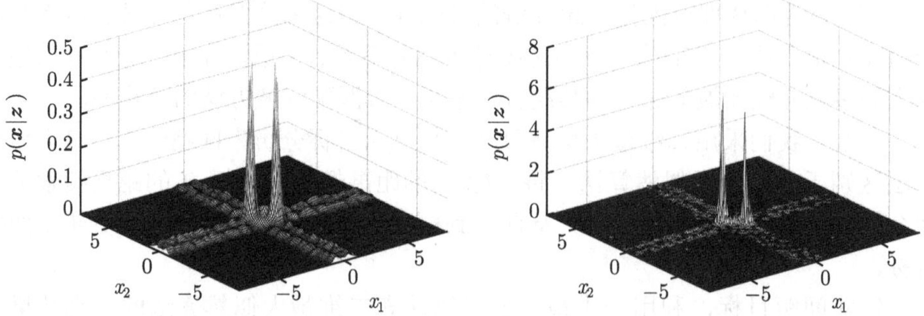

(a) 理论概率分布，$|x_1-x_2|=1$, SNR = 10dB　　(b) 二维最大似然，$|x_1-x_2|=1$, SNR = 10dB

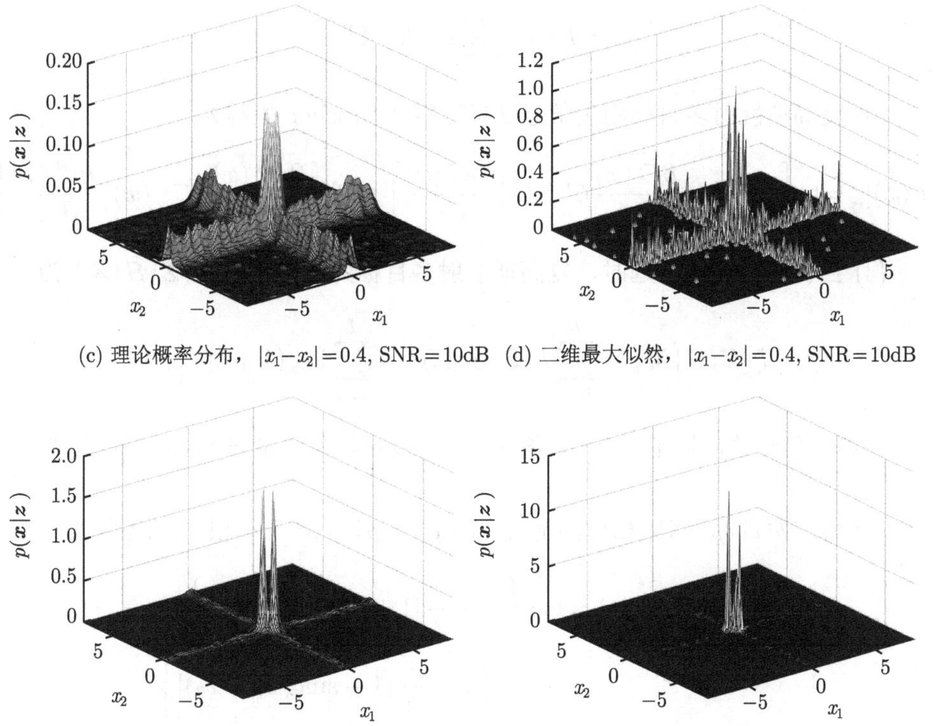

(c) 理论概率分布，$|x_1-x_2|=0.4$, SNR=10dB (d) 二维最大似然，$|x_1-x_2|=0.4$, SNR=10dB

(e) 理论概率分布，$|x_1-x_2|=0.4$, SNR=20dB (f) 二维最大似然，$|x_1-x_2|=0.4$, SNR=20dB

图 5.10 后验概率分布和二维最大似然目标分辨方法

目标，但是随着目标间距变小，目标分辨难度变大。不过在同等间距情况下，改善 SNR 能继续分辨出目标，进一步说明 CR 分辨率的合理性。

5.5 本章小结

(1) 多目标探测时的距离信息量 $I(\boldsymbol{Z};\boldsymbol{X})$ 为

$$
\begin{aligned}
I(\boldsymbol{Z};\boldsymbol{X}) &= h(\boldsymbol{X}) - h(\boldsymbol{X}|\boldsymbol{Z}) \\
&= L\log(TB) - E_{\boldsymbol{z}}\left[-\int_{-TB/2}^{TB/2}\cdots\int_{-TB/2}^{TB/2} p(\boldsymbol{x}|\boldsymbol{z})\log p(\boldsymbol{x}|\boldsymbol{z})\,\mathrm{d}x_1\cdots\mathrm{d}x_L\right]
\end{aligned}
$$

(2) 恒模散射多目标的距离信息上界为

$$
I(\boldsymbol{Z};\boldsymbol{X}) = L\log TB - \frac{L}{2}\log\frac{6\pi\mathrm{e}}{\rho^2\pi^2} - \log L!
$$

$$= L\log\frac{T\beta\rho}{\sqrt{2\pi e}} - \log L!$$

(3) 复高斯散射多目标距离信息 $I(\boldsymbol{Z};\boldsymbol{X})$ 的 Fisher 矩阵为

$$[\boldsymbol{I}(\boldsymbol{x})]_{ij} = \mathrm{tr}\left[\boldsymbol{C}^{-1}(\boldsymbol{x})\frac{\partial \boldsymbol{C}(\boldsymbol{x})}{\partial x_i}\boldsymbol{C}^{-1}(\boldsymbol{x})\frac{\partial \boldsymbol{C}(\boldsymbol{x})}{\partial x_j}\right] + 2\Re\left[\frac{\partial \boldsymbol{\mu}^{\mathrm{H}}(\boldsymbol{x})}{\partial x_i}\boldsymbol{C}^{-1}(\boldsymbol{x})\frac{\partial \boldsymbol{\mu}^{\mathrm{H}}(\boldsymbol{x})}{\partial x_j}\right]$$

(4) 当目标距离足够远时，复高斯散射多目标的散射信息 $I(\boldsymbol{Z};\boldsymbol{S}|\boldsymbol{X})$ 为

$$I(\boldsymbol{Z};\boldsymbol{S}|\boldsymbol{X}) = \sum_{l=1}^{L} I(\boldsymbol{Z};S_l|X_l) = \sum_{l=1}^{L}\log\left(1+\rho_l^2/2\right)$$

它与距离信息无关，且在高 SNR 条件下，幅度相位信息量与 SNR 的对数成正比关系。

(5) 考虑两目标 SNR 相同的情况，即 $\rho_1^2 = \rho_2^2 = \rho^2$ 时，根据信道容量公式有

$$\begin{aligned} I(\boldsymbol{Z};\boldsymbol{S}|\boldsymbol{X}=\boldsymbol{x}) = &\log\left\{1+\frac{\rho^2}{2}[1+\mathrm{sinc}(x_1-x_2)]\right\} \\ &+\log\left\{1+\frac{\rho^2}{2}[1-\mathrm{sinc}(x_1-x_2)]\right\} \end{aligned}$$

(6) 这里定义满足正交分量为 1bit，即 $\log\left\{1+\frac{\rho^2}{2}[1-\mathrm{sinc}(x_1-x_2)]\right\} =$ 1 bit 条件时，目标之间的距离 $|x_1-x_2|$ 为距离分辨率。利用泰勒公式可以得到在某一 SNR 下，分辨率的上界，即

$$|x_1-x_2| \leqslant \frac{2}{\rho\beta}$$

它仅与 SNR 有关，SNR 越高，分辨率越好。

参 考 文 献

[1] Zhu S, Xu D. Range-scattering Information and Range Resolution of Multiple Target Radar[C]//2019 4th International Conference on Communication and Information Systems (ICCIS), Wuhan, 2019: 168-173.

[2] Shannon C E. IEEE xplore abstract: A mathematical theory of communication[J]. The Bell System Technical Journal, 1948, 27: 379-423, 623-656.

[3] Richards M A. 雷达信号处理基础 [M]. 2 版. 邢孟道, 王彤, 李真芳, 等译. 北京: 电子工业出版社, 2017: 2.

[4] 樊昌信, 曹丽娜. 通信原理 [M]. 6 版. 北京: 国防工业出版社, 2010: 149-151, 260-263.

[5] Mcdonough R N, Whalen A D. Detection of Signals in Noise[M]. Utah: Academic Press, 1971: 411.

[6] Kay S M. 统计信号处理基础——估计与检测理论 [M]. 罗鹏飞, 张文明, 刘忠, 等译. 北京: 电子工业出版社, 2006.

[7] Cover T M, Thomas J A. Elements of Information Theory[M]. New York: Wiley, 1991.

[8] 张小飞, 刘敏, 朱秋明, 等. 信息论基础 [M]. 北京: 科学出版社, 2015: 111-112, 136-137.

[9] Woodward P. Theory of radar information[J]. Transactions of the Ire Professional Group on Information Theory, 1953, 1(1): 108-113.

[10] Woodward P M, Davies I L. A theory of radar information[J]. The London, Edinburgh, and Dublin Philosophical Magazine and Journal of Science, 1950, 41(321): 1001-1017.

[11] Xu S K, Xu D Z, Luo H. Information theory of detection in radar systems[C]//2017 IEEE International Symposium on Signal Processing and Information Technology, Bilbao, 2017.

[12] 奚定平. 贝塞尔函数 [M]. 北京: 高等教育出版社, 1998.

[13] Johnson O. Information Theory and the Central Limit Theorem[M]. London: Imperial College Press, 2004.

[14] Liu S, Xiang J. Novel method for super-resolution in radar range domain[J]. IEE Proceedings -Radar, Sonar and Navigation, 1999, 146(1): 40-44.

[15] Wu Q S, Xing M D, Bao Z, et al. Wide swath, high range resolution imaging with MIMO-SAR[C]//IET International Radar Conference, Guilin, 2009: 1-6.

[16] Shinriki M, Takase H, Sato R. Multi-range-resolution radar using sideband spectrum energy[J]. IEE Proceedings -Radar, Sonar and Navigation, 2006, 153(5): 396-402.

第 6 章 传感器阵列的方向信息和散射信息

本章考虑传感器阵列探测系统中信源的空间信息问题，分别讨论了单信源及多信源的探测场景。对于单信源，首先分析空间信息中的方向信息，分别推导了恒模散射信源和复高斯散射信源方向信息的理论表达式；同时结合克拉默-拉奥界说明方向信息对参数估计的指导作用；还定义了一种新的衡量探测性能的指标——熵误差；并且对恒模散射信源方向信息理论表达式进行推导，得到近似的闭合表达式。然后分析已知方向条件下的散射信息，同样给出了两种模型散射信息的理论表达式，并对结果进行了分析。对于多信源，针对复高斯散射信源模型，推导了方向信息和散射信息的理论表达式，并证明当源信号之间彼此相距较远时，多信源探测的散射信息等于单信源散射信息之和。最后，从信息论角度定义新的角度分辨率，并通过仿真验证了其合理性。

6.1 阵列信号处理基础

6.1.1 窄带信号

如果信号带宽远小于其中心频率，则该信号称为窄带信号，即

$$W_{\mathrm{B}}/f_0 < 1/10 \tag{6.1}$$

式中，W_{B} 为信号带宽；f_0 为中心频率。通常将正弦信号和余弦信号统称为正弦型信号，正弦型信号是典型的窄带信号。若无特殊说明，本章中所提及的窄带信号表示为

$$s(t) = a(t)\mathrm{e}^{\mathrm{j}[\omega_0 t + \theta(t)]} \tag{6.2}$$

式中，$a(t)$ 为慢变幅度调制函数 (或称实包络)；$\theta(t)$ 为慢变相位调制函数；$\omega_0 = 2\pi f_0$ 为载频。一般情况下 $a(t)$ 和 $\theta(t)$ 包含了全部的有用信息。

6.1.2 阵列天线的统计模型

1. 前提及假设

信号通过无线信道的传输情况是极其复杂的，其严格数字模型的建立需要有物理环境的完整描述，但这种做法往往很复杂。为了得到一个比较有用的参数化模型，必须简化有关波形传输的假设 [1]。

关于接收天线阵的假设：接收阵列由位于空间已知坐标处的无源阵元按一定的形式排列而成。假设阵元的接收特性仅与其位置有关而与其尺寸无关 (认为其是一个点)，并且阵元都是全向阵元，增益均相等，相互之间的互耦忽略不计。阵元接收信号时将产生噪声，假设其为加性高斯白噪声，各阵元上的噪声相互统计独立，且噪声与信号是统计独立的。

关于空间源信号的假设：假设空间信号的传播介质是均匀且各向同性的，这时空间信号在介质中将按直线传播；同时又假设阵列处于空间信号辐射的远场中，所以空间源信号到达阵列时可看成一束平行的平面波，空间源信号到达阵列各阵元在时间上的不同时延，可由阵列的几何结构和空间波的来向所决定。空间波的来向在三维空间中常用仰角 θ 和方位角 ϕ 来表征。

此外，在建立阵列信号模型时，还常常要区分空间源信号是窄带信号还是宽带信号。本章讨论的是窄带信号。窄带信号是相对于信号 (复信号) 的载频而言的，信号包络的带宽很窄 (包络是慢变的)。因此，在同一时刻该类信号对阵列各阵元的不同影响仅仅在于因其到达各阵元的波程不同而导致的相位差异。

2. 阵列的基本概念

令信号的载波为 $\mathrm{e}^{\mathrm{j}\omega t}$，并假设其以平面波形式在空间沿波数向量 $\boldsymbol{k}$ 的方向传播，设基准点处的信号为 $s(t)\mathrm{e}^{\mathrm{j}\omega t}$，则距离基准点 $\boldsymbol{r}$ 处的阵元接收的信号为

$$s_{\boldsymbol{r}}(t)=s\left(t-\frac{1}{c}\boldsymbol{r}^{\mathrm{T}}\boldsymbol{\alpha}\right)\exp[\mathrm{j}(\omega t-\boldsymbol{r}^{\mathrm{T}}\boldsymbol{k})] \tag{6.3}$$

式中，$\boldsymbol{k}$ 为波数向量；$\boldsymbol{\alpha}=\boldsymbol{k}/|\boldsymbol{k}|$ 为电波传播方向，单位向量；$|\boldsymbol{k}|=\omega/c=2\pi/\lambda$ 为波数 (弧度/长度)，其中 c 为光速，λ 为电磁波的波长；$(1/c)\boldsymbol{r}^{\mathrm{T}}\boldsymbol{\alpha}$ 为信号相对于基准点的延迟时间；$\boldsymbol{r}^{\mathrm{T}}\boldsymbol{k}$ 为电磁波传播到离基准点 $\boldsymbol{r}$ 处的阵元相对于电波传播到基准点的滞后相位。θ 为波传播方向角，它是相对于 x 轴的逆时针旋转方向定义的，显然，波数向量可表示为

$$\boldsymbol{k}=k[\cos\theta,\sin\theta]^{\mathrm{T}} \tag{6.4}$$

电波从点辐射源以球面波向外传播，只要离辐射源足够远，在接收的局部区域，球面波就可以近似为平面波。雷达和通信信号的传播一般都满足这一远场条件。

设在空间有 M 个阵元组成阵列，将阵元从 1 到 M 编号，并以阵元 1(也可选择其他阵元) 作为基准或参考点。设各阵元无方向性 (即全向)，相对于基准点的位置向量分别为 $\boldsymbol{r}_i(i=1,\cdots,M;\boldsymbol{r}_1=0)$。若基准点处的接收信号为 $s(t)\mathrm{e}^{\mathrm{j}\omega t}$，则各阵元上的接收信号分别为

$$s_i(t)=s\left(t-\frac{1}{c}\boldsymbol{r}_i^{\mathrm{T}}\boldsymbol{\alpha}\right)\exp[\mathrm{j}(\omega t-\boldsymbol{r}_i^{\mathrm{T}}\boldsymbol{k})] \tag{6.5}$$

在通信里，信号的频带 B 比载波值 ω 小得多，所以 $s(t)$ 的变化相对缓慢，延时 $(1/c)\cdot\boldsymbol{r}^{\mathrm{T}}\boldsymbol{\alpha}\ll 1/B$，故有 $s[t-(1/c)\cdot\boldsymbol{r}_i^{\mathrm{T}}\boldsymbol{\alpha}]\approx s(t)$，即信号包络在各阵元上的差异可忽略，称为窄带信号。

此外，阵列信号总是变换到基带再进行处理，因而可将阵列信号用向量形式表示为

$$\boldsymbol{s}(t)=[s_1(t),s_2(t),\cdots,s_M(t)]^{\mathrm{T}}=s(t)[\mathrm{e}^{-\mathrm{j}\boldsymbol{r}_1^{\mathrm{T}}\boldsymbol{k}},\mathrm{e}^{-\mathrm{j}\boldsymbol{r}_2^{\mathrm{T}}\boldsymbol{k}},\cdots,\mathrm{e}^{-\mathrm{j}\boldsymbol{r}_M^{\mathrm{T}}\boldsymbol{k}}]^{\mathrm{T}} \tag{6.6}$$

式 (6.6) 中的向量部分称为方向向量，因为当波长和阵列的几何结构确定时，该向量只与到达波的空间角 θ 有关。方向向量记作 $\boldsymbol{a}(\theta)$，它与基准点的位置无关。例如，若选第一个阵元为基准点，则方向向量为

$$\boldsymbol{a}(\theta)=[1,\mathrm{e}^{-\mathrm{j}\bar{\boldsymbol{r}}_2^{\mathrm{T}}\boldsymbol{k}},\cdots,\mathrm{e}^{-\mathrm{j}\bar{\boldsymbol{r}}_M^{\mathrm{T}}\boldsymbol{k}}]^{\mathrm{T}} \tag{6.7}$$

式中，$\bar{\boldsymbol{r}}_i=\boldsymbol{r}_i-\boldsymbol{r}_1(i=2,\cdots,M)$。

实际使用的阵列结构要求方向向量 $\boldsymbol{a}(\theta)$ 必须与空间角向量 θ 一一对应，不能出现模糊现象。当有多个 (如 K 个) 信源时，到达波的方向向量可分别用 $\boldsymbol{a}(\theta)$ 表示。这 K 个方向向量组成的矩阵 $\boldsymbol{A}=[\boldsymbol{a}(\theta_1),\boldsymbol{a}(\theta_2),\cdots,\boldsymbol{a}(\theta_K)]$ 称为阵列的方向矩阵或响应矩阵，它表示所有信源的方向。改变空间角 θ，使方向向量 $\boldsymbol{a}(\theta)$ 在 M 维空间内扫描，所形成的曲面称为阵列流形。

阵列流形常用符号 $\boldsymbol{A}$ 表示，即有

$$\boldsymbol{A}=\{\boldsymbol{a}(\theta)|\theta\in\Theta\} \tag{6.8}$$

式中，$\Theta=[0,2\pi)$ 是波达方向 θ 所有可能取值的集合。因此，阵列流形 $\boldsymbol{A}$ 即阵列方向向量 (或阵列响应向量) 的集合。阵列流形 $\boldsymbol{A}$ 包含了阵列几何结构、阵元模式、阵元间的耦合、频率等影响。

3. 均匀线阵模型

设有一个天线阵列，由 M 个接收阵元按间距 d 均匀排列构成。同时设有 K 个具有相同中心频率 ω_0、波长为 λ 的空间窄带平面波 ($M>K$) 分别以来波方向为 $\theta_1,\theta_2,\cdots,\theta_k$ 入射到该阵列。系统模型如图 6.1 所示，则阵列第 m 个阵元的输出 [2] 可表示为

$$z_m(t)=\sum_{i=1}^{K}s_i(t)\mathrm{e}^{\mathrm{j}\omega_0\tau_m(\theta_i)}+w_m(t) \tag{6.9}$$

式中，$s_i(t)$ 表示投射到阵列的第 i 个源信号；$w_m(t)$ 为第 m 个阵元的复加性高斯白噪声；$\tau_m(\theta_i)$ 为来自 θ_i 方向的源信号投射到第 m 个阵元时，相对于选定参考点的时延。并记

$$\boldsymbol{Z}(t)=[z_1(t),z_2(t),\cdots,z_M(t)]^{\mathrm{T}} \tag{6.10}$$

$$\boldsymbol{W}(t)=[w_1(t),w_2(t),\cdots,w_M(t)]^{\mathrm{T}} \tag{6.11}$$

$$\boldsymbol{S}(t)=[s_1(t),s_2(t),\cdots,s_K(t)]^{\mathrm{T}} \tag{6.12}$$

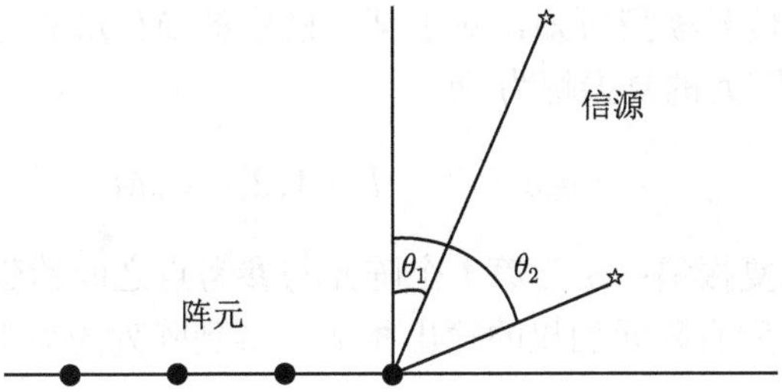

图 6.1 均匀线阵模型

$\boldsymbol{A}(\boldsymbol{\theta})$ 为方向矩阵，

$$\boldsymbol{A}(\boldsymbol{\theta})=[\boldsymbol{a}(\theta_1),\boldsymbol{a}(\theta_2),\cdots,\boldsymbol{a}(\theta_K)] \tag{6.13}$$

矩阵 $\boldsymbol{A}(\boldsymbol{\theta})$ 中任一列向量 $\boldsymbol{a}(\theta_i)$ 是阵列在空间源信号中一个来向为 θ_i 的方向向量，

$$\boldsymbol{a}(\theta_i)=\left[\mathrm{e}^{\mathrm{j}\omega_0\tau_1(\theta_i)},\mathrm{e}^{\mathrm{j}\omega_0\tau_2(\theta_i)},\cdots,\mathrm{e}^{\mathrm{j}\omega_0\tau_M(\theta_i)}\right]^{\mathrm{T}} \tag{6.14}$$

由于源信号位于辐射远场，各阵元接收到的时间延时 $\tau_m(\theta_i)$ 由阵元位置和波达方向 (direction of arrival, DOA) 决定，所以时间延时为

$$\tau_m(\theta_i)=\frac{md\sin\theta_i}{v},\quad m=0,1,\cdots,M-1 \tag{6.15}$$

式中，v 表示信号的传播速度。

因此，如用矩阵描述，阵列信号模型可简单地表示为

$$\boldsymbol{Z}(t)=\boldsymbol{A}(\boldsymbol{\theta})\boldsymbol{S}(t)+\boldsymbol{W}(t) \tag{6.16}$$

为便于研究，在这里省略时间 t，可以得到

$$\boldsymbol{Z}=\boldsymbol{A}(\boldsymbol{\theta})\boldsymbol{S}+\boldsymbol{W} \tag{6.17}$$

此外，本章中的 SNR 定义为信号能量与噪声功率谱密度的比值，即 $\rho^2=\varepsilon_{\mathrm{s}}/N_0$。

4. 阵列的方向图

阵列输出的绝对值与来波方向之间的关系称为天线的方向图。方向图一般有两类：一类是阵列输出的直接相加 (不考虑信号及其来向)，即静态方向图；另一类是带指向的方向图 (考虑信号指向)，当然信号的指向是通过控制加权的相位来实现的。从前面的信号模型可知，对于某一确定的 M 元空间阵列，在忽略噪声的条件下，第 l 个阵元的复振幅为 [3]

$$z_l = g_0 \mathrm{e}^{-\mathrm{j}\omega\tau_l}, \quad l = 1, 2, \cdots, M$$

式中，g_0 为来波的复振幅；τ_l 为第 l 个阵元与参考点之间的延迟。设第 l 个阵元的权值为 ω_l，那么所有阵元加权的输出相加，得到阵列的输出为

$$Y_0 = \sum_{l=1}^{M} \omega_l g_0 \mathrm{e}^{-\mathrm{j}\omega\tau_l}, \quad l = 1, 2, \cdots, M$$

对上式取绝对值并归一化后可得到空间阵列的方向图 $G(\theta)$ 为

$$G(\theta) = \frac{|Y_0|}{\max\{|Y_0|\}} \tag{6.18}$$

如果式中 $\omega_l = 1$，$l = 1, 2, \cdots, M$，式 (6.18) 即静态方向图 $G(\theta)$。

下面考虑均匀线阵的方向图。假设均匀线阵的间距为 d，且以最左边的阵元为参考点；另假设信号入射方位角为 θ，其中方位角表示与线阵法线方向的夹角，与参考点的波程差 $\tau_1 = (x_k \sin\theta)/c = (l-1)d\sin\theta/c$，则阵列的输出为

$$Y_0 = \sum_{l=1}^{M} \omega_l g_0 \mathrm{e}^{-\mathrm{j}\omega\tau_l} = \sum_{l=1}^{M} \omega_l g_0 \mathrm{e}^{-\mathrm{j}\frac{2\pi}{\lambda}(l-1)d\sin\theta} = \sum_{l=1}^{M} \omega_l g_0 \mathrm{e}^{-\mathrm{j}(l-1)\beta_\theta} \tag{6.19}$$

式中，$\beta_\theta = 2\pi d\sin\theta/\lambda$；$\lambda$ 为入射信号的波长。

当式 (6.19) 中 $\omega_l = 1 (l = 1, 2, \cdots, M)$ 时，式 (6.19) 可以进一步化简为

$$Y_0 = M g_0 \mathrm{e}^{\mathrm{j}(M-l)\beta_\theta/2} \frac{\sin(M\beta_\theta/2)}{M\sin(\beta_\theta/2)} \tag{6.20}$$

可得均匀线阵的静态方向图

$$G_0(\theta) = \left| \frac{\sin(M\beta_\theta/2)}{M\sin(\beta_\theta/2)} \right| \tag{6.21}$$

当式 (6.19) 中 $\omega_l = \mathrm{e}^{\mathrm{j}(l-1)\beta_{\theta_0}} (l = 1, 2, \cdots, M), \beta_{\theta_0} = 2\pi d\sin\theta_0/\lambda$ 时，式 (6.19) 可简化为

$$Y_0 = M g_0 \mathrm{e}^{\mathrm{j}(M-1)(\beta_\theta - \beta_{\theta_0})/2} \frac{\sin[M(\beta_\theta - \beta_{\theta_0})/2]}{M\sin[(\beta_\theta - \beta_{\theta_0})/2]} \tag{6.22}$$

于是可得指向为 θ_0 的阵列方向图

$$G(\theta)=\left|\frac{\sin[M(\beta_\theta-\beta_{\theta_0})/2]}{M\sin[(\beta_\theta-\beta_{\theta_0})/2]}\right| \tag{6.23}$$

另外，一些其他阵列的方向图见参考文献 [3]。

5. 波束宽度

线阵的测向范围为 [−90°, 90°]，而一般的面阵如圆阵的测向范围为 [−180°, 180°]。为了说明波束宽度，下面只考虑线阵。由式 (6.21) 可知，M 个阵元的均匀线阵的静态方向图

$$G_0(\theta)=\left|\frac{\sin(M\beta_\theta/2)}{M\sin(\beta_\theta/2)}\right| \tag{6.24}$$

式中，空间频率

$$\beta_\theta=(2\pi d\sin\theta)/\lambda \tag{6.25}$$

则对于天线静态方向图主瓣的零点，由 $|G_0(\theta)|^2=0$ 可得零点波束宽度 BW_0 为

$$\mathrm{BW}_0=2\arcsin(\lambda/Md) \tag{6.26}$$

而由 $|G_0(\theta)|^2=1/2$，可得到半功率点波束宽度 $\mathrm{BW}_{0.5}$，在 $Md\gg\lambda$ 的条件下有

$$\mathrm{BW}_{0.5}\approx 0.886\lambda/Md \tag{6.27}$$

在本书中一般考虑的是静态方向图的半功率点波束宽度，即对于均匀线阵而言，其波束宽度为

$$\mathrm{BW}_{0.5}\approx\frac{51^\circ}{D/\lambda}=\frac{0.89}{D/\lambda}\mathrm{rad} \tag{6.28}$$

式中，D 为天线的有效孔径；λ 为信号的波长；rad 表示弧度单位。对于 M 阵元的等距均匀线阵，阵元间距为 $\lambda/2$，则天线的有效孔径为 $D=(M-1)\lambda/2$，所以对于均匀线阵，阵列的波束宽度的近似计算公式为

$$\mathrm{BW}\approx 102^\circ/M \tag{6.29}$$

关于波束宽度，有以下几点需要注意。

(1) 波束宽度与天线孔径成反比，一般情况下天线的半功率点波束宽度与天线孔径之间有如下关系：

$$\mathrm{BW}_{0.5}\approx(40\sim 60)\frac{\lambda}{D} \tag{6.30}$$

(2) 对于某些阵列 (如线阵)，天线的波束宽度与波束指向有关系，如波束指向为 θ_{d} 时，均匀线阵的波束宽度为

$$\mathrm{BW}_0 = 2\arcsin\left(\frac{\lambda}{Md} + \sin\theta_{\mathrm{d}}\right) \tag{6.31}$$

$$\mathrm{BW}_{0.5} \approx 0.886\frac{\lambda}{Md}\frac{1}{\cos\theta_{\mathrm{d}}} \tag{6.32}$$

(3) 波束宽度越窄，阵列的指向性越好，也就说明阵列分辨空间信号的能力越强。

6. 分辨率

阵列测向中，在某方向上对信源的分辨率与在该方向附近阵列方向矢量的变化率直接相关。在方向矢量变化较快的方向附近，随信源角度变化, 阵列快拍数据变化也大，相应的分辨率也高。定义一个表征分辨率 $D(\theta)$

$$D(\theta) = \left\|\frac{\mathrm{d}\boldsymbol{a}(\theta)}{\mathrm{d}\theta}\right\| \propto \left\|\frac{\mathrm{d}\tau}{\mathrm{d}\theta}\right\| \tag{6.33}$$

$D(\theta)$ 越大则表明在该方向上的分辨率越高。

对于均匀线阵

$$D(\theta) \propto \cos\theta \tag{6.34}$$

说明信号在 0° 方向分辨率最高，而在 60° 方向分辨率已降了一半，所以一般线阵的测向范围为 $-60^\circ \sim 60^\circ$。一些其他阵列的分辨率详见参考文献 [3]。

6.2 传感器阵列空间信息的定义

本节从信息论角度刻画传感器阵列的信源感知过程和感知信息。传感器阵列感知的主要参数包括信源的方向和大小，本书用 $p(\boldsymbol{\theta},\boldsymbol{s})$ 表示信源的统计特性，它是信源方向 $\boldsymbol{\Theta}$ 和散射特性 $\boldsymbol{S}$ 的联合 PDF。通常散射和方向是不相关的，故有 $p(\boldsymbol{\theta},\boldsymbol{s}) = p(\boldsymbol{\theta})p(\boldsymbol{s})$。$p(\boldsymbol{\theta})$ 表示信源方向的先验 PDF，通常信源方向为在感知区域内服从均匀分布的变量，$p(\boldsymbol{s})$ 表示散射特性的 PDF。本书用 $p(\boldsymbol{z}|\boldsymbol{\theta},\boldsymbol{s})$ 表示感知信道的统计特性，它是已知信源方向和散射特性时接收信号 $\boldsymbol{Z}$ 的条件 PDF，其具体形式取决于噪声的统计模型。

定义 6.1【方向–散射信息】 设 $p(\boldsymbol{\theta},\boldsymbol{s})$ 是信源方向 $\boldsymbol{\Theta}$ 和散射特性 $\boldsymbol{S}$ 的联合 PDF，$p(\boldsymbol{z}|\boldsymbol{\theta},\boldsymbol{s})$ 是已知信源方向和散射特性时接收信号 $\boldsymbol{Z}$ 的条件 PDF，那么，传感器阵列的空间信息 [4,5] 定义为从接收序列 $\boldsymbol{Z}$ 中获得的关于信源方向 $\boldsymbol{\Theta}$

和散射特性 $\boldsymbol{S}$ 的联合互信息 $I(\boldsymbol{Z};\boldsymbol{\Theta},\boldsymbol{S})$。

$$I(\boldsymbol{Z};\boldsymbol{\Theta},\boldsymbol{S}) = E\left[\log\frac{p(\boldsymbol{z}|\boldsymbol{\theta},\boldsymbol{s})}{p(\boldsymbol{z})}\right] \tag{6.35}$$

式中，$p(\boldsymbol{z}) = \oiint p(\boldsymbol{\theta},\boldsymbol{s})\, p(\boldsymbol{z}|\boldsymbol{\theta},\boldsymbol{s})\,\mathrm{d}\boldsymbol{\theta}\mathrm{d}\boldsymbol{s}$ 是 $\boldsymbol{Z}$ 的边缘 PDF。

根据互信息的性质 [6–8] 可以证明，空间信息是方向信息 $I(\boldsymbol{Z};\boldsymbol{\Theta})$ 与已知方向的条件散射信息 $I(\boldsymbol{Z};\boldsymbol{S}|\boldsymbol{\Theta})$ 之和，即

$$\begin{aligned}
I(\boldsymbol{Z};\boldsymbol{\Theta},\boldsymbol{S}) &= E\left[\log\frac{p(\boldsymbol{z}|\boldsymbol{\theta},\boldsymbol{s})}{p(\boldsymbol{z})}\right] \\
&= E\left[\log\frac{p(\boldsymbol{z}|\boldsymbol{\theta},\boldsymbol{s})}{p(\boldsymbol{z}|\boldsymbol{\theta})}\frac{p(\boldsymbol{z}|\boldsymbol{\theta})}{p(\boldsymbol{z})}\right] \\
&= E\left[\log\frac{p(\boldsymbol{z}|\boldsymbol{\theta})}{p(\boldsymbol{z})}\right] + E\left[\log\frac{p(\boldsymbol{z}|\boldsymbol{\theta},\boldsymbol{s})}{p(\boldsymbol{z}|\boldsymbol{\theta})}\right] \\
&= I(\boldsymbol{Z};\boldsymbol{\Theta}) + I(\boldsymbol{Z};\boldsymbol{S}\,|\boldsymbol{\Theta})
\end{aligned} \tag{6.36}$$

从式 (6.36) 可以看出，传感器阵列信源感知可以分为两个步骤：第一步，确定信源的 DOA 信息 $I(\boldsymbol{Z};\boldsymbol{\Theta})$；第二步，确定已知信源方向的条件散射信息 $I(\boldsymbol{Z};\boldsymbol{S}|\boldsymbol{\Theta})$。

由互信息的性质，在条件概率分布 $p(\boldsymbol{z}|\boldsymbol{\theta},\boldsymbol{s})$ 给定时，空间信息 $I(\boldsymbol{Z};\boldsymbol{\Theta},\boldsymbol{S})$ 是信源统计特性 $p(\boldsymbol{\theta},\boldsymbol{s})$ 的上凸函数，故 $I(\boldsymbol{Z};\boldsymbol{\Theta},\boldsymbol{S})$ 在信源联合概率空间上存在最大值 [9]。我们有如下定义。

定义 6.2【感知容量】 给定条件概率分布 $p(\boldsymbol{z}|\boldsymbol{\theta},\boldsymbol{s})$，传感器阵列的感知容量定义为

$$C = \max_{p(\boldsymbol{\theta},\boldsymbol{s})} I(\boldsymbol{Z};\boldsymbol{\Theta},\boldsymbol{S}) \tag{6.37}$$

6.3 单信源的方向信息

本节推导信源的 DOA 信息 $I(\boldsymbol{Z};\Theta)$ 的理论表达式，由互信息的定义

$$I(\boldsymbol{Z};\Theta) = h(\Theta) - h(\Theta\,|\boldsymbol{Z}) \tag{6.38}$$

式中，$h(\Theta)$ 是由信源 DOA 的先验 PDF $p(\theta)$ 确定的微分熵，称为先验熵；$h(\Theta|\boldsymbol{Z})$ 是由信源 DOA 的后验 PDF $p(\theta\,|\boldsymbol{z})$ 确定的微分熵，称为后验熵。下面分别讨论恒模散射信源和复高斯散射信源的情况。

6.3.1　恒模散射信源方向信息的计算

1. 恒模散射信源的方向信息

首先讨论恒模散射信源的情况，此时接收信号为

$$\boldsymbol{Z} = \boldsymbol{A}(\theta)\, s + \boldsymbol{W} \tag{6.39}$$

式中，$s = \alpha \mathrm{e}^{\mathrm{j}\varphi}$ 为源信号的复散射系数，α 为散射系数的幅值，这里是一定值。假设源信号在观测区间 $[-|\Theta|/2, |\Theta|/2]$ 内服从均匀分布，则 Θ 的先验概率密度为 $p(\theta) = 1/|\Theta|$；φ 为散射相位，是在区间 $[0, 2\pi]$ 上服从均匀分布的随机变量，则 Φ 的先验概率密度为 $p(\varphi) = 1/2\pi$。

因此，在给定参数 Θ 和 Φ 的条件下，接收信号 $\boldsymbol{Z}$ 的 PDF[10,11] 表示为

$$p(\boldsymbol{z}|\theta,\varphi) = \left(\frac{1}{\pi N_0}\right)^M \exp\left\{-\frac{1}{N_0}\left[\boldsymbol{z} - \boldsymbol{A}(\theta)\, s\right]^{\mathrm{H}}\left[\boldsymbol{z} - \boldsymbol{A}(\theta)\, s\right]\right\} \tag{6.40}$$

对式 (6.40) 分解，忽略与 θ 无关的项，得到

$$p(\boldsymbol{z}\,|\theta,\varphi) \propto g(\boldsymbol{z},\theta,\varphi) = \exp\left\{\frac{2\alpha}{N_0}\Re\left[\mathrm{e}^{-\mathrm{j}\varphi}\boldsymbol{A}^{\mathrm{H}}(\theta)\,\boldsymbol{z}\right]\right\} \tag{6.41}$$

进一步有，$\boldsymbol{Z}$、Θ 和 Φ 的联合概率密度为

$$p(\boldsymbol{z},\theta,\varphi) = p(\theta)p(\varphi)p(\boldsymbol{z}|\theta,\varphi) \propto \frac{1}{2\pi|\Theta|}g(\boldsymbol{z},\theta,\varphi) \tag{6.42}$$

基于贝叶斯公式，在给定参数 $\boldsymbol{Z}$ 的条件下，Θ 的 PDF 为

$$p(\theta\,|\boldsymbol{z}) = \frac{p(\boldsymbol{z},\theta)}{\displaystyle\int_{-|\Theta|/2}^{|\Theta|/2} p(\boldsymbol{z},\theta)\,\mathrm{d}\theta} = \frac{\displaystyle\int_0^{2\pi} g(\boldsymbol{z},\theta,\varphi)p(\varphi)\,\mathrm{d}\varphi}{\displaystyle\int_{-|\Theta|/2}^{|\Theta|/2}\int_0^{2\pi} g(\boldsymbol{z},\theta,\varphi)p(\varphi)\,\mathrm{d}\varphi\mathrm{d}\theta} \tag{6.43}$$

接着对分式化简，已知

$$\int_0^{2\pi}\exp\left\{\frac{2\alpha}{N_0}\Re\left[\mathrm{e}^{-\mathrm{j}\varphi}\boldsymbol{A}^{\mathrm{H}}(\theta)\,\boldsymbol{z}\right]\right\}\mathrm{d}\varphi = 2\pi I_0\left[\frac{2\alpha}{N_0}\left|\boldsymbol{A}^{\mathrm{H}}(\theta)\,\boldsymbol{z}\right|\right] \tag{6.44}$$

式中，$I_0(\cdot)$ 表示第一类零阶修正贝塞尔函数 [11]。将式 (6.44) 代入式 (6.43) 中，可以得到

$$p(\theta\,|\boldsymbol{z}) = \frac{I_0\left[\dfrac{2\alpha}{N_0}\left|\boldsymbol{A}^{\mathrm{H}}(\theta)\,\boldsymbol{z}\right|\right]}{\displaystyle\int_{-|\Theta|/2}^{|\Theta|/2} I_0\left[\dfrac{2\alpha}{N_0}\left|\boldsymbol{A}^{\mathrm{H}}(\theta)\,\boldsymbol{z}\right|\right]\mathrm{d}\theta} \tag{6.45}$$

式 (6.45) 为已知接收信号 $\boldsymbol{Z}$ 情况下信源 DOA 的后验概率分布，其中分母表示归一化，后验概率分布的形状由分子决定。$\boldsymbol{A}^{\mathrm{H}}(\theta)\boldsymbol{z}$ 表示接收矢量与波形矢量的内积，也就是接收信号经过匹配滤波器的输出。$\left|\boldsymbol{A}^{\mathrm{H}}(\theta)\boldsymbol{z}\right|$ 表示匹配滤波器输出的复包络。由于最大似然估计就是寻找复包络的峰值，因此，后验概率分布与最大似然估计方法之间具有密切的联系。

因为源信号 DOA 在观测区间服从均匀分布，所以信源熵 $h(\Theta)=\log|\Theta|$。

定理 6.1 假设信源 DOA 在观测区间上均匀分布，散射系数幅值为常数，相位在 $[0,2\pi]$ 上均匀分布，那么，单边功率谱密度为 N_0 的 AWGN 信道上，从接收信号中获得的 DOA 信息量为

$$I(\boldsymbol{Z};\Theta)=h(\Theta)-h(\Theta|\boldsymbol{Z})=\log|\Theta|-E_{\boldsymbol{z}}\left[-\int_{-|\Theta|/2}^{|\Theta|/2}p(\theta|\boldsymbol{z})\log p(\theta|\boldsymbol{z})\,\mathrm{d}\theta\right] \tag{6.46}$$

式中，$p(\theta|\boldsymbol{z})$ 由式 (6.45) 给出；$E_{\boldsymbol{z}}[\cdot]$ 表示对 $\boldsymbol{Z}$ 的概率分布求期望。

注意式 (6.46) 中，互信息与散射信息的模值 α 及噪声功率谱密度 N_0 有关。此外，互信息涉及对接收矢量 $\boldsymbol{Z}$ 的平均，也就是说，对每次快拍 $\boldsymbol{Z}$ 计算一次 DOA 信息，实际 DOA 信息是多次快拍的期望值。

对一次特定的快拍，假设 DOA 位于 θ_0 处，将 $\boldsymbol{z}=\boldsymbol{A}(\theta_0)S+\boldsymbol{w}$ 代入式 (6.45)，同时令 $G(\theta)=\boldsymbol{A}^{\mathrm{H}}(\theta)\boldsymbol{A}(\theta_0)$，$F(\theta,\boldsymbol{w})=\boldsymbol{A}^{\mathrm{H}}(\theta)\boldsymbol{w}$。因此，给定 $\boldsymbol{W}$ 的条件下 θ 的后验概率密度为

$$p(\theta|\boldsymbol{w})=\frac{I_0\left[2\rho^2\left|G(\theta)+\dfrac{1}{\alpha}F(\theta,\boldsymbol{w})\right|\right]}{\displaystyle\int_{-|\Theta|/2}^{|\Theta|/2}I_0\left[2\rho^2\left|G(\theta)+\dfrac{1}{\alpha}F(\theta,\boldsymbol{w})\right|\right]\mathrm{d}\theta} \tag{6.47}$$

式中，$\rho^2=\alpha^2/N_0$ 表示每根天线的 SNR；$G(\theta)$ 表示阵列的方向图，而 $F(\theta,\boldsymbol{w})$ 是信号与噪声间的互相关函数，表示噪声的影响。因此 $G(\theta)$ 与 $F(\theta,\boldsymbol{w})$ 共同决定了后验概率 $p(\theta|\boldsymbol{w})$ 的特征。

此时，式 (6.46) 可以写为

$$I(\boldsymbol{Z};\Theta)=h(\Theta)-h(\Theta|\boldsymbol{W})=\log|\Theta|-E_{\boldsymbol{w}}\left[-\int_{-|\Theta|/2}^{|\Theta|/2}p(\theta|\boldsymbol{w})\log p(\theta|\boldsymbol{w})\,\mathrm{d}\theta\right] \tag{6.48}$$

然后将 $p(\theta|\boldsymbol{w})$ 代入，可求出恒模散射信源的 DOA 信息量。

2. 恒模散射信源 DOA 信息的上界

考虑到 Θ 的后验概率密度由信号和噪声部分组成，在高 SNR 情况下，接收信号的噪声项可以忽略，所以式 (6.47) 近似为

$$p(\theta|\boldsymbol{w}) \approx \frac{I_0\left[2\rho^2\left|G(\theta)\right|\right]}{\displaystyle\int_{-|\Theta|/2}^{|\Theta|/2} I_0\left[2\rho^2\left|G(\theta)\right|\right]\mathrm{d}\theta} \tag{6.49}$$

另外，I_0 的近似展开式为

$$I_0(x) = \frac{\mathrm{e}^x}{\sqrt{2\pi x}}\left\{1 + \frac{1}{8x} + O\left(\frac{1}{x^2}\right)\right\} \tag{6.50}$$

对 $|G(\theta)|$ 在 $\theta = \theta_0$ 处进行泰勒展开，由于高 SNR 时归一化概率分布的峰值在 θ_0 附近，因此 $(\theta - \theta_0)$ 的高次项可以忽略，即

$$|G(\theta)| \approx M - \frac{1}{2}M\mathcal{L}^2\cos^2\theta_0(\theta - \theta_0)^2 \tag{6.51}$$

式中，$\mathcal{L}^2 = \pi^2 L^2/3$ 为均方孔径宽度，$L = Md/\lambda$ 为归一化孔径宽度；$\cos\theta_0$ 为方向余弦。

将该展开式代入式 (6.49)，可以得到 $p(\theta|\boldsymbol{w})$ 在 θ_0 附近近似为高斯分布，即

$$p(\theta|\boldsymbol{w}) \approx \kappa\mathrm{e}^{-M\rho^2\beta^2(\theta-\theta_0)^2} \approx \frac{1}{\sqrt{2\pi\sigma^2}}\mathrm{e}^{-\frac{(\theta-\theta_0)^2}{2\sigma^2}} \tag{6.52}$$

式中，κ 为归一化常系数，且

$$\sigma^2 = \left(2M\rho^2\mathcal{L}^2\cos^2\theta_0\right)^{-1} \tag{6.53}$$

式中，$M\rho^2$ 表示阵列 SNR，说明在经过传感器阵列处理后获得 M 倍 SNR 增益。

推论 6.1 针对恒模散射信源，当 SNR $\rho^2 \to \infty$ 时，DOA 的后验概率分布逼近均值为 θ_0、方差为 $\sigma^2 = (2M\rho^2\mathcal{L}^2\cos^2\theta_0)^{-1}$ 的高斯分布。

根据高斯分布的微分熵，我们有如下推论。

推论 6.2 针对恒模散射信源，DOA 信息 $I(\boldsymbol{Z};\Theta)$ 在高 SNR 时的渐近上界为

$$I(\boldsymbol{Z};\Theta) \leqslant \log|\Theta| - \frac{1}{2}\log\left(2\pi\mathrm{e}\sigma^2\right) = \log\left(|\Theta|\,\mathcal{L}\cos\theta_0\sqrt{\frac{M\rho^2}{\pi\mathrm{e}}}\right) \tag{6.54}$$

不同天线数 M 对应的 DOA 信息与 SNR 的关系如图 6.2 所示，可以看出，DOA 信息随 SNR 的增大而增加，且 M 越大，获得的信息量越多，这是因为不同 M 值对应的信息熵 $h(\Theta)$ 不同。图中的虚线是高 SNR 下 DOA 信息的上界。

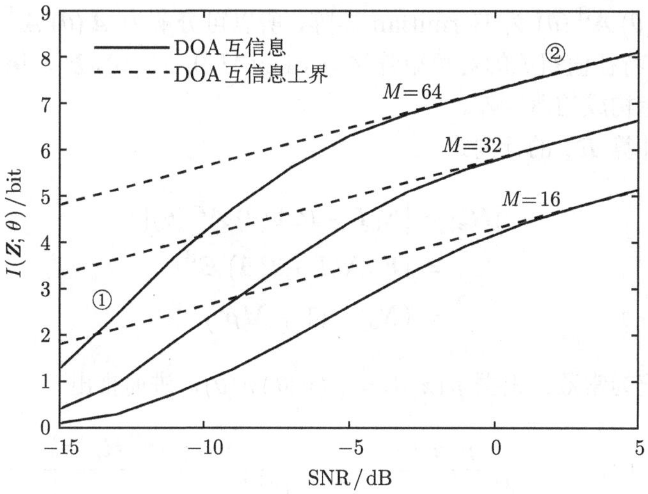

图 6.2 不同天线数的 DOA 信息与 SNR 的关系

借助图 6.2 我们可以从信息论的角度来刻画传感器阵列信源感知过程。当 SNR 很小时，噪声干扰较大，获得的 DOA 信息很小。随着 SNR 的增加，DOA 信息的变化划分为两个重要的阶段：① 源信号捕获阶段，DOA 信息随 SNR 的增大以较大的斜率增加，互信息每增加 1 bit，意味着源信号的搜索范围减小一半；② 源信号跟踪阶段，在高 SNR 时，DOA 信息与 SNR 的对数呈线性关系。随着获取的 DOA 信息量的增加，源信号搜索范围继续缩小。

6.3.2 复高斯散射信源方向信息的计算

1. 复高斯散射信源的方向信息

对于复高斯散射信源的情况，散射信号 $\boldsymbol{S}$ 服从均值为 0、方差为 P 的复高斯分布。由于 $\boldsymbol{W}$ 是均值为 0、方差为 N_0 的独立同分布复高斯随机矢量，所以接收信号 $\boldsymbol{Z}$ 也是复高斯矢量，其协方差矩阵为

$$\begin{aligned}\boldsymbol{R_z} &= E_{\boldsymbol{S},\boldsymbol{W}}\left[\boldsymbol{Z}\boldsymbol{Z}^{\mathrm{H}}\right]\\&= E\left[\left(\boldsymbol{A}(\theta)\boldsymbol{S}+\boldsymbol{W}\right)\left(\boldsymbol{A}(\theta)\boldsymbol{S}+\boldsymbol{W}\right)^{\mathrm{H}}\right]\\&= \boldsymbol{A}(\theta)E\left[\boldsymbol{S}\boldsymbol{S}^{\mathrm{H}}\right]\boldsymbol{A}^{\mathrm{H}}(\theta)+E\left[\boldsymbol{W}\boldsymbol{W}^{\mathrm{H}}\right]\\&= N_0\boldsymbol{I}+P\boldsymbol{A}(\theta)\boldsymbol{A}^{\mathrm{H}}(\theta)\end{aligned}\tag{6.55}$$

协方差矩阵以信源方向为参数，已知信源方向时接收信号的条件概率分布为

$$p(\boldsymbol{z}|\theta)=\frac{1}{(\pi)^M\left|\boldsymbol{R_z}\right|}\exp\left(-\boldsymbol{z}^{\mathrm{H}}\boldsymbol{R_z}^{-1}\boldsymbol{z}\right)\tag{6.56}$$

因为 $\boldsymbol{A}(\theta)\boldsymbol{A}^{\mathrm{H}}(\theta)$ 为 Hermitian 矩阵，所以可分解为 $\boldsymbol{A}(\theta)\boldsymbol{A}^{\mathrm{H}}(\theta)=\boldsymbol{E}\boldsymbol{\Lambda}\boldsymbol{E}^{\mathrm{H}}$ 的形式，其中特征值组成的对角矩阵 $\boldsymbol{\Lambda}=\mathrm{diag}(M,0,\cdots,0)$，$\boldsymbol{E}=[\boldsymbol{e}_1,\boldsymbol{e}_2,\cdots,\boldsymbol{e}_M]$ 是由特征向量构成的酉矩阵。

由此可计算 $\boldsymbol{R}_{\boldsymbol{z}}$ 的行列式

$$\begin{aligned}|\boldsymbol{R}_{\boldsymbol{z}}|&=\left|N_0\boldsymbol{I}+P\boldsymbol{A}(\theta)\boldsymbol{A}^{\mathrm{H}}(\theta)\right|\\&=\left|\boldsymbol{E}(N_0\boldsymbol{I}+P\boldsymbol{\Lambda})\boldsymbol{E}^{\mathrm{H}}\right|\\&=(N_0)^M\left(1+M\rho^2\right)\end{aligned}\tag{6.57}$$

由于行列式值为常数，根据 $p(\boldsymbol{z},\theta)=p(\boldsymbol{z}\,|\theta)\,p(\theta)$，进而推出

$$p(\theta\,|\boldsymbol{z})=\frac{p(\boldsymbol{z},\theta)}{\displaystyle\int_{-|\Theta|/2}^{|\Theta|/2}p(\boldsymbol{z},\theta)\mathrm{d}\theta}=\frac{\exp\left(-\boldsymbol{z}^{\mathrm{H}}\boldsymbol{R}_{\boldsymbol{z}}^{-1}\boldsymbol{z}\right)}{\displaystyle\int_{-|\Theta|/2}^{|\Theta|/2}\exp\left(-\boldsymbol{z}^{\mathrm{H}}\boldsymbol{R}_{\boldsymbol{z}}^{-1}\boldsymbol{z}\right)\mathrm{d}\theta}\tag{6.58}$$

根据矩阵求逆公式 [13] $\left(\boldsymbol{A}+\boldsymbol{x}\boldsymbol{y}^{\mathrm{H}}\right)^{-1}=\boldsymbol{A}^{-1}-\dfrac{\boldsymbol{A}^{-1}\boldsymbol{x}\boldsymbol{y}^{\mathrm{H}}\boldsymbol{A}^{-1}}{1+\boldsymbol{y}^{\mathrm{H}}\boldsymbol{A}^{-1}\boldsymbol{x}}$，令 $\boldsymbol{A}=N_0\boldsymbol{I}$，$\boldsymbol{x}=P\boldsymbol{A}(\theta)$，$\boldsymbol{y}=\boldsymbol{A}(\theta)$，可得协方差矩阵的逆为

$$\boldsymbol{R}_{\boldsymbol{z}}^{-1}=\frac{1}{N_0}\left[\boldsymbol{I}-\frac{\rho^2\boldsymbol{A}(\theta)\boldsymbol{A}^{\mathrm{H}}(\theta)}{M\rho^2+1}\right]\tag{6.59}$$

将式 (6.59) 结果代入式 (6.58)，可以得到已知接收信号 $\boldsymbol{Z}$ 时复高斯散射信源 DOA 的后验概率密度为

$$\begin{aligned}p(\theta|\boldsymbol{z})&=\frac{\exp\left(-\dfrac{\boldsymbol{z}^{\mathrm{H}}\boldsymbol{z}}{N_0}\right)\exp\left[\dfrac{1}{N_0}\dfrac{\rho^2\boldsymbol{z}^{\mathrm{H}}\boldsymbol{A}(\theta)\boldsymbol{A}^{\mathrm{H}}(\theta)\boldsymbol{z}}{M\rho^2+1}\right]}{\displaystyle\int_{-|\Theta|/2}^{|\Theta|/2}\exp\left(-\dfrac{\boldsymbol{z}^{\mathrm{H}}\boldsymbol{z}}{N_0}\right)\exp\left[\dfrac{1}{N_0}\dfrac{\rho^2\boldsymbol{z}^{\mathrm{H}}\boldsymbol{A}(\theta)\boldsymbol{A}^{\mathrm{H}}(\theta)\boldsymbol{z}}{M\rho^2+1}\right]\mathrm{d}\theta}\\&=\frac{\exp\left[\dfrac{\rho^2}{N_0(M\rho^2+1)}\left|\boldsymbol{A}^{\mathrm{H}}(\theta)\boldsymbol{z}\right|^2\right]}{\displaystyle\int_{-|\Theta|/2}^{|\Theta|/2}\exp\left[\dfrac{\rho^2}{N_0(M\rho^2+1)}\left|\boldsymbol{A}^{\mathrm{H}}(\theta)\boldsymbol{z}\right|^2\right]\mathrm{d}\theta}\end{aligned}\tag{6.60}$$

然后将 $p(\theta|\boldsymbol{z})$ 代入式 (6.46) 即可求出复高斯散射信源的 DOA 信息量。

2. 复高斯散射信源方向信息的上界

为了获得复高斯散射信源 DOA 信息的上界，我们将恒模散射信源 DOA 信息量的上界中的平均 SNRρ^2 看成服从方差为 ρ^2 的指数分布的随机变量 $|S|^2/N_0$。

然后计算式 (6.54) 的期望。

$$\begin{aligned}
I(\boldsymbol{Z};\Theta) &\leqslant E\left[\ln\left(|\Theta|\,\mathcal{L}\cos\theta_0\sqrt{\frac{M}{\pi \mathrm{e}}}\right)+\frac{1}{2}\ln\frac{|S|^2}{N_0}\right]\\
&=\ln\left(|\Theta|\,\mathcal{L}\cos\theta_0\sqrt{\frac{M}{\pi \mathrm{e}}}\right)+\int_0^{+\infty}\frac{1}{2}\ln\left(\frac{|S|^2}{N_0}\right)\frac{1}{\rho^2}\exp\left(-\frac{|S|^2}{\rho^2 N_0}\right)\mathrm{d}\frac{|S|^2}{N_0}\\
&=\ln\left(|\Theta|\,\mathcal{L}\cos\theta_0\sqrt{\frac{M}{\pi \mathrm{e}}}\right)+\frac{1}{2}(\ln\rho^2-\gamma)\\
&=\ln\left(|\Theta|\,\mathcal{L}\cos\theta_0\sqrt{\frac{M\rho^2}{\pi \mathrm{e}}}\right)-\frac{\gamma}{2}
\end{aligned} \tag{6.61}$$

其中，γ 是欧拉常数，推导时用自然对数，单位为 nat。

推论 6.3 复高斯散射信源 DOA 信息 $I(\boldsymbol{Z};\Theta)$ 在高 SNR 时的上界为

$$I(\boldsymbol{Z};\Theta)\leqslant\log\left(|\Theta|\,\mathcal{L}\cos\theta_0\sqrt{\frac{M\rho^2}{\pi \mathrm{e}}}\right)-\frac{\gamma}{2\ln 2} \tag{6.62}$$

3. *方向信息的数值仿真*

图 6.3 是恒模散射信源和复高斯散射信源的 DOA 信息量对比曲线，参数 $M=32$，源信号功率 $P=1$。从图中可以看出，在低 SNR(-20dB 以下) 时，两种信源模型都不能获取 DOA 信息，探测意义不大；随着 SNR 的增加，从恒模散射

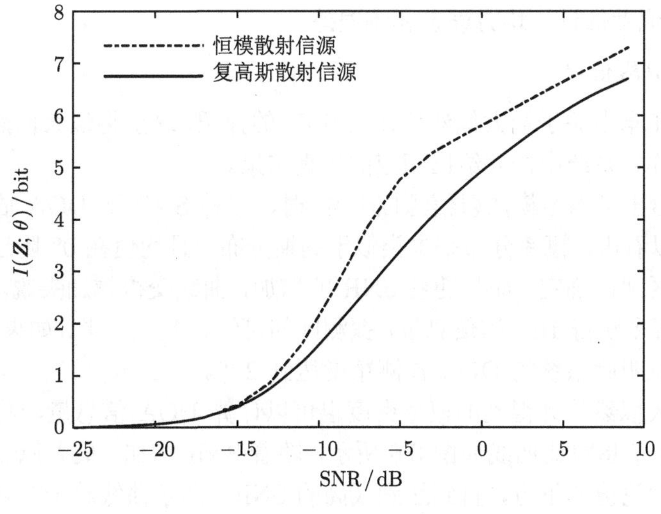

图 6.3 两种模型下的 DOA 信息量对比曲线

信源得到的信息量始终要高于复高斯散射信源的情况；达到较高的 SNR(5dB 以上) 后，高斯模型的 DOA 信息量比常数模型的 DOA 信息量上界低，原因在于每次探测过程中，复高斯信源的幅度总是随机变化，在相同的平均 SNR 条件下，系统实际获取复高斯散射信源的 DOA 信息相对较少。

两种散射模型 DOA 信息的上界如图 6.4 所示。在平均 SNR 相同时，复高斯散射信源模型的 DOA 信息量比恒模散射信源模型的 DOA 信息量上界低了约 0.416 bit，即达到相同信息量时 SNR 相差约 2.5dB。

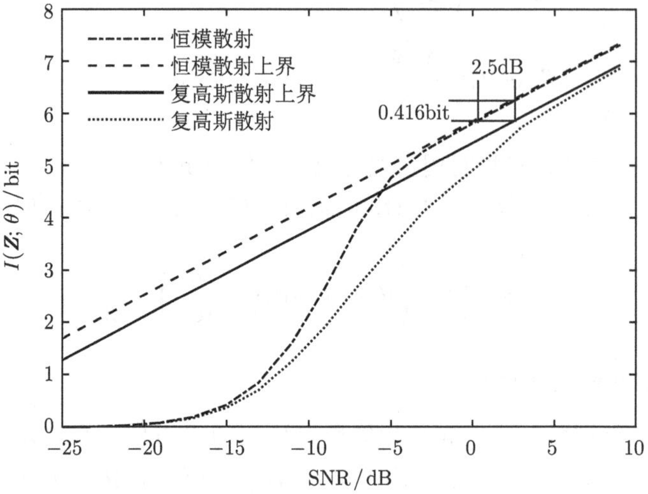

图 6.4　两种信源模型下的 DOA 信息量上界

6.3.3　最大似然估计、均方误差和熵误差

1. 最大似然估计

根据第 4 章中关于最大似然估计 (MLE) 的介绍，这里将最大似然算法 [14–17] 用于传感器阵列系统中，并给出相应的仿真结果。

图 6.5 给出了当恒模散射信源位于 0° 时，三种 SNR 下 DOA 估计的概率密度曲线。可以看出，概率分布基本类似于高斯分布，且均值在 0° 附近，说明信源的大致探测区间已确定，而且随着 SNR 的增加，曲线变得越加尖锐，即 DOA 估计更精确。每多获得 1bit 的信息量，探测区间可继续减少一半，如果能获得 k bit 的信息量，表明此系统的 DOA 探测精度达到 2^{-k}。

利用最大似然估计得到的概率密度也可以计算 DOA 信息量，与理论公式推导出的 DOA 信息对比曲线如图 6.6 所示，随着 SNR 增加，最大似然估计的信息量始终位于理论值的下方，直到达到很高的 SNR，两条曲线趋于重合，此时基本能确定信源的 DOA。

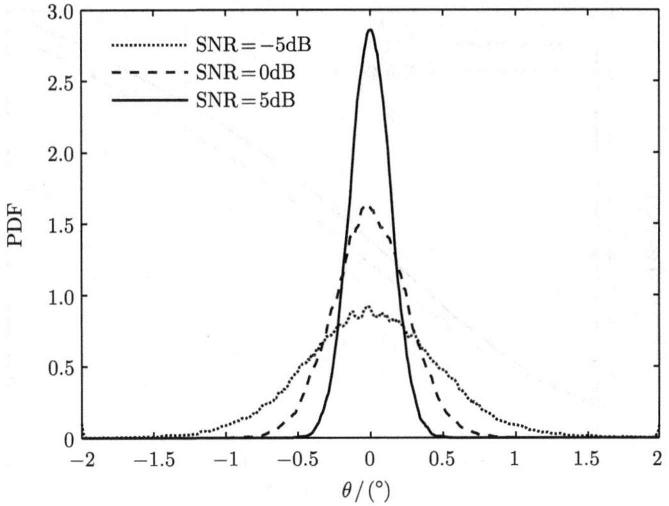

图 6.5 MLE 得到的 DOA 的 PDF

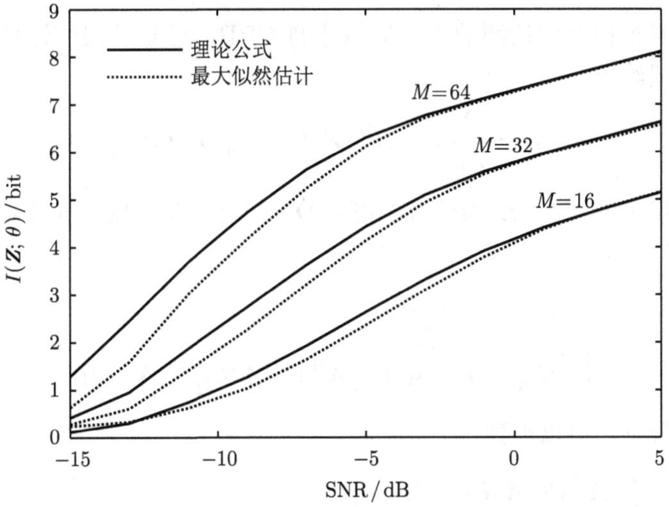

图 6.6 MLE 和理论公式 DOA 信息对比曲线

针对复高斯散射，阵列数 M 取 32，最大似然估计和理论公式推导出的 DOA 信息对比曲线如图 6.7 所示，可以看出，我们理论公式推导出的结果始终高于最大似然估计得出的信息量。

2. 克拉默–拉奥界

在高 SNR 条件下，随机参数 θ 的估计值可以达到最小均方误差 σ^2_{CRB}，被称为角度 θ 的 CRB[18,19]。

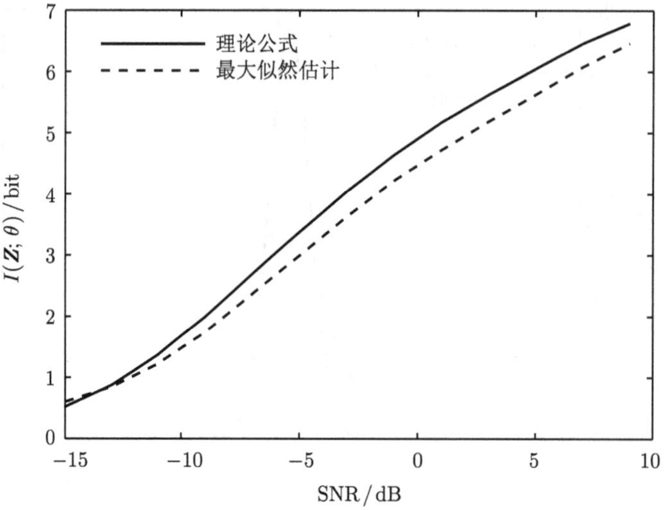

图 6.7　MLE 和理论结果的 DOA 信息量对比图 (复高斯散射信源)

首先计算恒模散射信源的 DOA 估计的 CRB，已知无偏估计量 θ 的最小均方误差由下式给出：

$$\sigma_{\mathrm{CRB}}^{2}=\frac{2}{N_0}\left\{\Re\left[\boldsymbol{S}^{\mathrm{H}}\boldsymbol{D}^{\mathrm{H}}(\theta)\,\boldsymbol{\Pi}_{\boldsymbol{A}}^{\perp}\boldsymbol{D}(\theta)\,\boldsymbol{S}\right]\right\}^{-1} \tag{6.63}$$

式中，N_0 为噪声功率；$\boldsymbol{S}$ 为信源幅度；$\boldsymbol{D}(\theta)$ 为方向矢量的导数矩阵；$\boldsymbol{\Pi}_{\boldsymbol{A}}^{\perp}$ 是 $\boldsymbol{A}^{\mathrm{H}}(\theta)$ 零空间上的正交投影矩阵。即

$$\begin{cases}\boldsymbol{D}(\theta)=\dfrac{\partial \boldsymbol{A}(\theta)}{\partial\theta}\\ \boldsymbol{\Pi}_{\boldsymbol{A}}^{\perp}=\boldsymbol{I}-\boldsymbol{A}(\theta)\left[\boldsymbol{A}^{\mathrm{H}}(\theta)\,\boldsymbol{A}(\theta)\right]^{-1}\boldsymbol{A}^{\mathrm{H}}(\theta)\end{cases} \tag{6.64}$$

在单信源情况下，可以得到

$$\begin{cases}\boldsymbol{A}^{\mathrm{H}}(\theta)\,\boldsymbol{A}(\theta)=M\\ \boldsymbol{D}^{\mathrm{H}}(\theta)\,\boldsymbol{D}(\theta)=\dfrac{2\pi^2d^2M\,(M-1)\,(2M-1)\cos^2\theta}{3\lambda^2}\\ \boldsymbol{D}^{\mathrm{H}}(\theta)\,\boldsymbol{A}(\theta)=-\mathrm{j}\dfrac{\pi dM\,(M-1)\cos\theta}{\lambda}\end{cases} \tag{6.65}$$

将式 (6.65) 代入式 (6.63)，可得 CRB 为

$$\sigma_{\mathrm{CRB}}^{2}=\left[\frac{2\rho^2\pi^2d^2\cos^2\theta_0M\,(M^2-1)}{3\lambda^2}\right]^{-1}\approx\left(2M\rho^2\mathcal{L}^2\cos^2\theta_0\right)^{-1} \tag{6.66}$$

且最大似然估计在高 SNR 条件下可逼近 CRB。

下面计算复高斯散射信源的 DOA 估计的 CRB，此时

$$\sigma_{\text{CRB}}^2 = \frac{1}{E\left[\dfrac{\partial^2\left(\boldsymbol{z}^{\text{H}}\boldsymbol{R}_{\boldsymbol{z}}^{-1}\boldsymbol{z}\right)}{\partial\theta^2}\right]} \tag{6.67}$$

考虑到求期望和求导针对不同变量，运算相互无关，故可调换运算顺序化简为

$$\sigma_{\text{CRB}}^2 = \frac{1}{\dfrac{\partial^2 E\left[\boldsymbol{z}^{\text{H}}\boldsymbol{R}_{\boldsymbol{z}}^{-1}\boldsymbol{z}\right]}{\partial\theta^2}} \tag{6.68}$$

先计算期望

$$E\left[\boldsymbol{z}^{\text{H}}\boldsymbol{R}_{\boldsymbol{z}}^{-1}\boldsymbol{z}\right] = \frac{1}{N_0}E\left[\sum_n |z_n|^2\right] - \frac{1}{N_0}\frac{\rho^2}{M\rho^2+1}\left\{MN_0 + P\frac{\sin^2\left[M\left(\beta_\theta-\beta_{\theta_0}\right)/2\right]}{\sin^2\left[\left(\beta_\theta-\beta_{\theta_0}\right)/2\right]}\right\} \tag{6.69}$$

式中，$\beta_\theta = \dfrac{2\pi d\sin\theta}{\lambda}$。

将式 (6.69) 代入式 (6.68) 可以得到 CRB，即

$$\sigma_{\text{CRB}}^2 = \frac{M+1/\rho^2}{2M^2\rho^2\mathcal{L}^2\cos^2\theta_0} \tag{6.70}$$

可以发现，当 SNR 比较高时，$(M+\rho^{-2})/M \approx 1$，两种模型的克拉默–拉奥界是渐近的。

3. 熵误差

根据第 4 章中关于熵误差的定义，可以用熵误差评价传感器阵列系统的性能，由熵误差的定义式 $\sigma_{\text{EE}}^2 = 2^{2h(\Theta|\boldsymbol{Z})}/2\pi\text{e}$，可以计算两种信源模型方向估计的熵误差。

由恒模散射信源 DOA 信息上界式 (6.54)，可计算对应的熵误差下界：

$$\sigma_{\text{EE}}^2 \geqslant \frac{2^{2\left[\log\left(\frac{1}{\mathcal{L}\cos\theta_0}\sqrt{\frac{\pi\text{e}}{M\rho^2}}\right)\right]}}{2\pi\text{e}} = \frac{1}{2\mathcal{L}^2\cos^2\theta_0 M\rho^2} \tag{6.71}$$

由此可知，恒模散射信源 DOA 估计的熵误差下界就是克拉默–拉奥界。

根据复高斯散射信源的 DOA 信息上界式 (6.62)，可计算对应的熵误差下界：

$$\sigma_{\text{EE}}^2 \geqslant \frac{2^{2\left[\log\left(\frac{1}{\mathcal{L}\cos\theta_0}\sqrt{\frac{\pi\text{e}}{M\rho^2}}\right)+\frac{\gamma}{2\ln 2}\right]}}{2\pi\text{e}} = \frac{1}{2\mathcal{L}^2\cos^2\theta_0 M\rho^2}2^{\frac{\gamma}{\ln 2}} \tag{6.72}$$

熵误差、均方误差及 CRB 之间的关系如图 6.8 所示。可以看出，随着 SNR 的增大，方差减小，且在整个 SNR 区间内熵误差均小于均方误差。在高 SNR 阶段，MSE 和熵误差都渐近于 CRB，说明本书给出的熵误差对于实际传感器阵列 DOA 估计具有指导意义。

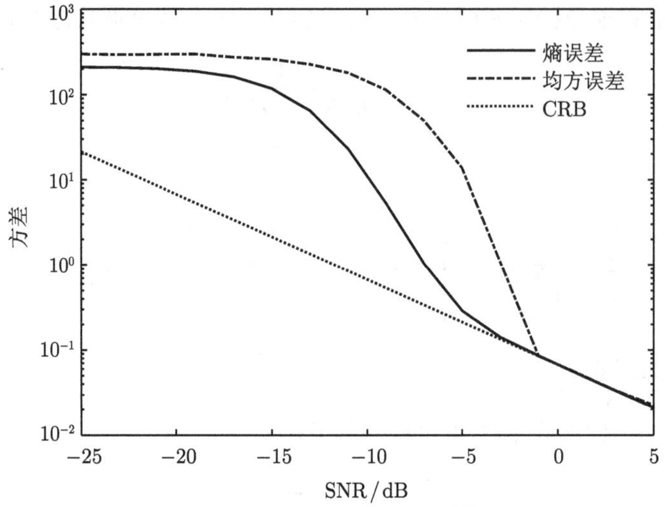

图 6.8　恒模散射信源 DOA 的方差

6.3.4　方向信息的近似表达式

为了得到恒模散射信源方向信息的近似表达式，通过第 4 章中的归一化方法对式 (6.48) 进行近似计算。由式 (6.47) 可知 $p(\theta|\boldsymbol{w})$ 的数值集中在信源所在的方向 θ_0 附近，因此在计算微分熵时对 θ 积分的区间可以划分为信号区间 $[s]$ 和噪声区间 $[w]$。信号区间是包含 $p(\theta|\boldsymbol{w})$ 峰值的 θ_0 附近的区间，噪声区间是剩余的噪声起主要作用的区间。

同样地，令 $V_{\mathrm{s}}=I_0\left(2\rho^2\left|G(\theta)+\dfrac{1}{\alpha}F(\theta,\boldsymbol{w})\right|\right)$，$V_{\mathrm{w}}=I_0\left(\dfrac{2\rho^2}{\alpha}\left|F(\theta,\boldsymbol{w})\right|\right)$，代入式 (6.47) 可得

$$p(\theta|\boldsymbol{w})=\frac{V_{\mathrm{s}}}{\varOmega_{\mathrm{s}}+\varOmega_{\mathrm{w}}} \tag{6.73}$$

式中，$\varOmega_{\mathrm{s}}=\displaystyle\int_{\mathrm{s}}V_{\mathrm{s}}\mathrm{d}\theta$，$\varOmega_{\mathrm{w}}=\displaystyle\int_{\mathrm{w}}V_{\mathrm{w}}\mathrm{d}\theta$。

参照第 4 章中距离信息近似表达式的推导过程，可得

$$I(\boldsymbol{Z};\varTheta)=\log(|\varTheta|)-p_{\mathrm{s}}H_{\mathrm{s}}-(1-p_{\mathrm{s}})H_{\mathrm{w}}-H(p_{\mathrm{s}}) \tag{6.74}$$

下面分别对 $\Omega_{\rm s}$、$\Omega_{\rm w}$ 和 $p_{\rm s}$ 进行计算。首先计算 $\Omega_{\rm s}$，将 $V_{\rm s}$ 在 θ_0 处进行泰勒展开得到

$$V_{\rm s}=I_0\left[2M\rho^2+\frac{1}{2}+\frac{2M-1}{M+1}-M\rho^2\mathcal{L}^2\cos^2\theta_0\left(\theta-\theta_0\right)^2\right] \tag{6.75}$$

代入第一类零阶贝塞尔函数的近似公式 (6.50)，可得

$$\Omega_{\rm s}=\int_{\rm s}V_{\rm s}{\rm d}\theta\approx\frac{\exp\left(2M\rho^2+\dfrac{1}{2}+\dfrac{2M-1}{M+1}\right)}{2M\rho^2\mathcal{L}\cos\theta_0} \tag{6.76}$$

接着计算 $\Omega_{\rm w}$，令 $h_{\rm w}(\theta)=\dfrac{2\rho^2}{\alpha}F(\theta,\boldsymbol{w})$，则有

$$\overline{\{R\left(h_{\rm w}(\theta)\right)\}^2}=\overline{\{I\left(h_{\rm w}(\theta)\right)\}^2}=2M\rho^2 \tag{6.77}$$

$|h_{\rm w}(\theta)|$ 服从瑞利分布，其 PDF 如下：

$$f\left(|h_{\rm w}(\theta)|\right)=\frac{|h_{\rm w}(\theta)|}{2M\rho^2}\exp\left[-\frac{|h_{\rm w}(\theta)|^2}{4M\rho^2}\right] \tag{6.78}$$

于是 $\Omega_{\rm w}$ 可由下式得到

$$\Omega_{\rm w}=|\Theta|\int_0^{\infty}I_0\left(|h_{\rm w}(\theta)|\right)f\left(|h_{\rm w}(\theta)|\right){\rm d}\,|h_{\rm w}(\theta)|\approx|\Theta|\,{\rm e}^{M\rho^2} \tag{6.79}$$

根据第 4 章中式 $p_{\rm s}=\Omega_{\rm s}/(\Omega_{\rm s}+\Omega_{\rm w})$ 及 $\Omega_{\rm s}$、$\Omega_{\rm w}$，可以得到 $p_{\rm s}$ 的近似式为

$$p_{\rm s}=\frac{\exp\left(M\rho^2+\dfrac{1}{2}+\dfrac{2M-1}{M+1}\right)}{|\Theta|\,2M\rho^2\mathcal{L}\cos\theta_0+\exp\left(M\rho^2+\dfrac{1}{2}+\dfrac{2M-1}{M+1}\right)} \tag{6.80}$$

下面分别计算高 SNR 和低 SNR 情况下的后验熵 $H_{\rm s}$ 和 $H_{\rm w}$。

由式 (6.53) 可得高 SNR 情况下后验熵为

$$H_{\rm s}\approx\log\sqrt{\frac{\pi{\rm e}}{M\rho^2\mathcal{L}^2\cos^2\theta_0}} \tag{6.81}$$

低 SNR 情况下，可以得到噪声部分的熵

$$\begin{aligned}H_{\rm w}&=-|\Theta|\int_0^{\infty}f\left(|h_{\rm w}(\theta)|\right)\left(\frac{V_{\rm w}}{\Omega_{\rm w}}\log\frac{V_{\rm w}}{\Omega_{\rm w}}\right){\rm d}\,|h_{\rm w}(\theta)|\\&\approx\log\left[|\Theta|\sqrt{2\pi\cdot(2M\rho^2)}\right]-M\rho^2-\frac{1}{2}\end{aligned} \tag{6.82}$$

把式 (6.80)～ 式 (6.82) 代入近似公式 (6.74)，可得方向信息的近似表达式

$$I(\boldsymbol{Z};\Theta)=p_{\mathrm{s}}\underbrace{\log\frac{|\Theta|\sqrt{M\rho^2}\mathcal{L}\cos\theta_0}{\sqrt{\pi\mathrm{e}}}}_{\text{发现源信号}}+(1-p_{\mathrm{s}})\underbrace{\log\frac{\exp\left(M\rho^2+\dfrac{1}{2}\right)}{\sqrt{2\pi\cdot(2M\rho^2)}}}_{\text{未发现源信号}}-\underbrace{H(p_{\mathrm{s}})}_{\text{源信号不确定性}} \tag{6.83}$$

式 (6.83) 与方向信息理论结果的比较如图 6.9 所示。近似结果在总体上是吻合的，只在中等 SNR 到高 SNR 的过渡阶段存在一定的误差，该误差主要是由式 (6.81) 的近似引入的，近似公式对实际系统设计有参考价值。

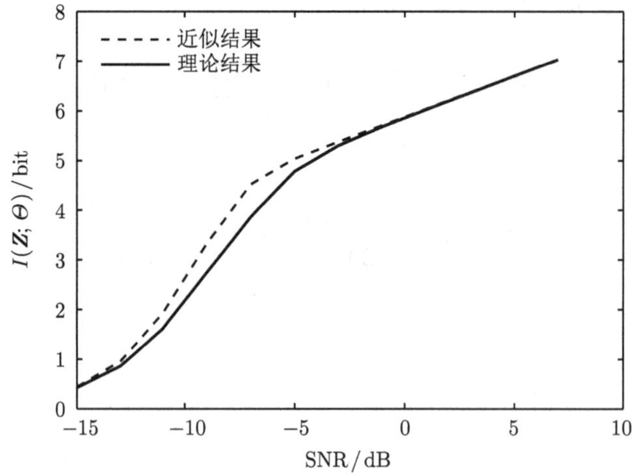

图 6.9　方向信息近似表达式与理论结果的比较

6.4　单信源的散射信息

信源的空间信息由方向信息和散射信息两部分组成，上一节详细分析和推导了单信源的方向信息，本节研究单信源的散射信息的计算。下面分别讨论恒模散射信源和复高斯散射信源两种情况。

6.4.1　恒模散射信源

考虑恒模散射信源，散射信息 $I(\boldsymbol{Z};S|\Theta)$ 简化为相位信息 $I(\boldsymbol{Z};\Phi|\Theta)$。根据 $\boldsymbol{Z}$ 的概率密度可以得到

$$p(\varphi|\boldsymbol{z},\theta)=\frac{p(\boldsymbol{z},\varphi|\theta)}{\displaystyle\int_0^{2\pi}p(\boldsymbol{z},\varphi|\theta)\,\mathrm{d}\varphi}=\frac{g(\boldsymbol{z},\theta,\varphi)}{\displaystyle\int_0^{2\pi}g(\boldsymbol{z},\theta,\varphi)\,\mathrm{d}\varphi} \tag{6.84}$$

将式 (6.17) 和式 (6.44) 代入，得到

$$p(\varphi|\boldsymbol{w},\theta)=\frac{\exp\left\{2\rho^2\mathcal{R}\left[\mathrm{e}^{\mathrm{j}(\varphi-\varphi_0)}G(\theta)+\dfrac{1}{\alpha}\mathrm{e}^{-\mathrm{j}\varphi}F(\theta,\boldsymbol{w})\right]\right\}}{2\pi I_0\left[2\rho^2\left|G(\theta)+\dfrac{1}{\alpha}F(\theta,\boldsymbol{w})\right|\right]} \tag{6.85}$$

定理 6.2 恒模散射信源的相位信息 $I(\boldsymbol{Z};\varPhi|\varTheta)$ 表示为

$$\begin{aligned}I(\boldsymbol{Z};\varPhi|\varTheta)&=h(\varPhi|\varTheta)-h(\varPhi|\boldsymbol{W},\varTheta)\\&=\log(2\pi)+E_{\boldsymbol{w}}\left[E_\theta\left[\int_0^{2\pi}p(\varphi|\boldsymbol{w},\theta)\log p(\varphi|\boldsymbol{w},\theta)\,\mathrm{d}\varphi\right]\right]\end{aligned} \tag{6.86}$$

6.4.2 复高斯散射信源

针对复高斯散射信源，在已估计源信号 DOA 的条件下，因为 S 和 $\boldsymbol{W}$ 是独立的高斯变量，所以 $\boldsymbol{Z}$ 也是复高斯矢量。首先求接收信号的协方差矩阵，得到

$$\begin{aligned}E\left[\boldsymbol{Z}\boldsymbol{Z}^{\mathrm{H}}\right]&=E\left[(\boldsymbol{A}(\theta)S+\boldsymbol{W})(\boldsymbol{A}(\theta)S+\boldsymbol{W})^{\mathrm{H}}\right]\\&=\boldsymbol{A}(\theta)E\left[SS^{\mathrm{H}}\right]\boldsymbol{A}^{\mathrm{H}}(\theta)+E\left[\boldsymbol{W}\boldsymbol{W}^{\mathrm{H}}\right]\\&=E\left[\alpha^2\right]\boldsymbol{A}(\theta)\boldsymbol{A}^{\mathrm{H}}(\theta)+N_0\boldsymbol{I}\end{aligned} \tag{6.87}$$

式中，$\boldsymbol{I}$ 为单位阵。我们可以得到在已知 $\varTheta=\theta$ 条件下的散射信息为

$$\begin{aligned}I(\boldsymbol{Z};S|\varTheta=\theta)&=h(\boldsymbol{Z}|\varTheta=\theta)-h(\boldsymbol{Z}|\varTheta=\theta,S)\\&=\log\left|E\left[\alpha^2\right]\boldsymbol{A}(\theta)\boldsymbol{A}^{\mathrm{H}}(\theta)+N_0\boldsymbol{I}\right|-\log\left|N_0\boldsymbol{I}\right|\\&=\log\left[1+\rho^2\boldsymbol{A}^{\mathrm{H}}(\theta)\boldsymbol{A}(\theta)\right]\\&=\log\left(1+M\rho^2\right)\end{aligned} \tag{6.88}$$

式 (6.88) 表明 $I(\boldsymbol{Z};S|\varTheta=\theta)$ 和估计的 DOA 值无关，也就是说，信源的散射信息与方向信息无关。

定理 6.3 假设信源能量全部位于观测区间内，复高斯散射信源的散射信息 $I(\boldsymbol{Z};S|\varTheta)$ 为

$$I(\boldsymbol{Z};S|\varTheta)=I(\boldsymbol{Z};S|\varTheta=\theta)=\log\left(1+M\rho^2\right) \tag{6.89}$$

即散射信息量与信源 DOA 无关。

在给定信源方向时，传感器阵列系统等价于一个幅相调制系统，当散射信号服从高斯分布时正好达到信道容量。散射信息与方向 θ 无关是因为，只要散射能量位于观测区间内，不管信源方向如何，都可以获得全部散射信号能量。

恒模散射信源和复高斯散射信源两种情形下，对应的散射信息仿真曲线如图 6.10 所示。可以看出散射信息与 SNR 成正比关系，随着 SNR 的升高而增加，且复高斯散射信源比恒模散射信源获得的信息量要大。两者的差值就是恒模散射信源下散射信息退化为相位信息所减少的信息量。

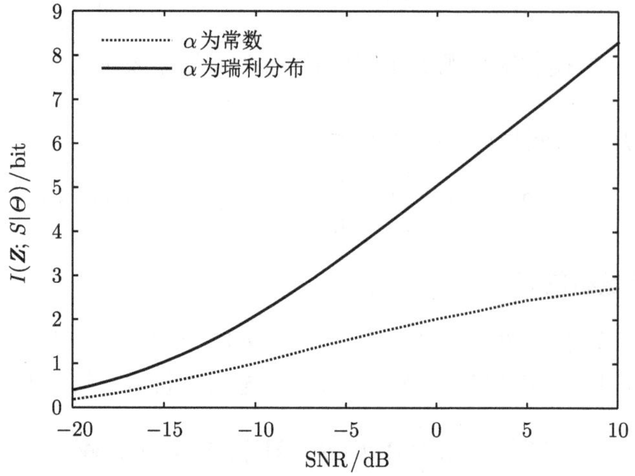

图 6.10　散射信息和 SNR 的关系曲线

6.5　多信源的空间信息

本节研究传感器阵列感知多信源时的空间信息问题。首先，推导多信源的方向信息理论表达式，然后，推导已知方向条件下散射信息的理论表达式，得到两信源散射信息的闭合表达式。分辨率是传感器阵列系统的重要性能指标，本节也从信息论角度给出角度分辨率的新定义 [20]。不同于传统分辨率，新的角度分辨率不仅与孔径宽度有关，而且随 SNR 的增加而下降。

6.5.1　方向信息

考虑复高斯散射信源，此时 $\boldsymbol{S}$ 和 $\boldsymbol{W}$ 都为复高斯矢量，且相互独立，所以接收信号 $\boldsymbol{Z}$ 也是复高斯的，其协方差矩阵 $\boldsymbol{R_Z}$ 为

$$\boldsymbol{R_Z} = E_{\boldsymbol{S},\boldsymbol{W}}\left[\boldsymbol{Z}\boldsymbol{Z}^{\mathrm{H}}\right] \tag{6.90}$$

将 $\boldsymbol{Z} = \boldsymbol{A}(\boldsymbol{\theta})\boldsymbol{S} + \boldsymbol{W}$ 式代入可得

$$\begin{aligned}\boldsymbol{R_Z} &= E\left[(\boldsymbol{A}(\boldsymbol{\theta})\boldsymbol{S} + \boldsymbol{W})(\boldsymbol{A}(\boldsymbol{\theta})\boldsymbol{S} + \boldsymbol{W})^{\mathrm{H}}\right]\\ &= \boldsymbol{A}(\boldsymbol{\theta})E\left[\boldsymbol{S}\boldsymbol{S}^{\mathrm{H}}\right]\boldsymbol{A}^{\mathrm{H}}(\boldsymbol{\theta}) + E\left[\boldsymbol{W}\boldsymbol{W}^{\mathrm{H}}\right]\end{aligned}$$

$$= N_0 \left[\sum_{k=1}^{K} \rho_k^2 \boldsymbol{a}(\theta_k) \boldsymbol{a}^{\mathrm{H}}(\theta_k) + \boldsymbol{I} \right] \tag{6.91}$$

式中，$\rho_k^2 = E\left[|s_k|^2\right]/N_0$ 表示第 k 个目标的平均 SNR。在给定 $\boldsymbol{\Theta}$ 的情况下，接收信号的 PDF 为

$$p(\boldsymbol{z}|\boldsymbol{\theta}) = \frac{1}{(\pi)^M \det(\boldsymbol{R_z})} \exp\left(-\boldsymbol{z}^{\mathrm{H}} \boldsymbol{R_z}^{-1} \boldsymbol{z}\right) \tag{6.92}$$

基于贝叶斯公式，$\boldsymbol{Z}$ 已知时，$\boldsymbol{\Theta}$ 的 PDF 为

$$p(\boldsymbol{\theta}|\boldsymbol{z}) = \frac{p(\boldsymbol{z}, \boldsymbol{\theta})}{\int_{-|\Theta|/2}^{|\Theta|/2} p(\boldsymbol{z}, \boldsymbol{\theta}) \mathrm{d}\boldsymbol{\theta}} = \frac{\exp\left(-\boldsymbol{z}^{\mathrm{H}} \boldsymbol{R_z}^{-1} \boldsymbol{z}\right)/\det(\boldsymbol{R_z})}{\int_{-|\Theta|/2}^{|\Theta|/2} \exp\left(-\boldsymbol{z}^{\mathrm{H}} \boldsymbol{R_z}^{-1} \boldsymbol{z}\right)/\det(\boldsymbol{R_z}) \mathrm{d}\boldsymbol{\theta}} \tag{6.93}$$

因此，根据互信息的定义，可以得到多信源的方向信息为角度 $\boldsymbol{\Theta}$ 的先验熵和后验熵的差值。

定理 6.4 多信源的 DOA 信息量 $I(\boldsymbol{Z};\boldsymbol{\Theta})$ 为

$$I(\boldsymbol{Z};\boldsymbol{\Theta}) = h(\boldsymbol{\Theta}) - h(\boldsymbol{\Theta}|\boldsymbol{Z}) = K \log|\Theta| - E_{\boldsymbol{z}} \left[-\int_{-|\Theta|/2}^{|\Theta|/2} p(\boldsymbol{\theta}|\boldsymbol{z}) \log p(\boldsymbol{\theta}|\boldsymbol{z}) \mathrm{d}\boldsymbol{\theta} \right] \tag{6.94}$$

式中，$p(\boldsymbol{\theta}|\boldsymbol{z})$ 由式 (6.93) 给出。

多信源方向信息的计算十分复杂，目前尚无闭合表达式，但可通过计算机仿真得到数值结果。当散射系数为复高斯时，以两信源为例，假设两个源信号的平均功率均为 1，其余参数设置同单信源的情况。不同方位间距下复高斯散射信源的 DOA 信息与 SNR 变化曲线如图 6.11 所示。从图中可以看出，DOA 信息随 SNR 的增大而增大。两个源信号距离越远，获得的 DOA 信息越大，验证了理论推导的正确性。

SNR 分别取 −5dB、0dB 和 5dB，图 6.12 给出了不同 SNR 下复高斯信源 DOA 信息与方位差的关系。可以看出，联合方向信息随 SNR 增大而增大，当方位差较小时，信源相互干扰较大，获得的联合方向信息较小，在两信源重合时达到最小值。随方位差增大，获得的联合信息量变大，最后在两信源相距足够远时，互不干扰，获得的信息量趋于平稳。

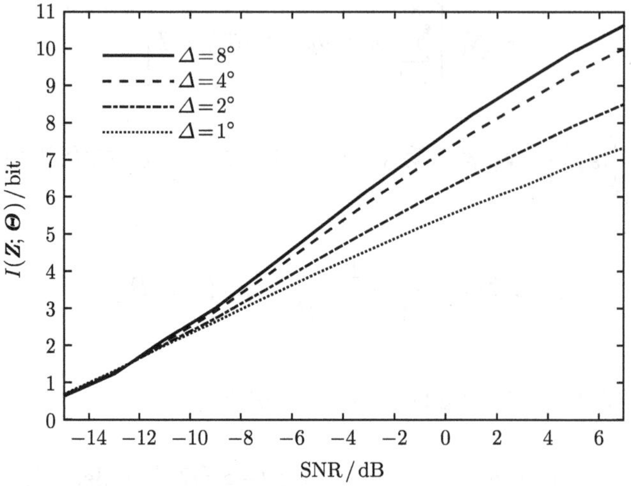

图 6.11　不同方位差下两信源 DOA 信息与 SNR 的关系

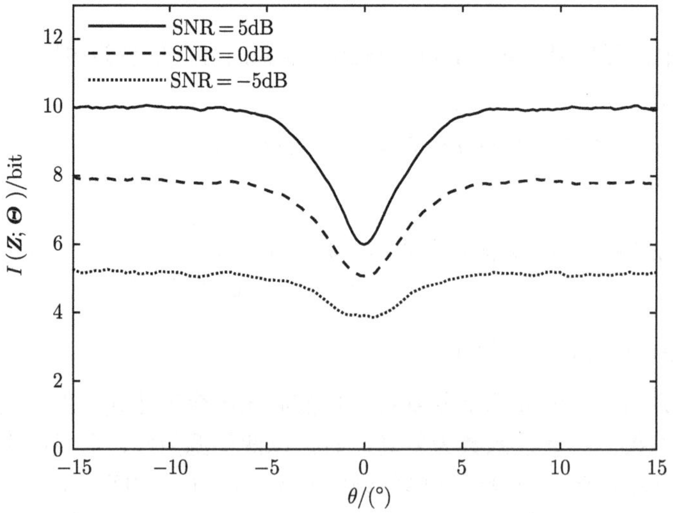

图 6.12　不同 SNR 下两信源 DOA 信息与方位差的关系

6.5.2 散射信息

考虑复高斯散射信源，由于 $\boldsymbol{Z}$ 是一个协方差矩阵为 $\boldsymbol{R}_{\boldsymbol{Z}}$ 的高斯矢量，那么

$$I(\boldsymbol{Z};\boldsymbol{S}\,|\boldsymbol{\Theta}=\boldsymbol{\theta})=h(\boldsymbol{Z}\,|\boldsymbol{\Theta}=\boldsymbol{\theta})-h(\boldsymbol{Z}|\,\boldsymbol{S},\boldsymbol{\Theta}=\boldsymbol{\theta}) \tag{6.95}$$

其中，$h(\boldsymbol{Z}) = \log\left((2\pi e)^2 |\boldsymbol{R_Z}|\right)$ 为复高斯接收矢量的微分熵；$h(\boldsymbol{Z}|\boldsymbol{S}) = \log\left[(2\pi e)^2 |N_0\boldsymbol{I}|\right]$ 为噪声的微分熵。因此有

$$I(\boldsymbol{Z};\boldsymbol{S}|\boldsymbol{\varTheta}=\boldsymbol{\theta}) = \log\left|\boldsymbol{I}+\sum_{k=1}^{K}\rho_k^2\boldsymbol{a}(\theta_k)\boldsymbol{a}^{\mathrm{H}}(\theta_k)\right| \tag{6.96}$$

在这里，假设各信源间相互独立且互不干扰，此时，$\sum_{k=1}^{K}\rho_k^2\boldsymbol{a}(\theta_k)\boldsymbol{a}^{\mathrm{H}}(\theta_k)$ 可以重构为如下对角块矩阵：

$$\begin{bmatrix} \boldsymbol{0} & & & & & & \\ & \rho_1^2\boldsymbol{V}_1 & & & & & \\ & & \boldsymbol{0} & & & & \\ & & & \rho_2^2\boldsymbol{V}_2 & & & \\ & & & & \ddots & & \\ & & & & & \rho_k^2\boldsymbol{V}_K & \\ & & & & & & \boldsymbol{0} \end{bmatrix}$$

式中，$\boldsymbol{V}_k$ 为包含 $\boldsymbol{a}(\boldsymbol{\theta}_k)\boldsymbol{a}^{\mathrm{H}}(\boldsymbol{\theta}_k)$ 中所有非零元素的最小方阵，$\boldsymbol{0}$ 为零矩阵。因此，式 (6.96) 可以进一步简化为

$$\begin{aligned} I(\boldsymbol{Z};\boldsymbol{S}|\boldsymbol{\varTheta}=\boldsymbol{\theta}) &= \log\left(\prod_{k=1}^{K}\left|\rho_k^2\boldsymbol{V}_k+\boldsymbol{I}\right|\right) \\ &= \log\left\{\prod_{k=1}^{K}\left[1+\rho_k^2\boldsymbol{a}^{\mathrm{H}}(\boldsymbol{\theta}_k)\boldsymbol{a}(\boldsymbol{\theta}_k)\right]\right\} \\ &= \sum_{k=1}^{K}\left(1+M\rho_k^2\right) \\ &= \sum_{k=1}^{K} I(\boldsymbol{Z};S_k|\varTheta_k=\theta) \end{aligned} \tag{6.97}$$

式 (6.97) 表明 $I(\boldsymbol{Z};\boldsymbol{S}|\boldsymbol{\varTheta}=\boldsymbol{\theta})$ 和估计的 DOA 值 $\boldsymbol{\theta}$ 无关。可以看出，当信源相距较远时，复高斯多源散射信息等于单个信源散射信息之和，且与方位角无关，只与 SNR 有关，形式上与信道容量公式一致。香农信道容量表示信号散射信息的最大值，因为在系统完全同步假设下，不存在信号的 DOA 信息。

定理 6.5 假设各复高斯源信号相距较远，信号间相互独立且互不干扰，则散射信息为

$$I(\boldsymbol{Z};\boldsymbol{S}|\boldsymbol{\Theta}) = \sum_{k=1}^{K} I(\boldsymbol{Z};S_k|\Theta_k=\theta) \tag{6.98}$$

定理表明，总散射信息是各个信源散射信息之和，且散射信息仅与 SNR 有关，而与信源的 DOA 无关。

当散射系数为复高斯分布时，以两信源为例，假设两个源信号的平均功率均为 1，其余参数设置同 DOA 信息情况。图 6.13 给出了单信源的散射信息和两信源散射信息的比较。可以看出，散射信息随 SNR 的增大而增大。同一 SNR 之下，两信源的散射信息是单信源的两倍。

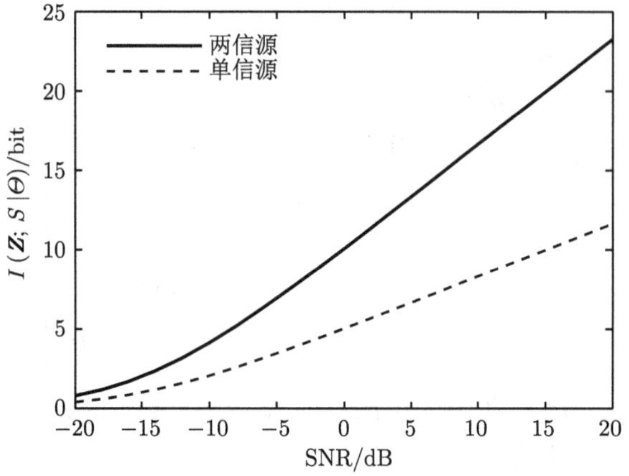

图 6.13　不同信源数目下散射信息的比较

SNR 分别取 −5dB、0dB 和 5dB，图 6.14 给出了复高斯两信源散射信息与

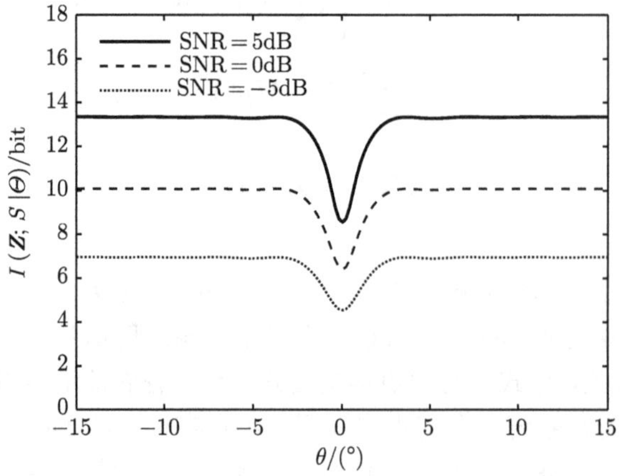

图 6.14　不同 SNR 下两信源散射信息与方位差的关系

方位差的关系。可以看出，当方位差较小时，两信源相互影响，获得的散射信息较小，在两信源重合时达到最小值。随方位差增大，获得的散射信息量变大，最后在两信源相距足够远时，互不干扰，获得的散射信息量趋于平稳。

6.5.3 角度分辨率

分辨率是传感器阵列分辨不同信源能力的性能指标 [21]，怎样提高分辨率一直是阵列信号处理的重要研究方向，下面运用信息论方法研究角度分辨率问题。

只考虑两个信源，假设两信源的平均 SNR 相同，$\rho_1^2=\rho_2^2=\rho^2$，那么，给定 DOA 的协方差矩阵为

$$\boldsymbol{R}=N_0\left[\rho^2\boldsymbol{A}(\boldsymbol{\theta})\boldsymbol{A}^{\mathrm{H}}(\boldsymbol{\theta})+\boldsymbol{I}\right] \tag{6.99}$$

对 $M\times 2$ 阶信号矩阵 $\boldsymbol{A}(\boldsymbol{\theta})$ 进行奇异值分解得 [22]

$$\boldsymbol{A}(\boldsymbol{\theta})=\boldsymbol{S}^{\mathrm{H}}\boldsymbol{D}\boldsymbol{V} \tag{6.100}$$

式中，$\boldsymbol{S}$ 为 $M\times M$ 阶酉矩阵；$\boldsymbol{V}$ 为 2×2 阶酉矩阵；$\boldsymbol{D}$ 为 $M\times 2$ 阶奇异值矩阵。根据 $\left|\lambda\boldsymbol{I}-\boldsymbol{A}^{\mathrm{H}}(\boldsymbol{\theta})\boldsymbol{A}(\boldsymbol{\theta})\right|=0$ 计算特征值，可得奇异值矩阵 $\boldsymbol{D}$ 为

$$\boldsymbol{D}=\begin{bmatrix}\sqrt{\lambda_1} & 0 & 0 & \cdots & 0\\ 0 & \sqrt{\lambda_2} & 0 & \cdots & 0\end{bmatrix}^{\mathrm{T}} \tag{6.101}$$

式中，

$$\begin{aligned}\lambda_1&=M\left[1+G(\theta_1-\theta_2)\right]\\ \lambda_2&=M\left[1-G(\theta_1-\theta_2)\right]\\ G(\theta_1-\theta_2)&=\frac{\sin\left[\dfrac{M\pi d(\sin\theta_1-\sin\theta_2)}{\lambda}\right]}{M\sin\left[\dfrac{\pi d(\sin\theta_1-\sin\theta_2)}{\lambda}\right]}\end{aligned} \tag{6.102}$$

式中，λ_1 和 λ_2 是通过奇异值分解得到的两个信道子空间，λ_1 表征两个信源方向 θ_1 和 θ_2 的同相通道，而 λ_2 表征的是两个信源方向的正交通道。这里研究角度分辨率是从正交通道入手研究两个信源的差异性。

代入式 (6.87) 的协方差矩阵得

$$\boldsymbol{R}=N_0\left(\rho^2\boldsymbol{S}^{\mathrm{H}}\boldsymbol{D}\boldsymbol{V}\boldsymbol{V}^{\mathrm{H}}\boldsymbol{D}^{\mathrm{H}}\boldsymbol{S}+\boldsymbol{I}\right)=N_0\boldsymbol{S}^{\mathrm{H}}\left(\rho^2\boldsymbol{D}\boldsymbol{D}^{\mathrm{H}}+\boldsymbol{I}\right)\boldsymbol{S}=N_0\boldsymbol{S}^{\mathrm{H}}\boldsymbol{\Sigma}\boldsymbol{S} \tag{6.103}$$

式中，$\boldsymbol{\Sigma}=\mathrm{diag}\left(1+\rho^2\lambda_1,1+\rho^2\lambda_2,1,\cdots,1\right)$。由此可得给定 $\boldsymbol{\theta}$ 时的散射信息为

$$I(\boldsymbol{Z};\boldsymbol{S}\,|\boldsymbol{\Theta}=\boldsymbol{\theta})=\log\left|\frac{\boldsymbol{R}}{N_0}\right|=\log\left|\boldsymbol{S}^{\mathrm{H}}\boldsymbol{\Sigma}\boldsymbol{S}\right|=\log|\boldsymbol{\Sigma}|$$

$$= \log\left(1+\rho^2\lambda_1\right) + \log\left(1+\rho^2\lambda_2\right) \tag{6.104}$$

式中，第一项称为“同相信道”的信息量；第二项称为“正交信道”的信息量。散射信息与信源间角度差有关，当信源间隔很远时，信源间影响很小，由前述定理可知，总散射信息等于各信源散射信息之和。随信源间角度差逐渐缩小，相互作用不断加强，表现为同相分量逐渐增加，而正交分量逐渐减小，直到两信源 DOA 完全重合，同相分量达到最大，而正交分量减小到零。

正交信道能够很好地反映两信源的角度差，即信源的角度差值越大，获得的信息量越大，越容易分辨；反之，获得的信息量越小，越难以区分。分辨率为两信源将分未分这种临界情况，故有如下定义。

定义 6.3【角度分辨率】　设两信源的平均 SNR 相同，$\rho_1^2=\rho_2^2=\rho^2$，那么，满足

$$\log\left(1+\rho^2\lambda_2\right) = 1\ \text{bit}$$

条件下两信源间角度 $|\theta_1-\theta_2|$ 定义为角度分辨率。

信源间隔越小，正交信道的信息量越小，分辨难度越大。由定义

$$1-G\left(\theta_1-\theta_2\right)=\frac{1}{M\rho^2}$$

利用泰勒公式可得

$$|\theta_1-\theta_2| \approx \sqrt{\frac{2}{\mathcal{L}^2\cos^2\theta_0 M\rho^2}} \tag{6.105}$$

式中，$\mathcal{L}^2=\pi^2L^2/3$ 为均方孔径宽度，$L=Md/\lambda$ 为归一化孔径宽度；$\cos\theta_0$ 为方向余弦。由于式 (6.105) 的分辨率与 Cramér-Rao 界具有相同的形式，故有如下定义。

定义 6.4【Cramér-Rao 分辨率】　设两信源的平均 SNR 相同，$\rho_1^2=\rho_2^2=\rho^2$，且信源间隔 $|\theta_1-\theta_2|<1/L$，那么，Cramér-Rao 分辨率定义为

$$|\theta_1-\theta_2| = \sqrt{\frac{2}{\mathcal{L}^2\cos^2\theta_0 M\rho^2}}$$

Cramér-Rao 分辨率简称 CR 分辨率，仅与孔径宽度成反比，而且与 SNR 的平方根成反比。当 SNR 足够大时，分辨率可以远小于 $1/L$。

CR 分辨率从理论上指出超分辨的可能性，这种分辨率与传统分辨率并不矛盾。分辨率问题理论上是多维匹配滤波问题，而传统分辨率是一维匹配滤波方法的分辨率。

为此，本书采用二维最大似然算法来仿真两信源分辨率问题。二维最大似然算法区别于一维最大似然，将信源 1 的方位搜索和信源 2 的方位搜索放在两个维度，进行二维峰值搜索，从而得到概率分布，能够更加清晰地分辨出两个信源。

假设散射系数为复高斯分布时，两个源信号的能量均为 1。阵列的归一化孔径宽度为 $L = Md/\lambda$，下面仿真中给出的角度均为归一化角度 $\Delta \times L$，两个仿真分别是利用 DOA 信息推导出的后验概率和最大似然算法统计角度的分布，根据角度的概率密度图中相关峰的位置来衡量分辨能力。

根据 DOA 的后验概率分布来观察分辨率。从图 6.15 中可以看出，DOA 间距越小信源越难分辨；在 5dB 环境下，两信源 DOA 归一化角度为 0.22(DOA 间隔为 0.8°) 时，信源已无法分辨，通过增加 SNR，可以提高分辨能力。该结论也进一步说明了从信息论的角度定义分辨率是合理的。

(a) SNR=5dB, $\Delta \times L$=0.34

(a) SNR=5dB, $\Delta \times L$=0.28

(c) SNR=5dB, $\Delta \times L$=0.22

(d) SNR=10dB, $\Delta \times L$=0.22

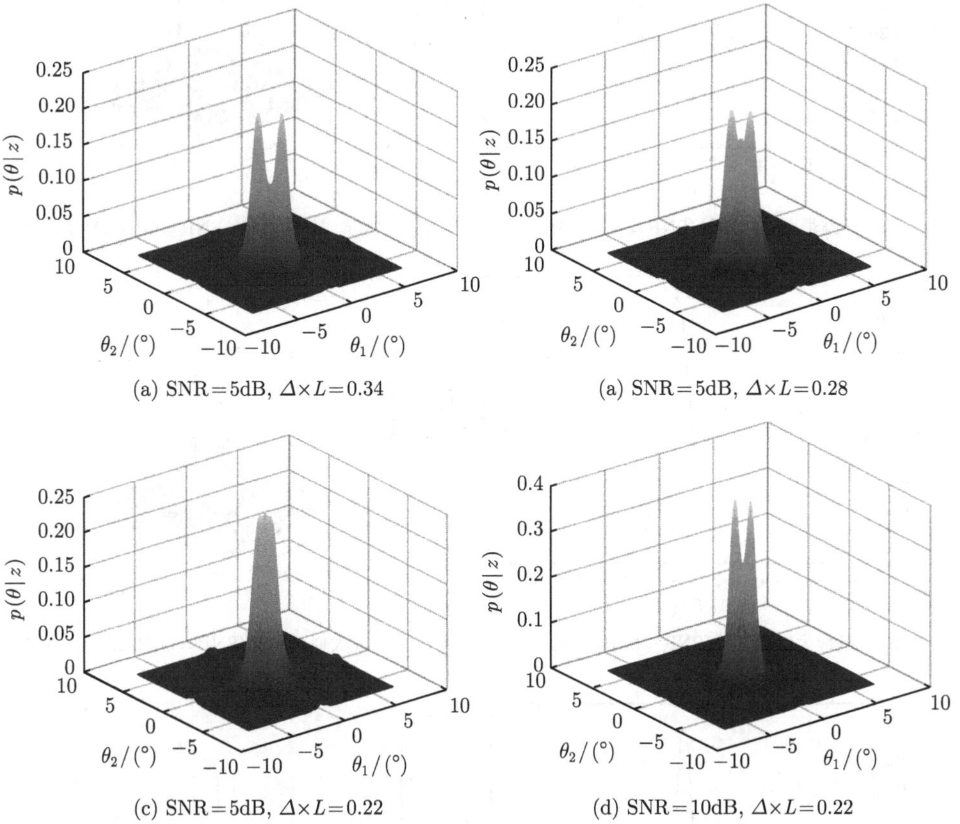

图 6.15   DOA 信息的后验概率谱

图 6.16 根据最大似然算法进行一维/二维谱峰搜索，估计 DOA 并统计概率密度得到的最大似然估计方法的概率谱。从图中可以看出，用一维/二维最大似然算法可以分辨在物理孔径内的两个信源 (32 天线阵元以间距 1 排列时瑞利限约为 3.6°)，DOA 间隔越小，信源越难分辨。在两信源 DOA 归一化角度为 0.45(DOA

间隔为 1.6°) 时，一维最大似然算法已经无法分辨两个邻近的信源，而二维最大似然仍然可以分辨，可见通过二维峰值搜索能提高传感器阵列系统的分辨率。当两信源 DOA 归一化角度为 0.34(DOA 间隔为 1.2°)，SNR 为 5dB 时，已经难以分辨两信源，此时提高 SNR 到 10dB，两信源再次可以分辨，验证了分辨率与 SNR

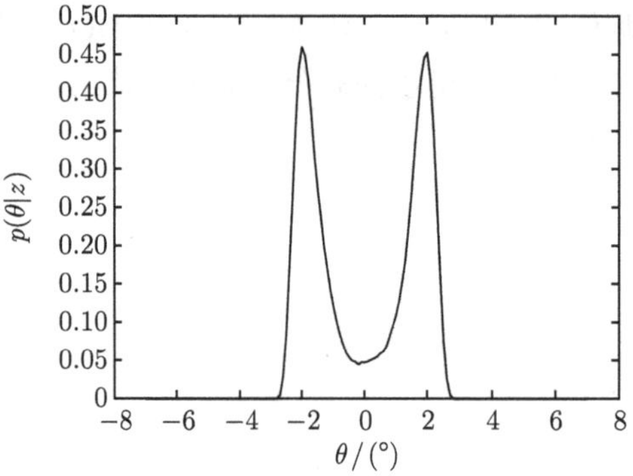

(a) 一维最大似然估计(SNR=5dB, $\Delta\times L=1$)

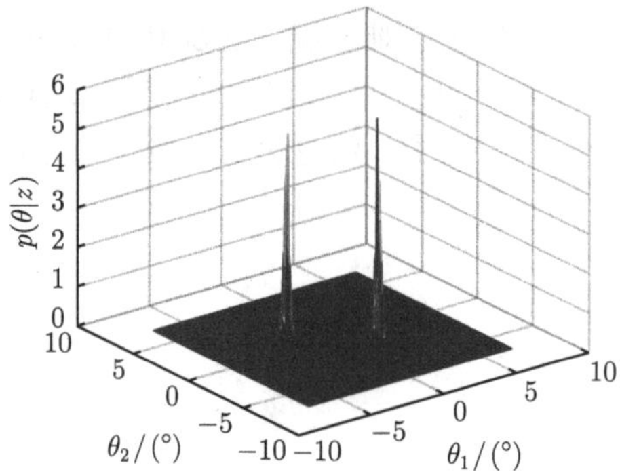

(b) 二维最大似然估计(SNR=5dB, $\Delta\times L=1$)

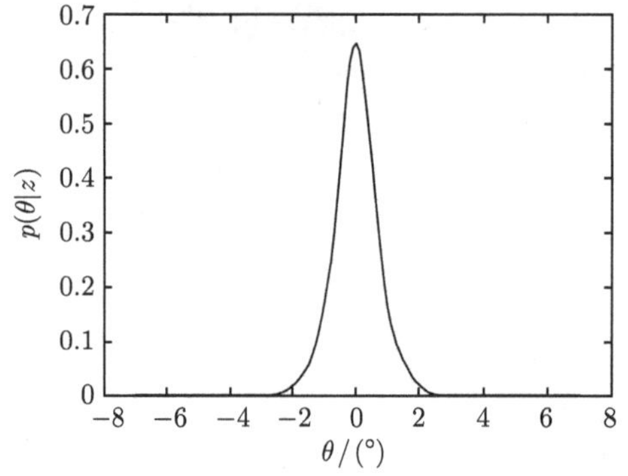

(c) 一维最大似然估计(SNR=5dB, $\Delta\times L=0.45$)

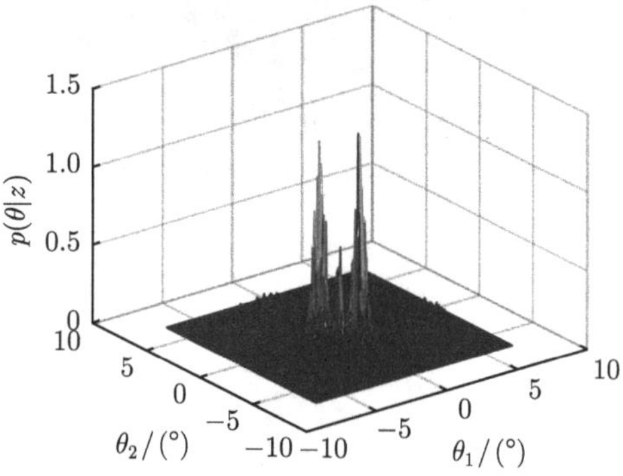

(d) 二维最大似然估计(SNR=5dB, $\Delta\times L=0.45$)

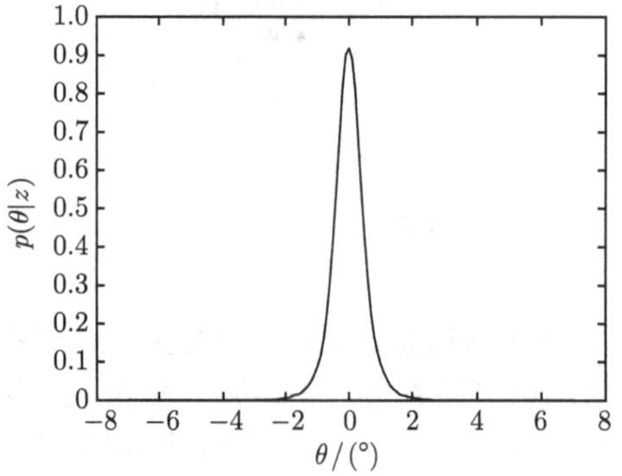

(e) 一维最大似然估计(SNR=5dB, $\Delta\times L=0.34$)

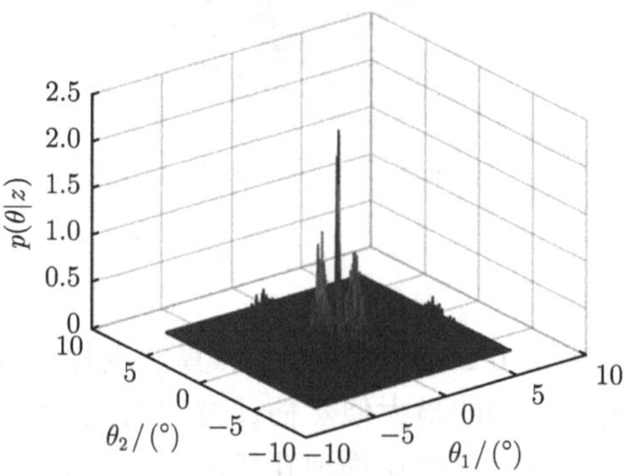

(f) 二维最大似然估计(SNR=5dB, $\Delta\times L=0.34$)

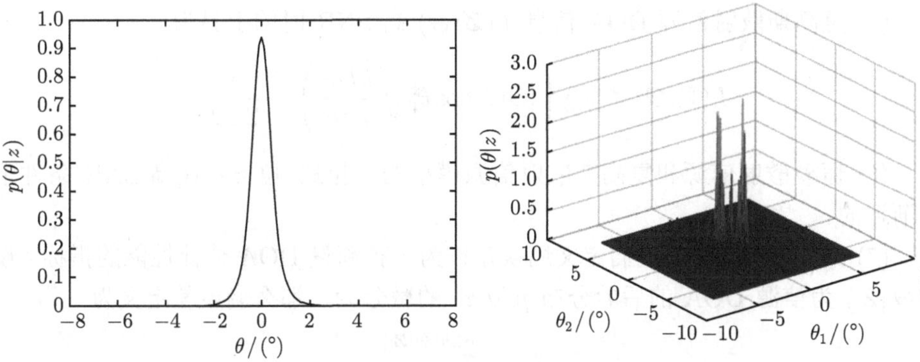

(g) 一维最大似然估计(SNR=10dB, $\Delta\times L=0.34$)　(h) 二维最大似然估计(SNR=10dB, $\Delta\times L=0.34$)

图 6.16　一维/二维最大似然估计算法角度概率谱

相关的结论，与理论分析的结果一致。

6.6　本章小结

(1) 空间信息定义为从接收序列 $\boldsymbol{Z}$ 中获得的关于信源方向 $\boldsymbol{\Theta}$ 和散射特性 $\boldsymbol{S}$ 的联合互信息 $I(\boldsymbol{Z};\boldsymbol{\Theta},\boldsymbol{S})$，且可以表示为信源的方向信息 $I(\boldsymbol{Z};\boldsymbol{\Theta})$ 与方向已知条件下信源的散射信息 $I(\boldsymbol{Z};\boldsymbol{S}|\boldsymbol{\Theta})$ 之和。

$$I(\boldsymbol{Z};\boldsymbol{\Theta},\boldsymbol{S}) = E\left[\log\frac{p(\boldsymbol{z}|\boldsymbol{\theta},\boldsymbol{s})}{p(\boldsymbol{z})}\right] = I(\boldsymbol{Z};\boldsymbol{\Theta}) + I(\boldsymbol{Z};\boldsymbol{S}|\boldsymbol{\Theta})$$

(2) 给定条件概率分布 $p(\boldsymbol{z}|\boldsymbol{\theta},\boldsymbol{s})$，空间信息容量定义为

$$C = \max_{p(\boldsymbol{\theta},\boldsymbol{s})} I(\boldsymbol{Z};\boldsymbol{\Theta},\boldsymbol{S})$$

(3) 单信源时，已知信源方向先验分布为均匀分布，散射系数幅值为常数，相位均匀分布时，从接收信号中获得的 DOA 信息量 $I(\boldsymbol{Z};\Theta)$ 为

$$I(\boldsymbol{Z};\Theta) = h(\Theta) - h(\Theta|\boldsymbol{Z}) = \log|\Theta| - E_{\boldsymbol{z}}\left[-\int_{-|\Theta|/2}^{|\Theta|/2} p(\theta|\boldsymbol{z})\log p(\theta|\boldsymbol{z})\,\mathrm{d}\theta\right]$$

(4) 恒模散射信源 DOA 信息 $I(\boldsymbol{Z};\Theta)$ 高 SNR 时的上界为

$$I(\boldsymbol{Z};\Theta) \leqslant \log\left(|\Theta|\,\mathcal{L}\cos\theta_0\sqrt{\frac{M\rho^2}{3\pi\mathrm{e}}}\right)$$

(5) 复高斯散射信源 DOA 信息 $I(\boldsymbol{Z};\Theta)$ 高 SNR 时的上界为

$$I(\boldsymbol{Z};\Theta) \leqslant \log\left(|\Theta|\,\mathcal{L}\cos\theta_0\sqrt{\frac{M\rho^2}{3\pi\mathrm{e}}}\right) - \frac{\gamma}{2\ln 2}$$

(6) 恒模散射信源和复高斯散射信源模型的克拉默–拉奥界在高 SNR 条件下是渐近的。

(7) 类似于熵功率，我们定义熵误差作为一种衡量 DOA 估计性能的指标，设 $h(\Theta|\boldsymbol{Z})$ 为信源 DOA 的后验分布 $p(\theta|\boldsymbol{z})$ 的微分熵，那么熵误差定义为

$$\sigma_{\mathrm{EE}}^2 = \frac{2^{2h(\Theta|\boldsymbol{Z})}}{2\pi\mathrm{e}}$$

(8) 恒模散射信源的 DOA 信息由如下近似表达式给出：

$$I(\boldsymbol{Z};\Theta) = \underbrace{p_{\mathrm{s}}\log\frac{|\Theta|\sqrt{M}\rho\mathcal{L}\cos\theta_0}{\sqrt{\pi\mathrm{e}}}}_{\text{发现源信号}} + \underbrace{(1-p_{\mathrm{s}})\log\frac{\exp\left(M\rho^2+\dfrac{1}{2}\right)}{\sqrt{2\pi\cdot(2M\rho^2)}}}_{\text{未发现源信号}} - \underbrace{H(p_{\mathrm{s}})}_{\text{源信号不确定性}}$$

(9) 恒模散射信源的散射信息 $I(\boldsymbol{Z};S|\Theta)$ 等同于相位信息 $I(\boldsymbol{Z};\Phi|\Theta)$

$$I(\boldsymbol{Z};\Phi|\Theta) = h(\Phi|\Theta) - h(\Phi|\boldsymbol{W},\Theta) = \log(2\pi) - E_{\theta,\boldsymbol{w}}\left[h(\varphi|\boldsymbol{w},\theta)\right]$$

(10) 当信源散射系数幅值服从瑞利分布，相位服从均匀分布时，单信源的散射信息为

$$I(\boldsymbol{Z};S|\Theta) = \log\left(1+M\rho^2\right)$$

它与 DOA 信息无关，且在高 SNR 条件下，散射信息量与 SNR 的对数成正比关系。

(11) 多信源时的 DOA 信息量 $I(\boldsymbol{Z};\boldsymbol{\Theta})$ 为

$$I(\boldsymbol{Z};\boldsymbol{\Theta}) = h(\boldsymbol{\Theta}) - h(\boldsymbol{\Theta}|\boldsymbol{Z}) = K\log|\Theta| - E_{\boldsymbol{z}}\left[-\int_{-|\Theta|/2}^{|\Theta|/2} p(\boldsymbol{\theta}|\boldsymbol{z})\log p(\boldsymbol{\theta}|\boldsymbol{z})\,\mathrm{d}\boldsymbol{\theta}\right]$$

(12) 多个复高斯散射信源的散射信息 $I(\boldsymbol{Z};\boldsymbol{S}|\boldsymbol{\Theta})$ 为

$$I(\boldsymbol{Z};\boldsymbol{S}|\boldsymbol{\Theta}=\boldsymbol{\theta}) = \log\left|\boldsymbol{I} + \sum_{k=1}^{K}\rho_k^2\boldsymbol{a}(\theta_k)\,\boldsymbol{a}^{\mathrm{H}}(\theta_k)\right|$$

(13) 当复高斯散射信源相距较远、信号间相互独立且互不干扰时，复高斯多源散射信息等于单信源散射信息之和，即

$$I(\boldsymbol{Z};\boldsymbol{S}|\boldsymbol{\Theta}) = \sum_{k=1}^{K} I(\boldsymbol{Z};S_k|\Theta_k=\theta)$$

(14) 在两复高斯散射信源 SNR 相同的条件下，即 $\rho_1^2=\rho_2^2=\rho^2$，其散射信息为

$$I\left(\boldsymbol{Z};\boldsymbol{S}\,|\boldsymbol{\Theta}\right)=\log\left(1+\rho^2\lambda_1\right)+\log\left(1+\rho^2\lambda_2\right)$$

(15) 这里定义满足正交分量为 1bit，即 $\log\left(1+\rho^2\lambda_2\right)=1$ bit 条件时，信源之间的角度 $|\theta_1-\theta_2|$ 为角度分辨率。利用泰勒公式可以得到在某一 SNR 下，分辨率的下界，即

$$|\theta_1-\theta_2|\geqslant\sqrt{\frac{2}{\mathcal{L}^2\cos^2\theta_0 M\rho^2}}$$

它仅与 SNR 有关，SNR 越高，分辨率越好。

参考文献

[1] 张贤达, 保铮. 通信信号处理 [M]. 北京: 国防工业出版社, 2000.

[2] 张小飞, 汪飞, 徐大专. 阵列信号处理的理论和应用 [M]. 北京: 国防工业出版社, 2010.

[3] 王永良, 陈辉, 彭应宁, 等. 空间谱估计理论与算法 [M]. 北京: 清华大学出版社, 2004.

[4] Xu D Z, Yan X, Xu S K, et al. Spatial information theory of sensor array and its application in performance evaluation[J]. IET Communications, 2019, 13(15): 2304-2312.

[5] Zhou Y, Xu D, Shi C, et al. Spatial Information and Performance Evaluation in Coprime Array[J]. Mathematical Problems in Engineering, 2020, (12):1-9.

[6] Shannon C E. A mathematical theory of communication[J]. Bell System Technical Journal, 1948, 27(3): 379-423.

[7] Jaynes E T. Information theory and statistical mechanics[J]. Physical Review, 1957, 106(4): 620.

[8] Johnson O. Information Theory and the Central Limit Theorem[M]. London: Imperial College Press, 2004.

[9] Proakis J G, Salehi M. Digital Communications[J]. Digital Communications, 2015, 73(11): 3-5.

[10] Mcdonough R N, Whalen A D. Detection of Signals in Noise[M]. Utah: Academic Press, 1971: 411.

[11] Kay S M. 统计信号处理基础——估计与检测理论 [M]. 罗鹏飞, 张文明, 刘忠, 等译. 北京: 电子工业出版社, 2006.

[12] 奚定平. 贝塞尔函数 [M]. 北京: 高等教育出版社, 1998.

[13] 张贤达. 矩阵分析与应用 [M]. 北京: 清华大学出版社, 2013.

[14] 何振亚. 自适应信号处理 [M]. 北京: 科学出版社, 2002.

[15] 吴铁成, 杨天杨, 李志坚, 等. X 波段宽带电子侦察线性阵列天线设计 [J]. 航天电子对抗, 2017, 33(3): 28-30, 41.

[16] 陶凯. 声矢量阵水下目标被动探测关键技术研究 [D]. 哈尔滨: 哈尔滨工程大学, 2015.

[17] 何子述, 韩春林, 刘波. MIMO 雷达概念及其技术特色分析 [J]. 电子学报, 2005, 33(12A): 143-147.

[18] Stoica P P, Nehorai A. MUSIC, maximum likelihood and Cramer-Rao bound: Further results and comparisons [C]. International Conference on Acoustics Speech and Signal Processing, Glasgow, 1989.

[19] Stoica P P, Nehorai A. MUSIC, Maximum likelihood, and Cramer-Rao bound: Further results and comparisons[J]. IEEE Transactions on Acoustics Speech and Signal Processing, 1990, 38(12): 2140-2150.

[20] Zhou Y, Xu D, Tu W, et al. Spatial Information and Angular Resolution of Sensor Array[J]. Signal Processing, 2020, 174: 107635.

[21] Liu Z, Nehorai A. Statistical angular resolution limit for point sources[J]. IEEE Transactions on Signal Processing, 2007, 55(11): 5521-5527.

[22] Yu K B. Recursive updating the eigenvalue decomposition of a covariance matrix[J]. IEEE Transactions on Signal Processing, 1991, 39(5): 1136-1145.

第 7 章　相控阵雷达的距离–方向信息和散射信息

本章论述相控阵雷达的空间信息，包括距离信息、方向信息和散射信息。推导出目标的距离–方向信息和散射信息的理论公式。在高信噪比条件下，推导出恒模散射目标和复高斯散射目标距离–方向信息上界的闭合表达式。理论分析和仿真结果表明，克拉默–拉奥界对应于距离–方向信息的上界。

7.1　相控阵雷达系统模型

本章采用极坐标系建立相控阵雷达系统模型。假设相控阵雷达由含 M 个天线单元的均匀线性阵列组成，阵元间距 d 为半波长，如图 7.1 所示。

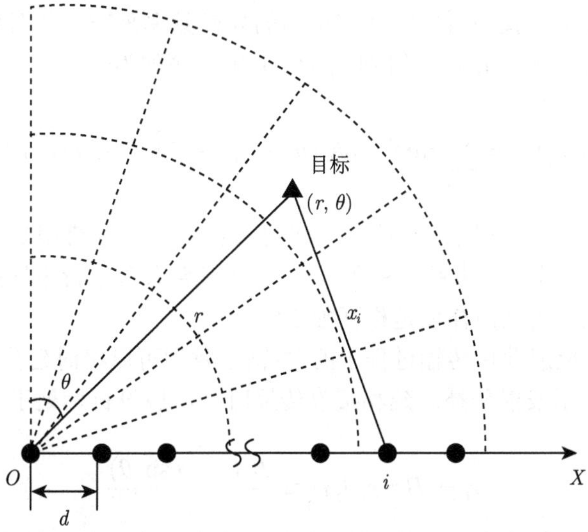

图 7.1　采用均匀线阵的相控阵雷达系统模型

以第 1 根天线为原点，设有一点目标与原点距离为 r，与线阵法线的夹角为 θ，那么，与第 i 个阵元的间距和传播时延为

$$\begin{gathered} x_i = \sqrt{r^2 + i^2 d^2 - 2rid\sin\theta} \\ \tau(r, \theta, i) = \frac{x_i}{c} \end{gathered} \tag{7.1}$$

每个雷达阵元的发射信号经目标反射后在接收阵元处叠加，则第 m 个阵元的接收信号可表示为

$$z_m(t)=\sum_{i=1}^{M}\alpha\omega_i\psi_i\left[t-\tau(r,\theta,i,m)\right]\mathrm{e}^{\mathrm{j}\{2\pi f_\mathrm{c}[t-\tau(r,\theta,i,m)]+\varphi_0\}}+w_m(t) \tag{7.2}$$

式中，α 为目标复散射系数的幅度；φ_0 为初始相位；$\psi_i(t)$ 表示第 i 根天线发射的带宽为 $B/2$ 的基带波形，且满足窄带条件；f_c 为载波频率；$\tau(r,\theta,i,m)$ 表示第 i 个阵元的发射信号，经过目标反射，在第 m 个接收阵元产生的时延；$\boldsymbol{\omega}=[\omega_0,\omega_1,\cdots,\omega_{M-1}]^\mathrm{T}$ 表示波束形成权矢量；$w_m(t)$ 为第 m 个阵元接收的复加性高斯白噪声过程。

下变频到基带，并以奈奎斯特采样速率对信号 $z_m(t)$ 进行采样，可以得到式 (7.2) 的离散形式：

$$z_m\left(\frac{n}{B}\right)=\sum_{i=1}^{M}\alpha\mathrm{e}^{\mathrm{j}\varphi_0}\omega_i\psi_i\left[\frac{n-B\tau(r,\theta,i,m)}{B}\right]\mathrm{e}^{-\mathrm{j}2\pi f_c\tau(r,\theta,i,m)}+w_m\left(\frac{n}{B}\right) \tag{7.3}$$

为了使模型一般化，我们采用时间和空间的采样频率来归一化时延与极径 $\tau_{im}=B\tau(r,\theta,i,m)$，$r=r\times d$, 进而得到 $z_m(t)$ 的采样序列为

$$z_m(n)=\sum_{i=1}^{M}\alpha\mathrm{e}^{\mathrm{j}\varphi_0}\omega_i\psi_i(n-\tau_{im})\,\mathrm{e}^{\frac{-\mathrm{j}2\pi\tau_{im}}{K}}+w_m(n) \tag{7.4}$$

式中，$K=B/f_\mathrm{c}$，在窄带假设条件下远小于 1；$w_m(n)$ 为带限复加性高斯白噪声的采样值，其均值为 0，功率谱密度为 N_0。在符合奈奎斯特采样的条件下，不同阵元、不同时刻下的噪声样值是相互独立的。

考虑信号在反射前后传输过程中的对称性,我们可以将时延分为两部分:$\tau_{im}=\tau_i+\tau_m$，分别表示发射传播时延和接收传播时延。假设目标处于远场，则单程时延可表示为

$$\tau_i=B\tau(r,\theta,i)\approx\frac{K(r-i\sin\theta)}{2} \tag{7.5}$$

且由于所考虑的信号为窄带信号,因此信号包络在各阵元上的差异可忽略不计,即

$$\psi_i(n-\tau_{im})\approx\psi_i(n-Kr) \tag{7.6}$$

假设所有阵元发射相同的基带信号 $\psi_i(t)\approx\mathrm{sinc}(Bt)$，其频谱为 [1]

$$\varPsi(f)=\begin{cases}\dfrac{1}{B}, & |f|\leqslant-\dfrac{B}{2}\\ 0, & \text{其他}\end{cases} \tag{7.7}$$

则接收信号可进一步表示为

$$z_m(n) = \alpha e^{j\varphi} e^{j\pi m \sin\theta} \mathrm{sinc}\,(n - Kr)\, \boldsymbol{\omega}^{\mathrm{H}} \boldsymbol{a}\,(\theta) + w\,(n) \tag{7.8}$$

式中，$\varphi = \varphi_0 - 2\pi Kr$，表示目标的散射相位；$\boldsymbol{a}\,(\theta) = \left[1, e^{j\pi\sin\theta}, \cdots, e^{j\pi(M-1)\sin\theta}\right]^{\mathrm{T}}$ 称为方向矢量。若采用常规波束形成方法 [2]，令 $\boldsymbol{\omega} = \boldsymbol{a}\,(\theta_0)$，即指向目标实际所在的方向，则接收信号可变换为

$$z_m(n) = \alpha e^{j\varphi} e^{jm\beta_\theta} \mathrm{sinc}\,(n - Kr)\, G\,(\beta_\theta - \beta_{\theta_0}) + w_m\,(n) \tag{7.9}$$

式中，$\beta_\theta = 2\pi d \sin\theta/\lambda = \pi\sin\theta$ 表示空间频率；$G\,(\beta_\theta - \beta_{\theta_0})$ 表示指向为 θ_0 的阵列方向图 [3]，其表达式为

$$G\,(\beta_\theta - \beta_{\theta_0}) = e^{\frac{j(M-1)\left(\beta_\theta - \beta_{\theta_0}\right)}{2}} \frac{\sin\left[M\,(\beta_\theta - \beta_{\theta_0})/2\right]}{\sin\left[(\beta_\theta - \beta_{\theta_0})/2\right]} \tag{7.10}$$

在阵列宽度大于波长条件下，令 $\left|G\,(\beta_\theta - \beta_{\theta_0})\right|^2 = 1/2$，可以得到阵列方向图的半功率波束宽度为

$$\mathrm{BW}_{0.5} \approx 0.89 \frac{\lambda}{Md} \cdot \frac{1}{\cos\theta_0} = \frac{1.78}{M\cos\theta_0} \tag{7.11}$$

若每个阵元处接收信号的采样点数为 N，则可定义 $MN \times 1$ 维的接收信号矢量

$$\boldsymbol{Z} = \alpha e^{j\varphi} G\,(\beta_\theta - \beta_{\theta_0})\, \boldsymbol{U} + \boldsymbol{W} \tag{7.12}$$

式中，$\boldsymbol{Z} = \left[\boldsymbol{Z}_1^{\mathrm{T}}, \boldsymbol{Z}_2^{\mathrm{T}}, \cdots, \boldsymbol{Z}_M^{\mathrm{T}}\right]^{\mathrm{T}}$，其分量 $\boldsymbol{Z}_m = \left[z_m\left(-\frac{N}{2}\right), z_m\left(-\frac{N}{2}+1\right), \cdots, z_m\left(\frac{N}{2}-1\right)\right]^{\mathrm{T}}$ 代表第 m 个阵元的 N 个采样序列；$\boldsymbol{W}$ 为高斯噪声随机序列；$\boldsymbol{U} = \boldsymbol{b}\,(\theta) \otimes \boldsymbol{u}\,(r)$，式中的符号 $\otimes$ 表示两个矢量的 Kronecker 积，$\boldsymbol{b}\,(\theta)$ 为接收方向矢量：

$$\boldsymbol{b}\,(\theta) = \left[1, e^{j\pi\sin\theta}, \cdots, e^{j\pi(M-1)\sin\theta}\right]^{\mathrm{T}}$$

$\boldsymbol{u}\,(r)$ 为延时基带信号的采样序列：

$$\boldsymbol{u}\,(r) = \left[\mathrm{sinc}\left(-\frac{N}{2} - Kr\right), \mathrm{sinc}\left(-\frac{N}{2} + 1 - Kr\right), \cdots, \mathrm{sinc}\left(\frac{N}{2} - 1 - Kr\right)\right]^{\mathrm{T}}$$

根据 $\boldsymbol{u}^{\mathrm{H}}\,(r)\,\boldsymbol{u}\,(r) = \sum\limits_{n=-N/2}^{N/2} \mathrm{sinc}^2\,(n - Kr) \approx 1$，进一步可得

$$\boldsymbol{U}^{\mathrm{H}}\boldsymbol{U} = M \tag{7.13}$$

在给定距离 r_0、方向 θ_0 条件下，$\boldsymbol{U}_0=\boldsymbol{b}(\theta_0)\otimes\boldsymbol{u}(r_0)$，我们称

$$\boldsymbol{U}_0^{\mathrm{H}}\boldsymbol{U}=G(\beta_\theta-\beta_{\theta_0})\operatorname{sinc}[K(r-r_0)] \tag{7.14}$$

为阵列的二维相关函数。

7.2　相控阵雷达空间信息

7.2.1　目标参数的统计模型

首先建立目标参数的统计模型。考虑观测范围是位于远场的扇形区域，为描述方便，设参考点位于扇形的中间，并假设目标在观测区域内服从均匀分布，那么，距离变量 R 在区间 $[-D/2,D/2)$ 内服从均匀分布

$$p(r)=\frac{1}{D} \tag{7.15}$$

方向变量 Θ 在区间 $[-\Omega/2,\Omega/2)$ 内服从均匀分布

$$p(\theta)=\frac{1}{\Omega} \tag{7.16}$$

目标距离 r 和方向 θ 统称为目标位置，假设目标的距离和方向的先验分布相互独立，$p(r,\theta)=p(r)p(\theta)$。

目标的散射特性通常随距离的增加而衰减，为简化分析，我们假设观测区域较小，目标的散射特性 $s=\alpha\mathrm{e}^{\mathrm{j}\varphi}$ 与目标的位置无关。用 $p(\boldsymbol{s})$ 表示散射特性的 PDF，通常建模为雷达目标散射模型，本章主要考虑恒模散射和复高斯散射两种散射模型。通常目标位置和散射互不相关，那么，$p(r,\boldsymbol{\theta},\boldsymbol{s})=p(r,\boldsymbol{\theta})p(\boldsymbol{s})$。

7.2.2　探测信道的统计模型

我们用 $p(z|r,\boldsymbol{\theta},\boldsymbol{s})$ 表示探测信道的统计特性，它是已知目标位置和散射特性时接收信号 $\boldsymbol{Z}$ 的条件概率密度函数，其具体形式取决于噪声的统计模型。

令信道的噪声为加性复高斯随机过程，均值为零，功率谱密度为 N_0。在奈奎斯特采样条件下，不同阵元、不同时刻的噪声样本相互独立，那么，噪声矢量的概率密度函数为 [4]

$$p(\boldsymbol{W})=\frac{1}{(\pi N_0)^{NM}}\exp\left(-\frac{1}{N_0}|\boldsymbol{W}|^2\right) \tag{7.17}$$

由系统方程，在给定目标的距离、方向和散射条件下，接收信号矢量 $\boldsymbol{Z}$ 的多维概率密度函数为

$$p(\boldsymbol{z}|r,\theta,s)=\frac{1}{(\pi N_0)^{NM}}\exp\left[-\frac{1}{N_0}\left|\boldsymbol{z}-\alpha\mathrm{e}^{\mathrm{j}\varphi}G(\beta_\theta-\beta_{\theta_0})\boldsymbol{U}\right|^2\right] \tag{7.18}$$

7.2.3 相控阵雷达空间信息的定义

相控阵雷达探测的主要参数包括目标的距离、方向和大小，我们用 $p(r,\boldsymbol{\theta},\boldsymbol{s})$ 表示目标的统计特性，即信源的统计模型；用 $p(\boldsymbol{z}|r,\boldsymbol{\theta},\boldsymbol{s})$ 表示已知目标的距离、方向和散射时接收信号的条件 PDF，即信道的统计模型。如果用 R,Θ,S 分别表示距离、方向和散射的随机变量，我们有如下定义。

定义 7.1【距离–方向–散射信息】 设 $p(r,\boldsymbol{\theta},\boldsymbol{s})$ 表示目标的统计特性，$p(\boldsymbol{z}|r,\theta,s)$ 是已知目标距离 r、方向 θ 和散射特性 s 时接收序列 $\boldsymbol{Z}$ 的概率密度函数，那么，相控阵雷达的空间信息定义为从接收序列 $\boldsymbol{Z}$ 中获得的关于目标距离、方向和散射特性的联合互信息

$$I(\boldsymbol{Z};R,\Theta,S)=E\left[\log\frac{p(\boldsymbol{z}|r,\theta,s)}{p(\boldsymbol{z})}\right] \tag{7.19}$$

式中，$p(\boldsymbol{z})=\oiint p(r,\theta,s)p(\boldsymbol{z}|r,\theta,s)\mathrm{d}r\mathrm{d}\theta\mathrm{d}s$ 是 $\boldsymbol{Z}$ 的边缘概率密度函数。

根据互信息的性质 [5] 可以证明，空间信息是目标的位置信息 $I(\boldsymbol{Z};R,\Theta)$ 与位置已知条件下目标位置的条件散射信息 $I(\boldsymbol{Z};S|R,\Theta)$ 之和。

$$\begin{aligned}I(\boldsymbol{Z};R,\Theta,S)&=E\left[\log\frac{p(\boldsymbol{z}|r,\theta,s)}{p(\boldsymbol{z})}\right]\\&=E\left[\log\frac{p(\boldsymbol{z}|r,\theta,s)}{p(\boldsymbol{z}|r,\theta)}\frac{p(\boldsymbol{z}|r,\theta)}{p(\boldsymbol{z})}\right]\\&=E\left[\log\frac{p(\boldsymbol{z}|r,\theta)}{p(\boldsymbol{z})}\right]+E\left[\log\frac{p(\boldsymbol{z}|r,\theta,s)}{p(\boldsymbol{z}|r,\theta)}\right]\\&=I(\boldsymbol{Z};R,\Theta)+I(\boldsymbol{Z};S|R,\Theta)\end{aligned} \tag{7.20}$$

式中，$I(\boldsymbol{Z};R,\Theta)$ 表示目标的位置信息；$I(\boldsymbol{Z};S|R,\Theta)$ 表示已知目标位置条件下的散射信息。空间信息的计算同样可以分为两个步骤：

第一步，确定目标的位置信息

$$I(\boldsymbol{Z};R,\Theta)=h(R,\Theta)-h(R,\Theta|\boldsymbol{Z}) \tag{7.21}$$

式中，$h(R;\Theta)$ 是目标位置的先验微分熵，$h(R;\Theta|\boldsymbol{Z})$ 是目标位置的后验微分熵。

第二步，在获取目标位置和方向条件下确定目标的散射信息

$$I(\boldsymbol{Z};S|R,\Theta)=h(S|R,\Theta)-h(S|\boldsymbol{Z},R,\Theta) \tag{7.22}$$

式中，$h(S|R,\Theta)$ 和 $h(S|\boldsymbol{Z},R,\Theta)$ 分别是位置已知时，目标散射的先验和后验微分熵。

7.3 距离–方向信息的计算

7.3.1 恒模散射目标的距离–方向信息

对于恒模散射模型，散射信号的幅度为常数，则信道模型简化为

$$p(\boldsymbol{z}|r,\theta,\varphi)=\frac{1}{(\pi N_0)^{NM}}\exp\left[-\frac{1}{N_0}\left|\boldsymbol{z}-\alpha\mathrm{e}^{\mathrm{j}\varphi}G(\beta_\theta-\beta_{\theta_0})\boldsymbol{U}\right|^2\right] \tag{7.23}$$

给定相位 $\varPhi$ 时，R、$\varTheta$ 和 $\boldsymbol{Z}$ 之间的联合概率密度为

$$\begin{aligned}p(\boldsymbol{z},r,\theta|\varphi)=&\frac{1}{D\varOmega(\pi N_0)^{NM}}\exp\left\{-\frac{1}{N_0}\left[\boldsymbol{z}^{\mathrm{H}}\boldsymbol{z}+\alpha^2M\left|G(\beta_\theta-\beta_{\theta_0})\right|^2\right]\right\}\\&\cdot\exp\left\{\frac{2\alpha}{N_0}\Re\left[\mathrm{e}^{\mathrm{j}\varphi}G(\beta_\theta-\beta_{\theta_0})\boldsymbol{z}^{\mathrm{H}}\boldsymbol{U}\right]\right\}\end{aligned} \tag{7.24}$$

根据贝叶斯概率公式，可以得到

$$\begin{aligned}&p(r,\theta|\boldsymbol{z})\\=&\frac{\exp\left[-\frac{1}{N_0}\alpha^2M\left|G(\beta_\theta-\beta_{\theta_0})\right|^2\right]\int_0^{2\pi}\exp\left\{\frac{2\alpha}{N_0}\Re\left[\mathrm{e}^{\mathrm{j}\varphi}G(\beta_\theta-\beta_{\theta_0})\boldsymbol{z}^{\mathrm{H}}\boldsymbol{U}\right]\right\}\mathrm{d}\varphi}{\int_{\theta_0-\frac{\varOmega}{2}}^{\theta_0+\frac{\varOmega}{2}}\exp\left[-\frac{1}{N_0}\alpha^2M\left|G(\beta_\theta-\beta_{\theta_0})\right|^2\right]\int_{r_0-\frac{D}{2}}^{r_0+\frac{D}{2}}\int_0^{2\pi}\exp\left\{\frac{2\alpha}{N_0}\Re\left[\mathrm{e}^{\mathrm{j}\varphi}G(\beta_\theta-\beta_{\theta_0})\boldsymbol{z}^{\mathrm{H}}\boldsymbol{U}\right]\right\}\mathrm{d}\varphi\mathrm{d}r\mathrm{d}\theta}\end{aligned} \tag{7.25}$$

进一步，令

$$R(r,\theta,\boldsymbol{z})=G(\beta_\theta-\beta_{\theta_0})\boldsymbol{z}^{\mathrm{H}}\boldsymbol{U}=R_{\mathrm{I}}(r,\theta,\boldsymbol{z})+\mathrm{j}R_{\mathrm{Q}}(r,\theta,\boldsymbol{z}) \tag{7.26}$$

注意到

$$\begin{aligned}&\int_0^{2\pi}\exp\left\{\frac{2\alpha}{N_0}\Re\left[\mathrm{e}^{\mathrm{j}\varphi}G(\beta_\theta-\beta_{\theta_0})\boldsymbol{z}^{\mathrm{H}}\boldsymbol{U}\right]\right\}\mathrm{d}\varphi\\&=\int_0^{2\pi}\exp\left\{\frac{2\alpha}{N_0}\left[R_{\mathrm{I}}(x)\cos\varphi+R_{\mathrm{Q}}(x)\sin\varphi\right]\right\}\mathrm{d}\varphi\\&=2\pi I_0\left(\frac{2\alpha}{N_0}\left|R(r,\theta,\boldsymbol{z})\right|\right)\end{aligned} \tag{7.27}$$

式中，$I_0(\cdot)$ 表示第一类零阶修正贝塞尔函数。将式 (7.27) 的结果代入式 (7.25)，可以得到

$$p(r,\theta|\boldsymbol{z})$$

$$=\frac{\exp\left[-\frac{1}{N_0}\alpha^2 M\left|G\left(\beta_\theta-\beta_{\theta_0}\right)\right|^2\right] I_0\left[\frac{2\alpha}{N_0}\left|G\left(\beta_\theta-\beta_{\theta_0}\right)\boldsymbol{z}^{\mathrm{H}}\boldsymbol{U}\right|\right]}{\int_{\theta_0-\frac{\Omega}{2}}^{\theta_0+\frac{\Omega}{2}}\int_{r_0-\frac{D}{2}}^{r_0+\frac{D}{2}}\exp\left[-\frac{1}{N_0}\alpha^2 M\left|G\left(\beta_\theta-\beta_{\theta_0}\right)\right|^2\right] I_0\left[\frac{2\alpha}{N_0}\left|G\left(\beta_\theta-\beta_{\theta_0}\right)\boldsymbol{z}^{\mathrm{H}}\boldsymbol{U}\right|\right]\mathrm{d}r\mathrm{d}\theta} \tag{7.28}$$

式 (7.28) 即已知接收信号 $\boldsymbol{Z}$ 情况下目标距离和方向的联合后验概率分布，其中分母表示归一化，后验概率分布的形状由分子决定。其中 $G\left(\beta_\theta-\beta_{\theta_0}\right)$ 为发射信号在不同方向所产生的增益，$\boldsymbol{z}^{\mathrm{H}}\boldsymbol{U}$ 表示接收矢量与波形矢量的内积，其本质是匹配滤波器的输出。最大后验概率估计就是寻找参量 r、θ 使式 (7.28) 最大化。在先验分布为均匀分布条件下，最大后验概率估计等价于最大似然估计量。由此可知，空间信息论与雷达信号处理的结论是一致的。

因为目标距离和方向在观测区间内均匀分布，且两者之间相互独立，所以先验熵

$$h\left(R,\Theta\right)=\log D+\log\Omega$$

定理 7.1 设目标距离和方向在观测区间内均匀分布，且相互独立，那么，目标的距离方向信息为

$$I\left(\boldsymbol{Z};R,\Theta\right)=\log_2 D+\log_2\Omega-E_{\boldsymbol{z}}\left[\int_{\theta_0-\frac{\Omega}{2}}^{\theta_0+\frac{\Omega}{2}}\int_{r_0-\frac{D}{2}}^{r_0+\frac{D}{2}}p\left(r,\theta|\boldsymbol{z}\right)\log p\left(r,\theta|\boldsymbol{z}\right)\mathrm{d}r\mathrm{d}\theta\right] \tag{7.29}$$

按照上面定理计算位置信息是非常复杂的，具体步骤如下：① 根据系统方程用 Monte Carlo 产生接收信号；② 根据后验概率分布计算距离和方向的联合微分熵；③ 在接收数据样本空间上计算平均后验微分熵；④ 根据定理计算位置信息。

在实际情况中，由于多重积分的存在，很难获得式 (7.29) 的闭合表达式，但在某些特殊条件下，我们可以求其近似表达式。下面讨论高信噪比条件下位置信息的渐近上界。

设目标位于 (r_0,θ_0)，根据式 (7.12)，令

$$\boldsymbol{U}_0=\boldsymbol{b}\left(\theta_0\right)\otimes\boldsymbol{u}\left(r_0\right)$$

$$\varphi_0=\varphi_0-Kr_0$$

同时 $G\left(\beta_\theta-\beta_{\theta_0}\right)|_{\theta=\theta_0}=M$，因此

$$\boldsymbol{Z}=\alpha\mathrm{e}^{\mathrm{j}\varphi_0}M\boldsymbol{U}_0+\boldsymbol{W} \tag{7.30}$$

将式 (7.30) 代入式 (7.28)，可以进一步化简得到

$p\left(r,\theta|\boldsymbol{w}\right)$

$$
\begin{aligned}
&= \left(\exp\left[-\frac{1}{N_0}\alpha^2 M \left|G\left(\beta_\theta-\beta_{\theta_0}\right)\right|^2 \right] I_0 \left\{ \frac{2\alpha}{N_0} \right| M\alpha \mathrm{e}^{\mathrm{j}\varphi_0} \operatorname{sinc}\left[K\left(r-r_0\right)\right] \\
&\quad \cdot G^2\left(\beta_\theta-\beta_{\theta_0}\right) + G\left(\beta_\theta-\beta_{\theta_0}\right)\boldsymbol{W}^{\mathrm{H}}\boldsymbol{U} \left| \right\} \right) \Big/ \left(\int_{\theta_0-\frac{\Omega}{2}}^{\theta_0+\frac{\Omega}{2}} \int_{r_0-\frac{D}{2}}^{r_0+\frac{D}{2}} \right. \\
&\quad \cdot \exp\left[-\frac{1}{N_0}\alpha^2 M \left|G\left(\beta_\theta-\beta_{\theta_0}\right)\right|^2 \right] I_0 \left\{ \frac{2\alpha}{N_0} \right| M\alpha \mathrm{e}^{\mathrm{j}\varphi_0} \operatorname{sinc}\left[K\left(r-r_0\right)\right] \\
&\quad \left. \cdot G^2\left(\beta_\theta-\beta_{\theta_0}\right) + G\left(\beta_\theta-\beta_{\theta_0}\right)\boldsymbol{W}^{\mathrm{H}}\boldsymbol{U} \left| \right\} \mathrm{d}r\mathrm{d}\theta \right) \\
&= \left(\exp\left[-\frac{1}{N_0}\alpha^2 M \left|G\left(\beta_\theta-\beta_{\theta_0}\right)\right|^2 \right] I_0 \left\{ \frac{2\alpha}{N_0} \right| M\alpha \operatorname{sinc}\left[K\left(r-r_0\right)\right] \\
&\quad \cdot G^2\left(\beta_\theta-\beta_{\theta_0}\right) + G\left(\beta_\theta-\beta_{\theta_0}\right) F_{\boldsymbol{w}} \left| \right\} \right) \Big/ \left(\int_{\theta_0-\frac{\Omega}{2}}^{\theta_0+\frac{\Omega}{2}} \int_{r_0-\frac{D}{2}}^{r_0+\frac{D}{2}} \right. \\
&\quad \cdot \exp\left[-\frac{1}{N_0}\alpha^2 M \left|G\left(\beta_\theta-\beta_{\theta_0}\right)\right|^2 \right] I_0 \left\{ \frac{2\alpha}{N_0} \right| M\alpha \operatorname{sinc}\left[K\left(r-r_0\right)\right] G^2\left(\beta_\theta-\beta_{\theta_0}\right) \\
&\quad \left. + G\left(\beta_\theta-\beta_{\theta_0}\right) F_{\boldsymbol{w}} \left| \right\} \mathrm{d}r\mathrm{d}\theta \right)
\end{aligned} \tag{7.31}
$$

式中，$F_{\boldsymbol{w}} = \mathrm{e}^{-\mathrm{j}\varphi_0}\boldsymbol{W}^{\mathrm{H}}\boldsymbol{U}$ 仍然是高斯噪声。可以看到，由于取模的原因，信号的随机相位 φ_0 可以归并到噪声中，对分布不产生影响。因此，目标的距离方向信息也可以表示为

$$
\begin{aligned}
I\left(\boldsymbol{Z};R,\Theta\right) &= h\left(R,\Theta\right) - h\left(R,\Theta|\boldsymbol{Z}\right) \\
&= \log_2 D + \log_2 \Omega - E_{\boldsymbol{w}}\left[\int_{\theta_0-\frac{\Omega}{2}}^{\theta_0+\frac{\Omega}{2}} \int_{r_0-\frac{D}{2}}^{r_0+\frac{D}{2}} p\left(r,\theta|\boldsymbol{w}\right)\log p\left(r,\theta|\boldsymbol{w}\right)\mathrm{d}r\mathrm{d}\theta \right]
\end{aligned} \tag{7.32}
$$

式 (7.32) 是距离方向信息的另一种表达式，后验分布是以目标位置为中心的草帽形状。在高信噪比条件下，接收信号的噪声项可以忽略，所以，式 (7.31) 近似为

$$
p\left(r,\theta|\boldsymbol{w}\right) = \frac{\exp\left[-\frac{1}{N_0}\alpha^2 M \left|G\left(\beta_\theta-\beta_{\theta_0}\right)\right|^2 \right] I_0 \left\{ \frac{2\alpha^2}{N_0} M \operatorname{sinc}\left[K\left(r-r_0\right)\right] \left|G\left(\beta_\theta-\beta_{\theta_0}\right)\right|^2 \right\}}{\int_{\theta_0-\frac{\Omega}{2}}^{\theta_0+\frac{\Omega}{2}} \int_{r_0-\frac{D}{2}}^{r_0+\frac{D}{2}} \exp\left[-\frac{1}{N_0}\alpha^2 M \left|G\left(\beta_\theta-\beta_{\theta_0}\right)\right|^2 \right] I_0 \left\{ \frac{2\alpha^2}{N_0} M \operatorname{sinc}\left[K\left(r-r_0\right)\right] \left|G\left(\beta_\theta-\beta_{\theta_0}\right)\right|^2 \right\} \mathrm{d}r\mathrm{d}\theta} \tag{7.33}
$$

根据第一类零阶修正贝塞尔函数的近似公式 [6]

$$
I_0\left(x\right) \approx \frac{\mathrm{e}^x}{\sqrt{2\pi x}}\left[1 + \frac{1}{8x} + O\left(\frac{1}{x^2}\right) \right] \tag{7.34}
$$

在 $x \gg 1$ 的条件下成立，因此，式 (7.33) 可近似为

$$p(r,\theta|\boldsymbol{w})=\frac{\exp\left(\dfrac{\alpha^2}{N_0}M\left|G\left(\beta_\theta-\beta_{\theta_0}\right)\right|^2\left\{2\mathrm{sinc}\left[K\left(r-r_0\right)\right]-1\right\}\right)}{\displaystyle\int_{\theta_0-\frac{\Omega}{2}}^{\theta_0+\frac{\Omega}{2}}\int_{r_0-\frac{D}{2}}^{r_0+\frac{D}{2}}\exp\left(\dfrac{\alpha^2}{N_0}M\left|G\left(\beta_\theta-\beta_{\theta_0}\right)\right|^2\left\{2\mathrm{sinc}\left[K\left(r-r_0\right)\right]-1\right\}\right)\mathrm{d}r\mathrm{d}\theta} \tag{7.35}$$

由于高信噪比条件下，参数 r、θ 分布在真实值 r_0、θ_0 附近，因此，可以将 $\mathrm{sinc}\left[K\left(r-r_0\right)\right]$ 和 $\left|G\left(\beta_\theta-\beta_{\theta_0}\right)\right|^2$ 分别在 $r=r_0$、$\theta=\theta_0$ 处进行泰勒展开，并忽略二次以上的高次项，可以得到

$$\mathrm{sinc}\left[K\left(r-r_0\right)\right]\approx 1-\frac{\pi^2K^2}{6}\left(r-r_0\right)^2 \tag{7.36}$$

$$\left|G\left(\beta_\theta-\beta_{\theta_0}\right)\right|^2\approx M^2-M^2\eta^2\left(\theta-\theta_0\right)^2 \tag{7.37}$$

式中，$\eta^2=\pi^2\cos^2\theta_0\left(M^2-1\right)/12$。将展开式代入式 (7.35)，可以得到

$$p(r,\theta|\boldsymbol{w})\approx\frac{\exp\left\{\dfrac{\alpha^2}{N_0}M^3\left[\dfrac{\pi^2K^2\eta^2}{3}\left(r-r_0\right)^2\left(\theta-\theta_0\right)^2-\eta^2\left(\theta-\theta_0\right)^2-\dfrac{\pi^2K^2}{3}\left(r-r_0\right)^2\right]\right\}}{\displaystyle\int_{\theta_0-\frac{\Omega}{2}}^{\theta_0+\frac{\Omega}{2}}\int_{r_0-\frac{D}{2}}^{r_0+\frac{D}{2}}\exp\left\{\dfrac{\alpha^2}{N_0}M^3\left[\dfrac{\pi^2K^2\eta^2}{3}\left(r-r_0\right)^2\left(\theta-\theta_0\right)^2-\eta^2\left(\theta-\theta_0\right)^2-\dfrac{\pi^2K^2}{3}\left(R-R_0\right)^2\right]\right\}\mathrm{d}r\mathrm{d}\theta} \tag{7.38}$$

忽略高次项 $\pi^2K^2\eta^2\left(r-r_0\right)^2\left(\theta-\theta_0\right)^2/3$，则

$$p(r,\theta|\boldsymbol{w})=\frac{1}{2\pi\sqrt{\left|\boldsymbol{C}_{R,\Theta}\right|}}\exp\left[\frac{-\left(\boldsymbol{v}-\boldsymbol{m}_{\boldsymbol{v}}\right)^{\mathrm{T}}\boldsymbol{C}_{R,\Theta}^{-1}\left(\boldsymbol{v}-\boldsymbol{m}_{\boldsymbol{v}}\right)}{2}\right] \tag{7.39}$$

服从二维联合高斯分布，其中 $\boldsymbol{v}=\begin{bmatrix} r & \theta\end{bmatrix}^{\mathrm{T}}$，均值 $\boldsymbol{m}_{\boldsymbol{v}}=\begin{bmatrix} r_0 & \theta_0\end{bmatrix}^{\mathrm{T}}$，协方差矩阵

$$\boldsymbol{C}_{R,\Theta}=\begin{bmatrix}\dfrac{3N_0}{2\alpha^2M^3\pi^2K^2} & 0\\ 0 & \dfrac{N_0}{2\alpha^2M^3\eta^2}\end{bmatrix} \tag{7.40}$$

利用高斯分布的微分熵公式 [7] 可以得到目标距离–方向信息的渐近上界。

定理 7.2 恒模散射目标距离–方向信息 $I\left(\boldsymbol{Z};R,\Theta\right)$ 高信噪比时的上界为

$$\begin{aligned}I\left(\boldsymbol{Z};R,\Theta\right)&\leqslant\log D+\log\Omega-\log\left(2\pi\mathrm{e}\left|\boldsymbol{C}_{R,\Theta}\right|^{1/2}\right)\\&=\log\left(\frac{D\Omega KM^3\eta\rho^2}{\sqrt{3}\mathrm{e}}\right)\end{aligned} \tag{7.41}$$

式中，$\rho^2 = \alpha^2/N_0$ 为信噪比。

根据协方差矩阵式 (7.40) 所呈现的结果，我们可以进一步分析得知，在高信噪比时距离与方向相互独立，符合时空分离的特点 [8]。因此距离方向互信息可以表示为

$$I(\boldsymbol{Z}; R, \Theta) = I(\boldsymbol{Z}; R) + I(\boldsymbol{Z}; \Theta) \tag{7.42}$$

其中

$$I(\boldsymbol{Z}; R) = \log\left(\frac{T\beta\rho M^{3/2}}{\sqrt{\pi \mathrm{e}}}\right) \tag{7.43}$$

$$I(\boldsymbol{Z}; \Theta) = \log\left(\frac{\Omega\eta\rho M^{3/2}}{\sqrt{\pi \mathrm{e}}}\right) \tag{7.44}$$

式中，β、η 分别为基带信号和阵列的均方根带宽和均方根孔径宽度。式 (7.43) 和式 (7.44) 的结果与之前章节的讨论完全一致，因此可以认为当信噪比足够高时，距离方向互信息可以退化为之前的模型。

当散射系数为常数时，图 7.2 展示了目标距离方向互信息理论公式和信息量上界随信噪比变化的曲线。仿真中阵元数量 $M = 32$，采样点数 $N = 32$，带宽载频比 $K = 1/100$，假设目标散射系数为 $\alpha = 1$，位于 $r_0 = 300$、$\theta_0 = 0°$ 的远场位置，角度搜索范围为阵列方向图的半功率波束宽度 $\mathrm{BW}_{0.5}$ 内，距离搜索范围为 $[100, 500)$。从图中可以看出，信息量随着信噪比的增大而增加，当信噪比较低时，信息量接近零，此时信号湮没在噪声中，无法通过对接收信号的观测来获得关于

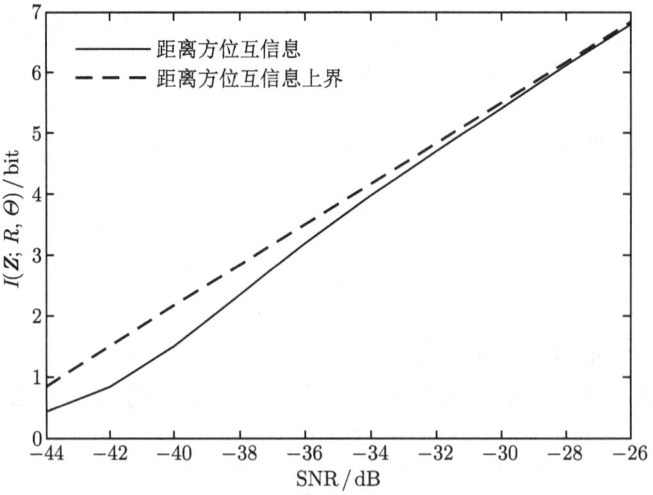

图 7.2　恒模散射目标的距离方向信息与 SNR 的关系

目标参数的信息。随着信噪比增加，获得的互信息也增加，整体上可以分为两个阶段。第一个阶段是在中低信噪比条件下，距离方向互信息以较快的速率提高，随着发射信号能量的增加，目标的不确定度能够迅速地减小，雷达系统对目标参数有了初步估计。在斜率最大点处，每提高 2.3dB 的信噪比，就可以获得 1bit 信息的增量。第二阶段是在高信噪比条件下，信息量的增长速率放缓，并与信噪比的对数呈线性关系，随着信息量的增加，我们对目标参数的估计更加精确。此时，信噪比每提高 3dB 可以使互信息增加 1bit，等效为目标的分布范围缩小为原来的一半。信息量越大，我们对目标参数的估计和检测也越准确 [9]。

7.3.2 复高斯散射目标的距离–方向信息

当目标具有多个散射中心，此时的散射系数往往具备起伏特性。我们常利用 Swerling 散射模型来对目标的散射系数进行描述。假设目标服从 Swerling1 模型，在波束进行一次扫描期间目标的散射特性是完全相关的，且目标的散射系数服从瑞利分布，其概率密度函数为

$$p(\alpha)=\frac{\alpha}{\sigma_\alpha^2}\mathrm{e}^{-\frac{\alpha^2}{2\sigma_\alpha^2}} \tag{7.45}$$

式中，$\alpha\geqslant 0$，$E(\alpha)=\sigma_\alpha\sqrt{\pi/2}$，$D(\alpha)=\sigma_\alpha^2(4-\pi)/2$。

另外，目标的相位依然服从均匀分布，因此，散射参数 $s=\alpha\mathrm{e}^{\mathrm{j}\varphi}$ 服从均值为 0、方差为 $2\sigma_\alpha^2$ 的高斯分布。根据式 (7.12)，当给定距离和方向条件，且目标服从高斯分布，信道噪声为高斯白噪声时，接收信号也服从高斯分布，其协方差矩阵为

$$\begin{aligned}\boldsymbol{R_z}&=E_{S,\boldsymbol{W}}\left[\boldsymbol{Z}\boldsymbol{Z}^{\mathrm{H}}\right]\\&=P\left|G\left(\beta_\theta-\beta_{\theta_0}\right)\right|^2\boldsymbol{U}\boldsymbol{U}^{\mathrm{H}}+N_0\boldsymbol{I}\end{aligned} \tag{7.46}$$

式中，$P=E\left[\alpha^2\right]$ 为目标平均功率。

据此可以求得在给定距离方向条件下接收信号 $\boldsymbol{Z}$ 的概率密度函数

$$p(\boldsymbol{z}|r,\theta)=\frac{1}{(\pi)^N\left|\boldsymbol{R_z}\right|}\exp\left(-\boldsymbol{z}^{\mathrm{H}}\boldsymbol{R_z}^{-1}\boldsymbol{z}\right) \tag{7.47}$$

由于 $\boldsymbol{U}\boldsymbol{U}^{\mathrm{H}}$ 为 Hermitian 矩阵，因此可以对其进行分解：

$$\boldsymbol{U}\boldsymbol{U}^{\mathrm{H}}=\boldsymbol{Q}\begin{bmatrix}M&&\\&0&\\&&\ddots\end{bmatrix}\boldsymbol{Q}^{\mathrm{H}} \tag{7.48}$$

将分解结果代入协方差矩阵可得

$$\boldsymbol{R_z} = N_0\boldsymbol{Q\Sigma Q}^{\mathrm{H}} \tag{7.49}$$

式中，对角阵 $\boldsymbol{\Sigma} = \mathrm{diag}\left[1+\rho^2 M\left|G\left(\beta_\theta-\beta_{\theta_0}\right)\right|^2, 1, \cdots, 1\right]$。

由此可计算得 $\boldsymbol{R_z}$ 的行列式

$$\begin{aligned}\det\left(\boldsymbol{R_z}\right) &= \left|N_0\boldsymbol{Q\Sigma Q}^{\mathrm{H}}\right| \\ &= N_0^{NM}\left|\boldsymbol{Q}\right|\cdot\left|\boldsymbol{\Sigma}\right|\cdot\left|\boldsymbol{Q}^{\mathrm{H}}\right| \\ &= N_0^{NM}\cdot\left[1+\rho^2 M\left|G\left(\beta_\theta-\beta_{\theta_0}\right)\right|^2\right]\end{aligned} \tag{7.50}$$

根据矩阵的求逆公式，我们可以求得协方差矩阵的逆为

$$\boldsymbol{R_z}^{-1} = \frac{1}{N_0}\left[\boldsymbol{I} - \frac{\rho^2\left|G\left(\beta_\theta-\beta_{\theta_0}\right)\right|^2\boldsymbol{UU}^{\mathrm{H}}}{1+\rho^2 M\left|G\left(\beta_\theta-\beta_{\theta_0}\right)\right|^2}\right] \tag{7.51}$$

代入式 (7.47) 可以得到

$$\begin{aligned}&p\left(\boldsymbol{z}|r,\theta\right) \\ &= \frac{1}{\left(\pi N_0\right)^{NM}\left[1+\rho^2 M\left|G\left(\beta_\theta-\beta_{\theta_0}\right)\right|^2\right]}\exp\left(\frac{-\boldsymbol{z}^{\mathrm{H}}\boldsymbol{z}}{N_0}\right) \\ &\cdot\exp\left[\frac{1}{N_0}\frac{\rho^2\left|G\left(\beta_\theta-\beta_{\theta_0}\right)\right|^2\boldsymbol{z}^{\mathrm{H}}\boldsymbol{UU}^{\mathrm{H}}\boldsymbol{z}}{1+\rho^2 M\left|G\left(\beta_\theta-\beta_{\theta_0}\right)\right|^2}\right]\end{aligned} \tag{7.52}$$

根据后验概率计算公式

$$p\left(r,\theta|\boldsymbol{z}\right) = \frac{p\left(r\right)p\left(\theta\right)p\left(\boldsymbol{z}|r,\theta\right)}{\displaystyle\int_{\theta_0-\frac{\Omega}{2}}^{\theta_0+\frac{\Omega}{2}}\int_{r_0-\frac{D}{2}}^{r_0+\frac{D}{2}} p\left(r\right)p\left(\theta\right)p\left(\boldsymbol{z}|r,\theta\right)\mathrm{d}r\mathrm{d}\theta}$$

可以求出

$$\begin{aligned}&p\left(r,\theta|\boldsymbol{z}\right) \\ &= \frac{\left[1+\rho^2 M\left|G\left(\beta_\theta-\beta_{\theta_0}\right)\right|^2\right]^{-1}\exp\left[\dfrac{1}{N_0}\dfrac{\rho^2\left|G\left(\beta_\theta-\beta_{\theta_0}\right)\right|^2\left|\boldsymbol{z}^{\mathrm{H}}\boldsymbol{U}\right|^2}{1+\rho^2 M\left|G\left(\beta_\theta-\beta_{\theta_0}\right)\right|^2}\right]}{\displaystyle\int_{\theta_0-\frac{\Omega}{2}}^{\theta_0+\frac{\Omega}{2}}\int_{r_0-\frac{D}{2}}^{r_0+\frac{D}{2}}\left[1+\rho^2 M\left|G\left(\beta_\theta-\beta_{\theta_0}\right)\right|^2\right]^{-1}\exp\left[\dfrac{1}{N_0}\dfrac{\rho^2\left|G\left(\beta_\theta-\beta_{\theta_0}\right)\right|^2\left|\boldsymbol{z}^{\mathrm{H}}\boldsymbol{U}\right|^2}{1+\rho^2 M\left|G\left(\beta_\theta-\beta_{\theta_0}\right)\right|^2}\right]\mathrm{d}r\mathrm{d}\theta}\end{aligned} \tag{7.53}$$

将其代入式 (7.32)，即可得到高斯单目标条件下的距离方向信息量。

图 7.3 是恒模散射目标和复高斯散射目标的距离方向信息对比曲线，阵元数量 $M = 32$，采样点数 $N = 32$。从图中可以看出，在低信噪比时，两种目标模型都不能获取有关目标的距离方向信息，对目标的探测意义不大；随着信噪比的增加，从恒模散射目标得到的信息量始终要高于复高斯散射目标的情况；达到较高的信噪比后，高斯目标模型的距离方向信息量比常数目标模型的距离方向信息量上界低，这是由于在实际探测过程中，复高斯目标的幅度总是随机变化，在相同的平均信噪比条件下，雷达系统实际获取复高斯散射目标的距离方向信息相对较少。

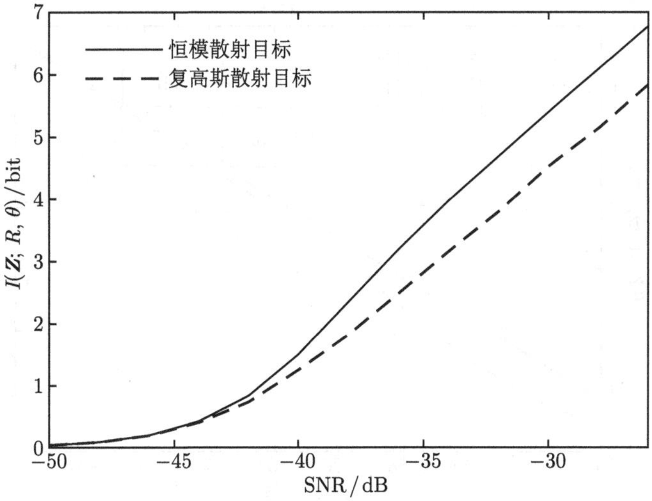

图 7.3 两种目标模型下的距离方向信息量

为了获得复高斯目标距离方向信息量实际探测中的上界，我们需要用到前面导出的恒模条件下的信息上界公式。由于复高斯散射目标幅度服从瑞利分布，功率服从指数分布，因此我们将恒模散射目标距离方向信息量的上界中的平均信噪比看成服从均值为 ρ^2 的指数分布的随机变量 $|s|^2/N_0$，计算式 (7.41) 的期望：

$$\begin{aligned}
\underset{\rho^2}{E}\left[I\left(\boldsymbol{Z};R,\Theta\right)\right] &= \log\left(\frac{D\Omega KM^3\eta}{\sqrt{3}\mathrm{e}}\right) + \underset{\rho^2}{E}\left[\log\left(\rho^2\right)\right] \\
&= \log\left(\frac{D\Omega KM^3\eta}{\sqrt{3}\mathrm{e}}\right) + \int_0^{+\infty}\log\left(\frac{|s|^2}{N_0}\right)\frac{1}{\rho^2}\exp\left(-\frac{|s|^2/N_0}{\rho^2}\right)\mathrm{d}\frac{|s|^2}{N_0} \\
&= \log\left(\frac{D\Omega KM^3\eta}{\sqrt{3}\mathrm{e}}\right) + \log\rho^2 - \frac{\gamma}{\ln 2}
\end{aligned}$$

$$= \log\left(\frac{D\Omega K M^3 \eta \rho^2}{\sqrt{3}\mathrm{e}}\right) - \frac{\gamma}{\ln 2} \tag{7.54}$$

式中，γ 是欧拉常数。

定理 7.3　复高斯散射目标距离方向信息 $I(\boldsymbol{Z}; R, \Theta)$ 高信噪比时的上界为

$$I(\boldsymbol{Z}; R, \Theta) \leqslant \log\left(\frac{D\Omega K M^3 \eta \rho^2}{\sqrt{3}\mathrm{e}}\right) - \frac{\gamma}{\ln 2} \tag{7.55}$$

如图 7.4 所示，式 (7.55) 的结果为复高斯散射目标距离方向信息的上界。可见高斯目标模型的距离方向信息比常数目标模型的距离方向信息上界低 0.832bit 左右，即达到相同信息量时信噪比相差约 2.5dB。

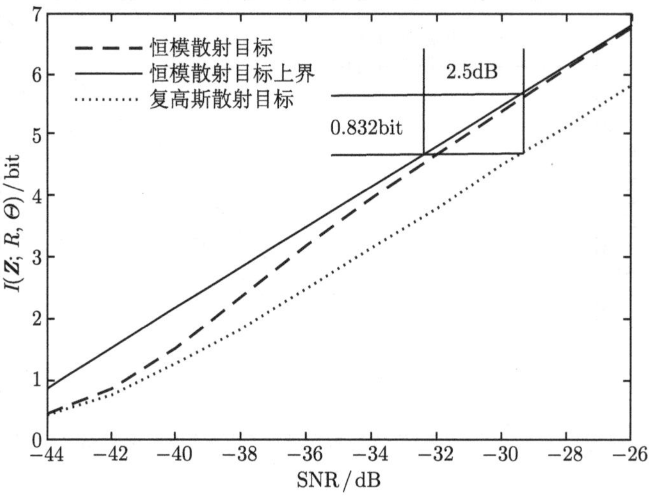

图 7.4　两种目标模型距离方向信息的上界

7.3.3　最大似然估计

通过最大似然估计方法可以仿真雷达估计目标距离、方向的过程。观察接收机的输出信号，搜索使似然函数达到最大的距离、方向 (r, θ) 参数。在目标先验信息服从均匀分布的条件下，最大似然估计与最大后验估计是等价的，因此，可以将估计量表示为

$$\left(\hat{r}, \hat{\theta}\right) = \arg\max_{r,\theta} \left\{\ln\left[p\left(r, \theta | \boldsymbol{z}\right)\right]\right\} \tag{7.56}$$

利用最大似然估计得到的概率密度函数计算距离方向信息量，与理论公式推导出的距离方向信息对比曲线如图 7.5 所示，其中最大似然算法采用的阵元数量 $M = 32$，采样点数 $N = 32$，仿真次数为 30000 次。随着信噪比增加，最大似然估计的信息量逐渐升高，但始终位于理论值的下方，且两条曲线趋于重合。

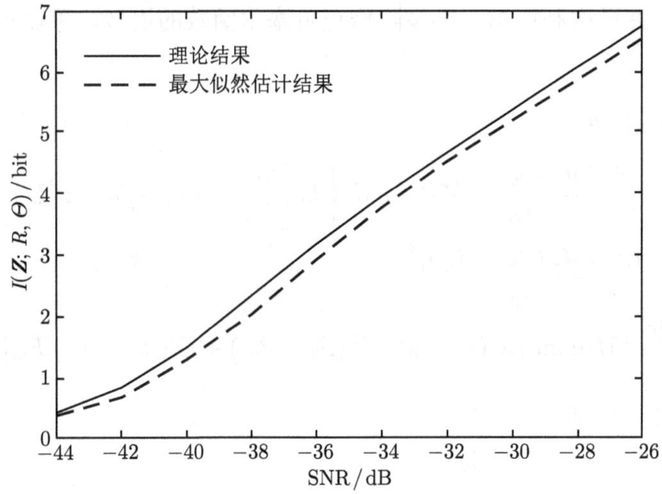

图 7.5 最大似然估计方法距离方向信息和理论结果的比较

当散射系数为瑞利分布时，最大似然估计和理论公式推导出的距离方向信息对比曲线如图 7.6 所示，仿真次数为 15000 次，其他仿真参数与恒模散射目标的情况相同。可以看出，理论公式推导出的结果始终高于最大似然估计得出的信息量。

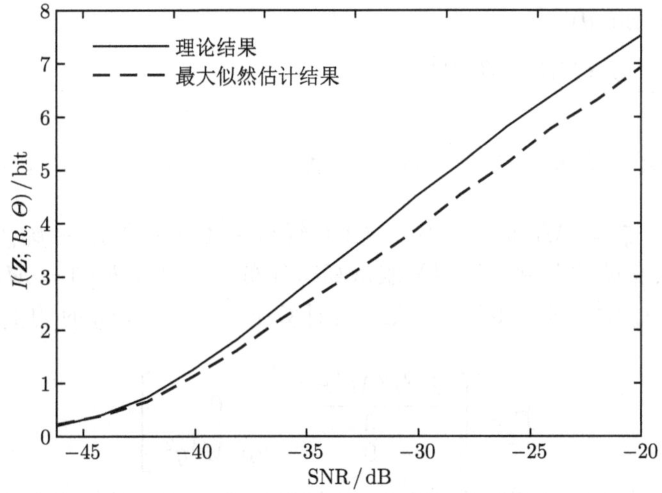

图 7.6 最大似然估计和理论结果距离方向信息 (复高斯散射目标)

7.3.4 克拉默–拉奥界与熵误差

根据已知似然函数，我们可以计算 Fisher 信息矩阵来分析信息量与克拉默–拉奥界之间的联系。为求得恒模散射目标的克拉默–拉奥界，由式 (7.18)、式 (7.27)

和式 (7.30)，并再次利用第一类零阶修正贝塞尔函数的近似，可以得到对数似然函数为

$$\begin{aligned}
&\ln p\left(\boldsymbol{z}|r,\theta\right)\\
&=C-\frac{\alpha^2 M\left|G\left(\beta_\theta-\beta_{\theta_0}\right)\right|^2}{N_0}+\ln\left\{I_0\left[\frac{2\alpha}{N_0}\left|G\left(\beta_\theta-\beta_{\theta_0}\right)\boldsymbol{z}^{\mathrm{H}}\boldsymbol{U}\right|\right]\right\}\\
&=C-\frac{\alpha^2 M\left|G\left(\beta_\theta-\beta_{\theta_0}\right)\right|^2}{N_0}\\
&\quad+\frac{2\alpha}{N_0}\left|M\alpha\mathrm{sinc}\left[K\left(r-r_0\right)\right]G^2\left(\beta_\theta-\beta_{\theta_0}\right)+G\left(\beta_\theta-\beta_{\theta_0}\right)F_{\boldsymbol{w}}\right|
\end{aligned}\tag{7.57}$$

式中，C 为无关常数。

Fisher 信息矩阵定义式为

$$\boldsymbol{F}=\begin{bmatrix}-E\left[\dfrac{\partial^2\ln p\left(\boldsymbol{z}|r,\theta\right)}{\partial r^2}\right] & -E\left[\dfrac{\partial^2\ln p\left(\boldsymbol{z}|r,\theta\right)}{\partial r\partial\theta}\right]\\ -E\left[\dfrac{\partial^2\ln p\left(\boldsymbol{z}|r,\theta\right)}{\partial r\partial\theta}\right] & -E\left[\dfrac{\partial^2\ln p\left(\boldsymbol{z}|r,\theta\right)}{\partial\theta^2}\right]\end{bmatrix}\tag{7.58}$$

交换求导与求期望的次序，先计算对数似然函数的期望值：

$$\begin{aligned}
&E\left[\ln p\left(\boldsymbol{z}|r,\theta\right)\right]\\
&=C-\frac{\alpha^2 M\left|G\left(\beta_\theta-\beta_{\theta_0}\right)\right|^2}{N_0}\\
&\quad+\frac{2\alpha}{N_0}E\left[\left|M\alpha\mathrm{sinc}\left[K\left(r-r_0\right)\right]G^2\left(\beta_\theta-\beta_{\theta_0}\right)+G\left(\beta_\theta-\beta_{\theta_0}\right)F_{\boldsymbol{w}}\right|\right]
\end{aligned}\tag{7.59}$$

随机变量 $\xi=\left|M\alpha\mathrm{sinc}\left[K\left(r-r_0\right)\right]G^2\left(\beta_\theta-\beta_{\theta_0}\right)+G\left(\beta_\theta-\beta_{\theta_0}\right)F_{\boldsymbol{w}}\right|$ 服从莱斯分布，在高信噪比条件下近似为服从高斯分布，其均值 $E\left[\xi\right]=M\alpha\mathrm{sinc}[K(r-r_0)]\left|G\left(\beta_\theta-\beta_{\theta_0}\right)\right|^2$。进一步计算导数，并计算 $r=r_0$、$\theta=\theta_0$ 时的 Fisher 信息矩阵得

$$\boldsymbol{F}=\begin{bmatrix}\dfrac{2\pi^2\rho^2M^3K^2}{3} & 0\\ 0 & 2\rho^2M^3\eta^2\end{bmatrix}\tag{7.60}$$

Fisher 信息矩阵的倒数为 CRB，其结果与式 (7.40) 的协方差矩阵一致，因此 CRB 作为估计量所能达到的最小均方误差，同样也是其对应信息量的上界。

对于复高斯散射目标，我们同样可以计算克拉默–拉奥界。根据式 (7.52) 和期望运算的结果

$$E\left[\boldsymbol{z}^{\mathrm{H}}\boldsymbol{U}\boldsymbol{U}^{\mathrm{H}}\boldsymbol{z}\right]=\boldsymbol{U}^{\mathrm{H}}E\left[\boldsymbol{z}_{\boldsymbol{z}}^{\mathrm{H}}\right]\boldsymbol{U}$$

$$
\begin{aligned}
&= \boldsymbol{U}^{\mathrm{H}}\left[PM^2\boldsymbol{U}_0\boldsymbol{U}_0^{\mathrm{H}} + N_0\boldsymbol{I}\right]\boldsymbol{U} \\
&= PM^2\left|G\left(\beta_\theta - \beta_{\theta_0}\right)\right|^2 \mathrm{sinc}^2\left[K\left(r - r_0\right)\right] + MN_0
\end{aligned} \tag{7.61}
$$

我们可以计算对数似然函数的期望

$$
\begin{aligned}
&E\left[\ln p\left(\boldsymbol{z}|r,\theta\right)\right] \\
&= -\ln\left[\rho^2 M\left|G\left(\beta-\beta_0\right)\right|^2+1\right] \\
&\quad + \frac{\rho^2\left|G\left(\beta-\beta_0\right)\right|^2\left\{\rho^2M^2\left|G\left(\beta-\beta_0\right)\right|^2\mathrm{sinc}^2\left[K(r-r_0)\right]+M\right\}}{\rho^2M\left|G\left(\beta-\beta_0\right)\right|^2+1}
\end{aligned} \tag{7.62}
$$

根据式 (7.58) Fisher 信息矩阵的定义，在给定目标实际距离方向 r_0、θ_0 条件下，我们可以计算得到

$$
\boldsymbol{F} = \begin{bmatrix} \dfrac{2\rho^4M^6\pi^2K^2}{3\left(1+\rho^2M^3\right)} & 0 \\ 0 & \dfrac{2\rho^4M^6\eta^2}{1+\rho^2M^3} \end{bmatrix} \tag{7.63}
$$

在高信噪比条件下可以进一步近似为

$$
\boldsymbol{F} = \begin{bmatrix} \dfrac{2\rho^2M^3\pi^2K^2}{3} & 0 \\ 0 & 2\rho^2M^3\eta^2 \end{bmatrix} \tag{7.64}
$$

可以发现此结果与散射系数为常数情况的 Fisher 信息矩阵式 (7.60) 一致，因此两种模型求得的互信息上界是渐近的。

定义 7.2 设 $h\left(R,\Theta|\boldsymbol{Z}\right)$ 为目标距离方向 r、θ 的后验分布 $p\left(r,\theta|\boldsymbol{z}\right)$ 的微分熵，熵误差定义为

$$
\sigma_{\mathrm{EE}}^2 = \frac{2^{2h(R,\Theta|\boldsymbol{Z})}}{(2\pi\mathrm{e})^2} \tag{7.65}
$$

恒模散射目标和复高斯散射目标的后验概率分布已由式 (7.28) 和式 (7.53) 给出，根据熵误差的定义式可计算两种散射目标的熵误差。

由恒模散射目标距离信息上界式 (7.41) 可计算对应的熵误差下界：

$$
\sigma_{\mathrm{EE}}^2 \geqslant \frac{2^{2\log\frac{\sqrt{3}\mathrm{e}}{KM^3\eta\rho^2}}}{(2\pi\mathrm{e})^2} = \frac{3}{4\pi^2K^2M^6\eta^2\rho^4} \tag{7.66}
$$

同理，由复高斯散射目标距离信息上界式 (7.54) 可计算对应的熵误差下界：

$$
\sigma_{\mathrm{EE}}^2 \geqslant \frac{2^{2\left(\log\frac{\sqrt{3}\mathrm{e}}{KM^3\eta\rho^2}+\frac{\gamma}{\ln 2}\right)}}{(2\pi\mathrm{e})^2} = \frac{3}{4\pi^2K^2M^6\eta^2\rho^4}2^{\frac{2\gamma}{\ln 2}} \tag{7.67}
$$

图 7.7 和图 7.8 分别为恒模散射和复高斯散射目标所对应的方差对比曲线，分别是最大似然估计的均方误差、理论公式对应的熵误差和克拉默–拉奥界。可以看出，当幅度为常数时，熵误差和最大似然的均方误差随信噪比的增加而减小，且在高信噪比时两者都与克拉默–拉奥界重合，而起伏目标的检测与估计性能要劣于前者。

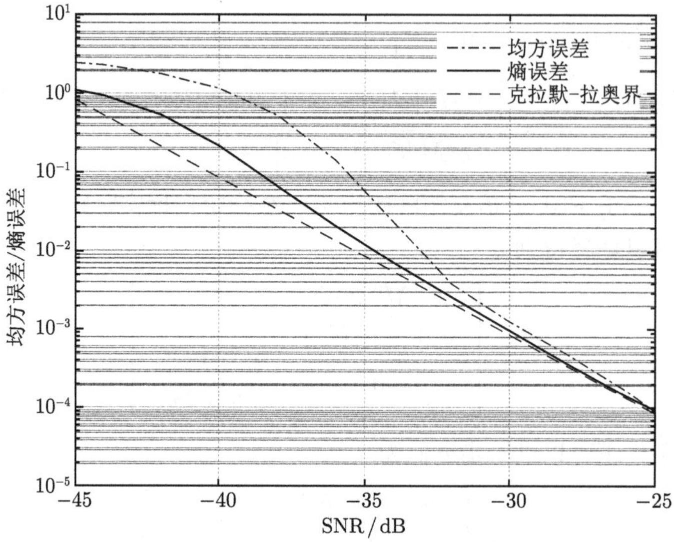

图 7.7 恒模散射模型的均方误差、熵误差和克拉默–拉奥界

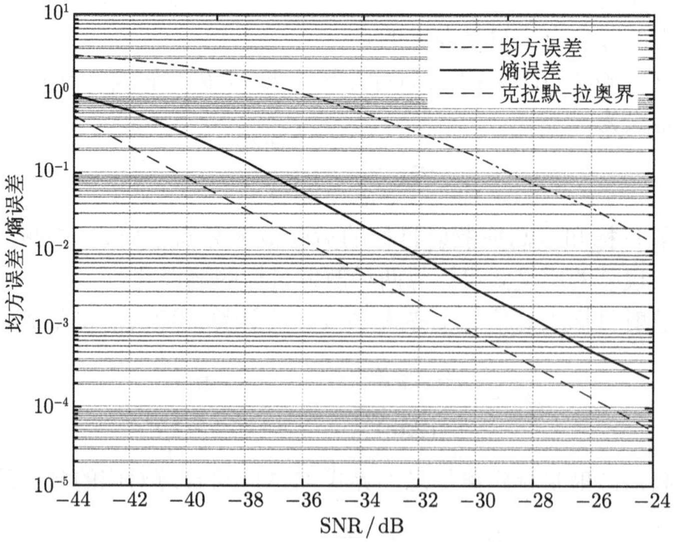

图 7.8 复高斯散射模型的均方误差、熵误差和克拉默–拉奥界

7.4 散射信息的计算

7.4.1 恒模散射模型

考虑恒模散射目标，散射信息 $I(\boldsymbol{Z};S|R,\Theta)$ 就等同于 $I(\boldsymbol{Z};\varPhi|R,\Theta)$，那么，在已知距离参量 R、方向参量 Θ 和相位参量 $\varPhi$ 的条件下，$\boldsymbol{Z}$ 的多维概率密度函数为

$$p(\boldsymbol{z}|r,\theta,\varphi)=\frac{1}{(\pi N_0)^{NM}}\exp\left[-\frac{1}{N_0}\left|\boldsymbol{z}-\alpha\mathrm{e}^{\mathrm{j}\varphi}G(\beta_\theta-\beta_{\theta_0})\boldsymbol{U}\right|^2\right] \tag{7.68}$$

在各参量均匀分布条件下，进一步求得相位参量 $\varPhi$ 的条件概率密度为

$$\begin{aligned}&p(\varphi|r,\theta,\boldsymbol{z})\\&=\frac{\exp\left\{\dfrac{2\alpha_0}{N_0}\Re\left[\mathrm{e}^{\mathrm{j}\varphi}G(\beta_\theta-\beta_{\theta_0})\boldsymbol{z}^{\mathrm{H}}\boldsymbol{U}\right]\right\}}{2\pi I_0\left[\dfrac{2\alpha_0}{N_0}\left|G(\beta_\theta-\beta_{\theta_0})\boldsymbol{z}^{\mathrm{H}}\boldsymbol{U}\right|\right]}\\&=\frac{\exp\left(2\rho^2\Re\left\{\mathrm{e}^{\mathrm{j}(\varphi-\varphi_0)}M\mathrm{sinc}\left[K(r-r_0)\right]G^2(\beta_\theta-\beta_{\theta_0})+\dfrac{1}{\alpha_0}\mathrm{e}^{\mathrm{j}\varphi}G(\beta_\theta-\beta_{\theta_0})F_{\boldsymbol{w}}\right\}\right)}{2\pi I_0\left\{2\rho^2\left|M\mathrm{sinc}\left[K(r-r_0)\right]G^2(\beta_\theta-\beta_{\theta_0})+\dfrac{1}{\alpha_0}G(\beta_\theta-\beta_{\theta_0})F_{\boldsymbol{w}}\right|\right\}}\end{aligned} \tag{7.69}$$

根据互信息的性质，即可得到目标的相位信息。

定理 7.4 恒模散射目标的散射信息为

$$\begin{aligned}I(\boldsymbol{Z};\varPhi|R,\Theta)&=h(\varPhi|R,\Theta)-h(\varPhi|\boldsymbol{Z};R,\Theta)\\&=\log(2\pi)-E_{\boldsymbol{w},r,\theta}\left[h(\varPhi|\boldsymbol{w};r,\theta)\right]\end{aligned} \tag{7.70}$$

式中

$$\begin{aligned}E_{\boldsymbol{w},r,\theta}\left[h(\varPhi|\boldsymbol{w};r,\theta)\right]=&\int\int_{\theta_0-\frac{\Omega}{2}}^{\theta_0+\frac{\Omega}{2}}\int_{r_0-\frac{D}{2}}^{r_0+\frac{D}{2}}\int_0^{2\pi}p(\varphi|\boldsymbol{w},r,\theta)\\&\cdot\log p(\varphi|\boldsymbol{w},r,\theta)\,\mathrm{d}\varphi p(r)\,\mathrm{d}r p(\theta)\,\mathrm{d}\theta p(\boldsymbol{w})\,\mathrm{d}\boldsymbol{w}\end{aligned}$$

7.4.2 复高斯散射模型

对于复高斯散射模型，目标散射信号 S 可视为复高斯变量，这时接收信号 $\boldsymbol{Z}$ 也是一个高斯矢量。根据式 (7.46)，我们可以求得给定 R、Θ 时 $\boldsymbol{Z}$ 的条件微分熵

$$h(\boldsymbol{Z}|R=r,\Theta=\theta)=NM\log\left(2\pi\mathrm{e}\left|\boldsymbol{R}_{\boldsymbol{z}}\right|^{\frac{1}{NM}}\right)$$

$$= NM\log 2\pi e + \log\left|P\left|G\left(\beta_\theta - \beta_{\theta_0}\right)\right|^2 \boldsymbol{U}\boldsymbol{U}^{\mathrm{H}} + N_0\boldsymbol{I}\right| \quad (7.71)$$

另外，根据微分熵的平移不变特性，在给定距离方向和散射参数条件下 $\boldsymbol{Z}$ 的微分熵为

$$h\left(\boldsymbol{Z}|R=r,\Theta=\theta,S\right) = h\left(\boldsymbol{W}\right) = NM\log 2\pi e + \log\left|N_0\boldsymbol{I}\right| \quad (7.72)$$

因此，在 $R=r$、$\Theta=\theta$ 条件下的散射信息为

$$\begin{aligned}
I\left(\boldsymbol{Z};S|R=r,\Theta=\theta\right) &= h\left(S|R=r,\Theta=\theta\right) - h\left(S|\boldsymbol{Z};R=r,\Theta=\theta\right)\\
&= \log\left|P\left|G\left(\beta_\theta-\beta_{\theta_0}\right)\right|^2\boldsymbol{U}\boldsymbol{U}^{\mathrm{H}} + N_0\boldsymbol{I}\right| - \log\left|N_0\boldsymbol{I}\right|\\
&= \log\left|\boldsymbol{I} + \frac{P}{N_0}\left|G\left(\beta_\theta-\beta_{\theta_0}\right)\right|^2\boldsymbol{U}\boldsymbol{U}^{\mathrm{H}}\right|\\
&= \log\left[1+\rho^2\left|G\left(\beta_\theta-\beta_{\theta_0}\right)\right|^2\boldsymbol{U}^{\mathrm{H}}\boldsymbol{U}\right] \quad (7.73)
\end{aligned}$$

根据式 (7.13)，可以进一步得到

$$I\left(\boldsymbol{Z};S|R=r,\Theta=\theta\right) = \log\left[1+\rho^2 M\left|G\left(\beta_\theta-\beta_{\theta_0}\right)\right|^2\right] \quad (7.74)$$

式 (7.74) 表明，散射信息与方向参数有关，而与距离参数无关。方向参数服从均匀分布时的散射信息为

$$\begin{aligned}
I\left(\boldsymbol{Z};S|R,\Theta\right) &= E_\theta\left[\log\left(1+\rho^2 M\left|G\left(\beta_\theta-\beta_{\theta_0}\right)\right|^2\right)\right]\\
&= \frac{1}{\Omega}\int_{\theta_0-\frac{\Omega}{2}}^{\theta_0+\frac{\Omega}{2}}\log\left[1+\rho^2 M\left|G\left(\beta_\theta-\beta_{\theta_0}\right)\right|^2\right]\mathrm{d}\theta \quad (7.75)
\end{aligned}$$

在 θ_0 邻域内将 $\left|G\left(\beta_\theta-\beta_{\theta_0}\right)\right|^2$ 按式 (7.37) 展开，代入式 (7.75) 并进行换元

$$I\left(\boldsymbol{Z};S|R,\Theta\right) = \frac{1}{\Omega}\int_{-\frac{\Omega}{2}}^{\frac{\Omega}{2}}\log\left(1+\rho^2M^3-\rho^2M^3\eta^2\theta^2\right)\mathrm{d}\theta \quad (7.76)$$

对式 (7.76) 采用分部积分法可得如下定理。

定理 7.5　复高斯散射目标的散射信息为

$$\begin{aligned}
&I\left(\boldsymbol{Z};S|R,\Theta\right)\\
&=\left[\log\left(1+\rho^2M^3-\frac{\rho^2M^3\eta^2\Omega^2}{4}\right)-\frac{2}{\ln 2}+\frac{2\mu}{\Omega\ln 2}\ln\left|(\Omega+2\mu)/(\Omega-2\mu)\right|\right]
\end{aligned} \quad (7.77)$$

式中，$\mu=\sqrt{\dfrac{1+\rho^2M^3}{\rho^2M^3\eta^2}}$。

恒模散射目标和复高斯散射目标两种情形的散射信息仿真如图 7.9 所示。可以看出在源信号服从复高斯分布时，相较于 α 为常数情况，由于额外的不确定性，获得的散射信息显著增加。

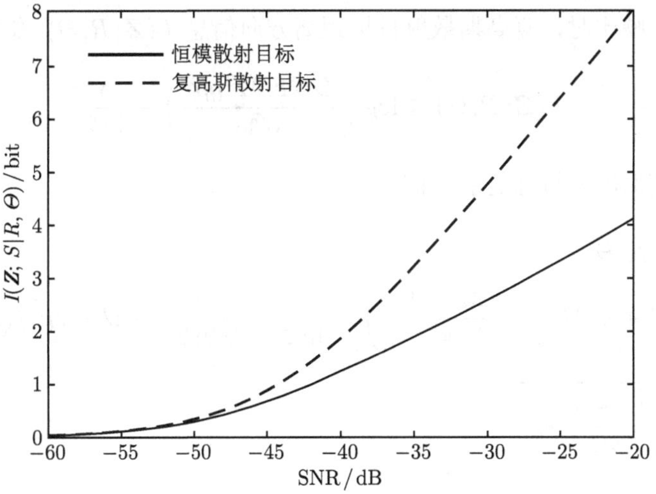

图 7.9 散射信息和 SNR 的关系

7.5 本章小结

(1) 距离–方向–散射信息的定义：设 $p(r,\boldsymbol{\theta},\boldsymbol{s})$ 表示目标的统计特性，$p(\boldsymbol{z}|r,\theta,s)$ 是已知目标距离 r、方向 θ 和散射特性 s 时接收序列 $\boldsymbol{Z}$ 的概率密度函数，那么，相控阵雷达的空间信息定义为从接收序列 $\boldsymbol{Z}$ 中获得的关于目标距离、方向和散射特性的联合互信息

$$I(\boldsymbol{Z};R,\Theta,S)=E\left[\log\frac{p(\boldsymbol{z}|r,\theta,s)}{p(\boldsymbol{z})}\right]$$

式中，$p(\boldsymbol{z})=\oiint p(r,\theta,s)p(\boldsymbol{z}|r,\theta,s)\mathrm{d}r\mathrm{d}\theta\mathrm{d}s$ 是 $\boldsymbol{Z}$ 的边缘概率密度函数。

(2) 目标的空间信息是位置信息 $I(\boldsymbol{Z};R,\Theta)$ 与距离已知目标位置的条件散射信息 $I(\boldsymbol{Z};S|R,\Theta)$ 之和。

$$I(\boldsymbol{Z};R,\Theta,S)=I(\boldsymbol{Z};R,\Theta)+I(\boldsymbol{Z};S|R,\Theta)$$

(3) 高信噪比时，恒模散射目标距离方向信息的上界

$$I\left(\boldsymbol{Z};R,\Theta\right)\leqslant\log D+\log\varOmega-\log\left(2\pi\mathrm{e}\left|\boldsymbol{C}_{R,\theta}\right|^{1/2}\right)$$
$$=\log\left(\frac{D\varOmega KM^3\eta\rho^2}{\sqrt{3}\mathrm{e}}\right)$$

式中，$\rho^2=\alpha^2/N_0$ 为信噪比。

(4) 高信噪比时，复高斯散射目标距离方向信息 $I\left(\boldsymbol{Z};R,\Theta\right)$ 的上界

$$I\left(\boldsymbol{Z};R,\Theta\right)\leqslant\log\left(\frac{D\varOmega KM^3\eta\rho^2}{\sqrt{3}\mathrm{e}}\right)-\frac{\gamma}{\ln 2}$$

(5) 复高斯散射目标的散射信息：

$$I\left(\boldsymbol{Z};S|R,\Theta\right)$$
$$=\left[\log\left(1+\rho^2M^3-\frac{\rho^2M^3\eta^2\varOmega^2}{4}\right)-\frac{2}{\ln 2}+\frac{2\mu}{\varOmega\ln 2}\ln\left|(\varOmega+2\mu)/(\varOmega-2\mu)\right|\right]$$

式中，$\mu=\sqrt{\dfrac{1+\rho^2M^3}{\rho^2M^3\eta^2}}$。

参 考 文 献

[1] 樊昌信, 曹丽娜. 通信原理 [M]. 6 版. 北京: 国防工业出版社, 2010.

[2] van Trees H L. Optimum Array Processing: Part IV of Detection, Estimation, and Modulation Theory in Detection, Estimation, and Modulation Theory[M]. New York: John Wiley & Sons, 2004: 491-501.

[3] 张小飞, 汪飞, 徐大专. 阵列信号处理的理论和应用 [M]. 北京: 国防工业出版社, 2010.

[4] 张贤达, 保铮. 通信信号处理 [M]. 北京: 国防工业出版社, 2000.

[5] 张小飞. 信息论基础 [M]. 北京: 科学出版社, 2015.

[6] Richards M A. Fundamentals of Radar Signal Processing[M]. New York: McGraw-Hill Education, 2005: 238-239.

[7] Cover T M, Thomas J A. Elements of Information Theory[M]. New York: John Wiley & Sons, 2006: 224-238.

[8] Pasupathy S, Venetsanopoulos A N. Optimum active array processing structure and space-time factorability[J]. IEEE Transactions on Aerospace and Electronic Systems, 1974, AES-10(6): 770-778.

[9] Xu D Z, Shi C, Zhou Y, et al. Spatial Information in Phased-Array Radar[J]. IET Communications, 2019, 14(13): 2141-2150.

第 8 章　目标检测的信息理论

本章通过引入目标存在状态变量，建立了结合目标检测与参数估计的统一系统模型。本章给出探测信息的严格定义，并证明探测信息是目标检测信息与已知目标存在状态的空间信息之和，从理论上解决了探测信息的定量问题。推导出目标匹配和非匹配条件下检测信息的理论公式，提出了随机目标检测方法，并证明了目标检测定理。目标检测定理指出，检测信息是可达的，反之，任何检测器的经验检测信息不大于检测信息。目标检测的信息理论突破改变了奈曼–皮尔逊 (NP) 准则一统天下的局面，为目标检测的系统理论和设计方法开辟了新的方向。

8.1　目标检测与奈曼–皮尔逊准则

雷达探测的任务主要是目标检测、参数估计和成像，而成像之后仍然需要进行目标检测，因此，目标检测不仅是雷达探测的关键问题，更是雷达探测的首要环节，将对后续信号处理产生重要影响。

目标检测的性能通常采用虚警概率–检测概率指标体系作为评价标准，即给定虚警概率条件下，使检测概率最大化。也已证明，在虚警概率–检测概率指标体系下，NP 准则是最佳的。因此，NP 准则在目标检测中一直占有统治地位 [1,2]，特别是恒虚警 [3−5] 条件下不同应用场景最佳检测器的设计。Sangston 等 [6] 指出在复高斯杂波环境中最佳检测器的阈值取决于匹配滤波器的输出。Liu 和 Li[7] 在高斯噪声且协方差未知的情况下，采用广义似然比检验 (generalized likelihood ratio test, GLRT) 检测分布式目标，推导了虚警概率的近似解析表达式，且便于 GLRT 检测器的检测阈值设置。最近，NP 准则还用于 MIMO 雷达或相控阵雷达 [8−10] 相关领域的最佳检测器设计，还有一些研究致力于提高分集增益 [11] 等。

信息论方法在目标检测领域也有广泛的应用。1988 年，Bell 首先将互信息测度用于雷达系统的波形设计 [12]，以接收信号与目标冲激响应之间互信息为测度，证明了最佳波形设计对应于信道容量的最优功率注水解 [13]，该结论正好与通信系统的最优功率分配问题一致。在 Bell 的系统模型中，目标的距离信息隐含于冲激响应中。由于实际环境中目标位置是不断变化的，因此，必须采用自适应的波形设计方法。由于 Bell 的工作是针对目标检测问题提出来的，其模型并不区分不同的目标，因此，从本质上说，Bell 的互信息测度是空间信息 [14−16] 中的散射信息。

2017 年以来，我们提出了雷达参数估计的空间信息概念 [14]，将空间信息定义为接收信号与目标距离及散射的联合互信息 [14,15]，从而将距离信息和散射信息纳入统一定义框架中 [17]。目标检测的任务是从雷达接收信号中判断观测区域是否存在目标，那么，目标检测能否在信息论的基础上进行统一的描述和刻画呢？

本章通过引入目标存在状态变量，建立了结合目标检测与参数估计的统一系统模型。本章给出探测信息的严格定义，并证明探测信息是目标检测信息与已知目标存在状态的空间信息之和，从理论上解决了探测信息的定量问题，并推导出目标匹配和非匹配条件下检测信息的理论公式。进一步提出抽样后验概率检测方法，这是一种随机目标检测方法，其平均检测性能取决于后验概率分布。在此基础上，我们最终证明了目标检测定理，即检测信息是可达的，反之，任何检测器的经验检测信息不大于检测信息。

检测信息作为目标检测的新评价标准，与虚警概率–检测概率指标体系存在本质区别。本书对信息论方法和 NP 方法进行了比较，结果表明，信息论方法的检测概率小于 NP 检测器，但检测信息大于 NP 检测器。研究结果还表明，检测信息准则有利于弱小目标检测，具有广阔的应用前景。目标检测的信息理论突破了传统的 NP 准则，为目标检测的系统理论和设计方法开辟了新的方向。

8.2 目标检测系统模型

假设在观测区间内可能存在 k 个目标，目标间相互独立，目标的位置和散射信号也相互独立。设雷达发射的基带信号为 $\psi(t)=\operatorname{sinc}(Bt)$，它是带宽为 $B/2$ 的理想低通信号，那么，接收基带信号为

$$z(t)=\sum_{k=1}^{K} v_k s_k \psi(t-\tau_k)+w(t) \tag{8.1}$$

式中，$v_k\in\{0,1\}$ 是表示第 k 个目标存在状态的整数变量，$v_k=1$ 表示目标存在，$v_k=0$ 表示目标不存在；s_k 表示第 k 个目标的散射信号；τ_k 表示第 k 个目标产生的时延；$w(t)$ 表示带宽为 $B/2$ 的复加性高斯白噪声 (CAWGN)，其实部和虚部的功率谱密度均为 $N_0/2$。

假设信号能量几乎全部在观测区间内，参考点位于观测区间的中点。根据 Shannon-Nyquist 采样定理，以速率 B 对接收信号进行采样，则得离散形式的接收信号

$$z(n)=\sum_{k=1}^{K} v_k s_k \operatorname{sinc}(n-x_k)+w(n)\ , \quad n=-\frac{N}{2},\cdots,\frac{N}{2}-1 \tag{8.2}$$

式中，$x_k = B\tau_k$ 表示归一化时延，各噪声样值之间相互独立，其实部和虚部也相互独立，噪声功率均为 $N_0/2$。

为了描述方便，将式 (8.2) 写成矢量形式：

$$\boldsymbol{z} = \boldsymbol{U}\left(\boldsymbol{x}\right) \not{V} s + \boldsymbol{w} \tag{8.3}$$

式中

$$\not{V} = \begin{bmatrix} v_1 & 0 & \cdots & 0 \\ 0 & v_2 & \cdots & 0 \\ \vdots & \vdots & & \vdots \\ 0 & 0 & \cdots & v_K \end{bmatrix} \tag{8.4}$$

是目标存在状态矢量 $\boldsymbol{v}=(v_1, v_2, \cdots, v_K)$ 的对角化矩阵。而 $\boldsymbol{U}(\boldsymbol{x})=[\cdots, \boldsymbol{u}(x_k), \cdots]$ 称为目标位置矩阵，$\boldsymbol{u}^{\mathrm{T}}\left(x_k\right) = (\cdots, \mathrm{sinc}(n - x_k), \cdots)$ 是第 k 个目标的采样波形。式 (8.4) 又称为目标检测系统方程，或简称检测方程。检测方程的主要特征是引入目标存在状态矢量，它是多目标探测系统模型的推广。

8.3 目标检测信息与空间信息

从统计的观点处理目标检测系统方程，令 $\boldsymbol{V}$ 表示目标是否存在的随机矢量，$\boldsymbol{X}$ 和 $\boldsymbol{S}$ 分别表示目标的归一化时延矢量和散射矢量，$\boldsymbol{Z}$ 和 $\boldsymbol{W}$ 分别表示随机接收信号矢量和噪声矢量。由检测方程，给定检测矢量 $\boldsymbol{V}$ 及 $\boldsymbol{X}$ 和 $\boldsymbol{S}$ 时，$\boldsymbol{Z}$ 的多维条件概率密度函数 (PDF) 为

$$\begin{aligned} p\left(\boldsymbol{z} \left| \boldsymbol{v}, \boldsymbol{x}, \boldsymbol{s}\right.\right) &= \left(\frac{1}{\pi N_0}\right)^N \exp\left\{-\frac{1}{N_0}\left[\boldsymbol{z} - \boldsymbol{U}(\boldsymbol{x}) \not{V} s\right]^{\mathrm{H}}\left[\boldsymbol{z} - \boldsymbol{U}(\boldsymbol{x}) \not{V} s\right]\right\} \\ &= \left(\frac{1}{\pi N_0}\right)^N \exp\left[-\frac{1}{N_0}\left\|\boldsymbol{z} - \boldsymbol{U}(\boldsymbol{x}) \not{V} \boldsymbol{s}\right\|^2\right] \end{aligned} \tag{8.5}$$

式 (8.5) 的 PDF 条件定义了一个目标检测与参数估计的联合信道，由此可得如下目标探测信息的定义。

定义 8.1【探测信息】 设目标存在状态矢量的概率分布为 $P\left(\boldsymbol{v}\right)$，归一化时延的先验 PDF 为 $p\left(\boldsymbol{x}\right)$，散射信号的 PDF 为 $p\left(\boldsymbol{s}\right)$，那么，目标探测信息定义为接收信号与目标的存在状态、位置及散射的联合互信息，即

$$I\left(\boldsymbol{Z}; \boldsymbol{V}\boldsymbol{X}\boldsymbol{S}\right) = E\left[\log_2 \frac{p\left(\boldsymbol{z}|\boldsymbol{v}\boldsymbol{x}\boldsymbol{s}\right)}{p\left(\boldsymbol{z}\right)}\right] \tag{8.6}$$

式中，$E\left[\cdot\right]$ 表示数学期望。由互信息的可加性，可以证明

$$I\left(\boldsymbol{Z}; \boldsymbol{V}\boldsymbol{X}\boldsymbol{S}\right) = I\left(\boldsymbol{Z}; \boldsymbol{V}\right) + I\left(\boldsymbol{Z}; \boldsymbol{X}\boldsymbol{S}\left|\boldsymbol{V}\right.\right) \tag{8.7}$$

式中，$I(\boldsymbol{Z};\boldsymbol{V})$ 表示从接收信号中获得的目标存在状态信息；$I(\boldsymbol{Z};\boldsymbol{XS}|\boldsymbol{V})$ 表示已知目标存在状态条件下的空间信息 [17]。

定义 8.2【检测信息】 接收信号与目标存在状态信息之间的互信息 $I(\boldsymbol{Z};\boldsymbol{V})$ 称为检测信息。

式 (8.7) 表明探测信息是目标检测信息与已知目标存在状态条件下的空间信息之和。目前，在雷达信号处理中，目标检测和参数估计通常是分开处理的，并且在研究参数估计问题时通常默认已知目标数。目标探测信息的定义将目标检测与参数估计在信息论框架下统一起来，为雷达探测的信息获取问题提供一个总体描述框架。

8.4 目标检测信息的计算

下面研究复高斯散射目标和恒模散射目标检测信息的计算。我们分别考虑目标完全匹配和非匹配两种场景。

8.4.1 复高斯散射目标的检测信息

考虑复高斯散射目标，设各散射信号的平均功率均为 P，也就是散射信号服从均值为 0、方差为 P 的复高斯分布。给定目标存在状态矢量 $\boldsymbol{V}$ 和归一化时延 $\boldsymbol{X}$ 条件下，接收信号 $\boldsymbol{Z}$ 也是复高斯矢量，其协方差矩阵为

$$\begin{aligned}\boldsymbol{R}_{\boldsymbol{V}}(\boldsymbol{x}) &= E_{\boldsymbol{SW}}\left[\boldsymbol{Z}\boldsymbol{Z}^{\mathrm{H}}\right] \\ &= E_{\boldsymbol{SW}}\left[(\boldsymbol{U}(\boldsymbol{x})\not{\boldsymbol{V}}\boldsymbol{S}+\boldsymbol{W})(\boldsymbol{U}(\boldsymbol{x})\not{\boldsymbol{V}}\boldsymbol{S}+\boldsymbol{W})^{\mathrm{H}}\right] \\ &= \boldsymbol{U}(\boldsymbol{x})\not{\boldsymbol{V}}E_{\boldsymbol{S}}\left[\boldsymbol{S}\boldsymbol{S}^{\mathrm{H}}\right]\not{\boldsymbol{V}}^{\mathrm{H}}\boldsymbol{U}^{\mathrm{H}}(\boldsymbol{x})+E_{\boldsymbol{W}}\left[\boldsymbol{W}\boldsymbol{W}^{\mathrm{H}}\right] \\ &= N_0\boldsymbol{I}+P\boldsymbol{U}(\boldsymbol{x})\not{\boldsymbol{V}}\boldsymbol{U}^{\mathrm{H}}(\boldsymbol{x}) \\ &= N_0\left[\boldsymbol{I}+\rho^2\boldsymbol{U}(\boldsymbol{x})\not{\boldsymbol{V}}\boldsymbol{U}^{\mathrm{H}}(\boldsymbol{x})\right]\end{aligned} \tag{8.8}$$

式中，$\rho^2=P/N_0$ 表示散射信号平均功率与总的噪声功率之比。那么，给定 $\boldsymbol{V}$ 和 $\boldsymbol{X}$ 的条件 PDF 为

$$p(\boldsymbol{z}|\boldsymbol{v}\boldsymbol{x})=\frac{1}{\pi^N\left|\boldsymbol{R}_{\boldsymbol{v}}(\boldsymbol{x})\right|}\exp\left[-\boldsymbol{z}^{\mathrm{H}}\boldsymbol{R}_{\boldsymbol{v}}^{-1}(\boldsymbol{x})\boldsymbol{z}\right] \tag{8.9}$$

对归一化时延求期望，即得给定 $\boldsymbol{V}$ 的条件 PDF

$$p(\boldsymbol{z}|\boldsymbol{v})=\oint\frac{1}{\pi^N\left|\boldsymbol{R}_{\boldsymbol{v}}(\boldsymbol{x})\right|}p(\boldsymbol{x})\exp\left[-\boldsymbol{z}^{\mathrm{H}}\boldsymbol{R}_{\boldsymbol{v}}^{-1}(\boldsymbol{x})\boldsymbol{z}\right]\mathrm{d}\boldsymbol{x} \tag{8.10}$$

式 (8.10) 描述一个目标检测信道，由贝叶斯公式可得后验 PDF

$$P(\boldsymbol{v}|\boldsymbol{z})=\frac{P\left(\boldsymbol{v}\right)\oint\frac{1}{|\boldsymbol{R}_{\boldsymbol{v}}(\boldsymbol{x})|}p(\boldsymbol{x})\exp\left[-\boldsymbol{z}^{\mathrm{H}}\boldsymbol{R}_{\boldsymbol{v}}^{-1}(\boldsymbol{x})\boldsymbol{z}\right]\mathrm{d}\boldsymbol{x}}{\sum\limits_{\boldsymbol{v}}P\left(\boldsymbol{v}\right)\oint\frac{1}{|\boldsymbol{R}_{\boldsymbol{v}}(\boldsymbol{x})|}p(\boldsymbol{x})\exp\left[-\boldsymbol{z}^{\mathrm{H}}\boldsymbol{R}_{\boldsymbol{v}}^{-1}(\boldsymbol{x})\boldsymbol{z}\right]\mathrm{d}\boldsymbol{x}} \tag{8.11}$$

如果目标位置在观测区间内均匀分布，且目标间相互独立，则式 (8.11) 可简化为

$$P(\boldsymbol{v}|\boldsymbol{z})=\frac{P\left(\boldsymbol{v}\right)\oint\frac{1}{|\boldsymbol{R}_{\boldsymbol{v}}(\boldsymbol{x})|}\exp\left[-\boldsymbol{z}^{\mathrm{H}}\boldsymbol{R}_{\boldsymbol{v}}^{-1}(\boldsymbol{x})\boldsymbol{z}\right]\mathrm{d}\boldsymbol{x}}{\sum\limits_{\boldsymbol{v}}P\left(\boldsymbol{v}\right)\oint\frac{1}{|\boldsymbol{R}_{\boldsymbol{v}}(\boldsymbol{x})|}\exp\left[-\boldsymbol{z}^{\mathrm{H}}\boldsymbol{R}_{\boldsymbol{v}}^{-1}(\boldsymbol{x})\boldsymbol{z}\right]\mathrm{d}\boldsymbol{x}} \tag{8.12}$$

式 (8.12) 是从信息论角度推导出的后验概率分布，代表检测器所能达到的理论极限，与检测器的具体结构以及检测方法无关。

定义 8.3【抽样后验概率检测】 对后验概率分布 $P(v|\boldsymbol{z})$ 进行抽样产生的估计 $\hat{v}$ 称为目标存在状态的 SAP 概率检测，记为 $\hat{v}_{\mathrm{SAP}}$，即

$$\hat{v}_{\mathrm{SAP}}=\arg\operatorname*{smp}_{v}\left\{P(v|\boldsymbol{z})\right\}$$

$\hat{v}_{\mathrm{SAP}}$ 检测器称为抽样后验概率检测器。SAP 检测器是一种随机检测器，给定接收信号时检测结果并不确定，但平均性能由后验概率分布 $P(\hat{v}|\boldsymbol{z})$ 确定。

由后验 PDF 可得目标检测信息为

$$I\left(\boldsymbol{Z};\boldsymbol{V}\right)=H\left(\boldsymbol{V}\right)-H\left(\boldsymbol{V}|\boldsymbol{Z}\right) \tag{8.13}$$

其中先验熵

$$H\left(\boldsymbol{V}\right)=-\sum_{\boldsymbol{v}}P(\boldsymbol{v})\log P(\boldsymbol{v}) \tag{8.14}$$

后验熵

$$H\left(\boldsymbol{V}|\boldsymbol{Z}\right)=E_{\boldsymbol{z}}\left[-\sum_{\boldsymbol{v}}P(\boldsymbol{v}|\boldsymbol{z})\log P(\boldsymbol{v}|\boldsymbol{z})\right] \tag{8.15}$$

式中，$E_{\boldsymbol{z}}\left[\cdot\right]$ 表示对所有接收信号求期望。

8.4.2 单个复高斯散射目标的检测信息

对于单个复高斯散射目标，协方差矩阵为

$$\boldsymbol{R}_v=N_0\left[\boldsymbol{I}+v\rho^2\boldsymbol{u}\left(x\right)\boldsymbol{u}^{\mathrm{H}}\left(x\right)\right] \tag{8.16}$$

其行列式

$$|\boldsymbol{R}_v| = N_0^N\left(1+v\rho^2\right) \tag{8.17}$$

与目标的位置无关。由矩阵求逆公式可得协方差矩阵的逆为

$$\boldsymbol{R}_v^{-1}(x) = \frac{1}{N_0}\left[I - \frac{v\rho^2\boldsymbol{u}(x)\boldsymbol{u}^{\mathrm{H}}(x)}{1+v\rho^2}\right] \tag{8.18}$$

故有

$$p(\boldsymbol{z}|v,x) = \frac{1}{(\pi N_0)^N\left(1+v\rho^2\right)}\exp\left(-\frac{1}{N_0}\boldsymbol{z}^{\mathrm{H}}\boldsymbol{z}\right)\exp\left[\frac{1}{N_0}\frac{v\rho^2}{v\rho^2+1}\left|\boldsymbol{z}^{\mathrm{H}}\boldsymbol{u}(x)\right|^2\right] \tag{8.19}$$

假设目标在观测区间内均匀分布，对目标位置求期望得条件 PDF 为

$$\begin{aligned} p(\boldsymbol{z}|v) =& \frac{1}{(\pi N_0)^N\left(1+v\rho^2\right)}\frac{1}{N}\int_{-N/2}^{N/2}\exp\left(-\frac{1}{N_0}\boldsymbol{z}^{\mathrm{H}}\boldsymbol{z}\right) \\ &\cdot\exp\left[\frac{1}{N_0}\frac{v\rho^2}{v\rho^2+1}\left|\boldsymbol{z}^{\mathrm{H}}\boldsymbol{u}(x)\right|^2\right]\mathrm{d}x \end{aligned} \tag{8.20}$$

由贝叶斯公式得后验 PDF 为

$$P(v|\boldsymbol{z}) = \frac{P(v)\dfrac{1}{1+v\rho^2}\dfrac{1}{N}\displaystyle\int_{-N/2}^{N/2}\exp\left[\frac{1}{N_0}\frac{v\rho^2}{v\rho^2+1}\left|\boldsymbol{z}^{\mathrm{H}}\boldsymbol{u}(x)\right|^2\right]\mathrm{d}x}{\displaystyle\sum_v\frac{1}{1+v\rho^2}P(v)\frac{1}{N}\int_{-N/2}^{N/2}\exp\left[\frac{1}{N_0}\frac{v\rho^2}{v\rho^2+1}\left|\boldsymbol{z}^{\mathrm{H}}\boldsymbol{u}(x)\right|^2\right]\mathrm{d}x} \tag{8.21}$$

或

$$P(v|\boldsymbol{z}) = \frac{P(v)\,\Upsilon_{\mathrm{CG}}(v,\boldsymbol{z})}{P(0)+P(1)\,\Upsilon_{\mathrm{CG}}(1,\boldsymbol{z})} \tag{8.22}$$

式中

$$\Upsilon_{\mathrm{CG}}(v,\boldsymbol{z}) = \frac{1}{1+v\rho^2}\frac{1}{N}\int_{-N/2}^{N/2}\exp\left[\frac{1}{N_0}\frac{v\rho^2}{v\rho^2+1}\left|\boldsymbol{z}^{\mathrm{H}}\boldsymbol{u}(x)\right|^2\right]\mathrm{d}x \tag{8.23}$$

表示复高斯散射目标的检测统计量。我们注意到 $\left|\boldsymbol{z}^{\mathrm{H}}\boldsymbol{u}(x)\right|$ 是匹配滤波器输出的模值，$\Upsilon_{\mathrm{CG}}(v,\boldsymbol{z})$ 是 $\left|\boldsymbol{z}^{\mathrm{H}}\boldsymbol{u}(x)\right|^2$ 的指数函数在观测区间内的时间平均。显然，$\Upsilon_{\mathrm{CG}}(v,\boldsymbol{z})$ 与普通的能量检测器不同，也就是说，已知目标散射和信道的统计特性后，能量检测器已不是最佳检测器。

8.4.3 已知复高斯散射目标位置时的检测信息

下面考虑已知目标位置时的检测信息，这对应于匹配滤波器与目标位置完全匹配的情况。严格地说，已知目标位置的假设是欠合理的，因为目标检测的任务是检测目标是否存在，当然不知道目标的位置。然而，在信噪比较高时，完全匹配时的相关峰通常最大，将最大峰值用于检测也是合理的，只不过不适用于低信噪比情况。另外，已知目标位置时的情况比较简单，更容易分析检测信息与系统参数之间的关系，并易于同 NP 准则进行比较。

已知目标位置 x_0 时的条件概率为

$$p(\boldsymbol{z}|v,x_0)=\frac{1}{(\pi N_0)^N(1+v\rho^2)}\exp\left(-\frac{1}{N_0}\boldsymbol{z}^{\mathrm{H}}\boldsymbol{z}\right)\exp\left[\frac{1}{N_0}\frac{v\rho^2}{v\rho^2+1}\left|\boldsymbol{z}^{\mathrm{H}}\boldsymbol{u}(x_0)\right|^2\right] \tag{8.24}$$

由贝叶斯公式得

$$p(v|\boldsymbol{z},x_0)=\frac{P(v)\dfrac{1}{1+v\rho^2}\exp\left[\dfrac{1}{N_0}\dfrac{v\rho^2}{v\rho^2+1}\left|\boldsymbol{z}^{\mathrm{H}}\boldsymbol{u}(x_0)\right|^2\right]}{P(0)+P(1)\dfrac{1}{1+\rho^2}\exp\left[\dfrac{1}{N_0}\dfrac{\rho^2}{\rho^2+1}\left|\boldsymbol{z}^{\mathrm{H}}\boldsymbol{u}(x_0)\right|^2\right]} \tag{8.25}$$

或

$$p(v|\boldsymbol{z},x_0)=\frac{P(v)\Upsilon_{\mathrm{CG}}(v,\boldsymbol{z},x_0)}{P(0)+P(1)\Upsilon_{\mathrm{CG}}(1,\boldsymbol{z},x_0)} \tag{8.26}$$

式中

$$\Upsilon_{\mathrm{CG}}(v,\boldsymbol{z},x_0)=\frac{1}{1+v\rho^2}\exp\left[\frac{1}{N_0}\frac{v\rho^2}{v\rho^2+1}\left|\boldsymbol{z}^{\mathrm{H}}\boldsymbol{u}(x_0)\right|^2\right] \tag{8.27}$$

则检测信息

$$I(\boldsymbol{Z};V)=H(V)-H(V|\boldsymbol{Z},x_0) \tag{8.28}$$

8.4.4 恒模散射目标的检测信息

多目标恒模散射信息的计算十分复杂，下面只考虑单个恒模散射目标的情况。令 $s=\alpha\mathrm{e}^{\mathrm{j}\varphi}$，模为常数，相位服从均匀分布，则条件概率分布为

$$\begin{aligned}p(\boldsymbol{z}|v,x,\varphi)&=\left(\frac{1}{\pi N_0}\right)^N\exp\left\{-\frac{1}{N_0}\left[\boldsymbol{z}-\boldsymbol{u}(x)v\alpha\mathrm{e}^{\mathrm{j}\varphi}\right]^{\mathrm{H}}\left[\boldsymbol{z}-\boldsymbol{u}(x)v\alpha\mathrm{e}^{\mathrm{j}\varphi}\right]\right\}\\&=\left(\frac{1}{\pi N_0}\right)^N\exp\left[-\frac{1}{N_0}\left(\boldsymbol{z}^{\mathrm{H}}\boldsymbol{z}+v\alpha^2\right)\right]\exp\left\{\frac{2}{N_0}\Re\left[v\alpha\mathrm{e}^{-\mathrm{j}\varphi}\boldsymbol{u}^{\mathrm{H}}(x)\boldsymbol{z}\right]\right\}\end{aligned} \tag{8.29}$$

对随机相位求期望得

$$\begin{aligned} & p(\boldsymbol{z}|v,x) \\ &= \left(\frac{1}{\pi N_0}\right)^N \exp\left[-\frac{1}{N_0}\left(\boldsymbol{z}^{\mathrm{H}}\boldsymbol{z}+v\alpha^2\right)\right]\frac{1}{2\pi}\int_0^{2\pi}\exp\left\{\frac{2}{N_0}\Re\left[v\alpha \mathrm{e}^{-\mathrm{j}\varphi}\boldsymbol{u}^{\mathrm{H}}(x)\boldsymbol{z}\right]\right\}\mathrm{d}\varphi \\ &= \left(\frac{1}{\pi N_0}\right)^N \exp\left[-\frac{1}{N_0}\left(\boldsymbol{z}^{\mathrm{H}}\boldsymbol{z}+v\alpha^2\right)\right] I_0\left[\frac{2v\alpha}{N_0}\left|\boldsymbol{u}^{\mathrm{H}}(x)\boldsymbol{z}\right|\right] \end{aligned} \tag{8.30}$$

式中

$$I_0\left[\frac{2v\alpha}{N_0}\left|\boldsymbol{u}^{\mathrm{H}}(x)\boldsymbol{z}\right|\right] = \frac{1}{2\pi}\int_0^{2\pi}\exp\left\{\frac{2}{N_0}\Re\left[v\alpha \mathrm{e}^{-\mathrm{j}\varphi}\boldsymbol{u}^{\mathrm{H}}(x)\boldsymbol{z}\right]\right\}\mathrm{d}\varphi \tag{8.31}$$

式中，$I_0[\cdot]$ 表示第一类零阶修正贝塞尔函数；$\Re[\cdot]$ 表示取实部。

设目标在观测区间内均匀分布，在观测区间内对目标位置求期望得

$$p(\boldsymbol{z}|v) = \left(\frac{1}{\pi N_0}\right)^N \exp\left[-\frac{1}{N_0}\left(\boldsymbol{z}^{\mathrm{H}}\boldsymbol{z}+v\alpha^2\right)\right]\frac{1}{N}\int_{-N/2}^{N/2} I_0\left[\frac{2v\alpha}{N_0}\left|\boldsymbol{u}^{\mathrm{H}}(x)z\right|\right]\mathrm{d}x \tag{8.32}$$

再由贝叶斯公式得后验 PDF 为

$$P(v|\boldsymbol{z}) = \frac{P(v)\exp\left(-\dfrac{v\alpha^2}{N_0}\right)\dfrac{1}{N}\displaystyle\int_{-N/2}^{N/2} I_0\left[\frac{2v\alpha}{N_0}\left|\boldsymbol{u}^{\mathrm{H}}(x)\boldsymbol{z}\right|\right]\mathrm{d}x}{\displaystyle\sum_v P(v)\exp\left(-\dfrac{v\alpha^2}{N_0}\right)\dfrac{1}{N}\int_{-N/2}^{N/2} I_0\left[\frac{2v\alpha}{N_0}\left|\boldsymbol{u}^{\mathrm{H}}(x)\boldsymbol{z}\right|\right]\mathrm{d}x} \tag{8.33}$$

或

$$P(v|\boldsymbol{z}) = \frac{P(v)\Upsilon_{\mathrm{CM}}(v,\boldsymbol{z})}{P(0)+P(1)\Upsilon_{\mathrm{CM}}(1,\boldsymbol{z})} \tag{8.34}$$

式中

$$\Upsilon_{\mathrm{CM}}(v,\boldsymbol{z}) = \exp\left(-v\rho^2\right)\frac{1}{N}\int_{-N/2}^{N/2} I_0\left[\frac{2v\alpha}{N_0}\left|\boldsymbol{u}^{\mathrm{H}}(x)\boldsymbol{z}\right|\right]\mathrm{d}x \tag{8.35}$$

表示恒模散射目标的检测统计量，代入互信息公式即得检测信息。

8.4.5 已知恒模散射目标位置时的检测信息

已知目标位置的条件概率分布为

$$p(\boldsymbol{z}|v,x_0,\varphi) = \left(\frac{1}{\pi N_0}\right)^N \exp\left[-\frac{1}{N_0}\left(\boldsymbol{z}^{\mathrm{H}}\boldsymbol{z}+v\alpha^2\right)\right]\exp\left\{\frac{2}{N_0}\Re\left[v\alpha \mathrm{e}^{-\mathrm{j}\varphi}\boldsymbol{u}^{\mathrm{H}}(x_0)\boldsymbol{z}\right]\right\} \tag{8.36}$$

对随机相位求期望得

$$
\begin{aligned}
&p(\boldsymbol{z}\,|v,x_0)\\
&=\left(\frac{1}{\pi N_0}\right)^N \exp\left[-\frac{1}{N_0}\left(\boldsymbol{z}^{\mathrm{H}}\boldsymbol{z}+v\alpha^2\right)\right]\frac{1}{2\pi}\int_0^{2\pi}\exp\left\{\frac{2}{N_0}\Re\left[v\alpha \mathrm{e}^{-\mathrm{j}\varphi}\boldsymbol{u}^{\mathrm{H}}(x_0)\boldsymbol{z}\right]\right\}\mathrm{d}\varphi\\
&=\left(\frac{1}{\pi N_0}\right)^N \exp\left[-\frac{1}{N_0}\left(\boldsymbol{z}^{\mathrm{H}}\boldsymbol{z}+v\alpha^2\right)\right] I_0\left[\frac{2v\alpha}{N_0}\left|\boldsymbol{u}^{\mathrm{H}}(x_0)\boldsymbol{z}\right|\right]
\end{aligned}
\tag{8.37}
$$

再由贝叶斯公式得后验 PDF

$$
P(v\,|\boldsymbol{z})=\frac{P(v)\exp\left(-\dfrac{v\alpha^2}{N_0}\right)I_0\left[\dfrac{2v\alpha}{N_0}\left|\boldsymbol{u}^{\mathrm{H}}(x_0)\boldsymbol{z}\right|\right]}{\displaystyle\sum_v P(v)\exp\left(-\dfrac{v\alpha^2}{N_0}\right)I_0\left[\dfrac{2v\alpha}{N_0}\left|\boldsymbol{u}^{\mathrm{H}}(x_0)\boldsymbol{z}\right|\right]}
\tag{8.38}
$$

或

$$
P(v\,|\boldsymbol{z},x_0)=\frac{P(v)\Upsilon_{\mathrm{CM}}(v,\boldsymbol{z},x_0)}{P(0)+P(1)\Upsilon_{\mathrm{CM}}(1,\boldsymbol{z},x_0)}
\tag{8.39}
$$

式中

$$
\Upsilon_{\mathrm{CM}}(v,\boldsymbol{z},x_0)=\exp\left(-v\rho^2\right)I_0\left[2v\rho^2\left|\boldsymbol{u}^{\mathrm{H}}(x_0)\boldsymbol{z}/\alpha\right|\right]
\tag{8.40}
$$

表示已知目标位置时的检测统计量，代入互信息公式即得检测信息。

8.5 检测信息准则的虚警概率和检测概率

目标检测器的性能通常采用虚警概率和检测概率指标评价体系，NP 准则在保证虚警概率条件下，使检测概率达到最大。实现 NP 准则的检测器简称为 NP 检测器。为了和 NP 检测器进行比较，下面推导检测信息准则下的虚警概率和检测概率。

8.5.1 单个复高斯散射目标的虚警概率和检测概率

令 $\boldsymbol{z}_0$ 和 $\boldsymbol{z}_1$ 分别表示无目标和有目标时的接收信号，那么

$$
\begin{cases}
\boldsymbol{z}_0=\boldsymbol{w}\\
\boldsymbol{z}_1=\boldsymbol{u}(x_0)s+\boldsymbol{w}
\end{cases}
\tag{8.41}
$$

式中，x_0 表示目标的实际位置。匹配滤波器的输出分别为

$$
\begin{cases}
\boldsymbol{z}_0^{\mathrm{H}}\boldsymbol{u}(x)=w(x)\\
\boldsymbol{z}_1^{\mathrm{H}}\boldsymbol{u}(x)=s\,\mathrm{sinc}\,(x-x_0)+w(x)
\end{cases}
\tag{8.42}
$$

这时后验分布分别为

$$P(v|\boldsymbol{z}_0)=\frac{P\left(v\right)\dfrac{1}{1+v\rho^2}\dfrac{1}{N}\displaystyle\int_{-N/2}^{N/2}\exp\left[\frac{1}{N_0}\frac{v\rho^2}{v\rho^2+1}\left|w(x)\right|^2\right]\mathrm{d}x}{P\left(0\right)+P\left(1\right)\dfrac{1}{1+\rho^2}\dfrac{1}{N}\displaystyle\int_{-N/2}^{N/2}\exp\left[\frac{1}{N_0}\frac{\rho^2}{\rho^2+1}\left|w(x)\right|^2\right]\mathrm{d}x} \tag{8.43}$$

和

$$P(v|\boldsymbol{z}_1)=\frac{P\left(v\right)\dfrac{1}{1+v\rho^2}\dfrac{1}{N}\displaystyle\int_{-N/2}^{N/2}\exp\left[\frac{1}{N_0}\frac{v\rho^2}{v\rho^2+1}\left|s\,\mathrm{sinc}\left(x-x_0\right)+w(x)\right|^2\right]\mathrm{d}x}{P\left(0\right)+P\left(1\right)\dfrac{1}{1+\rho^2}\dfrac{1}{N}\displaystyle\int_{-N/2}^{N/2}\exp\left[\frac{1}{N_0}\frac{\rho^2}{\rho^2+1}\left|s\,\mathrm{sinc}\left(x-x_0\right)+w(x)\right|^2\right]\mathrm{d}x} \tag{8.44}$$

1. 复高斯散射目标的虚警概率

虚警概率是目标不存在而检测到目标存在的概率。考虑后验概率分布

$$P(1|\boldsymbol{z}_0)=\frac{P(1)\Upsilon_{\mathrm{CG}}\left(1,\boldsymbol{z}_0\right)}{P(0)+P(1)\Upsilon_{\mathrm{CG}}\left(1,\boldsymbol{z}_0\right)} \tag{8.45}$$

式中

$$\Upsilon_{\mathrm{CG}}\left(1,\boldsymbol{z}_0\right)=\frac{1}{1+\rho^2}\frac{1}{N}\int_{-N/2}^{N/2}\exp\left[\frac{1}{N_0}\frac{\rho^2}{\rho^2+1}\left|w(x)\right|^2\right]\mathrm{d}x \tag{8.46}$$

表示白噪声随机过程的指数函数在观测区间的时间平均。假设观测区间足够长，则平稳过程的时间平均等于集合平均，那么

$$\Upsilon_{\mathrm{CG}}\left(1,\boldsymbol{z}_0\right)=E_w\left\{\frac{1}{\rho^2+1}\exp\left[\frac{1}{N_0}\frac{\rho^2}{\rho^2+1}\left|w(x)\right|^2\right]\right\} \tag{8.47}$$

已知 $\xi=\left|w(x)\right|^2$ 服从参数为 N_0 的指数分布，那么

$$\begin{aligned}\Upsilon_{\mathrm{CG}}\left(1,\boldsymbol{z}_0\right)&=\int_0^{\infty}\frac{1}{\rho^2+1}\mathrm{e}^{\frac{1}{N_0}\frac{\rho^2}{\rho^2+1}\xi}\frac{1}{N_0}\mathrm{e}^{-\xi/N_0}\mathrm{d}\xi\\&=\frac{1}{N_0}\frac{1}{\rho^2+1}\int_0^{\infty}\mathrm{e}^{-\frac{1}{N_0}\frac{1}{\rho^2+1}\xi}\mathrm{d}\xi\\&=1\end{aligned} \tag{8.48}$$

由此可得

$$P(1|\boldsymbol{z}_0)=\frac{P(1)}{P(0)+P(1)}=P(1)$$

上面推导总结为如下定理。

定理 8.1 设信道为 CAWGN 信道，复高斯散射目标的位置在观测区间内均匀分布，如果观测区间足够长，则给定接收信号的虚警概率等于目标存在的先验概率，即

$$P(1|\boldsymbol{z}_0) = P(1) \tag{8.49}$$

由虚警概率的定义

$$P_{\mathrm{FA}} = E_{\boldsymbol{z}_0}\left[P(1|\boldsymbol{z}_0)\right] \tag{8.50}$$

我们立即得到如下推论。

推论 8.1 在定理 1 条件下虚警概率等于目标存在的先验概率，即

$$P_{\mathrm{FA}} = P(1) \tag{8.51}$$

为了验证上述结论，图 8.1 给出了不同信噪比条件下虚警概率与先验概率之间的关系。从图中可以看出，在低信噪比 (SNR=0dB) 时即使观测区间较小 ($N = 64$)，结论也吻合得很好。在中等信噪比 (SNR=5dB) 时只有观测区间较大时才能吻合得很好。现代雷达探测系统一次快拍的抽样点数可达数万以上，通常都能满足结论的条件。

2. 复高斯散射目标的检测概率

检测概率是有目标存在时检测到目标的概率。有目标时给定接收信号的检测概率为

$$P(1|\boldsymbol{z}_1) = \frac{p(1)\Upsilon_{\mathrm{CG}}(1,\boldsymbol{z}_1)}{p(0) + p(1)\Upsilon_{\mathrm{CG}}(1,\boldsymbol{z}_1)} \tag{8.52}$$

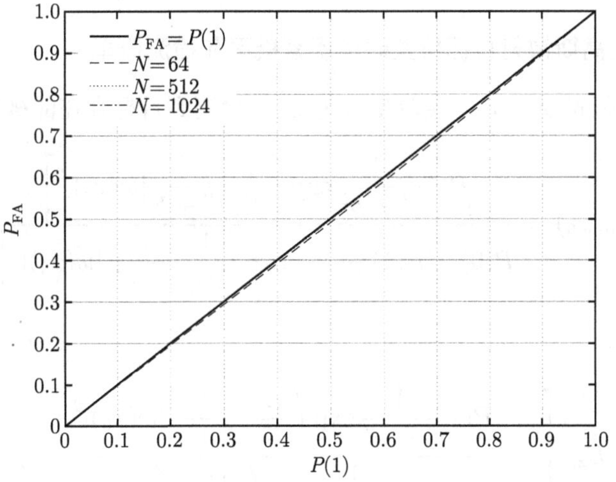

(a) SNR=0dB

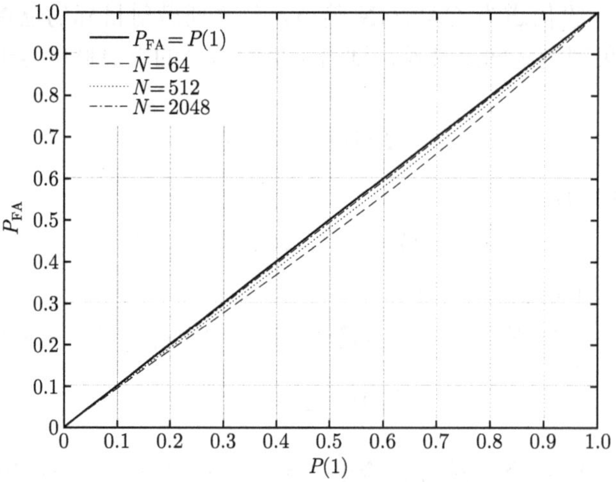

(b) SNR = 5dB

图 8.1 虚警概率与先验概率的关系 (以观测区间长度和信噪比为参数)

其中

$$\Upsilon_{\mathrm{CG}}(1, \boldsymbol{z}_1) = \frac{1}{N}\int_{-N/2}^{N/2} \frac{1}{\rho^2+1} \exp\left[\frac{1}{N_0}\frac{\rho^2}{\rho^2+1}\left|\mathrm{ssinc}(x-x_0)+w(x)\right|^2\right]\mathrm{d}x \tag{8.53}$$

则检测概率

$$P_{\mathrm{D}} = E_{\boldsymbol{z}_1}\left[P(1|\boldsymbol{z}_1)\right] = E_{\boldsymbol{z}_1}\left[\frac{p(1)\Upsilon_{\mathrm{CG}}(1, \boldsymbol{z}_1)}{p(0)+p(1)\Upsilon_{\mathrm{CG}}(1, \boldsymbol{z}_1)}\right] \tag{8.54}$$

8.5.2 已知复高斯散射目标位置时的虚警概率和检测概率

已知目标位置 $x = x_0$，接收信号为 $\boldsymbol{z}_0$，检测到目标存在的概率为

$$P(1|\boldsymbol{z}_0, x_0) = \frac{P(1)\dfrac{1}{1+\rho^2}\exp\left[\dfrac{1}{N_0}\dfrac{\rho^2}{\rho^2+1}\left|w(x_0)\right|^2\right]}{P(0)+P(1)\dfrac{1}{1+\rho^2}\exp\left[\dfrac{1}{N_0}\dfrac{\rho^2}{\rho^2+1}\left|w(x_0)\right|^2\right]} \tag{8.55}$$

则虚警概率为

$$P_{\mathrm{FA}} = E_{\boldsymbol{z}_0}\left[\frac{P(1)\dfrac{1}{1+\rho^2}\exp\left(\dfrac{1}{N_0}\dfrac{\rho^2}{\rho^2+1}\left|w(x_0)\right|^2\right)}{P(0)+P(1)\dfrac{1}{1+\rho^2}\exp\left(\dfrac{1}{N_0}\dfrac{\rho^2}{\rho^2+1}\left|w(x_0)\right|^2\right)}\right] \tag{8.56}$$

接收信号为 $\boldsymbol{z}_1$ 且检测目标存在的概率为

$$p(1|\boldsymbol{z}_1,x_0)=\frac{P(1)\dfrac{1}{1+\rho^2}\exp\left[\dfrac{1}{N_0}\dfrac{\rho^2}{\rho^2+1}\left|s+w(x_0)\right|^2\right]}{P(0)+P(1)\dfrac{1}{1+\rho^2}\exp\left[\dfrac{1}{N_0}\dfrac{\rho^2}{\rho^2+1}\left|s+w(x_0)\right|^2\right]} \tag{8.57}$$

则检测概率

$$P_{\mathrm{D}}=E_{sw}\left[\frac{P(1)\dfrac{1}{1+\rho^2}\exp\left(\dfrac{1}{N_0}\dfrac{\rho^2}{\rho^2+1}\left|s+w(x_0)\right|^2\right)}{P(0)+P(1)\dfrac{1}{1+\rho^2}\exp\left(\dfrac{1}{N_0}\dfrac{\rho^2}{\rho^2+1}\left|s+w(x_0)\right|^2\right)}\right] \tag{8.58}$$

式中，$E_{sw}[\cdot]$ 是关于散射信号和噪声的期望。

8.5.3 恒模散射目标的虚警概率和检测概率

令 $\boldsymbol{z}_0$ 和 $\boldsymbol{z}_1$ 分别表示无目标和有目标时的接收信号，那么

$$\begin{cases}\boldsymbol{z}_0=\boldsymbol{w}\\ \boldsymbol{z}_1=\boldsymbol{u}(x_0)\alpha\mathrm{e}^{\mathrm{j}\varphi}+\boldsymbol{w}\end{cases} \tag{8.59}$$

匹配滤波器的输出

$$\begin{cases}\boldsymbol{u}^{\mathrm{H}}(x)\boldsymbol{z}_0=w(x)\\ \boldsymbol{u}^{\mathrm{H}}(x)\boldsymbol{z}_1=\alpha\mathrm{e}^{\mathrm{j}\varphi}\mathrm{sinc}(x-x_0)+w(x)\end{cases} \tag{8.60}$$

对应的检测统计量为

$$\begin{cases}\Upsilon_{\mathrm{CM}}(v,\boldsymbol{z}_0)=\exp\left(-v\rho^2\right)\dfrac{1}{N}\displaystyle\int_{-N/2}^{N/2}I_0\left[\dfrac{2v\alpha}{N_0}\left|w(x)\right|\right]\mathrm{d}x\\ \Upsilon_{\mathrm{CM}}(v,\boldsymbol{z}_1)=\exp\left(-v\rho^2\right)\dfrac{1}{N}\displaystyle\int_{-N/2}^{N/2}I_0\left[\dfrac{2v\alpha}{N_0}\left|\alpha\mathrm{e}^{\mathrm{j}\varphi}\mathrm{sinc}(x-x_0)+w(x)\right|\right]\mathrm{d}x\end{cases} \tag{8.61}$$

下面对更一般的任意目标散射特性证明虚警概率定理。

定理 8.2【虚警定理】 设信道为 CAWGN 信道，目标位置在观测区间内均匀分布，如果观测区间足够长，则对任意散射特性，给定接收信号的虚警概率等于目标存在的先验概率，即

$$P(1|\boldsymbol{z}_0)=P(1) \tag{8.62}$$

证明：

对任意散射信号 s，接收信号为 $\boldsymbol{z}=\boldsymbol{u}(x)vs+\boldsymbol{w}$，则条件概率分布为

$$\begin{aligned}p(\boldsymbol{z}|v,x,s)&=\left(\frac{1}{\pi N_0}\right)^N\exp\left\{-\frac{1}{N_0}[\boldsymbol{z}-\boldsymbol{u}(x)vs]^{\mathrm{H}}[\boldsymbol{z}-\boldsymbol{u}(x)vs]\right\}\\&=\left(\frac{1}{\pi N_0}\right)^N\exp\left[-\frac{1}{N_0}\left(\boldsymbol{z}^{\mathrm{H}}\boldsymbol{z}+v|s|^2\right)\right]\exp\left\{\frac{2}{N_0}\Re\left[vs^*\boldsymbol{u}^{\mathrm{H}}(x)\boldsymbol{z}\right]\right\}\end{aligned}\tag{8.63}$$

对散射信号求期望得

$$\begin{aligned}p(\boldsymbol{z}|v,x)=&\left(\frac{1}{\pi N_0}\right)^N\exp\left[-\frac{1}{N_0}\left(\boldsymbol{z}^{\mathrm{H}}\boldsymbol{z}\right)\right]\int\exp\left(-\frac{v|s|^2}{N_0}\right)\\&\cdot\exp\left\{\frac{2}{N_0}\Re\left[vs^*\boldsymbol{u}^{\mathrm{H}}(x)\boldsymbol{z}\right]\right\}p(s)\mathrm{d}s\end{aligned}\tag{8.64}$$

式中，$p(s)$ 表示任意散射特性。

在观测区间内对目标位置求期望得

$$\begin{aligned}p(\boldsymbol{z}|v,x)=&\left(\frac{1}{\pi N_0}\right)^N\exp\left[-\frac{1}{N_0}\left(\boldsymbol{z}^{\mathrm{H}}\boldsymbol{z}\right)\right]\\&\cdot\int\exp\left(-\frac{v|s|^2}{N_0}\right)p(s)\frac{1}{N}\int_{-N/2}^{N/2}\exp\left\{\frac{2}{N_0}\Re\left[vs^*\boldsymbol{u}^{\mathrm{H}}(x)\boldsymbol{z}\right]\right\}\mathrm{d}x\mathrm{d}s\end{aligned}\tag{8.65}$$

再由贝叶斯公式得后验 PDF 为

$$P(v|\boldsymbol{z})=\frac{P(v)\int\exp\left(-\frac{v|s|^2}{N_0}\right)p(s)\frac{1}{N}\int_{-N/2}^{N/2}\exp\left\{\frac{2}{N_0}\Re\left[vs^*\boldsymbol{u}^{\mathrm{H}}(x)\boldsymbol{z}\right]\right\}\mathrm{d}x\mathrm{d}s}{\sum_v P(v)\int\exp\left(-\frac{v|s|^2}{N_0}\right)p(s)\frac{1}{N}\int_{-N/2}^{N/2}\exp\left\{\frac{2}{N_0}\Re\left[vs^*\boldsymbol{u}^{\mathrm{H}}(x)\boldsymbol{z}\right]\right\}\mathrm{d}x\mathrm{d}s}\tag{8.66}$$

或

$$P(v|\boldsymbol{z})=\frac{P(v)\Upsilon(v,\boldsymbol{z})}{P(0)+P(1)\Upsilon(1,\boldsymbol{z})}\tag{8.67}$$

式中

$$\Upsilon(v,\boldsymbol{z})=\int\exp\left(-\frac{v|s|^2}{N_0}\right)p(s)\frac{1}{N}\int_{-N/2}^{N/2}\exp\left\{\frac{2}{N_0}\Re\left[vs^*\boldsymbol{u}^{\mathrm{H}}(x)\boldsymbol{z}\right]\right\}\mathrm{d}x\mathrm{d}s\tag{8.68}$$

接收信号为 $\boldsymbol{z}_0$ 时，$\boldsymbol{u}^{\mathrm{H}}(x)\boldsymbol{z}=w(x)$，那么

$$\Upsilon(1,\boldsymbol{z}_0)=\int\exp\left(-\frac{|s|^2}{N_0}\right)p(s)\frac{1}{N}\int_{-N/2}^{N/2}\exp\left\{\frac{2}{N_0}\Re\left[s^*w(x)\right]\right\}\mathrm{d}x\mathrm{d}s \tag{8.69}$$

由于观测区间足够长，则平稳过程的时间平均等于集合平均，那么

$$\Upsilon(1,\boldsymbol{z}_0)=\int_{-N/2}^{N/2}\exp\left(-\frac{|s|^2}{N_0}\right)p(s)E_w\left[\exp\left\{\frac{2}{N_0}\Re\left[s^*w(x)\right]\right\}\right]\mathrm{d}s \tag{8.70}$$

由于噪声服从均值为零、方差为 N_0 的复高斯分布，可以证明

$$E_w\left[\exp\left\{\frac{2}{N_0}\Re\left[s^*w(x)\right]\right\}\right]=\exp\left(\frac{|s|^2}{N_0}\right) \tag{8.71}$$

则

$$\begin{aligned}\Upsilon(1,\boldsymbol{z}_0)&=\int\exp\left(-\frac{|s|^2}{N_0}\right)p(s)\exp\left(\frac{|s|^2}{N_0}\right)\mathrm{d}s\\&=\int p(s)\mathrm{d}s\\&=1\end{aligned} \tag{8.72}$$

代入后验概率分布得

$$\begin{aligned}P(1\,|\boldsymbol{z}_0)&=\frac{P(1)\Upsilon(1,\boldsymbol{z}_0)}{P(0)+P(1)\Upsilon(1,\boldsymbol{z}_0)}\\&=\frac{P(1)}{P(0)+P(1)}\\&=P(1)\end{aligned} \tag{8.73}$$

证毕。

由虚警概率的定义

$$P_{\mathrm{FA}}=E_{\boldsymbol{z}_0}\left[P(1|\boldsymbol{z}_0)\right] \tag{8.74}$$

我们立即得到如下推论。

推论 8.2 设信道为 CAWGN 信道，目标位置在观测区间内均匀分布，如果观测区间足够长，则对任意散射特性，虚警概率等于目标存在的先验概率，即

$$P_{\mathrm{FA}}=P(1) \tag{8.75}$$

评注：虚警定理不仅形式上非常优美，而且具有认识论上的意义。我们知道，先验概率代表历史和经验，由于人类认识的局限性，因此，对先验概率的了解总是不充分的。虚警代表根据已知数据和事实作出的错误决策。虚警定理揭示了错误决策本质上来源于人类认识的局限性。

关于检测器的性能，信息论方法只有检测信息一个性能指标，但检测信息还依赖于先验分布。NP 检测器的性能有虚警概率和检测概率两个性能指标。虚警定理成为信息论方法和 NP 方法之间联系的桥梁。只要令 $P_{\mathrm{FA}}=P(1)$，则信息论方法和 NP 方法的前提条件就完全一致了，这时可以对两种方法的性能进行客观的比较。

图 8.2 给出恒模散射目标虚警概率和检测概率之间的关系，结果表明恒模散射目标比复高斯散射目标吻合得更好。

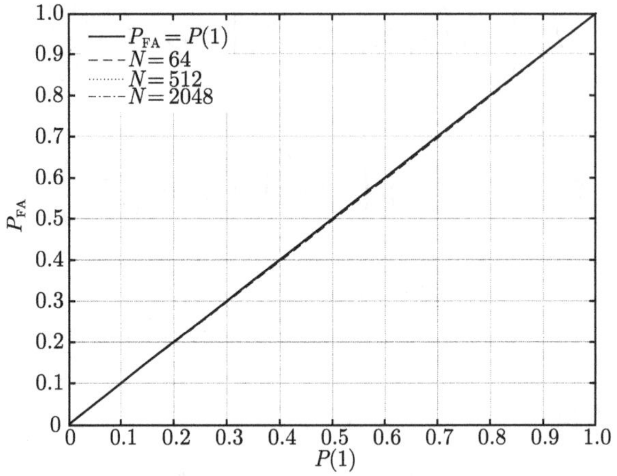

(a) SNR = 0dB

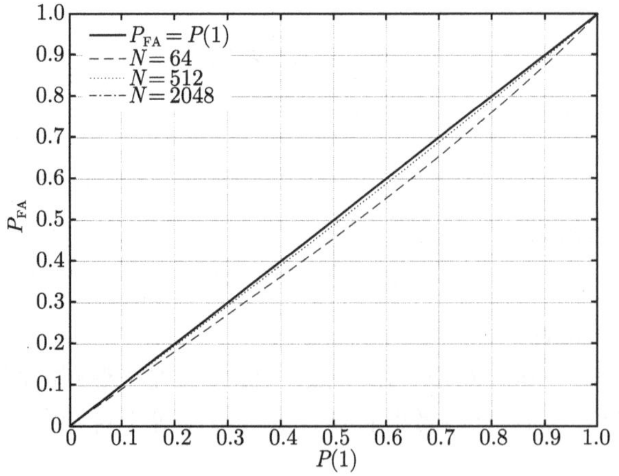

(b) SNR = 5dB

图 8.2　虚警概率与检测概率的关系 (以观测区间长度和信噪比为参数)

已知接收信号 $\boldsymbol{z}_1$ 时目标存在的概率为

$$P\left(1\left|\boldsymbol{z}_1\right.\right)=\frac{P(1)\Upsilon_{\mathrm{CM}}\left(1,\boldsymbol{z}_1\right)}{P(0)+P(1)\Upsilon_{\mathrm{CM}}\left(1,\boldsymbol{z}_1\right)} \tag{8.76}$$

式中

$$\begin{aligned}\Upsilon_{\mathrm{CM}}(1,\boldsymbol{z}_1)&=\exp\left(-\rho^2\right)\frac{1}{N}\int_{-N/2}^{N/2}I_0\left[\frac{2\alpha}{N_0}\left|\alpha\mathrm{e}^{\mathrm{j}\varphi}\mathrm{sinc}(x-x_0)+w(x)\right|\right]\mathrm{d}x\\&=\exp\left(-\rho^2\right)\frac{1}{N}\int_{-N/2}^{N/2}I_0\left[\frac{2\alpha}{N_0}\left|\alpha\mathrm{sinc}(x-x_0)+w(x)\mathrm{e}^{-\mathrm{j}\varphi}\right|\right]\mathrm{d}x\end{aligned}\tag{8.77}$$

式中，目标位置和随机相位对统计量没有影响，不妨令之为零，那么

$$\begin{aligned}\Upsilon_{\mathrm{CM}}(1,\boldsymbol{z}_1)&=\exp\left(-\rho^2\right)\frac{1}{N}\int_{-N/2}^{N/2}I_0\left[\frac{2\alpha}{N_0}\left|\alpha\mathrm{e}^{\mathrm{j}\varphi}\mathrm{sinc}(x-x_0)+w(x)\right|\right]\mathrm{d}x\\&=\exp\left(-\rho^2\right)\frac{1}{N}\int_{-N/2}^{N/2}I_0\left[\frac{2\alpha}{N_0}\left|\alpha\mathrm{sinc}(x)+w(x)\right|\right]\mathrm{d}x\end{aligned}\tag{8.78}$$

则检测概率为

$$P_{\mathrm{D}}=E_{\boldsymbol{z}_1}\left[\frac{P(1)\Upsilon_{\mathrm{CM}}(1,\boldsymbol{z}_1)}{P(0)+P(1)\Upsilon_{\mathrm{CM}}(1,\boldsymbol{z}_1)}\right]\tag{8.79}$$

8.5.4 已知恒模散射目标位置时的虚警概率和检测概率

已知目标位置，且接收信号为 $\boldsymbol{z}_0$ 时，检测目标存在的概率为

$$P(1|\boldsymbol{z}_0,x_0)=\frac{P(1)\Upsilon_{\mathrm{CM}}(1,\boldsymbol{z}_0,x_0)}{P(0)+P(1)\Upsilon_{\mathrm{CM}}(1,\boldsymbol{z}_0,x_0)}\tag{8.80}$$

式中

$$\Upsilon_{\mathrm{CM}}(1,\boldsymbol{z}_0,x_0)=\exp\left(-\rho^2\right)I_0\left[\frac{2\alpha}{N_0}\left|w(x_0)\right|\right]\tag{8.81}$$

则虚警概率为

$$P_{\mathrm{FA}}=E_{\boldsymbol{z}_0}\left[\frac{P(1)\Upsilon_{\mathrm{CM}}(1,\boldsymbol{z}_0,x_0)}{P(0)+P(1)\Upsilon_{\mathrm{CM}}(1,\boldsymbol{z}_0,x_0)}\right]\tag{8.82}$$

类似地，接收信号 $\boldsymbol{z}_1$ 时检测目标存在的概率为

$$P(1|\boldsymbol{z}_1,x_0)=\frac{P(1)\Upsilon_{\mathrm{CM}}(1,\boldsymbol{z}_1,x_0)}{P(0)+P(1)\Upsilon_{\mathrm{CM}}(1,\boldsymbol{z}_1,x_0)}\tag{8.83}$$

式中

$$\Upsilon_{\mathrm{CM}}(1,\boldsymbol{z}_1,x_0)=\exp\left(-\rho^2\right)I_0\left[\frac{2\alpha}{N_0}\left|\alpha+w(x_0)\right|\right]\tag{8.84}$$

那么，检测概率为

$$\begin{aligned}P_{\mathrm{D}}&=E_{\boldsymbol{z}_1}\left[P(1|\boldsymbol{z}_1,x_0)\right]\\&=E_{\boldsymbol{z}_1}\left[\frac{P(1)\Upsilon_{\mathrm{CM}}(1,\boldsymbol{z}_1,x_0)}{P(0)+P(1)\Upsilon_{\mathrm{CM}}(1,\boldsymbol{z}_1,x_0)}\right]\end{aligned}\tag{8.85}$$

8.6　奈曼–皮尔逊检测器的虚警概率和检测概率

前面基于信息理论推导的检测信息与检测器的具体结构及检测方法无关，同样地，虚警概率与检测概率也与具体的检测器无关。下面研究奈曼–皮尔逊 (NP) 检测器的虚警概率和检测概率。NP 检测器是一种似然比检测器，其性能分析已相当充分，为便于比较，本节只给出 NP 检测器的主要结果。

8.6.1　复高斯散射目标奈曼–皮尔逊检测器的虚警概率和检测概率

由前面的推导，复高斯散射目标的似然函数为

$$p(\boldsymbol{z}|0)=\frac{1}{(\pi N_0)^N}\exp\left(-\frac{1}{N_0}\boldsymbol{z}^{\mathrm{H}}\boldsymbol{z}\right)$$
$$p(\boldsymbol{z}|1)=\frac{1}{(\pi N_0)^N(1+\rho^2)}\exp\left(-\frac{1}{N_0}\boldsymbol{z}^{\mathrm{H}}\boldsymbol{z}\right)\frac{1}{N}\int\exp\left[\frac{1}{N_0}\frac{\rho^2}{\rho^2+1}\left|\boldsymbol{z}^{\mathrm{H}}\boldsymbol{u}(x)\right|^2\right]\mathrm{d}x \tag{8.86}$$

似然比为

$$\frac{p(\boldsymbol{z}|1)}{p(\boldsymbol{z}|0)}=\frac{1}{1+\rho^2}\frac{1}{N}\int_{-N/2}^{N/2}\exp\left[\frac{1}{N_0}\frac{\rho^2}{\rho^2+1}\left|\boldsymbol{z}^{\mathrm{H}}\boldsymbol{u}(x)\right|^2\right]\mathrm{d}x \tag{8.87}$$

式 (8.87) 的似然比就是当目标位置在观测区间内均匀分布时的检测统计量

$$\Upsilon_{\mathrm{CG}}(1,\boldsymbol{z})=\frac{1}{1+\rho^2}\frac{1}{N}\int_{-N/2}^{N/2}\exp\left[\frac{1}{N_0}\frac{\rho^2}{\rho^2+1}\left|\boldsymbol{z}^{\mathrm{H}}\boldsymbol{u}(x)\right|^2\right]\mathrm{d}x \tag{8.88}$$

令 H_0 假设目标不存在，H_1 假设目标存在，那么，检测器根据接收信号作出判决。NP 检测器将统计量与一个门限值进行比较，即

$$\begin{cases}\Upsilon_{\mathrm{CG}}(1,\boldsymbol{z})<T_h\Rightarrow H_0\\ \Upsilon_{\mathrm{CG}}(1,\boldsymbol{z})>T_h\Rightarrow H_1\end{cases} \tag{8.89}$$

式中，门限由下面的虚警概率确定。

$$P_{\mathrm{FA}}=P\left\{\Upsilon_{\mathrm{CG}}(1,\boldsymbol{z}_0)>T_h\right\} \tag{8.90}$$

式中，目标不存在而判断目标出现的统计量为

$$\Upsilon_{\mathrm{CG}}(1,\boldsymbol{z}_0)=\frac{1}{1+\rho^2}\frac{1}{N}\int_{-N/2}^{N/2}\exp\left[\frac{1}{N_0}\frac{\rho^2}{\rho^2+1}|w(x)|^2\right]\mathrm{d}x \tag{8.91}$$

判决门限确定后即可得到检测概率

$$P_{\mathrm{D}}=P\left\{\Upsilon_{\mathrm{CG}}(1,\boldsymbol{z}_1)>T_h\right\} \tag{8.92}$$

这里

$$\Upsilon_{\mathrm{CG}}(1,\boldsymbol{z}_1)=\frac{1}{1+\rho^2}\frac{1}{N}\int_{-N/2}^{N/2}\exp\left[\frac{1}{N_0}\frac{\rho^2}{\rho^2+1}\left|s\mathrm{sinc}\left(x-x_0\right)+w(x)\right|^2\right]\mathrm{d}x \tag{8.93}$$

假设观测区间远大于 $1/B$，那么，式 (8.93) 的积分与目标位置无关，不访设目标位于 0，那么

$$\Upsilon_{\mathrm{CG}}(1,\boldsymbol{z}_1)=\frac{1}{1+\rho^2}\frac{1}{N}\int_{-N/2}^{N/2}\exp\left[\frac{1}{N_0}\frac{\rho^2}{\rho^2+1}\left|s\mathrm{sinc}\left(x\right)+w(x)\right|^2\right]\mathrm{d}x \tag{8.94}$$

由于检测统计量的复杂性，上面 NP 检测器的性能尚无闭合表达式，但可以通过计算机仿真得到。首先根据应用场景确定虚警概率，然后通过虚警概率确定检测门限，再根据门限确定检测概率。

8.6.2 已知复高斯散射目标位置时奈曼–皮尔逊检测器的虚警概率和检测概率

已知目标位置 x_0 时，奈曼–皮尔逊检测器的阈值由虚警概率确定 [18]

$$T_h=-N_0\ln P_{\mathrm{FA}} \tag{8.95}$$

而检测概率为

$$P_{\mathrm{D}}=\mathrm{e}^{-\frac{1}{P+N_0}T_h} \tag{8.96}$$

由此可得检测概率与虚警概率之间的关系：

$$P_{\mathrm{D}}=P_{\mathrm{FA}}^{\frac{1}{1+\rho^2}} \tag{8.97}$$

8.6.3 恒模散射目标奈曼–皮尔逊检测器的虚警概率和检测概率

恒模散射目标的似然函数为

$$\begin{aligned}p(\boldsymbol{z}\,|0)&=\left(\frac{1}{\pi N_0}\right)^N\exp\left(-\frac{1}{N_0}\boldsymbol{z}^{\mathrm{H}}\boldsymbol{z}\right)\\p(\boldsymbol{z}\,|1)&=\left(\frac{1}{\pi N_0}\right)^N\exp\left[-\frac{1}{N_0}\left(\boldsymbol{z}^{\mathrm{H}}\boldsymbol{z}+\alpha^2\right)\right]\frac{1}{N}\int_{-N/2}^{N/2}I_0\left[\frac{2\alpha}{N_0}\left|\boldsymbol{u}^{\mathrm{H}}(x)\boldsymbol{z}\right|\right]\mathrm{d}x\end{aligned} \tag{8.98}$$

似然比为

$$\frac{p(\boldsymbol{z}|1)}{p(\boldsymbol{z}|0)}=\exp\left(-\rho^2\right)\frac{1}{N}\int_{-N/2}^{N/2}I_0\left[\frac{2\alpha}{N_0}\left|\boldsymbol{u}^{\mathrm{H}}(x)\boldsymbol{z}\right|\right]\mathrm{d}x \tag{8.99}$$

式 (8.99) 的似然比就是当目标位置在观测区间内均匀分布时的检测统计量

$$\Upsilon_{\mathrm{CM}}(1,\boldsymbol{z})=\exp\left(-\rho^2\right)\frac{1}{N}\int_{-N/2}^{N/2}I_0\left[\frac{2\alpha}{N_0}\left|\boldsymbol{u}^{\mathrm{H}}(x)\boldsymbol{z}\right|\right]\mathrm{d}x \tag{8.100}$$

检测器根据接收信号做出判决。NP 检测器将统计量与一个门限值进行比较，即

$$\begin{cases} \Upsilon_{\mathrm{CM}}(1,\boldsymbol{z}) < T_h \Rightarrow H_0 \\ \Upsilon_{\mathrm{CM}}(1,\boldsymbol{z}) > T_h \Rightarrow H_1 \end{cases} \tag{8.101}$$

式中，门限由下面的虚警概率确定：

$$P_{\mathrm{FA}} = P\left\{\Upsilon_{\mathrm{CM}}(1,\boldsymbol{z}_0) > T_h\right\} \tag{8.102}$$

其中目标不存在而判断目标出现的统计量为

$$\Upsilon_{\mathrm{CM}}(1,\boldsymbol{z}_0) = \exp\left(-\rho^2\right)\frac{1}{N}\int_{-N/2}^{N/2} I_0\left[\frac{2\alpha}{N_0}\left|w(x)\right|\right]\mathrm{d}x \tag{8.103}$$

判决门限确定后即可得到检测概率

$$P_{\mathrm{D}} = P\left\{\Upsilon_{\mathrm{CG}}(1,\boldsymbol{z}_1) > T_h\right\} \tag{8.104}$$

式中

$$\Upsilon_{\mathrm{CM}}(1,\boldsymbol{z}_1) = \exp\left(-\rho^2\right)\frac{1}{N}\int_{-N/2}^{N/2} I_0\left[\frac{2\alpha}{N_0}\left|\alpha\mathrm{sinc}(x) + w(x)\right|\right]\mathrm{d}x \tag{8.105}$$

由于检测统计量的复杂性，上面奈曼–皮尔逊检测器的性能尚无闭合表达式，但可以通过计算机仿真得到。首先根据应用场景确定虚警概率，然后通过虚警概率确定检测门限，再根据门限确定检测概率。

8.6.4 已知恒模散射目标位置时奈曼–皮尔逊检测器的虚警概率和检测概率

由前面的推导，已知恒模散射目标位置时的似然函数为

$$\begin{aligned} p(\boldsymbol{z}\,|0) &= \left(\frac{1}{\pi N_0}\right)^N \exp\left(-\frac{1}{N_0}\boldsymbol{z}^{\mathrm{H}}\boldsymbol{z}\right) \\ p(\boldsymbol{z}\,|1,x_0) &= \left(\frac{1}{\pi N_0}\right)^N \exp\left[-\frac{1}{N_0}\left(\boldsymbol{z}^{\mathrm{H}}\boldsymbol{z} + \alpha^2\right)\right] I_0\left[\frac{2\alpha}{N_0}\left|\boldsymbol{u}^{\mathrm{H}}(x_0)\boldsymbol{z}\right|\right] \end{aligned} \tag{8.106}$$

似然比为

$$\frac{p(\boldsymbol{z}|1,x_0)}{p(\boldsymbol{z}|0)} = \exp\left(-\rho^2\right) I_0\left[\frac{2\alpha}{N_0}\left|\boldsymbol{u}^{\mathrm{H}}(x_0)\boldsymbol{z}\right|\right] \tag{8.107}$$

由于贝塞尔函数的单调性，式 (8.107) 统计量等价于 $\Upsilon_{\mathrm{CM}}(\boldsymbol{z},x_0) = \left|\boldsymbol{z}^{\mathrm{H}}\boldsymbol{u}(x_0)\right|$，故 NP 检测器将统计量与一个阈值进行比较，即

$$\begin{cases} \left|\boldsymbol{z}^{\mathrm{H}}\boldsymbol{u}(x_0)\right| < T_h \Rightarrow H_0 \\ \left|\boldsymbol{z}^{\mathrm{H}}\boldsymbol{u}(x_0)\right| > T_h \Rightarrow H_1 \end{cases} \tag{8.108}$$

其中阈值由下面的虚警概率确定：

$$P_{\mathrm{FA}}=P\left\{\left|\boldsymbol{z}_0^{\mathrm{H}}\boldsymbol{u}(x_0)\right|>T_h\right\} \tag{8.109}$$

也就是

$$P_{\mathrm{FA}}=P\left\{|w(x_0)|>T_h\right\} \tag{8.110}$$

由于高斯噪声的模值服从瑞利分布，即

$$p\left(|w(x_0)|\right)=\frac{2\left|w(x_0)\right|}{N_0}\mathrm{e}^{-\frac{|w(x_0)|^2}{N_0}} \tag{8.111}$$

则虚警概率为

$$P_{\mathrm{FA}}=\int_{T_h}^{\infty}\frac{2\left|w(x_0)\right|}{N_0}\mathrm{e}^{-\frac{|w(x_0)|^2}{N_0}}\mathrm{d}\left|w(x_0)\right|=\mathrm{e}^{-\frac{T_h^2}{N_0}} \tag{8.112}$$

由此可得阈值与虚警概率及噪声功率的关系

$$T_h=\sqrt{-N_0\ln P_{\mathrm{FA}}} \tag{8.113}$$

判决门限确定后即可得到检测概率。在 H_1 假设下，检测统计量

$$\upsilon=\left|\boldsymbol{z}_1^{\mathrm{H}}\boldsymbol{u}(x_0)\right|=\left|\alpha+w(x_0)\mathrm{e}^{\mathrm{j}\varphi}\right| \tag{8.114}$$

服从莱斯分布，即

$$p\left(\upsilon\right)=\begin{cases}\dfrac{2\upsilon}{N_0}\exp\left[-\dfrac{1}{N_0}\left(\upsilon^2+1\right)\right]I_0\left(\dfrac{2\upsilon}{N_0}\right), & \upsilon\geqslant 0\\ 0, & \upsilon<0\end{cases} \tag{8.115}$$

那么检测概率

$$\begin{aligned}P_{\mathrm{D}}&=\int_{T_h}^{\infty}\frac{2\upsilon}{N_0}\exp\left[-\frac{1}{N_0}\left(\upsilon^2+1\right)\right]I_0\left(\frac{2\upsilon}{N_0}\right)\mathrm{d}\upsilon\\&=Q_{\mathrm{M}}\left(\sqrt{2\rho^2},\sqrt{-2\ln P_{\mathrm{FA}}}\right)\end{aligned} \tag{8.116}$$

式中

$$Q_{\mathrm{M}}\left(\alpha,\gamma\right)=\int_{\gamma}^{\infty}t\exp\left[-\frac{1}{2}\left(t^2+\alpha^2\right)\right]I_0\left(\alpha t\right)\mathrm{d}t \tag{8.117}$$

称为 Marcum 函数。

8.7　奈曼–皮尔逊检测器的检测信息

Kondo[19] 提出了奈曼–皮尔逊 (NP) 检测器检测信息的计算方法。NP 检测器的检测信息定义为目标先验状态与已知接收信号的后验状态 $\hat{V}$ 之间的互信息。在已知目标位置时，NP 检测器的检测信息为

$$
\begin{aligned}
I\left(V;\hat{V}\right) =& H\left(V\right) - H\left(V\middle|\hat{V}\right) \\
=& -P\left(1\right)\log P\left(1\right) - \left[1-P\left(1\right)\right]\log\left[1-P\left(1\right)\right] \\
&- \left[P\left(1\right)P_{\mathrm{D}} - P\left(1\right)P_{\mathrm{FA}} + P_{\mathrm{FA}}\right]\left[-A\log A - \left(1-A\right)\log\left(1-A\right)\right] \\
&- \left[1-P\left(1\right)P_{\mathrm{D}}+P\left(1\right)P_{\mathrm{FA}}-P_{\mathrm{FA}}\right]\left[-D\log D - \left(1-D\right)\log\left(1-D\right)\right]
\end{aligned}
\tag{8.118}
$$

式中

$$
A = \frac{P\left(1\right)P_{\mathrm{D}}}{P\left(1\right)P_{\mathrm{D}} - P\left(1\right)P_{\mathrm{FA}} + P_{\mathrm{FA}}} \tag{8.119}
$$

和

$$
D = \frac{\left(1-P\left(1\right)\right)\left(1-P_{\mathrm{FA}}\right)}{1-P\left(1\right)P_{\mathrm{D}} + P\left(1\right)P_{\mathrm{FA}} - P_{\mathrm{FA}}} \tag{8.120}
$$

8.8　检测信息准则与奈曼–皮尔逊准则的比较

8.8.1　两种准则检测信息的比较

针对恒模和复高斯两种散射目标，以信噪比为参数，两种准则的检测信息与先验概率的关系比较如图 8.3 所示，其中实线表示检测信息准则，虚线表示 NP

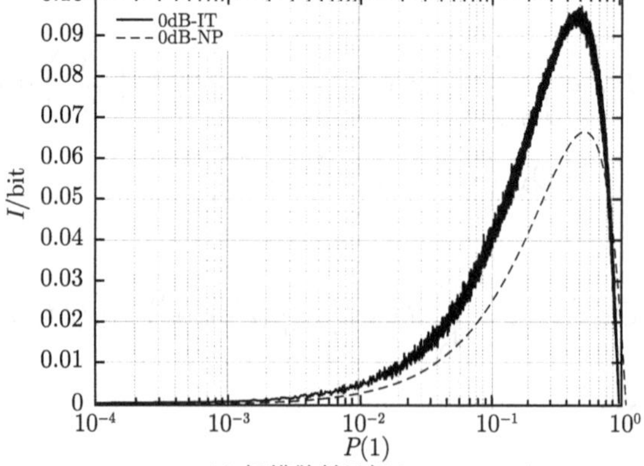

(a) 恒模散射目标(SNR = 0dB)

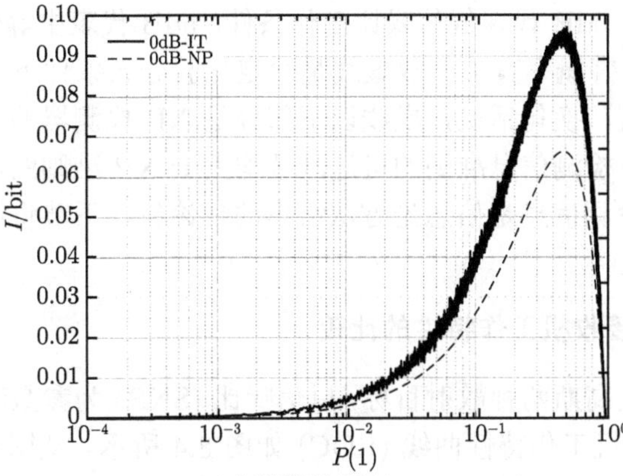

(b) 恒模散射目标(SNR = 5dB)

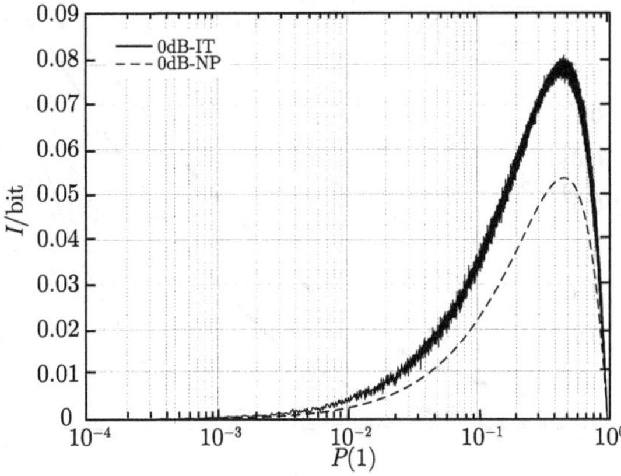

(c) 复高斯散射目标(SNR = 0dB)

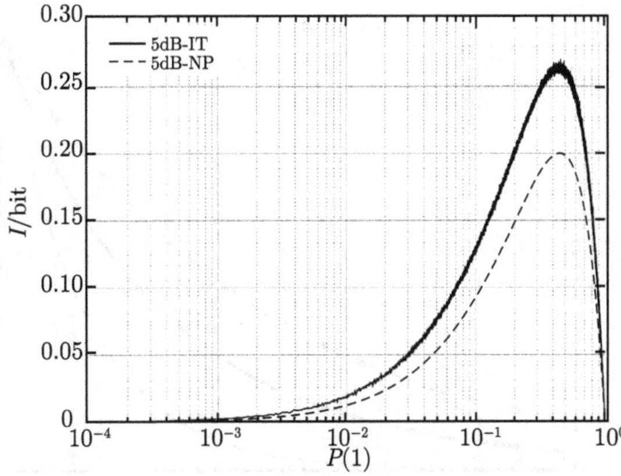

(d) 复高斯散射目标(SNR = 5dB)

图 8.3 检测信息与先验概率的关系 (以虚警概率和信噪比为参数)

准则。我们选取的 0dB 代表低信噪比工作条件，5dB 代表中等信噪比条件。由于 NP 检测信息与虚警概率有关，故虚线是给定先验分布条件下，对所有虚警概率搜索达到的最大值，换句话说，虚线以下部分是 NP 检测器的可达区域。结果表明，在所有条件下检测信息准则的可达区域均大于 NP 准则的可达区域。这是可以预料的，因为检测信息是信息论方法给出的理论值，下节将证明检测信息是理论极限。

8.8.2　两种准则接收机工作特性的比较

针对恒模和复高斯两种散射目标，以信噪比 (SNR) 为参数时检测信息准则和 NP 检测器的接收机工作特性曲线 (ROC) 如图 8.4 所示。从图中可以看出，在两

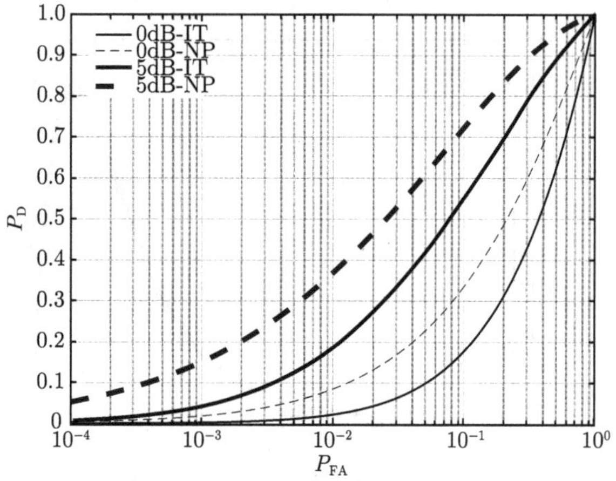

(a) 恒模散射目标

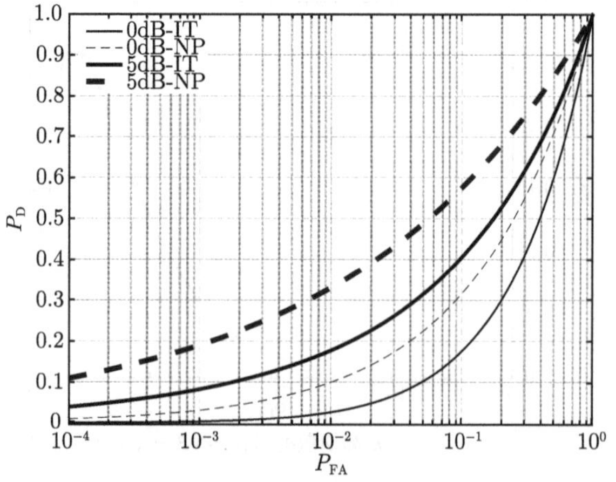

(b) 复高斯散射目标

图 8.4　虚警概率与检测概率的关系 (以信噪比为参数)

种信噪比条件下，虚警概率相同时，NP 检测器的检测概率均高于检测信息准则的检测概率。这种结果也是可以预料的，因为在虚警概率–检测概率指标体系下 NP 检测器是最优的。

综合所述，信息论方法的检测信息优于 NP 准则的检测信息，而 NP 检测器的检测概率优于检测信息准则的检测概率。理论分析表明，即使对于弱小目标检测信息准则也存在检测的可能性，对弱小目标检测更有利。目前，两种准则哪种最优并无定论，但检测信息准则打破了 NP 准则一统天下的局面，为目标检测领域开辟了新的方向。

8.9 目标检测定理

香农信息论的核心内容是编码定理，那么，在雷达探测，特别是目标检测领域是否存在类似的定理呢？在目标检测中 NP 检测器一直占有统治地位，因为在虚警概率–检测概率指标体系下，NP 准则是最佳的。人们长期忽视一个基本的理论问题，就是① 有没有不同于虚警概率–检测概率的其他评价指标；② 最优检测问题，何种检测器是最优的，在什么意义上最优，最优的性能是多少。

这正是目标检测定理 [20] 需要回答的问题。

目标检测定理涉及的内容非常广泛，本书只针对单目标检测问题给出证明，但证明的框架可以推广到多目标检测中。在证明定理之前先定义需要用到的概念。

定义 8.4【目标位置特性】 在观测区间上目标的归一化时延为随机矢量，归一化时延的先验分布称为目标位置特性。

定义 8.5【目标散射特性】 目标的散射信号为随机变量，散射信号的概率分布称为目标散射特性。

定义 8.6【目标先验分布】 目标的存在状态为离散型随机变量，其概率分布称为目标的先验分布。

目标的存在状态、位置和散射信号构成参数矢量 $\boldsymbol{\chi}=(v,x,s)$，目标的先验分布 $p(v)$、位置特性 $p(x)$ 和散射特性 $p(s)$ 统称为目标特性 $p(\boldsymbol{\chi})=p(v,x,s)$。

定义 8.7【检测信道】 检测信道 $(A,p(\boldsymbol{z}|v),B)$ 由输入集、输出集和条件概率密度函数 $p(\boldsymbol{z}|v)$ 组成。检测变量 $v\in A$，输入集 $A=\{0,1\}$ 为检测变量取值的集合；接收信号 $\boldsymbol{z}\in B$，输出集 B 是复数域上的矢量空间；检测信道由条件概率密度函数 $p(\boldsymbol{z}|v)$ 确定。

检测信道与位置特性 $p(x)$ 和散射特性 $p(s)$ 有关，后面的检测信道都是指特定目标特性条件下的检测信道。

定义 8.8【检测器】 检测器 $\hat{v}=d(\boldsymbol{z})$ 对给定的接收序列产生一个目标存在状态 v 的估计 $\hat{v}$。

定义 8.9【联合目标–信道】　联合目标–信道 $(A, P(v), p(\boldsymbol{z}|v), B)$ 是指目标先验分布和检测信道组成的总体。

联合目标–信道定义了检测器所要面对的检测环境，这里假定检测器知道联合目标–信道的全部统计特性，但实际中检测器通常只知道一部分目标–信道统计特性。

定义 8.10【检测系统】　检测系统 $(A, P(v), p(\boldsymbol{z}|v), \hat{v} = d(\boldsymbol{z}), B)$ 指目标先验分布、信道和检测器组成的总体。

一次目标检测过程由目标、信道和检测器几部分组成，简称为一次快拍。多次快拍将产生扩展目标和扩展信道，m 次快拍的检测系统如图 8.5 所示。

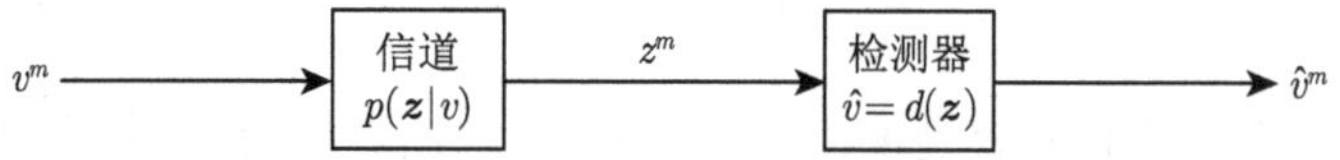

图 8.5　m 次快拍的目标检测系统

定义 8.11【无记忆扩展目标】　无记忆扩展目标指扩展目标之间相互独立。

定义 8.12【无记忆扩展信道】　无记忆快拍信道 (memoryless snapshot channel，MSC) 指多次快拍产生的扩展信道 $\left(A^M, p(\boldsymbol{z}^M|v^M), B^M\right)$ 满足

$$p(\boldsymbol{z}^M|v^M) = \prod_{m=1}^{M} p(\boldsymbol{z}_m|v_m) \tag{8.121}$$

其中，$p(\boldsymbol{z}_m|v_m)$ 是第 m 次快拍信道。联合目标–信道 $(A, p(v), p(\boldsymbol{z}|v), B)$ 确定了后验概率分布 $P(v|\boldsymbol{z})$ 和检测信息。我们还需定义另一种与检测器相关的经验检测信息。

定义 8.13【经验熵】　M 次快拍的经验熵定义为

$$H^{(M)}\left(\hat{V}|\boldsymbol{Z}\right) = -\frac{1}{M}\log P\left(\hat{v}^M\left|\boldsymbol{z}^M\right.\right)$$

经验熵表示 M 次目标检测的平均不确定性。

定义 8.14【经验检测信息】　M 次快拍的经验检测信息定义为

$$I^{(M)}(\boldsymbol{Z};\hat{V}) = P(V) - H^{(M)}\left(\hat{V}|\boldsymbol{Z}\right) \tag{8.122}$$

定义 8.15【可达性】　检测信息 $I(\boldsymbol{Z};V)$ 称为可达的，如果存在一个检测器，其 M 次快拍的经验检测信息 $I^{(M)}(\boldsymbol{Z};\hat{V})$ 满足

$$\lim_{M\to\infty} I^{(M)}(\boldsymbol{Z};\hat{V}) = I(\boldsymbol{Z};V) \tag{8.123}$$

定义 8.16【联合典型序列】 服从联合分布 $p(v,\boldsymbol{z})$ 的联合典型序列 $\{(v^M,\boldsymbol{z}^M)\}$ 所构成的集合 $A_\varepsilon^{(M)}$ 是 M 长序列对构成的集合，其经验熵与真实熵之差小于 ε，即

$$A_\varepsilon^{(M)}=\Big\{\left(v^M,\boldsymbol{z}^M\right)\in A^M\times B^M: \tag{8.124}$$

$$\left|-\frac{1}{M}\log P\left(v^M\right)-H\left(V\right)\right|<\varepsilon \tag{8.125}$$

$$\left|-\frac{1}{M}\log p\left(\boldsymbol{z}^M\right)-H\left(\boldsymbol{Z}\right)\right|<\varepsilon \tag{8.126}$$

$$\left|-\frac{1}{M}\log p\left(v^M,\boldsymbol{z}^M\right)-H\left(V,\boldsymbol{Z}\right)\right|<\varepsilon\Big\} \tag{8.127}$$

式中

$$p\left(v^M,\boldsymbol{z}^M\right)=\prod_{m=1}^{M}p\left(v_m,\boldsymbol{z}_m\right) \tag{8.128}$$

引理 8.1 对于无记忆快拍信道 $\left(A^M,p(\boldsymbol{z}^M|v^M),B^M\right)$，如果 $\hat{v}^M$ 是后验概率分布 $p(v|\boldsymbol{z})$ 的 M 次抽样估计，则 $\left(\hat{v}^M,\boldsymbol{z}^M\right)$ 是关于概率分布 $p\left(\hat{v}^M,\boldsymbol{z}^M\right)$ 的联合典型序列。

证明：由于 $\hat{v}^M$ 是后验概率分布 $p(v|\boldsymbol{z})$ 的 M 次抽样估计，则扩展后验概率分布 $P_{\mathrm{SAP}}\left(\hat{v}^M|\boldsymbol{z}^M\right)=P\left(\hat{v}^M|\boldsymbol{z}^M\right)$，那么

$$\begin{aligned}P_{\mathrm{SAP}}\left(\hat{v}^M,\boldsymbol{z}^M\right)&=p\left(\boldsymbol{z}^M\right)P_{\mathrm{SAP}}\left(\hat{v}^M|\boldsymbol{z}^M\right)\\&=p\left(\boldsymbol{z}^M\right)p\left(\hat{v}^M|\boldsymbol{z}^M\right)\\&=p\left(\hat{v}^M,\boldsymbol{z}^M\right)\end{aligned} \tag{8.129}$$

证毕。

定理 8.3【目标检测定理】 检测信息 $I(\boldsymbol{Z};V)$ 是可达的，具体来说，设检测器已知联合目标-信道 $(A,P\left(v\right),p(\boldsymbol{z}|v),B)$ 的统计特性，则，对任意 $\varepsilon>0$，存在检测器的经验检测信息满足

$$I(\boldsymbol{Z};V)-3\varepsilon<I(\boldsymbol{Z}^M;\hat{V}^M)<I(\boldsymbol{Z};V)+3\varepsilon \tag{8.130}$$

且

$$\lim_{M\to\infty}I(\boldsymbol{Z}^M;\hat{V}^M)=I(\boldsymbol{Z};V) \tag{8.131}$$

反之，任何检测器的经验检测信息不大于检测信息。

定理分为正定理和逆定理两部分，先证明正定理。

正定理的证明：

根据目标先验分布独立产生 M 次扩展目标状态 v^M，再根据 v^M 和 M 次扩展信道 $p(\boldsymbol{z}^M|v^M)$ 产生接收序列 $\boldsymbol{z}^M$，则接收信号 $\boldsymbol{z}^M$ 满足

$$p(\boldsymbol{z}^M|v^M) = \prod_{m=1}^{M} p(\boldsymbol{z}_m|v_m) \tag{8.132}$$

采用抽样后验概率检测器，令 $\hat{v}^M$ 是对于无记忆快拍信道 $p(\boldsymbol{z}^M|v^M)$ 的 M 次抽样估计，则由引理 8.1，$\left(\hat{v}^M, \boldsymbol{z}^M\right)$ 是关于概率分布 $p\left(\hat{v}^M, \boldsymbol{z}^M\right)$ 的联合典型序列。

根据联合典型序列的定义，对任意 $\varepsilon > 0$，只要快拍数足够大，则有

$$\begin{aligned} \left|-\frac{1}{M}\log p\left(\hat{v}^M, \boldsymbol{z}^M\right) - H\left(V, \boldsymbol{Z}\right)\right| < \varepsilon \\ \left|-\frac{1}{M}\log p\left(\boldsymbol{z}^M\right) - H\left(\boldsymbol{Z}\right)\right| < \varepsilon \end{aligned} \tag{8.133}$$

由于 $p\left(\hat{v}^M|\boldsymbol{z}^M\right) = p\left(\hat{v}^M \boldsymbol{z}^M\right)/p\left(\boldsymbol{z}^M\right)$，那么

$$\left|-\frac{1}{M}\log p\left(\hat{v}^M\left|\boldsymbol{z}^M\right.\right) - H\left(V\left|\boldsymbol{Z}\right.\right)\right| < 2\varepsilon \tag{8.134}$$

即

$$H\left(V\left|\boldsymbol{Z}\right.\right) - 2\varepsilon < -\frac{1}{M}\log p\left(\hat{v}^M\left|\boldsymbol{z}^M\right.\right) < H\left(V\left|\boldsymbol{Z}\right.\right) + 2\varepsilon \tag{8.135}$$

根据经验熵及经验检测信息的定义，有

$$I\left(\boldsymbol{Z}; V\right) - 3\varepsilon < I(\boldsymbol{Z}^M; \hat{V}^M) < I\left(\boldsymbol{Z}; V\right) + 3\varepsilon \tag{8.136}$$

再根据切比雪夫定理，随快拍数 $M \to \infty$，$\varepsilon \to \infty$，则

$$\lim_{M\to\infty} I^{(M)}(\boldsymbol{Z}; \hat{V}) = I\left(\boldsymbol{Z}; V\right) \tag{8.137}$$

逆定理的证明：

令 $\hat{v}^M = d(\boldsymbol{z}^M)$ 是任一检测器，该检测器的经验检测信息记为 $I_d\left(\boldsymbol{Z}^M; \hat{V}^M\right)$。显然 $\left(\boldsymbol{Z}^M, \hat{v}^M, V^M\right)$ 组成马尔可夫链，由数据处理定理

$$I_d\left(\boldsymbol{Z}^M; \hat{V}^M\right) \leqslant I\left(\boldsymbol{Z}^M; V^M\right) = I\left(\boldsymbol{Z}; V\right) \tag{8.138}$$

即任何检测器的经验检测信息不大于检测信息，证毕。

目标检测定理的证明是构造性的，就是说，SAP 检测是可实现的目标检测方法，其性能是渐近最优的。目标检测定理首次证明了目标检测性能的理论极限，可以为实际目标检测系统设计提供比较的依据。

8.10 本章小结

(1) 目标探测信息定义为接收信号与目标的存在状态、位置及散射的联合互信息，即

$$I\left(\boldsymbol{Z};\boldsymbol{VXS}\right)=E\left[\log\frac{p\left(\boldsymbol{z}|\boldsymbol{vxs}\right)}{p\left(\boldsymbol{z}\right)}\right]=I\left(\boldsymbol{Z};\boldsymbol{V}\right)+I\left(\boldsymbol{Z};\boldsymbol{XS}\left|\boldsymbol{V}\right.\right)$$

表明探测信息是目标检测信息与已知目标存在状态条件下的空间信息之和。

(2) 目标检测信息定义为

$$I\left(\boldsymbol{Z};\boldsymbol{V}\right)=H\left(\boldsymbol{V}\right)-H\left(\boldsymbol{V}|\boldsymbol{Z}\right)$$

(3) 设信道为 CAWGN 信道，目标位置在观测区间内均匀分布，如果观测区间足够长，则对任意散射特性，给定接收信号的虚警概率等于目标存在的先验概率，即

$$P(1|\boldsymbol{z}_0)=P(1)$$

(4) 设信道为 CAWGN 信道，目标位置在观测区间内均匀分布，如果观测区间足够长，则对任意散射特性，虚警概率等于目标存在的先验概率，即

$$P_{\mathrm{FA}}=P(1)$$

(5) 已知复高斯散射目标位置的检测概率为

$$P_{\mathrm{D}}=E_{sw}\left[\frac{P(1)\dfrac{1}{1+\rho^2}\exp\left(\dfrac{1}{N_0}\dfrac{\rho^2}{\rho^2+1}\left|s+w(x_0)\right|^2\right)}{P(0)+P(1)\dfrac{1}{1+\rho^2}\exp\left(\dfrac{1}{N_0}\dfrac{\rho^2}{\rho^2+1}\left|s+w(x_0)\right|^2\right)}\right]$$

(6) 已知恒模散射目标位置时的检测概率为

$$P_{\mathrm{D}}=E_{\boldsymbol{z}_1}\left[\frac{P(1)\Upsilon_{\mathrm{CM}}\left(1,\boldsymbol{z}_1,x_0\right)}{P(0)+P(1)\Upsilon_{\mathrm{CM}}\left(1,\boldsymbol{z}_1,x_0\right)}\right]$$

(7) 已知复高斯散射目标位置 x_0 时，NP 检测器检测概率与虚警概率之间的关系为

$$P_{\mathrm{D}}=P_{\mathrm{FA}}^{\frac{1}{1+\rho^2}}$$

(8) 已知恒模散射目标位置 x_0 时，NP 检测器检测概率与虚警概率之间的关系为

$$P_{\mathrm{D}}=Q_{\mathrm{M}}\left(\sqrt{2\rho^2},\sqrt{-2\ln P_{\mathrm{FA}}}\right)$$

(9) 目标检测定理：检测信息 $I(\boldsymbol{Z};V)$ 是可达的，反之，任何检测器的经验检测信息不大于检测信息。

参考文献

[1] Richards M A. 雷达信号处理基础 [M]. 邢孟道, 王彤, 李真芳, 等译. 北京: 电子工业出版社, 2008.

[2] Mcdonough R N, Whalen A D. 噪声中的信号检测 [M]. 王德石, 译. 北京: 电子工业出版社, 2006.

[3] Liu H L, Zhou S H, Wang H X, et al. Radar detection during tracking with constant track false alarm rate[C]//Proceedings of 2014 International Radar Conference, Lille, 2014: 1-5.

[4] Bianchi P, Debbah M, Maida M, et al. Performance of statistical tests for single-source detection using random matrix theory[J]. IEEE Transactions on Information Theory, 2011, 57(4): 2400-2419.

[5] Sevgi L. Hypothesis testing and decision making: Constant-false-alarm-rate detection[J]. IEEE Antennas and Propagation Magazine, 2009, 51(3): 218-224.

[6] Sangston K J, Gini F, Greco M S. Coherent radar target detection in heavy-tailed compound-Gaussian clutter[J]. IEEE Transactions on Aerospace and Electronic Systems, 2012, 48(1): 64-77.

[7] Liu J, Li J. False alarm rate of the GLRT for subspace signals in subspace interference plus Gaussian noise[J]. IEEE Transactions on Signal Processing, 2019, 67(11): 3058-3069.

[8] Haimovich A M, Blum R S, Cimini L J. MIMO radar with widely separated antennas[J]. IEEE Signal Processing Magazine, 2008, 25(1): 116-129.

[9] Fishler E, Haimovich A, Blum R S, et al. Spatial diversity in radars-models and detection performance[J]. IEEE Transactions on Signal Processing, 2006, 54(3): 823-838.

[10] Tang J, Wu Y, Peng Y N. Diversity order and detection performance of MIMO radar: A relative entropy based study[C]//Proceedings of 2008 IEEE Radar Conference, Rome, 2008: 1-5.

[11] He Q, Blum R S. Diversity gain for MIMO Neyman-Pearson signal detection[J]. IEEE Transactions on Signal Processing, 2011, 59(3): 869-881.

[12] Bell M R. Information theory and radar: Mutual information and the design and analysis of radar waveforms and systems[D]. Pasadena: California Institute of Technology, 1988.

[13] Bell M R. Information theory and radar waveform design[J]. IEEE Transactions on Information Theory, 1993, 39(5): 1578-1597.

[14] 徐大专, 陈越帅, 陈月, 等. 雷达参数估计系统中目标位置和幅相信息量研究 [J]. 数据采集与处理, 2018, 33(2): 207-214.

[15] Zhu S, Xu D Z. Range-scattering information and range resolution of multiple target radar[C]//Proceedings of International Conference on Communication and Information Systems, Wuhan, 2019.

[16] Shi C, Xu D Z, Zhou Y, et al. Range-DOA information in phased-array radar[C]// Proceedings of IEEE 5th International Conference on Computer and Communications, Chengdu, 2019: 747-752.

[17] 徐大专, 罗浩. 空间信息论的新研究进展 [J]. 数据采集与处理, 2019, 34(6): 941-961.

[18] Cheng Y Q, Hua X Q, Wang H Q, et al. The geometry of signal detection with applications to radar signal processing[J]. Entropy, 2016, 18(11): 381-397.

[19] Kondo M. An evaluation and the optimum threshold for radar return signal applied for a mutual information[C]//Proceedings of the IEEE 2000 International Radar Conference, Alexandria, 2000: 226-230.

[20] 徐大专, 胡超, 潘登, 等. 目标检测定理 [J]. 数据采集与处理, 2020, 35(5): 791-806.

第 9 章　雷达通信系统信息论建模及优化

雷达系统和通信系统在原理和结构上的相似性，使得雷达通信联合设计成为目前雷达技术研究的一个热门课题。本章以雷达通信系统为背景，建立雷达通信融合系统的信息论模型，以及基于信息模型的一体化设计方法。本章的内容也可以看成空间信息论的应用实例。

本章考虑的应用场景是，雷达执行目标探测任务，然后将获取的信息通过通信链路发送到控制中心。根据电磁波传播规律，雷达接收的回波功率与目标直线距离的四次方成反比，而控制中心的接收功率与通信距离的平方成反比。所以，借助通信链路缩短“目标–雷达”距离可以有效地提高系统性能。与传统的一体化设计方法不同，本章构建测距雷达和成像雷达的信息模型，并结合信道容量公式组成基本的理论分析框架。在总功率约束条件下提出雷达通信联合设计方法，理论分析与仿真结果表明，一体化系统可大幅提高系统性能。

9.1　雷达通信系统的发展概况

雷达可以广泛应用于海、陆、空乃至地下目标的探测 [1]。早期雷达由于其距离和角度分辨力低，通常将目标视为“点”，雷达的基本任务是探测目标，并估计目标的空间距离和方向。随着雷达距离和横向距离 (角度) 分辨力的提高及雷达信号和数据处理能力的迅速提升，使分辨复杂目标上的各个散射中心成为可能，从而推断目标的某些性质，实现目标分类和识别等任务。

本章关注一维测距雷达和二维雷达成像两种。

(1) 一维测距雷达。目的是给出距离向上各单元的散射强度分布。当雷达具有足够高的距离分辨力时，就可以分辨目标径向上的不同散射中心。

(2) 二维雷达成像。二维成像雷达包括相控阵雷达、合成孔径雷达 (synthetic aperture radar, SAR) 和逆合成孔径雷达 (inverse synthetic aperture radar, ISAR) 等，通过对观测区域的二维成像进行目标的分类和识别，代表目前雷达技术的发展方向。SAR 通常装载在飞机或卫星上，通过搭载平台的运动形成合成孔径，可以获得横向高分辨力。与光学和红外成像相比，SAR 具有全天时和全天候优势。SAR 成像主要是用于识别固定目标，而 ISAR 成像通常用来识别非合作目标，雷达不动而依靠目标自身的运动来形成合成孔径，其横向高分辨力是由高多普勒分辨力来获得。

国内外很多学者及机构已经对“雷达通信系统”设计的可行性进行了长期探索，目前的研究大致分为以下三个方向：

(1) 共享天线 (孔径)，雷达通信天线一体化。针对机载设备天线数量过多的问题，利用孔径一体化对天线按不同任务进行功能分配，可以有效地降低飞机负荷。雷达天线的强方向性也可以增加通信数据的保密性。

(2) 共享射频，雷达通信射频硬件平台一体化。通过模块化设计方法将不同功能的子系统构建成可共享资源的通用化系统，从而降低系统成本、设备体积等。综合射频硬件平台包括天线分系统、接收处理分系统、发射处理分系统和频率源分系统 [2]，可以按功能需求提供可配置射频结构 [3,4]，大幅度减少专用设备数量，具有更加灵活的管理能力 [5,6]。

(3) 共享波形，雷达通信信号设计一体化。这是目前雷达通信融合程度最高的一种，代表今后一体化的发展方向。线性调频 (LFM) 信号最早被应用于雷达与通信共享信号设计，正交频分复用 (OFDM) 信号和多输入多输出 (MIMO) 技术则在近年来得到了广泛的研究。

考虑以下雷达通信系统应用场景：假设在地面上的控制中心需要对相距为 R 的观测区间内若干个目标进行探测，现有两种雷达–通信方案如图 9.1 所示：① 雷达架设在控制中心处执行探测任务，方便控制中心及时处理数据；② 在雷达现有设备的基础上加载通信功能，很少影响探测性能的同时使雷达和控制中心能实时通信。在以上方案中，方案①为传统的雷达系统，缺点为探测距离固定；方案②为一种雷达通信融合系统，可以灵活地改变探测距离，但通信功能会占用一部分的功率，在一定程度上会影响探测性能。

图 9.1(a) 为一普通雷达探测系统，控制中心处的固定雷达发射电磁波信号，对相距为 R 的观测区间进行侦查，观测区间内的 N 个理想点目标反射电磁波，且相互之间不存在距离向上的遮挡，雷达接收机提取回波信号中的有用信息，并交由数据处理终端直接处理。图 9.1(b) 提出了一种“雷达通信系统”，目标、雷达、控制中心的空间位置如图所示，其在纯雷达系统的基础上考虑雷达前置来获取信息量增益，探测过程与普通雷达系统一致，但此时雷达与观测区间中心的距离缩短至 R_1，接收机提取有用信息后，需传递给后方 R_2 处的数据处理终端。假设机载雷达平台飞行高度为 h，观测区间中心距离和通信传输距离有如下关系：

$$\sqrt{R_1^2 - h^2} + \sqrt{R_2^2 - h^2} = R \tag{9.1}$$

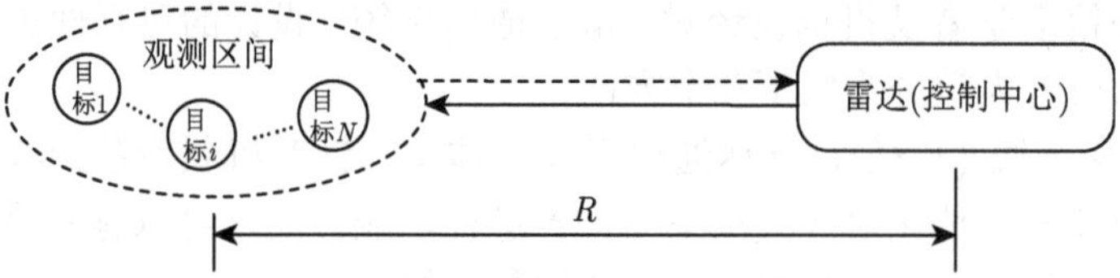

(a) 雷达探测系统

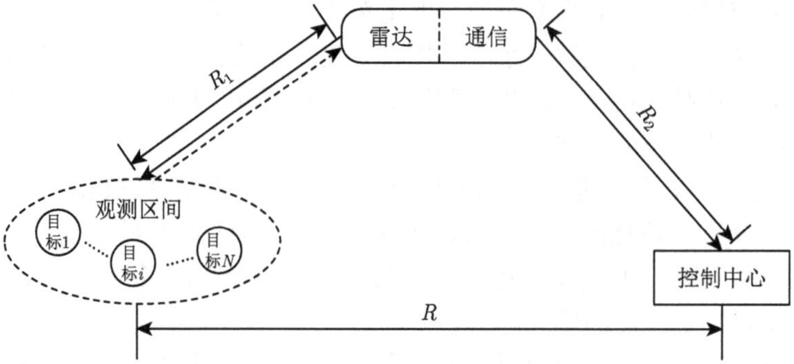

(b) 雷达通信系统

图 9.1 雷达通信系统应用场景模型

9.2 雷达获取信息的计算模型

本节论述测距雷达和成像雷达获取信息的计算模型。由于测距雷达的散射信息远小于距离信息，所以，测距雷达只考虑距离信息。成像雷达的像素间距离取决于距离向和角度向分辨率，因此不存在位置信息，只需考虑散射信息。

9.2.1 测距雷达的距离信息

本书第 4 章论述测距雷达的空间信息，针对恒模散射目标，单个目标的距离信息量为

$$I = \underbrace{p_{\mathrm{s}} \log \frac{T\beta\rho}{\sqrt{2\pi\mathrm{e}}}}_{\text{发现目标}} + \underbrace{(1-p_{\mathrm{s}}) \log \frac{\mathrm{e}^{\frac{1}{2}(\rho^2+1)}}{\rho\sqrt{2\pi}}}_{\text{未发现目标}} - \underbrace{H(p_{\mathrm{s}})}_{\text{目标不确定性}} \tag{9.2}$$

式中

$$p_{\mathrm{s}} = \frac{\exp\left(\dfrac{1}{2}\rho^2+1\right)}{T\rho^2\beta + \exp\left(\dfrac{1}{2}\rho^2+1\right)} \tag{9.3}$$

的物理意义是雷达发现目标的准确度，这里 ρ^2 表示信噪比；T 表示观测时间；$\beta = \dfrac{\pi}{\sqrt{3}} B_{\mathrm{r}}$ 表示均方根带宽，B_{r} 为带宽。而

$$H(p_{\mathrm{s}}) = -p_{\mathrm{s}} \log p_{\mathrm{s}} - (1 - p_{\mathrm{s}}) \log(1 - p_{\mathrm{s}}) \tag{9.4}$$

表示是否发现目标的不确定性。

假设观测区间内最多有 $N = B_{\mathrm{r}} T$ 个目标，目标间相互独立，且每个目标的信噪比相同，则单位时间内获取的总距离信息为

$$\begin{aligned} I_R &= \frac{TB_{\mathrm{r}}}{T_{\mathrm{r}}} \left[p_{\mathrm{s}} \log \frac{T\beta\rho}{\sqrt{2\pi \mathrm{e}}} + (1 - p_{\mathrm{s}}) \log \frac{\mathrm{e}^{\frac{1}{2}(\rho^2+1)}}{\rho\sqrt{2\pi}} - H(p_{\mathrm{s}}) \right] \\ &= k_{\mathrm{t}} B_{\mathrm{r}} \left[p_{\mathrm{s}} \log \frac{T\beta\rho}{\sqrt{2\pi \mathrm{e}}} + (1 - p_{\mathrm{s}}) \log \frac{\mathrm{e}^{\frac{1}{2}(\rho^2+1)}}{\rho\sqrt{2\pi}} - H(p_{\mathrm{s}}) \right] \end{aligned} \tag{9.5}$$

式中，$T = k_{\mathrm{t}} T_{\mathrm{r}} \, (0 < k_{\mathrm{t}} < 1)$，通常情况下，$T < T_{\mathrm{r}}$。

9.2.2 成像雷达的距离–方向信息

成像对目标的观测更加直观，代表雷达技术的发展方向。为了得到清晰的图像，雷达必须同时具备较高的距离向和角度向分辨率。对于成像雷达，由于像素间距离是固定的，因此，可以不考虑位置信息，只需考虑散射信息即可。

为使分析简单，我们考虑复高斯散射目标，单目标的散射信息为

$$I(\boldsymbol{Z}; \boldsymbol{Y} \,|\boldsymbol{X}) = \log\left(1 + \rho^2\right) \tag{9.6}$$

单位时间内获取的散射信息为

$$\bar{I} = \frac{1}{T_{\mathrm{r}}} \log\left(1 + \rho^2\right) \tag{9.7}$$

式中，T_{r} 表示雷达发射信号的脉冲重复周期。

假设距离向观测区间为 $T = k_{\mathrm{t}} T_{\mathrm{r}} \, (0 < k_{\mathrm{t}} < 1)$，角度向观测区间为角度 $\varOmega$。则距离向上的目标数可以由信号时间带宽积表示为 $N_{\mathrm{r}} = B_{\mathrm{r}} T$，角度向上的目标数为 $N_{\mathrm{a}} = \dfrac{\varOmega}{\Delta\theta}$($B_{\mathrm{r}}$ 为发射信号带宽，$\Delta\theta$ 为角度分辨率)。于是有二维观测区间内总目标数为

$$N = N_{\mathrm{r}} N_{\mathrm{a}} = k_{\mathrm{t}} T_{\mathrm{r}} B_{\mathrm{r}} \frac{\varOmega}{\Delta\theta} \tag{9.8}$$

角度向的分辨率 $\Delta\theta$ 定义为阵列探测系统的角度分辨率，即

$$\Delta\theta = \frac{\varOmega}{\dfrac{\lambda}{Md}} = \varOmega M \frac{d}{\lambda} \tag{9.9}$$

式中，M 为均匀线性阵列的发射、接收雷达单元个数；d 为阵元间隔，通常取为波长 λ 的一半。则单位时间的 N 个目标总距离–方向信息为

$$I_R = N\left[\frac{1}{T_{\mathrm{r}}}\log\left(1+\rho^2\right)\right] = k_{\mathrm{t}}B_{\mathrm{r}}\frac{\Omega}{\Delta\theta}\log\left(1+\rho^2\right) \tag{9.10}$$

I_R 即给定信噪比 ρ^2 下，观测区间内 N 个目标的总距离–方向信息，所获得的信息量越大，表明雷达对探测目标的成像效果越好。

9.2.3 雷达通信系统的联合设计

根据香农信道容量定理，在 AWGN 信道中，每个信道的单位时间容量为

$$C = B_{\mathrm{c}}\log\left(1+\mathrm{snr}\right) \tag{9.11}$$

式中，B_{c} 为通信带宽；snr 表示控制中心处的接收信噪比。

假设雷达通信采用频分复用方式，通信链路的带宽为 B_{c}，并令 $B_{\mathrm{c}} = k_{\mathrm{b}}B_{\mathrm{r}}$ $(0 < k_{\mathrm{b}} \ll 1)$，则

$$C = k_{\mathrm{b}}B_{\mathrm{r}}\log\left(1+\mathrm{snr}\right) \tag{9.12}$$

式中，C 为通信链路的信道容量，即单位时间内信道允许通过的最大信息量。为保证雷达获取信息的正确传输，需满足 $I_R \leqslant C$。

假设雷达发射的探测信号为 $s_1(t) = \sqrt{E_{s_1}}\mathrm{sinc}\left(B_{\mathrm{r}}t\right)$，通信信号为 $s_2(t) = \sqrt{E_{s_2}}\mathrm{sinc}\left(B_{\mathrm{r}}t\right)$。

接收信噪比可以用目标反射的有用信号功率与噪声实部功率的比值表示。根据电磁波传播规律可知，雷达接收机收到的目标回波功率和探测距离的四次方成反比，此时目标反射系数可表示为

$$\alpha_1 = \sqrt{\frac{E_{s_1}G_{\mathrm{t}}G_{\mathrm{r}}\lambda^2\sigma}{(4\pi)^3R_1^4}} \tag{9.13}$$

式中，E_{s_1} 为发射信号能量；G_{t} 和 G_{r} 分别为发射、接收天线增益；λ 为发射信号的波长；σ 为雷达目标散射截面积 (RCS)。

根据式 (9.13) 可以将雷达处的回波信噪比表示为

$$\rho^2 = \frac{2E_{s_1}G_{\mathrm{t}}G_{\mathrm{r}}\lambda^2\sigma}{(4\pi)^3R_1^4N_0} \tag{9.14}$$

而控制中心接收到的有用信号功率与通信距离的平方成反比，此时目标反射系数表示为

$$\alpha_2 = \sqrt{\frac{E_{s_2}G_{\mathrm{t}}}{4\pi R_2^2}} \tag{9.15}$$

于是，控制中心处的接收信噪比为

$$\mathrm{snr} = \frac{2E_{s_2}G_{\mathrm{t}}}{4\pi R_2^2 N_0} \tag{9.16}$$

定义平均功率为单位时间的信号能量

$$P_{\mathrm{t}} = \frac{E_s}{T_{\mathrm{r}}} = E_s f_{\mathrm{r}} \tag{9.17}$$

式中，T_{r} 为雷达脉冲重复周期；$f_{\mathrm{r}} = 1/T_{\mathrm{r}}$ 为脉冲重复频率。

将平均信噪比用平均功率形式表示，则有

$$\begin{cases} \rho^2 = \dfrac{2P_{\mathrm{t}_1}G_{\mathrm{t}}G_{\mathrm{r}}\lambda^2\sigma}{(4\pi)^3 R_1^4 N_0 f_{\mathrm{r}}} \\ \mathrm{snr} = \dfrac{2P_{\mathrm{t}_2}G_{\mathrm{t}}}{4\pi R_2^2 N_0 f} \end{cases} \tag{9.18}$$

式 (9.18) 描述了两个信噪比变量，分别刻画了雷达探测的性能和通信传输的性能。SNR 越大，由式 (9.8) 和式 (9.9) 可知此时探测所获得目标互信息越大，雷达探测性能越好；SNR 越大，通信信道容量越大，表明此时通信网络可以传输更多的信息量。在实际的雷达通信场景中，由于系统资源有限，探测和通信的性能往往是相互制约的，因此不同的功率分配方法会对系统性能产生很大的影响。

9.3 雷达通信系统的功率分配

给定整个成像雷达通信系统的总功率约束

$$P_{\mathrm{t}_1} + P_{\mathrm{t}_2} + P_{\mathrm{s}} = P \tag{9.19}$$

即探测、通信以及系统损耗的总功率之和恒定。为实现成像雷达通信系统所获取的感知信息最大，则需求以下约束优化模型 [7]

$$\begin{aligned} &\max: I_R \\ &\text{s.t.} \begin{cases} I_R < C \\ P_{\mathrm{t}_1} + P_{\mathrm{t}_2} + P_{\mathrm{s}} = P \\ \sqrt{R_1^2 - h^2} + \sqrt{R_2^2 - h^2} = R \end{cases} \end{aligned} \tag{9.20}$$

的最优解 $\{I_R, P, R\}$，其中感知信息 I_R 表示成像质量；P 表示功率分配；R 表示最佳探测位置。

9.3.1 高信噪比条件下测距雷达通信系统的优化设计方法

由距离信息表达式可知，在高信噪比条件 ($\rho \gg 1$) 下，距离信息可以近似为

$$I_R \approx k_{\mathrm{t}} B_{\mathrm{r}} \log\left(\frac{T\beta\rho}{\sqrt{2\pi\mathrm{e}}}\right) \tag{9.21}$$

令信道资源完全被占用，即 $I_R = C$，建立方程

$$k_{\mathrm{t}} \log\left(\frac{k_{\mathrm{t}} T_{\mathrm{r}}\beta\rho}{\sqrt{2\pi\mathrm{e}}}\right) - k_{\mathrm{b}} \log(1+\mathrm{snr}) = 0 \tag{9.22}$$

并令

$$\begin{cases} \rho^2 = \dfrac{2G_{\mathrm{t}}G_{\mathrm{r}}\lambda^2\sigma}{(4\pi)^3 R_1^4 N_0 f_{\mathrm{r}}} P_{\mathrm{t}_1} = \dfrac{a}{R_1^4} P_{\mathrm{t}_1} \\ \mathrm{snr} = \dfrac{2G_{\mathrm{t}}}{4\pi R_2^2 N_0 f_{\mathrm{r}}} P_{\mathrm{t}_2} = \dfrac{b}{R_2^2} P_{\mathrm{t}_2} \end{cases} \tag{9.23}$$

适当简化计算过程，结合功率约束条件，忽略功率损耗的影响，有

$$\left(\frac{T\beta\rho}{\sqrt{2\pi\mathrm{e}}}\right)^{\frac{k_{\mathrm{t}}}{k_{\mathrm{b}}}} + \frac{bR_1^4}{aR_2^2}\rho^2 - \left(\frac{b}{R_2^2}P + 1\right) = 0 \tag{9.24}$$

以上方程在特殊条件下可以求解 (取 $k_{\mathrm{t}} = 0.1$)。

(1) 当 $k_{\mathrm{b}} = 0.05$ 时，有

$$\left[\left(\frac{T\beta}{\sqrt{2\pi\mathrm{e}}}\right)^2 + \frac{bR_1^4}{aR_2^2}\right]\rho^2 = 1 + \frac{bP}{R_2^2} \tag{9.25}$$

因此

$$\rho^2 = \frac{1 + \dfrac{bP}{R_2^2}}{\left(\dfrac{T\beta}{\sqrt{2\pi\mathrm{e}}}\right)^2 + \dfrac{bR_1^4}{aR_2^2}} \tag{9.26}$$

将式 (9.26) 代入距离信息表达式 (9.21) 可得

$$I_R = \frac{1}{2}k_{\mathrm{t}} B_{\mathrm{r}} \log\left(\frac{T^2\beta^2}{2\pi\mathrm{e}} \frac{1 + bP/R_2^2}{\dfrac{T^2\beta^2}{2\pi\mathrm{e}} + \dfrac{bR_1^4}{aR_2^2}}\right) = \frac{1}{2}k_{\mathrm{t}} B_{\mathrm{r}} \log\left(\frac{1 + bP/R_2^2}{1 + \dfrac{2\pi\mathrm{e}bR_1^4}{T^2\beta^2 aR_2^2}}\right) \tag{9.27}$$

由于

$$\begin{cases} bP/R_2^2 \gg 1 \\ \dfrac{2\pi\mathrm{e}bR_1^4}{T^2\beta^2 aR_2^2} \gg 1 \end{cases} \tag{9.28}$$

进一步近似得到

$$I_R \approx \frac{1}{2}k_{\mathrm{t}}B_{\mathrm{r}}\log\left(\frac{bP/R_2^2}{\dfrac{2\pi \mathrm{e}bR_1^4}{T^2\beta^2 aR_2^2}}\right) = \frac{1}{2}k_{\mathrm{t}}B_{\mathrm{r}}\log\left(\frac{T^2\beta^2 a}{2\pi \mathrm{e}R_1^4}P\right) \tag{9.29}$$

普通雷达系统中，探测信息量就是控制中心最终获取的信息量，即普通雷达系统的距离感知信息为

$$I_{\mathrm{r}} = \frac{1}{2}k_{\mathrm{t}}B_{\mathrm{r}}\log\left(\frac{T^2\beta^2 a}{2\pi \mathrm{e}R_1^4}P\right) \tag{9.30}$$

雷达通信系统和普通雷达系统的距离信息之差为

$$I_R - I_{\mathrm{r}} = \frac{1}{2}k_{\mathrm{t}}B_{\mathrm{r}}\log\left(\frac{R^4}{R_1^4}\right) = k_{\mathrm{t}}B_{\mathrm{r}}\log\left[\frac{R^2}{(k_{\mathrm{d}}R)^2 + h^2}\right] \tag{9.31}$$

当雷达位置确定 (也就是 k_{d} 给定) 时，$I_R - I_{\mathrm{r}}$ 为一定值；当雷达位置不确定时，$k_{\mathrm{d}} = 0$ 可以使得 $I_R - I_{\mathrm{r}} = (I_R - I_{\mathrm{r}})_{\max} = 2k_{\mathrm{t}}B_{\mathrm{r}}\log\left(\dfrac{R}{h}\right)$。

(2) 当 $k_{\mathrm{b}} = 0.025$ 时，有

$$\left(\frac{T\beta\rho}{\sqrt{2\pi \mathrm{e}}}\right)^4 - \frac{bR_1^4}{aR_2^2}\rho^2 - \left(\frac{b}{R_2^2}P + 1\right) = 0 \tag{9.32}$$

$$\rho^2 = \frac{\sqrt{\left(\dfrac{bR_1^4}{aR_2^2}\right)^2 + 4\left(\dfrac{T\beta}{\sqrt{2\pi \mathrm{e}}}\right)^4\left(1+\dfrac{bP}{R_2^2}\right)} - \dfrac{bR_1^4}{aR_2^2}}{2\left(\dfrac{T\beta}{\sqrt{2\pi \mathrm{e}}}\right)^4} \approx \frac{\sqrt{\left(\dfrac{bR_1^4}{aR_2^2}\right)^2 + 4\left(\dfrac{T\beta}{\sqrt{2\pi \mathrm{e}}}\right)^4\dfrac{bP}{R_2^2}} - \dfrac{bR_1^4}{aR_2^2}}{2\left(\dfrac{T\beta}{\sqrt{2\pi \mathrm{e}}}\right)^4} \tag{9.33}$$

代入距离信息表达式得

$$\begin{aligned} I_R &= \frac{1}{2}k_{\mathrm{t}}B_{\mathrm{r}}\log\left[\frac{T^2\beta^2}{2\pi \mathrm{e}}\frac{\sqrt{\left(\dfrac{bR_1^4}{aR_2^2}\right)^2 + 4\left(\dfrac{T\beta}{\sqrt{2\pi \mathrm{e}}}\right)^4\dfrac{bP}{R_2^2}} - \dfrac{bR_1^4}{aR_2^2}}{2\left(\dfrac{T\beta}{\sqrt{2\pi \mathrm{e}}}\right)^4}\right] \\ &= \frac{1}{2}k_{\mathrm{t}}B_{\mathrm{r}}\log\left[\frac{\pi \mathrm{e}}{T^2\beta^2}\left(\sqrt{\left(\frac{bR_1^4}{aR_2^2}\right)^2 + 4\left(\frac{T\beta}{\sqrt{2\pi \mathrm{e}}}\right)^4\frac{bP}{R_2^2}} - \frac{bR_1^4}{aR_2^2}\right)\right] \end{aligned} \tag{9.34}$$

一方面，当雷达位置确定 (即 $\{R_1, R_2\}$ 给定) 时，式 (9.34) 得到了系统距离信息和总功率的关系；另一方面，当雷达位置不确定时，可能存在一个最佳的位置，使得在该位置时，系统所获得的信息量最大，控制中心能获取最多关于目标的距离信息。

9.3.2 成像雷达通信系统的优化设计方法

成像雷达通信系统中，令信道容量等于距离–方向信息，这时信道资源得到最大程度利用

$$k_{\mathrm{t}} B_{\mathrm{r}} \frac{\Omega}{\Delta\theta} \log\left(1+\rho^2\right) = k_{\mathrm{b}} B_{\mathrm{r}} \log\left(1+\mathrm{snr}\right) \tag{9.35}$$

为简化计算，令参数

$$\begin{cases} m = \dfrac{k_{\mathrm{t}} B_{\mathrm{r}} \dfrac{\Omega}{\Delta\theta}}{k_{\mathrm{b}}} \\ a = \dfrac{2G_{\mathrm{t}} G_{\mathrm{r}} \lambda^2 \sigma}{(4\pi)^3 N_0 f_{\mathrm{r}}} \\ b = \dfrac{2G_{\mathrm{t}}}{4\pi N_0 f_{\mathrm{r}}} \end{cases} \tag{9.36}$$

则有

$$\left(1+\rho^2\right)^m = 1 + \mathrm{snr} \tag{9.37}$$

$$P_{\mathrm{t}_1} = \frac{R_1^4 \rho^2}{a}, \quad P_{\mathrm{t}_2} = \frac{R_2^4 \mathrm{snr}}{b} \tag{9.38}$$

那么，可以得到关于探测回波信噪比 ρ^2、探测距离 R_1 和通信距离 R_2 的高次方程如下：

$$\left(1+\rho^2\right)^m + \frac{bR_1^4}{aR_2^2}\rho^2 - \left[1 + \frac{b\left(P-P_{\mathrm{s}}\right)}{R_2^2}\right] = 0 \tag{9.39}$$

假设式 (9.39) 中，机载平台高度为 0，即 $h=0$，则有 $R_1+R_2=R$，进一步地

$$\left(1+\rho^2\right)^m + \frac{b\left(R-R_2\right)^4}{aR_2^2}\rho^2 - \left[1 + \frac{b\left(P-P_{\mathrm{s}}\right)}{R_2^2}\right] = 0 \tag{9.40}$$

用 MATLAB 对上述方程进行求解，将求解得到的 ρ^2 代入式 (9.29) 中，得到此时的距离–方向信息 I_R 随着探测距离 R_1 变化的曲线，如图 9.2 所示 (图中 k_{d} 表示探测距离与目标–控制中心距离的比值)。

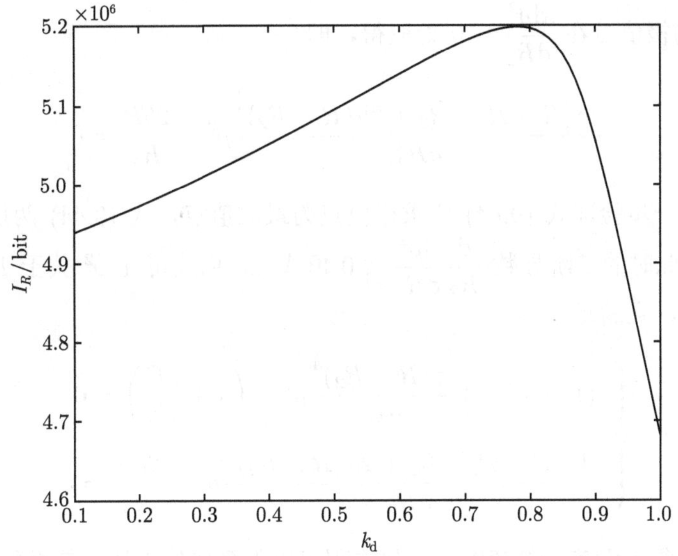

图 9.2 成像雷达通信系统距离–方向信息随探测距离的变化

由图 9.2 可以看出，成像雷达通信系统的距离–方向信息在某一探测距离上存在最大值，此最佳探测距离是否一定存在，与系统参数有何关系等问题的解决，可以参考以下分析过程。

由上面的分析可知，欲求解成像雷达通信系统距离–方向信息的最大值，即求得上述优化方程中 ρ^2 的最大值，式 (9.40) 两边同时对 R_2 求导可得

$$m\left(1+\rho^2\right)^{m-1}\frac{\mathrm{d}\rho^2}{\mathrm{d}R_2}+\frac{-4b\left(R-R_2\right)^3R_2-2b\left(R-R_2\right)^4}{aR_2^3}\rho^2+\frac{b\left(R-R_2\right)^4}{aR_2^2}\frac{\mathrm{d}\rho^2}{\mathrm{d}R_2}+\frac{2bP}{R_2^3}=0 \tag{9.41}$$

则

$$\frac{\mathrm{d}\rho^2}{\mathrm{d}R_2}=\frac{\dfrac{4b\left(R-R_2\right)^3R_2+2b\left(R-R_2\right)^4}{aR_2^3}\rho^2-\dfrac{2bP}{R_2^3}}{m\left(1+\rho^2\right)^{m-1}+\dfrac{b\left(R-R_2\right)^4}{aR_2^2}} \tag{9.42}$$

显然，R_2 的取值范围为 $R_2\in(0,R)$，则有

$$\left.\frac{\mathrm{d}\rho^2}{\mathrm{d}R_2}\right|_{R_2\to R}=\frac{-2bP}{m\left(1+\rho^2\right)^{m-1}R^3}<0$$
$$\left.\frac{\mathrm{d}\rho^2}{\mathrm{d}R_2}\right|_{R_2\to 0}=\frac{4aP}{R^5}>0 \tag{9.43}$$

所以，ρ^2 的极值点在 $\dfrac{\mathrm{d}\rho^2}{\mathrm{d}R_2}=0$ 处取得，即

$$\frac{4b\left(R-R_2\right)^3R_2+2b\left(R-R_2\right)^4}{aR_2^3}\rho^2-\frac{2bP}{R_2^3}=0 \tag{9.44}$$

为了进一步验证式 (9.44) 所求极值点为最大值点，式 (9.44) 两边继续对 R_2 求导，可得此时的二阶导数 $\dfrac{\mathrm{d}}{R_2}\dfrac{\mathrm{d}\rho^2}{\mathrm{d}R_2}<0$ 恒成立，由此可证 ρ^2 关于 R_2 的函数为一上凸函数，且满足

$$\begin{cases}\left(1+\rho^2\right)^m+\dfrac{b\left(R-R_2\right)^4}{aR_2^2}\rho^2-\left(1+\dfrac{bP}{R_2^2}\right)=0\\[2ex]\dfrac{4b\left(R-R_2\right)^3R_2+2b\left(R-R_2\right)^4}{aR_2^3}\rho^2-\dfrac{2bP}{R_2^3}=0\end{cases} \tag{9.45}$$

时，ρ^2 可取得最大值。求解以上优化方程可以得到成像雷达通信系统的功率分配方法 $\{P_{\mathrm{t}_1},P_{\mathrm{t}_2}\}$、雷达探测最优位置 $\{R_1,R_2\}$，以及此时系统探测信息的最大值 $(I_R)_{\max}$。

9.4 仿真结果及分析

我们对雷达通信系统进行数值仿真，主要参数设置如表 9.1 所示。

表 9.1 雷达通信系统主要参数

参数	载波频率	目标反射截面积	发射天线增益	接收天线增益	最大不模糊距离	雷达带宽
取值	10GHz	0.1	30dB	30dB	500km	2MHz

9.4.1 测距雷达通信系统的距离信息

通常情况下，雷达观测区间占脉冲重复周期的比值 $k_{\mathrm{t}}=0.1$。图 9.3 为雷达位置固定 (例如，探测距离与总距离比值 $k_{\mathrm{d}}=0.5$)，给定总功率分别为 10kW、50kW 和 100kW 时，雷达通信系统的距离信息随通信雷达带宽比 k_{b} 的变化。

由图 9.3 可以看出，雷达通信系统的距离信息随着 k_{b} 变化的曲线可以分为三个部分：① 通信带宽不受限；② 随通信带宽线性增长；③ 通信带宽受限。

1. 通信带宽不受限

当通信带宽占比 $k_{\mathrm{b}}\geqslant 0.03$ 时，继续增大通信带宽已经无法提升系统距离信息，信息量基本维持稳定，将这一带宽范围称为“通信带宽不受限范围”。

在该范围内取一特殊的带宽比值 $k_b = 0.05$，图 9.4(a) 是在 MATLAB 中求解的功率分配方案数值解。可以看出，当通信带宽足够大时，系统的功率基本全部用来进行雷达探测任务，通信传输几乎不占用系统资源，也可以用于解释图 9.3 中，继续增大通信带宽也无法提升系统性能，因为此时通信带宽不再是限制系统容量的因素。

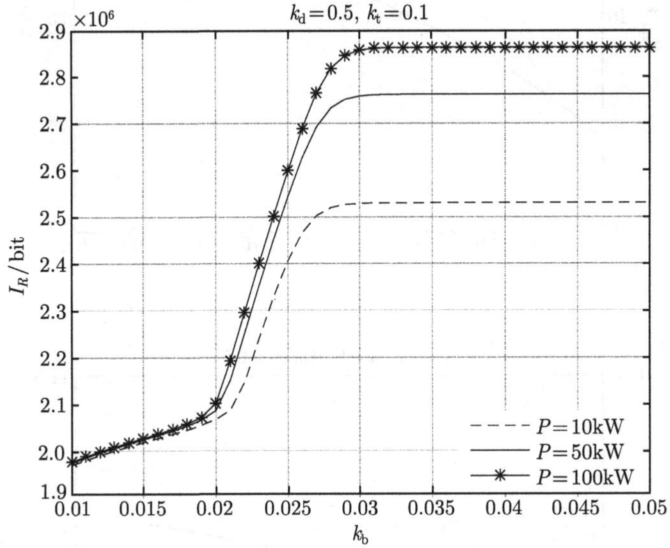

图 9.3 雷达通信系统位置固定时距离信息随带宽比的变化

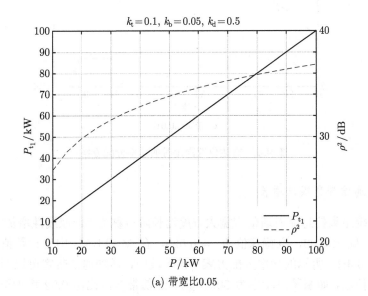

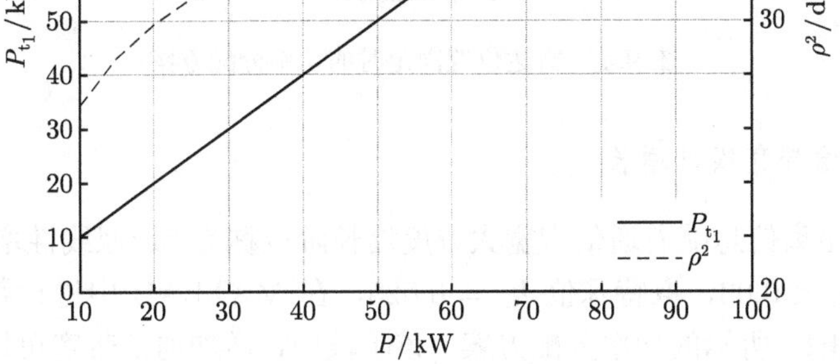

(a) 带宽比0.05

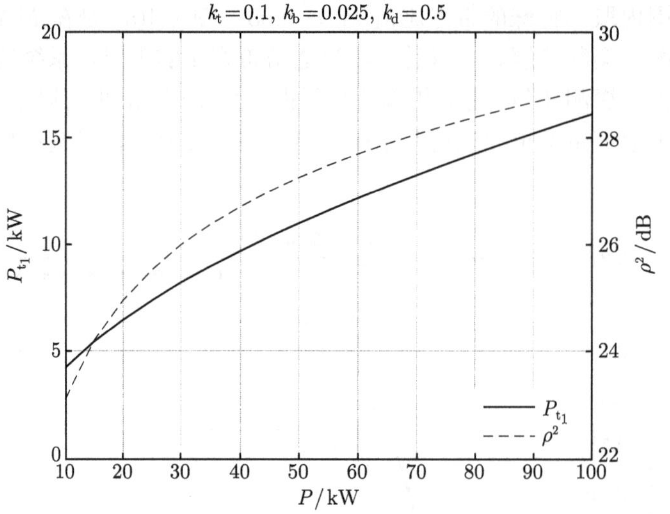

(b) 带宽比0.025

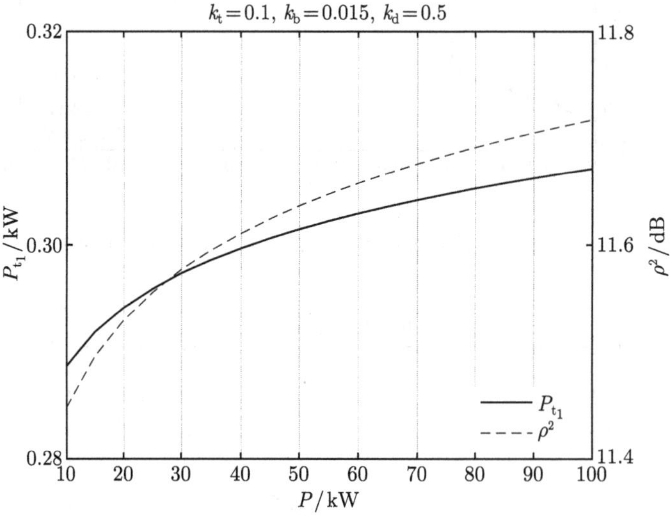

(c) 带宽比0.015

图 9.4　雷达位置固定时的功率分配方案

2. 随通信带宽线性增长

将系统距离信息随着通信带宽大幅度增长阶段称为“近似线性增加阶段”，此时 $0.02 \leqslant k_b < 0.03$，取特殊值 $k_b = 0.025$，在 MATLAB 中进行数值求解可以得到如图 9.4(b) 所示的功率分配方案。该阶段中，增加通信带宽可以明显地提升系统距离信息，如系统总功率为 50kW 时，通信带宽占比由 0.02 增加至 0.03，距

离信息提升大约 0.65Mbit。

3. 通信带宽受限

当通信带宽占比 $k_b < 0.02$ 时，表明通信链路传输性能很差，增加通信带宽可以提升系统的信息量，但效果并不明显。当 $k_b = 0.015$ 时，可以得到如图 9.4(c) 所示的功率分配方案。“通信带宽受限阶段”中，在以实现距离信息最大化为目标的优化方案下，雷达通信系统通过牺牲探测性能，将大部分功率用来进行通信传输，使得控制中心能够获取尽可能多的距离信息。

此外，图 9.4 还给出了不同总功率下的距离信息比较。当通信带宽不受限时，总发射功率由 10kW 到 50kW，再增加至 100kW，探测信息分别提升 0.23Mbit 和 0.1Mbit；当通信带宽受限时，由于探测功率已近乎为 0，此时增加总功率也不能明显改变探测功率，因此系统信息量不再增加。

上面已经仿真计算了雷达位置固定时，雷达通信系统的距离感知信息和相应的功率分配方案，并分析了系统在不同带宽比下的性能。当雷达位置不固定时，距离信息随探测距离的变化如图 9.5 所示。可以看出，距离信息随探测距离的增加先增加后减小。这意味着存在一个最优的雷达位置，能使控制中心获取最多的目标距离信息。

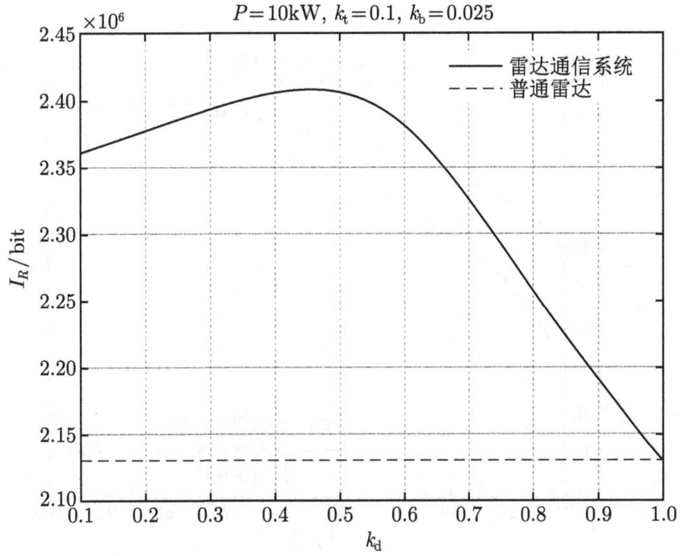

图 9.5 雷达通信系统距离信息随探测距离的变化

接下来，针对以上带宽比分段的前两种情况 (通信带宽受限时，系统距离信息增益并不明显，因此不另讨论)，结合距离分配，对雷达通信系统的性能进行进一步分析。

图 9.6 分别给出了通信带宽不受限和近似线性增加阶段，雷达通信系统 (考虑雷达位置、不考虑雷达位置) 和普通雷达系统的距离信息比较，可以看出距离信息随着系统总功率的增加而增大。

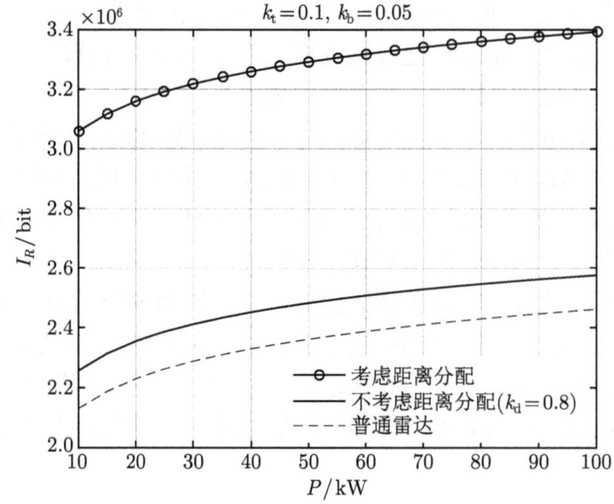

(a) 带宽比0.05

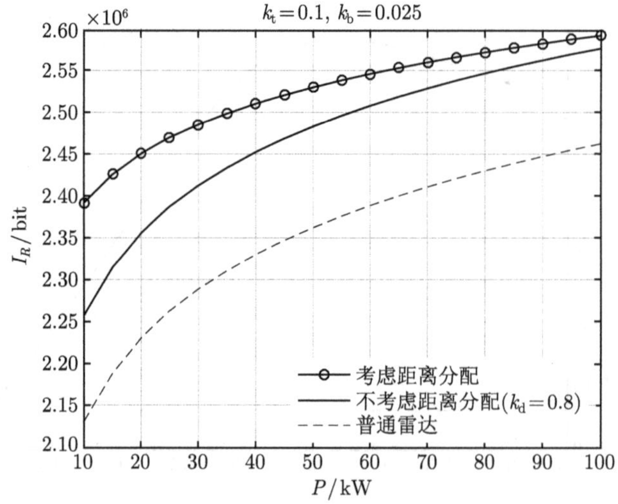

(b) 带宽比0.025

图 9.6　不同系统的距离信息比较

如图 9.6(a) 所示，通信带宽占比为 0.05 时，雷达位置固定 (即不考虑距离分配)，雷达通信系统与普通雷达系统相比，可以获取大约 0.15Mbit 的信息量增益，而考虑距离分配，当雷达位于最优探测位置时，系统感知信息增益可高达 0.8Mbit。

如图 9.6(b) 所示，通信带宽占比为 0.025 时，不考虑雷达位置时，雷达通信系统与普通雷达系统相比，其信息增益大约为 0.1Mbit。考虑距离分配与否，系统信息增益由 0.15Mbit 逐渐缩小至无差距，这是由于随着总功率的增加，雷达的最优位置逐渐靠近仿真时所选取的那个固定位置，因此两者之间差距逐渐减小。

图 9.7 给出了对应图 9.6 的优化分配方案，包含功率分配和雷达最优位置规划。通过前面的分析可知，在通信带宽不受限阶段，通信带宽不再是限制系统信息量的因素，因此雷达可以尽可能地接近探测目标来获取更多的距离信息量，使控制中心对目标的位置估计更加准确。由于仿真参数设置为理想条件，因此结果

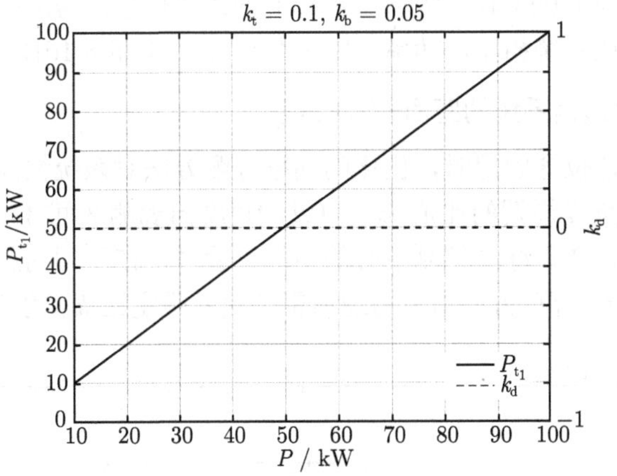

(a) 带宽比0.05

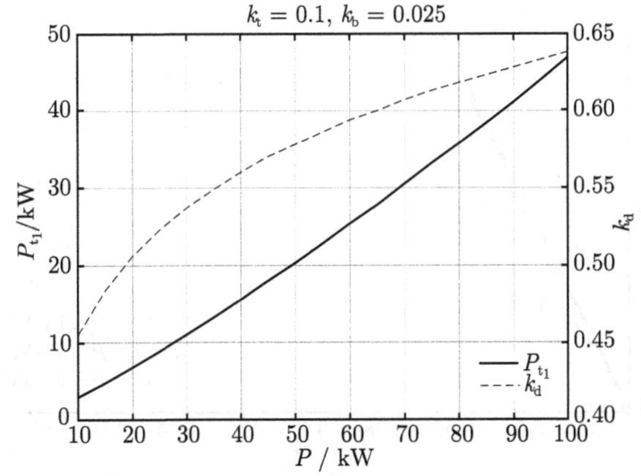

(b) 带宽比0.025

图 9.7 优化分配方案

表明，探测距离为 0，即雷达置于目标处，性能最优，但在实际探测情形下，机载雷达平台还需要考虑安全问题和隐蔽性要求，在确保电台安全的前提下，尽可能靠近目标，完成探测任务。

本节给出了优化后的雷达通信系统距离感知信息和相应的功率、距离分配方案，分析讨论了通信带宽对雷达通信系统性能的影响，并与普通雷达系统进行比较。可以看出，雷达通信系统在相同的发送功率下比普通雷达系统传输更多的信息量。或者说，在系统所需传输数据量一定时，雷达通信系统可以节省更多的功率资源。例如，当通信雷达带宽比为 0.05 时，传输 2.4Mbit 的距离信息，普通雷达系统需要消耗约 65kW 的功率；不考虑距离分配，雷达通信系统只消耗 28kW 左右的功率，功率节省了 3.6dB，若考虑距离分配，则可节省更多功率。又如，当通信雷达带宽比为 0.025 时，传输 2.4Mbit 的距离信息，考虑距离配置的雷达通信系统和普通雷达系统相比，功率分别可节约 3.6dB 和 8.1dB。

9.4.2 成像雷达通信系统的距离–方向信息

首先研究雷达位置固定时，优化的功率分配方法对系统性能的影响。取雷达观测区间占脉冲重复周期的比值 $k_{\mathrm{t}} = 0.1$，角度向观测区间 $\Omega = 60°$。如图 9.8 所示，当雷达架设在目标与控制中心的中间位置时，在不同的总功率约束下，成像雷达通信系统的距离–方向信息与通信雷达信号带宽比 k_{b} 的关系。

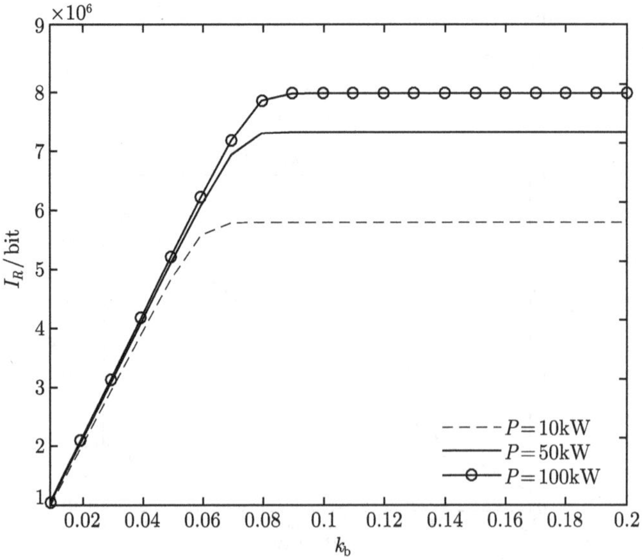

图 9.8 成像雷达通信系统位置固定时探测信息随带宽比的变化

与 9.4.1 节的仿真结果不同的是，成像雷达通信系统的距离–方向信息随着 k_{b}

变化的曲线分为两个部分。

1. 通信带宽不受限

当 $k_{\mathrm{b}} \geqslant 0.08$ 时，随着带宽比的继续增加，距离–方向信息几乎保持不变，维持稳定。令 $k_{\mathrm{b}} = 0.2$，求出如图 9.9(a) 所示的功率分配方案数值解。

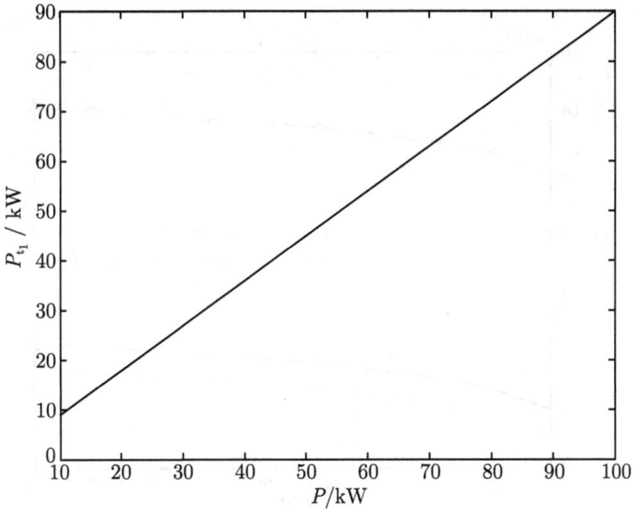

(a) 带宽比0.2

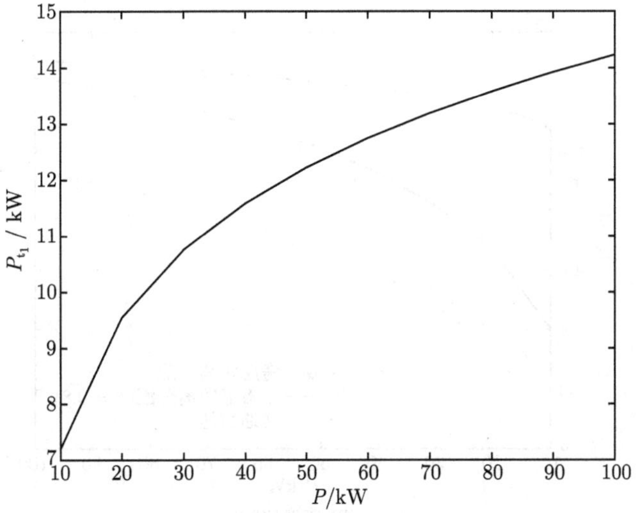

(b) 带宽比0.06

图 9.9 雷达位置固定时的功率分配方案

2. 通信带宽受限

若 $k_b < 0.08$，可以看出，此时增加通信带宽可以有效地提高系统距离–方向信息，如系统总功率为 50kW 时，带宽占比每增加百分之一，信息量约提高 1Mbit。取特殊值 $k_b = 0.06$，在 MATLAB 中进行数值求解可以得到如图 9.9(b) 所示的功率分配方案。

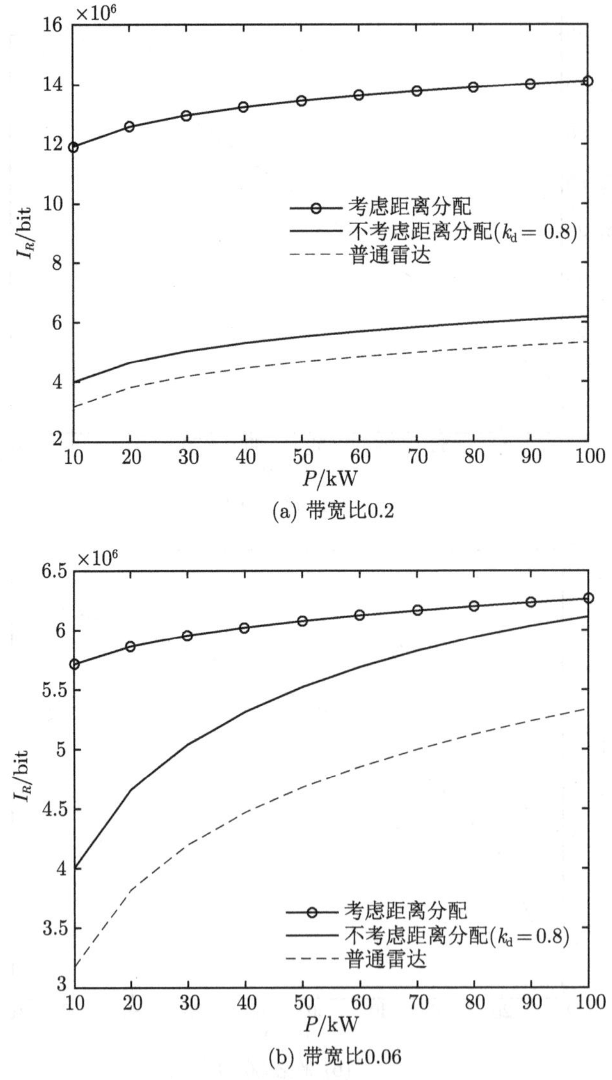

图 9.10　成像雷达通信系统探测信息随总功率的变化

当通信带宽不受限时，总发射功率由 10kW 到 50kW，再增加至 100kW，距离–方向信息分别提升 1.4Mbit 和 0.8Mbit；当通信带宽受限时，由于探测功率所占比重较小，此时增加总功率也不能明显改变探测性能，因此系统距离–方向信息增加不明显。

下面结合距离分配，对成像雷达通信系统的性能进行进一步的分析。图 9.10 给出了成像雷达通信系统 (是否考虑距离分配) 和普通雷达系统的距离–方向信息的比较，随着系统总功率的增加，距离–方向信息也逐渐增大。

在图 9.10(a) 中，当通信带宽比 $k_{\mathrm{b}}=0.2$ 时，如果雷达位置固定，通过优化的功率分配方法，可以获得大约 0.8Mbit 的信息增益；如果进一步考虑距离分配，信息量增益将增加至 8.8Mbit。

图 9.10(b) 中，当通信带宽比 $k_{\mathrm{b}}=0.06$ 时，是否考虑距离分配，系统信息增益分别为 0.8Mbit 和 1~2Mbit，或者从功率角度考虑，当系统中需要获取一定量的信息时，该成像雷达通信系统的优化方法下，可以节省更多的功率。例如，当系统需要传输 4Mbit 的信息量时，传统的雷达系统需要消耗约 28kW 的功率。即使不考虑距离分配，经过功率优化的成像雷达通信系统也仅需消耗 10kW 功率，可以看出，功率约节省了 4.5dB 甚至更高 (当距离分配因素也纳入考虑)。

图 9.11 给出了对应图 9.10 的功率分配方案，雷达探测和通信传输联合设计提供了一个设计参考。

在实际的雷达系统中，功率损耗也是影响系统性能的重要因素。图 9.12 给出了成像雷达通信系统的信息损耗 (损失的信息占原有信息量的比重) 随系统总功率损耗的变化曲线 (k_{p} 表示损耗功率与系统总功率的比值)。可以看出系统探测信息的损耗随着功率损耗的增加而增加。当功率损耗一定时，成像雷达系统可以有

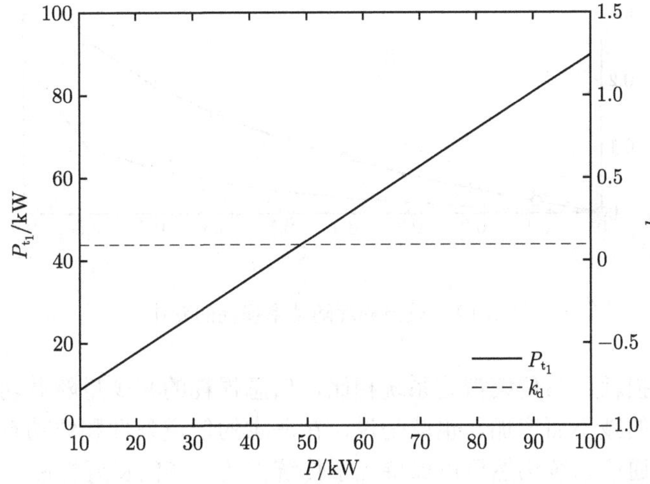

(a) 带宽比0.2

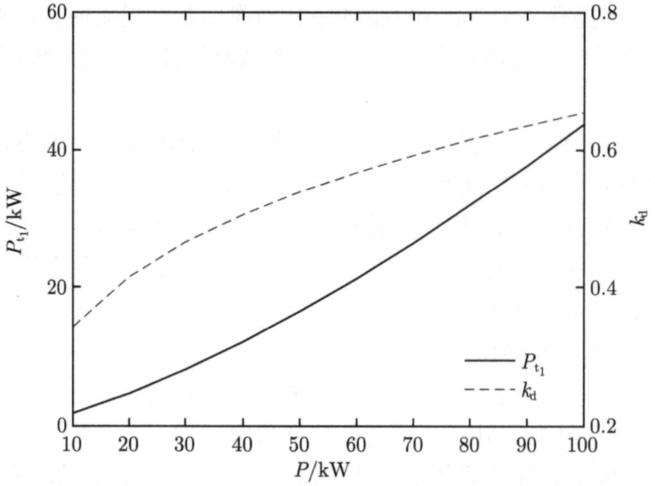

(b) 带宽比0.06

图 9.11　成像雷达通信系统的功率分配

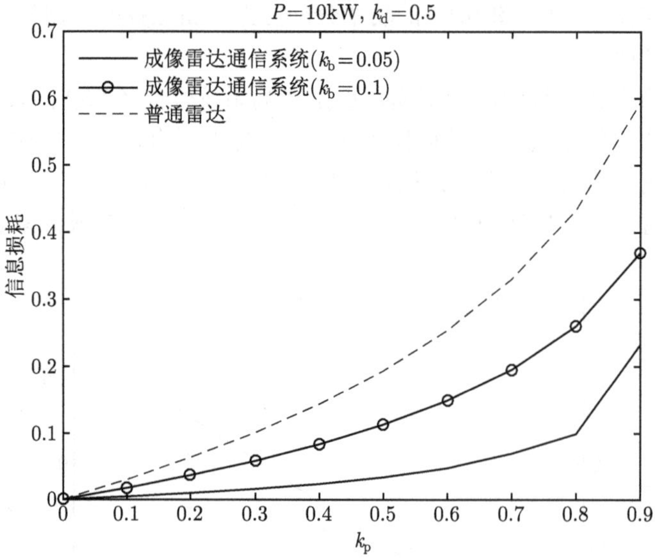

图 9.12　信息损耗随功率损耗的变化

效地减少信息损耗，与传统雷达系统相比，信息损耗的减少量随着功率损耗的增加和通信带宽的减小而增加。也就是说，在恶劣的信道条件和低功率资源的情况下，成像雷达通信系统仍然可以保持优于传统雷达系统的良好性能。

9.5 本章小结

(1) 建立了雷达通信系统的目标探测模型，推导出多目标探测系统的总探测信息量表达式，并以信息量评价一体化系统的性能。针对普通测距雷达，利用距离信息来定量探测性能，针对成像雷达，利用二维距离–方向信息定量探测性能。

(2) 提出了一种总功率约束的最优功率分配方案，理论分析与仿真结果表明，共享信息型雷达通信系统可以大幅度提高功率利用率，对雷达通信系统的联合设计具有指导意义。

参 考 文 献

[1] 丁鹭飞, 耿富录. 雷达原理 (修订版)[M]. 西安: 西安电子科技大学出版社, 1984.

[2] Morgan D R. PAVE PACE: System avionics for the 21st century[J]. IEEE Aerospace and Electronic Systems Magazine, 2002, 4(1): 12-22.

[3] 李劲. 综合射频传感器的开放式系统结构 [J]. 电讯技术, 2006, (1): 23-27.

[4] Milton C E, Russell C D, Schroeder J. Technical architecture for RF open system realization[C]//18th Digital Avionics Systems Conference, St Louis, 1999.

[5] 袁晓晗. 传感器射频综合技术探讨 [J]. 航空电子技术, 2005, (1): 3-7.

[6] Hughes P K, Choe J Y. Overview of advanced multifunction RF system(AMRFS)[C]// IEEE International Conference on Phased Array Systems and Technology, Dana Point, 2000: 21-24.

[7] Chen D, Xu D. Information Model of Radar Communication System and Optimization of Power Allocation[C]//2019 IEEE International Conference on Signal, Information and Data Processing (ICSIDP), Chongqing, 2019: 1-6.

附录 缩 略 词

缩略词	英文全称	中文全称
AWGN	additive white Gaussian noise	加性高斯白噪声
CRB	Cramér-Rao bound	克拉默–拉奥界
DOA	direction of arrival	波达方向
EDE	entropy deviation error	熵偏差
EE	entropy error	熵误差
ISAR	inverse synthetic aperture radar	逆合成孔径雷达
LFM	linear frequency modulation	线性调频
MAP	maximum a posteriori	最大后验
MIMO	multiple input multiple output	多入多出
ML	maximum likelihood	最大似然
MLE	maximum likelihood estimation	最大似然估计
MSC	memoryless snapshot channel	无记忆快拍信道
MSE	mean square error	均方误差
OFDM	orthogonal frequency division multiplexing	正交频分复用
PDF	probability density function	概率密度函数
RMSE	root mean square error	均方根误差
SAP	sampling a posteriori	抽样后验
SAR	synthetic aperture radar	合成孔径雷达
SNR	signal to noise ratio	信噪比

索 引